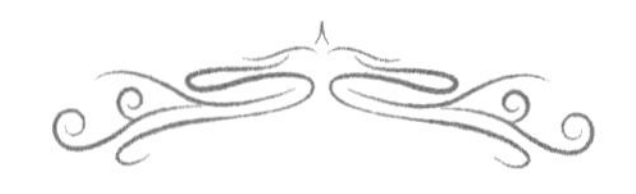

边疆治理与地缘学科（群）“边疆生态治理与生态文明建设调查与研究”
（项目编号：C176210102）；
2019年度云南省哲学社会科学研究基地项目“云南少数民族本土生态智慧研究”
（项目编号：JD2019YB04）

生态文明建设的云南模式研究丛书

丛书主编：周　琼

云南环境保护史料编年第二辑

（2000—2008年）

周　琼　邓云霞　汪东红◎编

科学出版社

北京

内 容 简 介

本书按照环境保护史料的来源、内容进行分类，对 2000—2008 年云南不同地区环境保护情况进行梳理和归纳。全书共分为四章，包括云南环境保护情况、云南九大高原湖泊环境保护史料、云南环境保护专项整治史料和云南环境保护法规条例，内容涉及 2000—2008 年云南出现的各种环境问题及相应的对策、措施。有利于读者了解 2000—2008 年云南环境变化和发展趋势，以期为云南环境保护事业的发展提供坚实的史料基础。

本书可供历史学、地理学、生态学等相关专业的师生阅读和参考。

图书在版编目（CIP）数据

云南环境保护史料编年第二辑（2000—2008 年）/周琼，邓云霞，汪东红编. —北京：科学出版社，2020.10

（生态文明建设的云南模式研究丛书 / 周琼主编）

ISBN 978-7-03-066156-2

Ⅰ. ①云… Ⅱ. ①周… ②邓… ③汪… Ⅲ. ①环境保护-编年史-云南-2000-2008 Ⅳ. ①X-0927.4

中国版本图书馆 CIP 数据核字（2020）第 176137 号

责任编辑：任晓刚 / 责任校对：韩　杨

责任印制：张　伟 / 封面设计：楠竹文化

科学出版社出版

北京东黄城根北街 16 号

邮政编码：100717

http://www.sciencep.com

北京虎彩文化传播有限公司印刷

科学出版社发行　各地新华书店经销

*

2020 年 10 月第　一　版　开本：787×1092　1/16

2020 年 10 月第一次印刷　印张：24 3/4

字数：540 000

定价：168.00 元

（如有印装质量问题，我社负责调换）

前　　言

环境保护是我国的一项基本国策，也是当前我国生态文明建设的最重要内容之一。环境保护关系到可持续发展理念的贯彻落实，关系到经济社会的健康发展，关系到人与自然的和谐共处，对实现中华民族伟大复兴的中国梦具有直接的现实意义。因此，国家和地方都极为重视各项环境保护工作。保护环境，是全社会的共同责任。

云南地处西南边陲，以环境优美著称于世，素有“彩云之南”的美誉。云南积极响应和贯彻环境保护的基本国策，推动生态文明建设的开展。云南的环境保护历程持久，在20世纪80年代就已开始，进入21世纪后环境保护力度越来越大。从2007年开始，云南在全省范围内全面实施“七彩云南保护行动”计划，高举“生态立省、环境优先、和谐发展”的大旗。2008年11月，习近平同志在云南省党政干部座谈会上讲话时要求云南要努力争当全国生态文明建设的排头兵。2009年2月，《中共云南省委　云南省人民政府关于加强生态文明建设的决定》提出，力争到2020年全面实现争当全国生态文明建设排头兵的目标。经过多年的努力，云南在九大高原湖泊治理、水污染防治、生物多样性保护、自然保护区建设、大气污染防治、城乡环境治理等方面取得了很大成效，为生态文明建设排头兵的目标奠定了良好的现实基础。

本书立足于云南以往环境保护的现实，就2000—2008年云南相关环境保护的史料进行收集和整理，但由于云南的环境保护工作进入了一个不断提速时期，云南的环境保护史料逐年增多且繁杂，对这一阶段内所有的环境保护史料进行收集和整理的难度极大，故在史料的选择上有所取舍。

本书汇编的环境保护史料主要涉及九大高原湖泊治理、生物多样性保护、自然保护区管理、森林环境保护、城乡环境建设、环境保护专项整治，及云南环境保护相关的一些规划和法规条例等相关内容。其中，由于以滇池为代表的九大高原湖泊治理一直都是云南环境保护工作的重中之重，因此九大高原湖泊环境保护史料将在本书中独立成章。

希望通过本书的出版，有助于云南环境保护史料的传承，进一步宣传和普及云南环境保护的理念，增强民众环境保护的社会责任感，为今后的环境保护工作和相关学者开展研究做出应有的贡献。

凡　　例

一、本书为2000—2008年云南环境保护资料汇编。

二、本书资料以网络资料为主，主要来自云南省生态环境厅、昆明市环境保护局等网站。

三、本书资料汇编的原则为保留史料的原始性，即不更改史料的主要内容。但为了排版对部分史料的格式进行了微调，以及对与史料内容无关的极少数文字进行了删减，并对原来史料中部分错误的数据进行了更正（此部分会在脚注中特别说明）。同时，由于印刷清晰度和图片版权等原因，本书对不影响内容的图片进行了删除处理。

四、由于云南环境保护机构改革和名称变革，本书文献注明出处的网址为云南省生态环境厅的网址，但为了保持历史原貌，相关机构名称仍然使用2000—2008年的旧有称谓。

五、由于转载问题，网站中转载的资料来源不明的将以转载的网站进行注释。

六、部分较为敏感的人物姓名进行删除或其他方式处理，敬请读者谅解。

导　　读

2015年1月20日上午，习近平总书记考察云南洱海边的大理市湾桥镇古生村时说："经济要发展，不能以破坏生态环境为代价。生态环境保护是一个长期任务，要久久为功"[①]；在村民李德昌家考察时说："云南有很好的生态环境，一定要珍惜，不能在我们手里受到破坏"[②]，他再次强调："要把生态环境保护放在更加突出位置，像保护眼睛一样保护生态环境，像对待生命一样对待生态环境。"[③]此后，这一系列新思想、新观点、新要求，就成为云南绿色发展的号角及生态文明建设的目标。

云南在生态文明排头兵建设的目标下，全面践行"走向生态文明新时代，建设美丽中国，实现中华民族伟大复兴的中国梦"的精神，环境保护工作很早就在各方面已经展开，且成果显著。

本书收集和整理了 2000—2008 年云南的环境保护史料，在此基础上将其分为四章的内容。

第一章为云南环境保护史料。云南环境保护涉及范围极为广泛，若要面面俱到，则难度极大。本章的云南环境保护史料涉及了环境保护规划史料、生物多样性保护史料、自然保护区建设与管理史料、森林保护史料、城乡环境保护史料、环境保护监察史料、环境保护宣传教育史料七个方面的内容。这些内容虽无法完全概括 2000—2008 年所有的环境保护史料，但对了解这段时间云南环境保护工作的措施及成效等相关情况还是具有重要作用的。

第二章为云南九大高原湖泊环境保护史料。滇池、阳宗海、洱海、抚仙湖、星云

① 中共中央文献研究室：《习近平关于社会主义生态文明建设论述摘编》，北京：中央文献出版社，2017年，第26页。
② 张帆、杨文明：《生态文明美云南》，《人民日报》2019年8月1日，第12版。
③ 中共中央文献研究室：《习近平关于在社会主义生态文明建设论述摘编》，北京：中央文献出版社，2017年，第8页。

湖、杞麓湖、程海、泸沽湖、异龙湖九大高原湖泊是云南高原上的明珠，也是云南的母亲湖，更是外界了解云南自然环境的一大窗口。长期以来，九大高原湖泊环境治理就是云南环境保护工作的重点，而滇池又是其中的重中之重，因此本书将九大高原湖泊环境保护史料独立成章。本章的内容涉及九大高原湖泊 2003—2008 年每年和每季度的环境治理情况、九大高原湖泊环境保护措施与行动等内容。入湖河流是九大高原湖泊环境的重要组成部分，因此本章内容也包括九大高原湖泊的入湖河流的环境保护史料。

第三章为云南环境保护专项整治史料。从 2004 年起，云南省组织开展了全省以整治违法排污企业保障群众健康为主要内容的环境保护专项行动。这一环境保护专项行动使云南省环境保护工作更为走向大众，充分调动各方环境保护力量，增强了民众环境保护的参与感和责任感，不仅有利于整治违法排污企业，还有利于保障群众健康，充分体现了以人为本的科学发展观，是云南环境保护惠民的重要体现。本章汇编了 2004—2008 年环境保护专项整治行动，以期为读者了解云南环境保护工作提供新的视角。

第四章为云南环境保护法规条例。环境保护不仅仅需要社会道德的驱动，更需要法律法规的强制约束。本书第四章汇编了 2000—2008 年云南出台或修改的环境保护法规条例，其中主要涉及云南省和某些云南地方州（市）环境保护条例，以及湖泊等水环境和森林等自然环境资源的法规条例，这些法规条例很多在今日仍在使用。这些法规条例是云南环境保护工作的重要规范和规划，对破坏生态环境的行为具有重要的防范和警示作用，而其不断修订的条例更是体现出了云南环境保护与时俱进的理念。

云南用长期的环境保护实践充分贯彻落实了我国环境保护这一基本国策，这是一项伟大的事业。参与这一伟大而长远的事业人人有责，绿色环境保护的生态理念需要深入人心。

周　琼　邓云霞　汪东红

2019 年 12 月 20 日

目　　录

第一章　云南环境保护史料

第一节　环境保护规划史料

一、云南生态建设和环境保护“十五”规划[①]

2001年9月，云南省人民政府出台《云南省生态建设和环境保护“十五”规划》。规划指出，2001—2005年是云南省进行经济结构战略性调整，完善社会主义市场经济体制和进一步扩大开放，是全面建设小康社会的重要时期，也是对生态建设和环境保护工作提出更高要求和挑战的时期。进一步加强生态建设和环境保护工作，减轻环境问题对经济社会发展的制约，是新时期的一项重要任务。按照云南省委、云南省人民政府的部署，在有关职能部门完成行业规划的基础上，云南省计委统筹协调、平衡，编制了《云南省生态建设和环境保护“十五”规划》，作为云南省国民经济和社会发展第十个五年计划的重点专项规划之一，是云南省实施可持续发展战略，保证经济、社会与环境协调发展的指导性文件。

（一）生态建设和环境保护的现状

1. 进展与成就

“九五”期间，云南省坚持污染防治与生态保护并重、生态建设与生态保护并举

① 云南省环境保护局：《云南省生态建设和环境保护“十五”规划》，http://sthjt.yn.gov.cn/ghsj/hjgh/200709/t20070927_10971.html（2007-09-27）。

的方针，生态建设和环境保护已纳入各级党委和政府的重要议事日程，环境急剧恶化的趋势得到初步遏制，部分城市和地区的环境质量有所改善，生态建设和保护取得显著成效。

（1）生态建设与保护步伐加快。生态建设和生态破坏的恢复工作取得重要进展。果断停止了66个县和16个森林工业局的天然林采伐，开展了退耕还林还草试点，先后启动了35个县国家生态环境建设综合治理工程和金沙江、珠江、澜沧江防护林体系建设工程，实施了以工代赈造林、农业综合开发造林、飞播造林、绿色扶贫工程造林等工程项目，森林覆盖率达44.29%，活立木蓄积量增加4.11个百分点，实现了森林面积和森林蓄积量的双增长，达到了消灭森林资源赤字的目标。

生物多样性保护工作得到进一步加强。全省累计建立各级各类自然保护区121个，“九五”期间新增和扩建自然保护区面积50万公顷，总面积达到240万公顷，占全省土地面积的6.1%，全省主要的森林生态系统、湿地生态系统和珍稀野生动植物及其栖息地基本得到了保护。此外，云南还建立了一批珍稀野生动植物繁育、迁地保护场（所、中心），开展了有效的迁地保护工作，初步构架了珍稀野生动植物的迁地保护网络。另外，积极开展“云南省野生种质资源库”建设的准备工作。总体来看，云南的生物多样性保护工作位居全国前列。

基本农田建设进展顺利，生态农业发展规模不断扩大，农村生产生活条件进一步改善。全省累计投入资金49.36亿元，建成高稳产农田167.3万公顷，占耕地总面积的26.06%，治理改造25度以下坡耕地16.3万公顷。全省建成生态示范区3个，生态农业县10个，生态乡24个，生态村50个，生态基地16个，生态户5万多户，覆盖面积218.8万公顷，受益人口784.5万人。

水土流失综合治理工作力度加大。“九五”期间，云南重点抓了29个国家级重点县、66个水土保持国债县和12个省级重点治理县的水土保持工作。完成水土流失面积治理10 675平方千米，占计划治理面积9000平方千米的118.6%。1999年遥感调查表明，金沙江流域云南段年侵蚀量减少1500万吨。

（2）环境污染防治取得显著成就。工业污染防治力度加大，主要污染物排放得到有效控制。完成了国家下达的2000年底工业污染源达标排放任务和云南省人民政府下达的100家重点工业污染源限期治理任务，国家实施排放总量控制的12种主要污染物控制在国家规定的范围内，减缓了污染加剧和资源浪费的趋势。列入国家酸雨控制区的7个城市制定了二氧化硫防治规划并正在组织实施。

城市环境保护基础设施建设加快，城市环境质量提高。截至2000年底，已建成城市污水处理厂9个，形成处理能力42.5万吨/日，污水处理率高于全国平均水平；城市生活垃圾粪便无害化处理率达20%左右；城市气化率达22%；城市绿化覆盖率达

23.93%，人均公共绿地面积 5.7 平方米。全省空气环境质量明显改善，低于空气质量三级标准的城市（镇）已由“九五”初期的 12 个减为 1 个。全省 16 个主要城市中，7 个城市实现了水、气环境质量功能区达标；多数城市实现环境空气质量功能区达标；11 个城市实现水环境质量功能区达标。交通噪声、功能区噪声污染有所好转。

重点湖泊污染防治工作全面启动。滇池列为国家“三河三湖”污染治理重点之一，水质迅速恶化的趋势得到初步控制，滇池治理取得阶段性成果。其余 8 个被列为云南省重点保护的湖泊已完成环境综合治理规划，治理工作已开始启动，杞麓湖水质已有明显改善。

（3）环境法制建设逐步完善。“九五”期间，云南省人民政府出台和下发了《云南省自然保护区管理条例》《云南省农业环境保护条例》等一系列生态建设和环境保护法规和条例，环境法制体系逐步完善。

环境执法和执法监督工作不断加强。环境保护、林业、农业、水利等部门加大了环境违法的查处力度，各级人大、政协对各级政府环境执法实施有效监督，坚持开展环境执法检查。通过加强执法和执法监督活动，维护了法律的尊严，有力地促进了环境保护工作的法制化进程。

（4）环境科技、教育、宣传、监测工作取得一定成效。环境科研工作成效明显。在开展林业应用技术研究和技术推广工作中取得科技成果 230 多项；60 多项环境保护、生态科研成果获得省部级科学技术奖；环境标准的管理工作得到进一步加强，ISO 14000 环境管理体系标准实施工作有所进展，全省环境监测能力建设得到进一步提高。

生态建设和环境保护宣传、教育、培训工作得到加强。通过开展“云南环境保护世纪行”“滇池污染治理零点行动”等活动，全民环境保护意识有较大提高。

（5）环境保护利用外资和国际合作、交流取得新突破。对外交流领域逐步扩大。云南与世界银行、亚洲开发行、联合国、欧盟、全球环境基金会、德国、芬兰、英国、荷兰、意大利、加拿大、日本、澳大利亚等国际组织和外国政府进行了广泛的交流与合作，有力地推动了云南环境保护事业的发展。

积极引进外资和技术，开展环境保护国际合作。“九五”以来，云南先后启动实施了“世界银行贷款云南环境保护项目”“世界银行贷款造林项目”“全球环境基金自然保护区管理项目”“中荷合作云南森林资源保护与社区发展项目”“中荷滇南四湖环境治理示范合作研究”等一批利用外资和国际合作项目，进一步推进了云南省生态建设和环境保护工作。

2. 面临的主要问题

虽然“九五”期间取得了较大进展，但由于云南自然生态环境多样性和脆弱性特点，以及资源型的、传统的经济增长模式还没有实现根本转变，随着城市化进程的加快和人口的不断增加，自然资源开发力度不断加大，以植被破坏、资源不合理利用、水土流失、水环境污染等为代表的环境问题仍很突出，环境形势依然严峻。

（1）森林生态功能衰退，生物多样性受到威胁。森林面积虽有增加，但林分质量下降；森林资源分布不均，难以发挥有效的生态功能；毁林开荒、过度垦殖的现象仍然存在；生物多样性保护受到威胁。自然保护区面积较小，仅占全省土地面积的6.1%，低于全国 9.85%的平均水平，同时存在“批而不建、建而不管、管而不力”的问题。珍稀野生动植物时常受到偷采、偷猎，许多野生动植物的适宜生境越来越小。

（2）农村生态环境污染日趋突出。农药、化肥和农用薄膜的不合理使用，导致农村环境污染日益严重；乡镇工业污染源污染负荷不断增加；九大高原湖泊流域的农业面源污染治理难度大，任务艰巨。

（3）水土流失仍很严重，一边治理一边破坏的现象依然十分突出。全省水土流失面积 14.13 万平方千米，占全省土地面积的 37%；治理任务十分艰巨；“边治理，边破坏；点上治理，面上破坏；先破坏，后治理”的现象仍然较为普遍。

（4）部分区域的水环境污染严重，固体废物污染日趋突出，主要湖泊污染严重；工业固体废物排放量增长快，废物综合利用率低；城市生活垃圾产生量逐年增加，治理“白色污染”迫在眉睫。

（5）生态环境灾害频繁，经济损失严重。

（二）基本思路和目标

1. 指导思想

以党中央、国务院关于人口资源环境与可持续发展的规定为指南，抓住实施西部大开发战略和建设绿色经济强省的有利时机，妥善处理好经济发展与环境保护、资源开发与生态建设的关系，牢固树立打“持久战”的思想，坚持以人为本，把改善生态、保护环境作为经济发展和提高人民生活质量的重要内容，充分发挥市场机制的作用，以相关法规和政策为保障，以制度创新和科技进步为动力，以解决重点区域和领域的问题为突破口，加强综合协调和分类指导，全面推进可持续发展战略的实施。

2. 基本原则

（1）坚持实施可持续发展战略，解决生态环境问题。以经济建设为中心，处理好经济建设和人口、资源、环境之间的关系；合理调整产业结构和布局，转变经济增长方式。坚持开发与节约并举，加大土地、森林、水、矿产等资源的保护与合理利用力度。

（2）坚持全社会参与，重视发挥政府、企业和公众三个方面的作用。不断提高政府在生态建设和环境保护方面的主导作用，加大投入，强化监管；利用市场机制，合理分担环境义务；鼓励公众参与，加强舆论监督。

（3）统筹规划，突出重点，因地制宜，分类指导。要在全面规划的基础上，集中人力、物力、财力解决一些重点区域和重点领域的环境问题，力争在较短的时间内有所突破；坚持保护与建设、预防与治理并举，保护和预防优先，避免出现新的破坏和污染；尊重自然规律和社会经济条件，因地制宜地采取综合治理措施，提高建设和治理效果。

（4）坚持生态建设和环境保护与区域经济发展紧密结合、相互促进。生态建设要注意与山区、民族地区经济发展、脱贫致富奔小康的要求相结合；污染治理要与技术改造、新产品开发、产业结构调整相结合。

（5）依靠科技进步，推动生态建设和环境保护工作。发挥科技是第一生产力的作用，提高生产和建设的技术水平，减轻对生态和环境的压力。同时，积极推进科技创新，开发改善生态、保护环境的先进适用技术，为可持续发展提供有力的技术保障。

（6）坚持全方位的对内、对外开放。积极开展国际、国内交流与合作，多方面吸收和引进国内外的资金、技术、人才和管理经验；在对外经济贸易与合作中，注意保护云南省的资源与环境，充分利用云南的地缘区位和环境优势，通过多种渠道和形式利用国外资源，在更大范围内解决云南生态和环境问题。

3. 主要目标

2005年，云南省初步建立适应社会主义市场经济发展要求的生态建设和环境保护政策法规体系与协调管理机制。以重点生态建设工程为骨干，全面推进生态环境建设，基本控制住人为因素产生新的水土流失和森林、草地破坏，初步遏制地质灾害持续上升的趋势，生态功能和生物多样性开始得到恢复，现有天然林资源得到有效保护，生态环境恶化趋势基本得到遏制。全面巩固和提高工业企业达标排放成果，加快城市环境保护基础设施建设，滇池、抚仙湖等九大高原湖泊生态环境的保护和治理取得新的进展，重点城市和地区的环境质量得到改善，努力建成一批经济快速发展、环境清洁优美、生态良性循环的城市和地区。

（1）林业生态建设目标。“十五”期间，全省造林营林432.01万公顷，其中人工造林150.86万公顷，封山育林144.9万公顷，飞播造林69.25万公顷，中幼林抚育67万公顷。到2005年，全省新增森林面积150万公顷左右，退耕还林还草40万公顷，森林覆盖率达到48%左右，现有天然林得到有效保护。

（2）生物多样性保护目标。“十五”期间，全省新增自然保护区24个，其中国家级自然保护区9个（含升级、扩大），新增自然保护区面积80万公顷，使自然保护区面积占全省土地面积比例达到8%左右。

（3）农业生态环境建设目标。实施坡耕地治理面积33.3万公顷，建设生态农业示范村1000个，到2005年，基本农田保护率不低于80%，全省30%左右的农业县（市、区）达到生态农业县的标准，全省40%左右的耕地实施平衡施肥。

（4）草地生态环境保护目标。以治理滇西北高山草地、金沙江流域退化草地为重点，建设草地29万公顷。

（5）水土流失治理目标。治理水土流失面积1.2平方千米，新实施保护面积2.4万平方千米，监督管理步入规范的轨道，初步建成全省水土保持监测网络与管理信息系统。

（6）水环境保护目标。到2005年，在六大水系干流25个国控、省控断面中，70%以上的断面水质达到或优于地表水Ⅲ类标准。在九大高原湖泊中，抚仙湖、泸沽湖水质保持地表水Ⅰ类标准，洱海保持地表水Ⅱ类标准，阳宗海接近地表水Ⅱ类标准，程海、星云湖和异龙湖接近地表水Ⅲ类标准，杞麓湖达到地表水Ⅳ类标准，滇池草海和外海水质在现有基础上略有好转。

（7）城市环境综合整治目标。全省主要城市环境质量明显好转，城市空气质量、地表水环境质量达到功能要求；城市饮用水水源水质达标率100%，重点城市污水处理率平均达到70%以上，县级以上城市垃圾无害化处理率达到65%以上，城市燃气气化率、城市绿化率等指标和城市综合整治定量考核结果明显提高。

（8）工业污染防治目标。到2005年，主要污染物控制在国家规定的范围内；工业废水、废气处理率提高到90%，工业固体废物综合利用率达到40%、处置率上升到20%；确保环境影响评价执行率达到100%，所有新、改、扩建项目污染物稳定达标排放，做到增产不增污或增产减污。

（三）重点布局与主要任务

1. 重点布局

把生态环境恶化、对改善生态环境有全局意义、容易出成效、对实现近期目标最关键的区域作为全省生态建设和环境保护工作的重点，集中力量予以支持，以点促面，带动全省生态建设和环境保护工作的全面开展。全省生态建设和环境保护工作的重点是四个流域（金沙江流域、珠江流域、澜沧江和红河流域部分地区）、九大高原湖泊（滇池、洱海、抚仙湖、泸沽湖、阳宗海、杞麓湖、星云湖、程海、异龙湖）和九个城市（昆明、曲靖、玉溪、楚雄、个旧、大理、景洪、中甸、丽江）。

2. 主要任务

根据生态建设和环境保护的基本思路，围绕改善环境质量，全面推进“十项”任务。

（1）森林生态保护和建设。继续实施天然林保护工程。按照“突出重点，先易后难，分步实施，注重实效”的原则，全面启动66个县（市）和16个国有重点森林工业局的天然林保护工程，在调减天然林区木材产量、加强现有天然林保护和转产项目建设的同时，大力推进以营造生态公益林为主的生态环境治理和森林培育。2001—2005年，全省完成森林管护面积1197.7万公顷，公益林建设81万公顷。其中封山育林29.3万公顷，飞播造林38.5万公顷，人工造林13.3万公顷。

积极稳妥地推进退耕还林还草工程。按照“全面规划、分步实施、突出重点、先易后难、先行试点、稳步推进”的原则，以及“谁造谁有，谁管护谁受益，50年不变”的政策措施，在保证退耕农户基本生活和自愿的前提下，以乡、村为单位，相对集中连片，积极稳妥地推进退耕还林还草工作。

认真抓好防护林体系建设。完成珠江流域防护林30万公顷和澜沧江流域防护林37.4万公顷的建设任务，积极争取其他流域防护林体系的开工建设。实施144.9万公顷的封山育林工程。抓紧实施绿色通道建设工程。以旅游路线的铁路、公路和旅游区面山绿化为主，绿化里程18 708千米。

（2）生物多样性保护。加强现有重点自然保护区的管理能力建设。充实管理机构，强化保护管理力度，采取有力措施切实解决自然保护区“批而不建、建而不管、管而不力”等问题。

建立和完善自然保护区网络。新增澄江帽天山、盈江铜壁关、丽江玉龙雪山、宁蒗泸沽湖、中甸碧塔海、怒江碧罗雪山等9个国家级自然保护区和建水燕子洞、富宁剥隘、元江干热河谷、澄江抚仙湖、曲靖珠江源等一批省级自然保护区，各地结合天然林保护工程，再建一批地州级自然保护区，使云南主要的生态类型、生态景观资源和珍稀濒危物种及其栖息地得到有效保护。

建立和完善野生动植物迁地保护网络。结合云南野生种质资源库建设，进一步完善现有物种繁育基地的设施条件，新建一批迁地保护基地（站、所），逐步完善珍稀动植物迁地保护网络，有效保护种质资源。

（3）农业生态环境建设。加强农业环境污染控制工作。开展规模养殖场畜禽粪便的治理工作，重点防治不合理使用化肥、农药、农膜和污灌带来的农业环境污染，加强农村垃圾的生态处理，结合小城镇发展，引导乡镇企业向城镇集中，开展集中治理，使农业环境保护取得明显成效。

大力发展生态农业，积极推广无公害农产品的生产。结合农业产业结构调整，大力支持有机农业和节水农业，继续开展坡耕地治理和退化草地治理，实施生态家园富民行动计划、无公害农产品示范工程、农业废弃物综合利用工程、农村能源示范工程和“光明工程”，增加农民收入，改善农村环境和农田质量，提高无公害农产品占农产品总量的比重。计划改造治理坡耕地 33.3 万公顷，建设草地 29 万公顷，建设 1000 个生态示范村、20 万户农村庭院生态户和 50 个农业生态示范基地，新增农村能源综合建设县 5 个，新增农村沼气池用户 100 万户，推广以煤代柴和以电代柴各 50 万户。

（4）水土流失治理。全面规划，突出重点。"十五"期间，遵循"预防为主，全面规划，综合治理，因地制宜，加强管理，注重效益"的工作方针，全省水土保持生态环境建设分金沙江流域、高原湖泊、珠江流域和其他流域四大片区开展，计划治理面积 120 万公顷，其中，坡耕地改造 8.2 万公顷，水土保持林 37.1 万公顷，经济果树林 15.3 万公顷，种草 1.5 万公顷，封禁治理 45.7 万公顷，保土耕作 12.2 万公顷。

加强管理，解决边治理边破坏的问题。在公路建设、矿山开采、区域开发等项目中，要大力落实水土保持方案制度，加强监督执法，做到水土保持措施与建设项目主体工程同时兼顾，解决一边治理、一边破坏的问题。

（5）重点地区生态环境综合治理。以金沙江流域、珠江流域为重点，继续实施生态环境综合治理工程。金沙江流域除已完成三年建设任务的 12 个县外，在建的 23 个县继续安排治理工程，剩余 12 个县启动治理工程。同时，积极争取国家支持，力争全面实施珠江流域重点地区生态环境综合治理工程，其他流域启动生态环境综合治理工程试点。

开展石漠化治理工程。以南盘江为突破口，以保护、恢复和扩大植被覆盖为主要手段，以小型水利工程为辅助手段，以农村沼气建设为重要保障，结合天然林保护工程、退耕还林还草工程、生态环境综合治理工程、防护林建设工程、国债水土保持治理工程等，争取国家加大投入力度，通过试点示范，逐步开展石漠化治理工作。

建立生态功能保护区，确保生态环境安全。按照《全国生态环境保护纲要》要求，积极创建重要生态功能区、重点资源开发区和生态功能良好区，明确目标和任务，实行分类指导、分区推进，积极采取抢救性保护、强制性保护和积极保护措施，加大监督管理力度，全面实施"三区"保护战略，确保生态环境安全。"十五"期间，重点建设滇西北国家级生态功能保护区以及珠江源省级生态功能保护区。

（6）九大高原湖泊水污染防治。按照"科技先行、总体规划、分类指导、一湖一策、综合治理、强化管理"的原则，从点源治理、面源治理、内源治理及水资源优化调度、科研及湖泊监督管理能力建设几个方面入手，以滇池水污染防治为重点，全面开展九大高原湖泊的水污染治理工作。

加快湖泊所在地城市污水处理厂和截污管网建设步伐。尽快完成昆明城市排水规划，加大城市污水管网建设和改造力度，有计划、分步骤组织实施；尽快完成大理污水处理系统，泸沽湖、阳宗海污水处理工程及江川县（今玉溪市江川区，下同）污水处理厂扩建工程及配套管网工程，提高城市污水处理率。

开展环湖周围面源污染治理工作。加强环湖周围生态环境建设和生态农业建设，优化施肥技术，提高农村和农业废弃物的资源利用率，合理调整农业结构，推广清洁农业和有机农业，采取综合措施努力削减面源污染。实施小流域综合治理，积极开展入湖河道整治，清除淤泥和沿岸垃圾，截污排洪，建设绿化带，恢复沿岸生态环境。保护自然湿地系统，开展人工湿地处理系统试点，提高生态系统的净化能力。

稳步实施高原湖泊底泥疏浚工程。底泥污染是湖泊富营养化的一个重要影响因素，要积极争取、抓紧实施滇池草海污染底泥二期疏浚工程和异龙湖、杞麓湖、星云湖、洱海底泥疏浚一期工程。

搞好水资源优化调配工作。抓紧掌鸠河引水供水工程建设，开展星云湖出流改道、杞麓湖泄洪隧道等工程的前期工作，充分论证后尽快组织实施；抓紧开展寻甸清水海引水济昆工程的前期工作；开展金沙江引水到滇中地区的前期准备工作。

对湖泊流域实行污染物总量控制管理。实行更为严格的工业污染防治，两年内率先在九大高原湖泊流域全部实施排污许可证制度，实现总量控制管理，进一步削减流域内工业企业污染物排放量。

（7）工业污染防治。巩固和提高工业主要污染物达标排放成果。以化工、电力、冶金、造纸、建材等行业为重点，对主要污染物排放实行总量控制，实施全面达标工程，确保工业污染源全面达标排放。

结合经济结构的战略性调整，加速淘汰一批落后的生产工艺和设备，依法关闭污染严重、危害人民健康的企业，大力支持符合国家产业政策，且经济效益、社会效益和环境效益统一的项目，按期淘汰国家限期淘汰的小煤矿、小炼钢、小建材、小冶炼、小铁合金，按照相关破产和重组政策，淘汰一批小糖厂、造纸厂，逐步解决结构性污染。

大力推行清洁生产。结合技术改造创新，采用一批有利于环境保护的先进技术和工艺，推行清洁生产，积极开展 ISO 14000 环境保护管理系列标准和环境标志认证工作，采取优惠政策和资金支持，鼓励企业开展清洁生产，大力发展环境保护产业，促进资源综合利用。

（8）城市环境综合整治。结合全省城市化发展战略，以昆明、曲靖、玉溪、楚雄、个旧、大理、景洪、丽江和中甸为重点，加强城市环境保护和综合整治。

加快城市环境基础设施建设。充分调动各方面的积极性，多渠道筹集资金，加快供气、生活污水处理、垃圾和工业废物处理与综合利用、园林绿化等城市环境基础设施建设。城市污水、垃圾处理建设项目优先安排九大高原湖泊所在城市、环境保护重点城市以及州（市）所在地、边境城市和旅游城市。旅游城市和风景名胜区尤其要抓好垃圾处理，防止出现白色污染。到 2005 年，新增城市污水处理能力 50 万吨/日。

提高城市清洁能源比例。在城市工业区和中心区，逐步淘汰高能耗、高污染的生产工艺，特别是直接燃用原煤的污染企业，加强酸雨控制区二氧化硫污染防治。

提高城市污水处理率和垃圾无害化处理率。昆明、曲靖、玉溪 3 个国家重点环境保护城市污水处理率达 70%—80%，垃圾无害化处理率达 80%以上；楚雄、个旧、大理、景洪、丽江和中甸 6 个云南省环境保护重点城市污水处理率达 60%，垃圾无害化处理率达 75%。

继续开展城市环境综合整治定量考核，积极推动创建环境保护模范城市活动，注意保护和整治具有历史价值的传统街区、标志，逐步提高城市的环境管理水平。

（9）防灾减灾及矿山环境整治。加强减灾工程建设。坚持预防为主、防抗救相结合的方针，加强病险水库处理、江河堤防、抗旱设施、抗震设防、滑坡泥石流灾害整治等减灾工程建设，加强非工程性减灾工作，有效减轻灾害造成的损失。

推进矿山生态环境的综合治理。按照分类指导、区别对待的原则，对于由于历史原因遗留的矿山环境问题，要结合生态环境建设，逐步开展矿山覆土植被工程建设，对于新开发的矿山，要严格实行环境保护，实现废渣、废水的达标排放。

（10）生态、环境、资源和灾害的综合监测体系建设。围绕生态建设和环境保护的重点任务，结合国民经济信息化的进程，初步建成现代化生态、环境、资源和灾害的综合监测体系，为各级政府提供及时、可靠的决策依据，为全社会的参与和监督提供丰富翔实的信息。

建设以水和大气质量为重点的环境质量监测体系，特别是国际河流、跨省界河流水质的自动化定时监测和重点污染源的在线自动监测。建设以遥感和地面观测站相结合的环境与资源监测体系。建设重大自然灾害的监测、预报和应急系统。

（四）政策与措施

（1）加强领导，建立目标责任制。建立健全生态建设和环境保护目标责任制。生态建设和环境保护是云南省建设绿色经济强省和民族文化大省的战略根基，各级领导一定要以历史的责任感和使命感，高度重视这项工作。要将生态建设和环境保护列入政府重要的议事日程，作为国民经济和社会发展计划的核心内容之一，通过建立健全目标责任制，确保计划目标和任务的完成。

健全和完善生态建设和环境保护的统一监督管理与部门分工管理相结合的管理体制。各地区、各部门要精心组织好各项重点任务的实施。计划部门要统筹规划，综合平衡，做好组织协调工作；农业、林业、水利、环境保护、城建、国土资源等行业主管部门要按照各自分工，明确责任，通力合作，加强行业指导和项目管理；财政、经贸、金融、科技、教育等部门要从资金、政策、技术、人才培养等方面给予积极支持；审计、监察等部门要加强对生态建设和环境保护工作的监督；其他各相关部门也都要积极参与，全力配合。

改善经济决策过程，建立环境与发展综合决策机制。在新的形势下，要注重宏观经济政策的综合决策，防止经济决策过程留下严重的环境后果。

（2）完善法规，加强执法，加大政府监管力度。继续完善生态建设和环境保护法规体系。根据国家有关政策、法律和法规，结合云南生态建设和环境保护的实际和管理需要，进一步完善地方配套法规和政府规章，制定和实施《云南省实施〈森林法〉办法》《云南省天然林保护条例》《云南省风景旅游区环境管理办法》《云南省排污许可证制度管理办法》等法规和政府规章，进一步完善环境标准体系，制定有关生态环境保护标准。对不适应社会主义市场经济体制要求的法律法规进行清理。

加大监督执法力度，坚持依法行政，规范执法行为，提高执法效果。要加强环境监理队伍建设，切实加强环境监理工作，实行生态环境稽查制度，开展生态环境保护执法监督，加强环境行政处罚和复议工作。依靠加强监督执法和规范管理，保障各级政府、部门和企业目标责任制的有效实施。

（3）拓宽资金渠道，增加生态建设和环境保护资金投入。争取国家加大对生态建设和环境保护转移支付的力度，加大对生态建设与环境保护的投入，保证投资渠道明确、稳定。建立长江中下游省（市），特别是东部发达省（市）对长江上游地区生态环境保护的补偿制度。

改进和完善现行财政投入机制。随着公共财政的建立，要把生态建设和环境保护投资列入各级财政预算的正常支出科目，并逐步增加；按照分类经营、分类管理的原则，改革现行财政投入机制，建立以公益性项目和科技投入为主体，以启动和引导发展为重点，实行无偿和有偿扶持相结合的生态建设投入机制；政府环境保护支出主要用于环境基础设施建设及环境管理活动。

鼓励全社会对生态建设和环境保护的投入。对服务对象明确的公益林、草地、水土保持工程以及依托其获取直接收益的单位给予资金扶持，建立直接受益者的资源补偿制度和生态效益补偿制度；规范、完善育林基金，水土流失防治费的征收管理使用制度；强化环境保护监督，促使企业严格执行环境保护标准，结合技术改造和产业升级，增加环境保护投入；通过股票等融资形式支持生态建设和环境保护项目及相关产业发展；通过拍卖等形式动员社会资金投向生态建设；积极采取有效措施，促进矿山生态环境恢复治理与土地复垦。

加大吸引外资投入生态建设和环境保护的力度。继续利用和更多地引进国际金融组织的多种贷款和直接使用非债务外资保护环境。制定优惠政策，鼓励外商直接投资环境基础设施和环境保护产业。

（4）运用价格、收费和税收手段，发挥市场的调节作用。运用价格、税收杠杆作用，引导各类资源要素按市场规则进行配置。提高那些环境污染型和浪费资源型产品进入市场的“门槛”，避免其进入市场低价竞争。从税收、信贷和价格方面，扶持绿色产业的发展。逐步完善税制，进一步增强税收对节约资源和保护环境的宏观调控功能。

促进环境保护设施运营社会化、专业化和市场化，实行城市环境保护基础设施运行收费制度。全面推行征收城镇污水处理费、城镇垃圾处理费和危险废物处置费，保证城市环境保护基础设施的建设和运好。

（5）加大生态扶贫力度，实现贫困地区社会经济和生态环境协调发展。将生态建设与扶贫开发紧密地结合起来，促进协调发展。云南省不少贫困人口分布于山区、干热河谷地区，生活生产条件恶劣，在生态建设项目的安排上，要注意与扶贫相结合，安排一定的财政扶贫资金，开展小流域治理、生态农业和农村能源建设，改善生产生活条件，提高农业生产水平。

实施异地扶贫，减轻人类活动对生态环境的压力。对一些生态环境破坏严重的地区和生存条件极端恶劣、自然资源极度贫乏的区域，在统一规划、认真进行社会经济论证的基础上，有计划、分阶段地实施移民开发，实现异地脱贫，防止这些地区因人口压力过大而生态环境进一步恶化。

（6）推行清洁生产，发展环境保护产业，积极防治工业污染。大力开展清洁生产，积极推动ISO 14000环境管理系列标准和环境标志认证工作。通过开展清洁生产和环境标准认证工作，提高企业的环境管理能力，实行污染全过程控制。积极扶持无污染、轻污染的高新技术产业发展，严格控制新污染源。研究和调整能源与环境政策，大力提倡节能和清洁煤技术，提高能源利用效率，支持、鼓励对太阳能、风能和生物质能等可再生能源的开发利用。

大力发展环境保护产业。研究和制定促进环境保护产业发展的政策和措施；组织开展技术和装备攻关，提高环境保护设备成套化、系列化水平；大力发展环境保护咨询服务业，引导开展社会化环境服务。引入市场机制，规范环境保护产业发展，打破环境保护产业发展中存在的部门、行业垄断和地区封锁。同时加强宏观指导，防止出现一哄而上和低水平重复建设。

（7）加强宣传教育，提高全民环境意识。结合“四五”普法，开展环境、生态普法宣传教育活动。环境保护宣传教育要向农村扩展，逐步提高农民的环境保护意识。鼓励新闻媒体开展环境保护宣传和舆论监督。注重提高各级领导干部和企业经营管理人员的环境保护意识和环境与发展综合决策能力。

推行绿色消费方式，鼓励公众自觉参与环境保护行动和监督。加强消费引导，减少一次性消费品的数量，推广绿色食品和环境标志产品。完善生态环境信息发布制度，拓宽公众参与和监督渠道，促进生态环境决策和管理的科学化、民主化。

（8）加强生态建设和环境保护科学技术研究，依靠科技进步保护生态环境。贯彻科技是第一生产力的指导思想，加大科技投入力度，提高生态建设和环境保护的科技含量。

开展环境与发展的战略、政策、法规、环境经济与管理制度的研究。加强环境与发展的研究，为提高宏观决策和环境管理水平服务；集中力量对重大生态建设和环境保护技术开展科技攻关，建设一批示范工程，引进和推广环境保护先进技术、最佳实用技术，加快科技成果向现实生产力的转化。

重视生态建设和环境保护人才的培养。进一步加强对职工的岗位培训工作，提高生态建设和环境保护队伍的整体素质，促进管理和决策的科学化。

二、“十五”期间云南环境保护主要任务和计划①

2004年8月，根据国务院批复的《国家环境保护“十五”计划》，结合云南省环境保护的实际情况，云南省环境保护局编制完成了《云南省环境保护“十五”计划和2015 年长远规划》《云南省生态建设和环境保护“十五”规划》。根据云南省人民政府批准的《云南省生态建设和环境保护“十五”规划》，“十五”期间，云南省重点实施“56789”工程，即新增50万吨/日城市污水处理能力；继续实施6大水系生态保护及水污染防治；抓好昆明、玉溪、曲靖、个旧、楚雄、大理、景洪7个环境保护重点城市的城市环境综合整治；加大全省自然保护区建设和管理力度，使自然保护区面积占全省面积比例提高到8%；进一步加大九大高原湖泊的水污染综合防治，使九大高原湖泊生态环境有较大改善。

1998年以来，国家在资金投入等方面给予了云南省大力支持，云南省在环境保护基础设施建设方面取得了很大成效。一系列治理工程项目得以实施，并有部分项目开始发挥效益。但是，也有部分项目的实施不够理想，没有发挥出应有的效益。按照国家要求和云南省环境保护工作的中心任务，云南省环境保护建设项目的任务仍十分艰巨，需要世界各国的重视和支持，主要需要支持的项目如下：

（一）入滇池河道截污及综合整治工程

滇池污染综合治理是一项复杂的系统工程，长期得到国家各部委的高度重视。通过连续多年的综合治理，特别是在世博会以后，已基本扼制住了滇池污染继续恶化的势头。但由于滇池所处地理位置特殊，再加上实施滇池治理时间短，没有成熟的经验可借

① 云南省环境保护局规划财务处，《云南省环境保护“十五”主要任务和计划》，http://sthjt.yn.gov.cn/ghsj/hjgh/200408/t20040817_11011.html（2004-08-17）。

鉴，受条件和技术限制，滇池治理仍存在一些急需解决的问题。

为加快滇池污染治理的进程，一系列项目的前期工作正在进行之中。滇池入湖三条河道——采莲河整治工程的初设已完成，明通河、枧槽河整治的可行性研究正在调整。该项目可提高已建成污水处理厂处理率，大大减少进入滇池的污染物总量，总投资估算7.876亿元。

（二）滇池污染底泥疏浚二期工程

滇池污染底泥疏浚是滇池污染综合治理的重要组成部分，是国务院批复的《滇池流域水污染防治"九五"计划及二〇一〇年规划》确定实施的工程项目，旨在清除长期积在滇池中的污染沉积物，与其他工程措施一起，为滇池水质和水生生态恢复发挥作用。

滇池草海水域面积7.5平方千米，一期工程（含继续疏浚工程）疏浚面积4.74平方千米。在工程实施完成后，草海疏浚水域水体透明度从0—0.37米增至0.5—0.8米，水质发黑、恶臭现象消失，旅游景观明显改善，取得了显著的社会效益和环境效益。截至2001年，滇池草海还有2.76平方千米的未疏挖水域和东风坝水域2.68平方千米有待疏挖。

草海未疏挖区域、东风坝水体与草海疏浚一期工程（含继续疏浚工程）疏浚水域紧密相连，污染底泥随时可向已疏浚区域回淤，因此，尽快疏浚未疏浚水域的污染底泥可以彻底清除滇池的内污染源，巩固一期工程的成果，对净化滇池草海及外海旅游敏感水域的水质、改善和美化草海旅游景观、开发利用水资源、促进草海生态系统恢复、防止草海沼泽化有十分重要的意义。

2001年，草海疏浚二期工程实施的内容包括草海未疏浚区域和东风坝北部水域的草海污染底泥疏挖，污染底泥疏挖总面积5.44平方千米。其中，草海南半部未疏挖区域面积2.76平方千米；东风坝水域面积2.68平方千米。总疏浚工程量330万立方米，其中，草海南半部未疏挖区175万立方米，东风坝水域155万立方米，工程投资估算19 935万元。

（三）抚仙湖—星云湖出流改道工程

抚仙湖和星云湖是位于云南省玉溪市境内的两个姊妹湖。抚仙湖是国内第二大深水湖及重要的国防科研试验基地，也是宝贵的优质水资源，水质类别是Ⅰ类。星云湖水面34.7平方千米，平均水深7米，污染严重且藻类大量繁殖，水质为Ⅳ类。两湖由2.1千米的隔河相连。处于上游的星云湖平均每年通过隔河向抚仙湖泄水约4000万立方米，携带大量蓝藻的污染水体在抚仙湖已形成2—3平方千米的污染带，是抚仙湖的一个重要污染源。由于来自星云湖和湖周围其他污染，抚仙湖透明度平均每年下降0.3米，已不足 5 米，藻类数量则每 3 年增加 1 倍。抚仙湖是我国少有的深水湖，换水周期很长，一旦被污染将很难恢复。为此，在中国国际工程咨询有限公司的资助下，云南省打算通过建设出流改道工程将星云湖最低控制水位下调 0.7 米，让抚仙湖倒流入星云湖，另由星云湖开通一条由暗渠、涵管和隧道组成的全长 12 千米的出水通道，由星云湖通过九溪河向东风水库每年泄水约 8000 万立方米。

实施该工程的效益如下：（1）避免星云湖污染抚仙湖，每年可减少由星云湖进入抚仙湖的氮 38.4 吨、磷 2.4 吨。（2）用抚仙湖的优质水冲洗星云湖，可逐渐改善星云湖的水质。（3）通过东风水库为玉溪市中心区经济发展提供必需的水资源。该工程总投资 2.56 亿元，建设期 36 个月。

（四）大理洱海污染底泥疏浚及湖滨带生态建设工程

洱海位于云南省大理白族自治州境内，是云南省第二大淡水湖[①]，湖面面积超过 250 平方千米，综合水质类别为Ⅱ类。1996 年 9 月，洱海曾大规模暴发蓝藻，严重影响城市供水。近 5 年来，虽然采取了截污等工程措施，外源污染逐步得到治理，但内源污染呈日趋严重趋势，是影响洱海水质的重要原因，造成局部区域产生淤泥，甚至出现沼泽化现象。本项目拟疏浚底泥 300 万立方米，同时进行 46 千米的湖滨带生态恢复建设，项目总投资 1.58 亿元。

（五）杞麓湖综合治理调蓄水利工程

杞麓湖综合蓄水工程拟建一条包括明渠、暗涵和隧洞在内，全长为 9.95 千米出水通道，从而可对杞麓湖实现人工调蓄。如此，可以提高该湖的正常水位，增加蓄水量 4000 万立方米，最大限度地利用流域内的水资源，既能保证沿湖 7.2 万亩良田的灌溉，也能保证沿湖区 4.4 万亩低凹农田不受洪涝威胁，还能保证 900 万立方米的工业用水。同时，因增加库容而增加环境容量，是一个可以实现防灾减灾与保护湖泊生态“双赢”的建设项目。该工程总投资 1.52 亿元，建设周期 3 年。

（六）危险废物及其处理处置

随着经济和社会的迅速发展，云南省危险废物的产量也在不断增长。据 1999 年申报登记结果，云南省危险废物产生源共有 635 个，主要分布于昆明、曲靖、玉溪等 11 个州（市），产量达 963 466.78 吨。其中，有机磷废物 282 700 吨/年，含铅废物 260 347.52 吨/年，废酸或固态酸 210 241 吨/年，含镉废物 115 000 吨/年，加上含锌、砷、铬废物共占云南危险废物总量的 98.41%。在《国家危险废物名录（2008 年版）》

① 原文此处记为“我国第二大湖泊”，我国第二大湖泊应为江西省鄱阳湖，洱海为云南第二大淡水湖，特此纠正。

的47类危险废物中，云南省有24类，主要产生于化工等行业，多为矿物采选、冶炼加工产生的废物。因此，云南省是全国危险废物控制区域之一。

截至2000年，云南省还没有形成危险废物的有效管理体系和处理处置体系，没有一个符合标准的综合性危险废物集中处置场，专业性处置设施和企业处置设施屈指可数，处理处置方式多为围墙堆存、填埋、焚烧和中和利用，处理能力有限，所处置的危险废物大部分是在低水平下进行的，而且由于云南特殊的地理条件，控制危险废物的任务更加繁重。云南号称“有色金属王国”，在工业发展，特别是有色金属、化学工业的发展中还将产生大量的危险废物，如果不能得到有效处置，会对云南环境安全构成很大隐患，同时也与云南创建绿色经济强省和旅游大省的要求极不相称。

为了改变云南危险废物管理工作的被动局面，云南省环境保护局在2000年委托国家环境保护总局（今环境保护部，下同）危险废物管理培训及技术转让中心（清华大学环境工程系）和云南省环境科学研究所编制了《云南省危险废物管理规划研究报告》和《云南省危险废物处置中心预可行性研究报告》，针对云南省危险废物管理的现状及存在问题，借鉴国内外有关经验，提出了云南省的危险废物管理规划和建设昆明、临沧等三个危险废物集中处置场的方案，并对拟建的昆明危险废物处置场的五个拟选场址进行了多次实地踏勘，收集了相关的地质资料，提出了各个拟选场址的比选意见。

三、2005年云南省环境保护工作要点①

2004年12月21日，云南省环境保护局印发《2005年全省环境保护工作要点》，具体内容如下：

（1）优化生产力布局，促进全省经济与环境协调发展。针对不同地区的环境容量和区域主体功能，确定环境保护目标和任务。在资源优势明显、环境容量大的重点开发区，要以保护促开发，引导当地经济走集约、规模经营、污染集中控制的发展道路；在重点旅游区、泥石流和滑坡地区、高海拔地区和公路干线两侧等生态环境脆弱区，要以保护为主，鼓励发展适合本地资源环境承载能力的特色产业，严格控制科技含量低、资源消耗高、环境污染大的建设项目；在经济发展较快、环境容量有限的优化整合区，要以加强管理为主，促进经济结构调整，发展科技和知识含量高的制造业和现代服务业，依靠科技进步治理老污染源、控制新污染源；在生态环境良好、生物资源丰富的地区，严格实行“保护优先、统筹规划，综合利用”的原则，积极支持科技含量高的生态产业和生物产业发展，保证生物资源可持续利用。

---

① 云南省环境保护局：《2005年全省环境保护工作要点》，http://sthjt.yn.gov.cn/zwxx/zfwj/yhf/200501/t20050110_10302.html（2005-01-10）。

（2）推行循环经济，促进经济增长方式转变。要会同有关部门，争取各方面的支持，共同推进循环经济发展；大力推行清洁生产，创建环境友好企业；在工业集中地区，注重企业之间资源利用的生态链接，创建生态工业园区；支持环境保护模范城市、环境优美乡镇建设；继续抓好不同层次的循环经济试点，通过实施开远工业和洱源农业循环经济试点，探索和实践低投入、高产出、低消耗、少排放、能循环的县域经济发展模式；支持开发云南省丰富的水能、太阳能、风能和生物质能等可再生能源，推进节约型社会建设。

（3）以九大高原湖泊为重点，继续加强水环境污染综合防治工作。要深入贯彻云南省人民政府第五次九大高原湖泊领导小组会议和泸沽湖现场办公会精神，以确保完成目标责任书确定的各项任务为重点，创新思路、完善机制、狠抓落实，加大湖泊水污染防治“十五”计划和国家三峡库区环境保护规划实施力度，加快环境保护基础设施建设步伐，继续推进九大高原湖泊和重点流域水污染综合防治工作。

（4）加强生态环境保护与建设，促进人与自然和谐。要以贯彻落实《全国生态环境保护纲要》为主线，指导各地按优化整合区、重要生态功能区、重点开发区、生态环境脆弱区、自然保护区进行生态功能区划，根据区域的主体功能，合理指导产业布局。按照“生态建设产业化、产业发展生态化”要求，促进以生态经济为特色的支柱产业发展。落实重要生态功能保护区、重点资源开发区和自然保护区的保护措施，加大生态环境保护力度，维护全省生态环境安全，使自然资源得到合理的保护和利用。

（5）坚持政策创新和管理创新，努力提高环境监管能力。要把环境保护融入经济、社会发展之中，积极参与政府综合决策；把各项环境保护工作纳入法制轨道，不断完善与既快又好发展相适应的地方环境保护法规体系，完善行政许可受理程序和工作机制，不断提高依法行政水平；依靠科技进步促进产业结构优化升级，淘汰落后的生产工艺和设备，逐步解决结构性污染问题；把环境保护作为全面建设小康社会指标之一，抓紧“十一五”时期环境保护规划的编制工作。

（6）坚持以人为本，切实解决危害群众健康的环境问题。要严格执行污染物排放总量控制、环境影响评价制度，从源头上控制新污染源产生；不断完善环境监管长效机制，切实落实各级政府环境保护责任；加大对科技含量低、资源消耗高、环境污染大的建设项目的整治力度，积极防范发达地区的污染转移；严格环境保护执法，继续开展环境专项整治行动，坚决遏制环境污染反弹；认真做好人大、政协的建议和提案的办理工作，妥善处理群众的环境投诉，切实解决危害人民生产、生活的突出环境问题。

（7）建立多元化环境保护投资机制，拓宽融资渠道，增加环境保护投入。落实国家关于排污费征收和管理规定，进一步理顺排污费的征收管理机制，加大排污费征收力度；加强部门预算工作，依法管好、用好环境保护专项资金；在各级政府领导下，按照

“保本微利” 和“谁污染，谁负责”的原则，建立和完善与市场经济体制相适应的污水、垃圾处理收费机制，开放环境保护基础设施建设与运营市场；在政府环境保护专项资金的引导下，促进各地以环境为资本，改善环境，经营环境，吸引社会资金和信贷资金参与环境保护。逐步实现环境保护投资主体多元化、运营主体企业化、运营管理市场化、污染治理产业化。

（8）继续增强全社会的可持续发展观念。要以新型工业化、循环经济、转变经济增长方式和建设节约型社会为重点，采取多种形式，加大环境保护宣传力度。继续开展绿色学校、绿色社区等绿色系列创建活动，进一步扩展环境保护政务公开和环境信息公开工作，健全和完善公众参与机制，促进环境决策民主化，维护人民群众对环境状况的知情权，鼓励人民群众参与环境保护政策、规划制定和开发建设项目环境影响评价过程，监督环境保护，发展环境文化和生态文明。

（9）加快环境保护部门自身建设，提高环境安全处置能力。继续加强环境监测、监察、标准、科技、信息等工作能力建设。以州（市）和重点边境口岸的县环境保护局为重点，继续加强环境监测、监察和应急预警及快速反应能力建设；加强环境标准的宣传和地方环境标准的编制工作，提高环境科技水平，发挥科技在环境保护中的技术支撑作用；进一步理顺和完善核与辐射安全管理机制，依法履行管理职能；加快在线监测系统建设，提高对污染物排放的监控能力；建立和完善稳定、实用、高效的环境信息网络，降低行政成本，提高工作效率。

（10）以保持共产党员先进性教育为重点，加强环境保护队伍建设。认真贯彻落实《中共云南省委贯彻〈中共中央关于加强党的执政能力建设的决定〉的实施意见》，积极开展保持共产党员先进性教育活动，继续推进“云岭先锋”工程，加强基层党组织建设；抓好行风评议的跟踪检查，落实整改措施；充分发挥共青团和工会的作用，广泛深入地开展精神文明建设活动；进一步加强党风廉政建设，落实责任制，抓紧建立健全教育、制度、监督并重的惩治和预防腐败体系，严肃查处违纪、违规和不作为行为；加强干部培训与考核工作，努力建设一支团结、务实、高效的环境保护队伍。

（11）加强国际环境交流与合作。要充分发挥云南生态环境和地缘优势，积极参与中国—东盟自由贸易区和大湄公河次区域经济合作、泛珠三角区域环境保护合作、六省区市七方经济合作，做好滇沪、滇川环境保护合作。牵线搭桥、争取项目，支持各地依靠两种资源、两个市场发展经济，支持“两头在外”的企业发展。完成世界银行贷款环境项目收尾工作，做好向世界银行争取新一轮贷款项目的准备工作，全面开展中国昆明高原湖泊国际研究中心的建设工作。

四、云南省环境保护“十一五”规划①

2006 年 11 月，云南省环境保护局发布《云南省环境保护“十一五”规划》。具体内容如下：

（一）“十五”回顾和当前环境状况

“十五”时期，在云南省委、云南省人民政府的领导和国家有关部门的关心支持下，在全社会共同努力下，全省环境保护取得积极进展。在经济社会较快发展的同时，全省环境质量基本稳定，部分城市和地区环境质量有所改善，环境污染加剧的趋势初步得到遏制，重点流域和区域污染防治取得进展，全社会环境意识得到增强，环境管理能力和依法行政水平进一步提高。

（1）环境质量保持基本稳定。云南省水环境质量总体上保持稳定，部分水域水环境质量有所改善。六大水系 77 条河流、150 个监测断面中，优于Ⅲ类的水质断面比例占 58%，水环境功能达标断面比例占 62%，水质受到重度污染劣Ⅴ类标准的断面占 22%。总体上看，“十五”期间，在主要河流监测断面中，水质符合Ⅰ—Ⅲ类标准的有所上升，符合Ⅳ—Ⅴ类和劣Ⅴ类标准的有所下降，水环境功能达标率有所上升。怒江、伊洛瓦底江、澜沧江、红河和金沙江水系总体水质基本保持稳定，但珠江水系总体水质有所波动，泸江、柴河、新河、螳螂川等支流和南盘江干流依然污染严重。在开展水质监测的 53 个湖泊、水库中，水质优或良好的占 60.4%；水质轻度污染的占 17.0%；水质中度或重度污染的占 22.6%；总体上有近半数的湖泊、水库达到水环境功能要求。在九大高原湖泊中，抚仙湖、泸沽湖、阳宗海、洱海和程海水质优或良好，滇池外海、异龙湖、滇池草海、星云湖、杞麓湖水质受到中度或重度污染，有 4 个湖泊能满足水环境功能要求，总体上看，阳宗海和洱海有好转趋势，其他湖泊趋于稳定。15 个主要城市的 30 条城市河流（水域）45 个监测断面中，水质达到良好以上的占 46.7%，受到中度或轻度污染的占 15.6%，受到重度污染的占 37.7%，城市河流水环境功能达标率较为稳定。20 个城市的 34 个饮用水水源地中，能满足集中式饮用水水源地水质要求的占 70.6%，有 7.1%的饮用水水源地水质有所好转，21.5%的有所下降。

多数城市空气环境质量符合环境功能要求。在开展空气质量监测的 18 个主要城市中，按污染物年日均浓度值评价，符合空气质量一级标准的有 2 个，符合空气环境质量二级标准的有 10 个，符合空气环境质量三级标准的有 5 个，空气环境质量劣于三级的有

① 云南省环境保护局：《云南省环境保护“十一五”规划》，http://sthjt.yn.gov.cn/wsbs/xzfw/wjxz/200804/t20080421_15648.html（2008-04-21）。

1 个。总体上看，“十五”期间有 38.9%的城市空气质量基本保持稳定，27.8%的城市有好转趋势，33.3%的城市有加重趋势。在云南省开展降水酸度监测的 15 个主要城市中，平均酸雨频率为 12.8%，出现酸雨的城市占 73.3%，酸雨控制区 7 个城市全部出现酸雨，平均酸雨频率为 19.4%，总体上云南省属轻度酸雨地区，各地降水酸度基本稳定，并呈下降趋势。

声环境质量总体保持稳定。17 个城市的区域环境噪声平均等效声级值为 54.3 分贝，好或较好的城市占 47.1%，受到轻度污染的占 29.4%，受到中度污染的占 23.5%，各功能区噪声全部达标的城市占 40%。“十五”期间环境等效声级平均值变化不大，总体保持稳定。

辐射环境质量保持在安全水平内。全省各地的环境辐射水平及各种环境介质中的放射性核素浓度水平均保持在天然本底辐射剂量的波动范围之内，但局部地区小范围内存在一定的放射性污染或一定程度的异常。核技术应用中的放射源和射线装置，总体处于安全水平，周围环境未发现辐射污染现象。省会城市主要公共场所的电磁辐射水平处于国家规定的安全限值之内，但有一些居民小区的电磁辐射超标。高压输电线及变电站周围环境电磁辐射水平均未超过国家标准规定的环境限值。

生态环境质量总体处于良好水平。根据 2004 年出版的《中国生态环境质量评价研究》，云南省的生态环境有 49.13%的区域为优，46.35%的区域为良，4.52%的区域为一般；全省生态环境质量基本保持在良好状态，森林覆盖率接近 50%，自然保护区面积占全省土地面积的比例达到 9%，全省绝大部分自然生态系统及近 90%的珍稀野生动植物在自然保护区中得到了有效保护。据不完全监测显示，在云南省重要中小城市郊区和重要农业区监测区域内，80.0%以上的监测面积达到国家土壤环境质量标准，昆明市郊区监测区域内土壤环境质量良好。

（2）污染物排放总量基本得到控制。“十五”期间，在云南省城镇人口迅速增加、经济快速发展的情况下，国家下达的控制指标除二氧化硫和工业粉尘外，化学需氧量、氨氮、烟尘和工业固体废物均完成控制要求，单位地区生产总值污染物排放强度呈下降趋势。

五年累计新增工业废水处理能力 111.78 万吨/日。2005 年废水排放达标率达到 81%，比 2000 年提高了 16%；排放化学需氧量 28.47 万吨、氨氮 1.94 万吨，分别比 2000 年下降了 4.2%、3.5%；其中工业废水化学需氧量下降了 40%，工业废水重复利用率达到 85.31%。

五年累计新增工业废气处理能力 6582 万标准立方米/时，二氧化硫、烟尘和粉尘排放达标率分别为 46.8%、60.4%和 52.9%，排放达标率总体均呈上升趋势。2005 年烟尘排放量 22.67 万吨，比 2000 年下降了 20.8%；由于重工业和火力发电的发展，煤炭消耗量大幅度增加，工业粉尘排放量 15.53 万吨、二氧化硫排放量 52.19 万吨，分别比 2000 年上升了 26.5%、35.2%。

工业固体废物综合利用率有所提高，工业固体废物处理能力逐年增加，2005 云南省工业固体废物产量为 4661.49 万吨，比 2000 年增加 45.83%，排放量下降了近 1 倍，年综合利用量达到 1646.16 万吨，综合利用率为 35%。

（3）城市污染治理基础设施得到改善。城市环境保护基础设施建设进展明显，建成城市污水处理厂（站）42 座，排水管道 5716 千米（其中污水管道 2063 千米），形成城市污水处理能力 122.05 万吨/日，新增 79.55 万吨/日的处理能力；建成无害化垃圾处理厂（场）36 座，形成无害化处理能力 9332 吨/日，新增处理能力 7832 吨/日，无害化处理率达到 41.91%，城市燃气普及率达到 53.62%。全省列入《全国危险废物和医疗废物处置设施建设规划》的三个危险废物（含医疗废物）集中处理处置中心和各州市医疗废物集中处理处置设施建设项目前期工作取得进展。

7 个环境保护重点城市的综合治理逐步深入。累计建成 18 个烟尘控制区，总面积 317 平方千米；建成 26 个噪声达标区，总面积 202 平方千米；建成 9 个高污染燃料禁烧区，总面积 209 平方千米；"酸雨控制区"规划项目除个别项目外其余全部完成。城市环境质量达标工程 7 个城市均实现空气质量达标，除昆明、楚雄外，其余 5 个城市地表水均达水环境功能要求。

（4）重点流域污染治理取得一定进展。九大高原湖泊水污染防治取得积极进展，基本实现了既定目标。与 2000 年相比，九大高原湖泊中只有星云湖水质下降，水质恶化趋势得到初步遏制；九大高原湖泊流域新建和改造生活垃圾处理场 13 个，新增垃圾处理能力 1580 吨/日，整治入湖河道 16 条，治理小流域 38 条，退田还湖 1.3 万亩，退塘 300 多个，建成河道减污人工湿地 9 处，恢复建设湖滨带 83 千米，治理水土流失 397.4 平方千米。同时，在沿湖农村建设沼气池、卫生旱厕、垃圾收集池，实施农田平衡施肥、湖泊底泥疏浚等。通过这些措施的设施，九大高原湖泊流域生态得到一定的修复和保护。九大高原湖泊流域累计新建（扩建）污水处理厂 18 座，新增污水处理能力 22 万吨/日，新增污水管线 73.9 千米，建设城镇中水回用站 39 座，城市污水处理能力有了明显提高。通过不断加大宣传教育力度，社会各界和广大人民群众对九大高原湖泊保护与治理越来越关心，形成了良好的舆论氛围和外部环境。

云南省列入《三峡库区及其上游水污染防治规划》的项目共 45 个，按要求"十五"期间必须实施的项目有 18 个，其中污水处理 5 个，垃圾处理 12 个，生态保护 1 个；现已建成项目 7 个，在建项目 5 个，已完成项目前期工作但未动工项目 6 个（其中垃圾处理 5 个、生态保护 1 个），项目开工率为 66.7%。

（5）生态环境保护取得新成效。生物多样性保护与自然保护区建设事业稳步发展。“十五”期间新增自然保护区 77 个，保护区总数达到 198 个，总面积 355 万公顷，比 2000 年增加了 115 万公顷，基本形成了各种级别、多种类型的保护区网络，全部国家级自然保护区、70%的省级自然保护区成立了管理机构，管理能力得到提高；强化了生物多样性保护管理工作，建立了厅际联席会议制度，初步构建了珍稀野生动植物的迁地和就地保护网络。

生态功能保护区建设试点取得初步进展。在完成云南省生态环境调查的基础上，开展了生态功能区划研究工作，提出了生态功能分区方案，东川国家级生态功能保护区和滇西北国家级生态功能保护区建设试点前期工作取得初步进展。

农村和农业生态环境保护得到逐步加强。对畜禽养殖、农药化肥施用、生活垃圾和农作物秸秆等主要农业污染源开展了污染防治工作，结合生态农业建设，采取了综合防治措施，探索了适合农村生活污水、垃圾和农业面源污染的治理途径。

生态示范区建设取得一定成绩。全省已有 21 个县（区、市）开展了生态示范区建设试点工作，其中有 2 个已被国家命名，生态示范区总面积达 671 万公顷，受益人口 784.7 万人，在耕地保护、产业结构调整、水土流失治理、农村能源结构调整等方面取得成效。180 个乡镇开展生态乡镇建设，其中 10 个乡镇开展“创建全国环境优美乡镇”活动，7 个乡镇获得国家命名，20 个乡镇获得云南省人民政府表彰命名。

（6）环境保护投资明显增加，环境保护自身能力不断加强。“十五”期间，云南省完成环境保护直接投资 171 亿元，其中城市环境基础设施投资 117.31 亿元、新改扩建项目的污染防治投资和老工业污染源治理投资 53.69 亿元，平均占全省地区生产总值的 1.27%，高于“九五”末年 0.78%的水平 。“十五”期间继续设立省财政环境保护专项资金，新设立的九大高原湖泊治理专项资金，促进了重点流域和重点区域的污染治理，加强了环境管理能力建设支持力度，同时对调动各级政府和社会加大环境保护投入，保持环境状况的基本稳定起到重要的作用。

云南省颁布了《云南省建设项目环境保护管理规定》《云南省排放污染物许可证管理办法（试行）》等一批地方性政策法规，全省各级人大加强了对环境保护执法的监督检查，组织开展了“清理整顿不法排污企业、保障群众健康环保行动”“云南环保世纪行”等活动，查处了一批群众反映强烈的环境问题；“环境友好企业”创建活动初见成效，云南铝业股份有限公司已被国家环境保护总局评为“环境友好企业”；探索和实践了政府引导、企业主办、社会参与的环境保护宣传教育方式，全省创建各类“绿色学校”1700 所、绿色社区 50 个，16 个州（市）开通了“12369”环境保护举报电话，舆论监督日益活跃，全民环境保护意识有了较大提高。

省州（市）县三级环境保护机构逐步健全，有 97 个县设立独立建制的环境保护局，监督执法装备有所改善，环境监测装备水平明显提高，环境监测体系进一步完善；

循环经济、湖泊治理、生态保护等领域取得一批科研成果，国际环境保护合作成绩突出，引进了外资和先进技术，有力地推动了云南省环境保护事业的开展。

核与辐射环境管理机制初步理顺，启动了放射源准购、准运、办证等审批工作，全省放射源监管及审批工作逐步进入了法制化、规范化的轨道。

（二）“十一五”期间环境保护面临的主要矛盾和突出问题

虽然云南省环境保护取得积极进展，但环境形势依然十分严峻。重经济增长、轻环境保护，甚至不惜以牺牲环境为代价换取经济增长，环境治理明显滞后于经济发展，甚至超出环境承载力盲目追求经济指标；自然环境条件的脆弱性和敏感性导致抗干扰的能力较低，容易产生灾害性环境问题；资源依赖型经济增长方式仍将长期存在，执法力度不够，监督能力不足，非法排污时有反弹。矛盾和问题还很突出，对经济发展产生制约，对人民生活和健康产生影响，需要引起高度重视。

1. 主要矛盾

（1）重点地区加快发展与环境容量约束的矛盾。云南省经济高度集中于滇中地区，对各州（市）而言又高度集中于城市建成区。各行政区中心城市的地区生产总值占其总地区生产总值的20%以上，最高超过67%；昆明、曲靖、玉溪等5个州（市）占全省面积的32.4%，而地区生产总值几乎占全省的70%；九大高原湖泊流域面积占全省面积的2.1%，但流域人口占全省总人口的9.3%，流域内创造的地区生产总值占全省经济总量的34%。这些地区或区域面临的环境压力明显高于全省的平均水平。云南省委、云南省人民政府确定的昆明、曲靖、玉溪、蒙自、大理5个重点发展的区域性中心城市，位于九大高原湖泊流域或依托地表水作为生态基础的有4个，这些城市的建设和扩张，很大程度上依赖于对湖泊生态系统服务价值（生态资产）的索取和利用，重点地区加快发展与环境承载力之间的矛盾将进一步加剧。

从水体污染程度来看，大多数污染严重的水体处于城市及周边经济社会发达区域。“十一五”期间，这些水体的水环境质量形势仍将十分严峻，严重影响到人居环境质量。

从污染物排放区域来看，保山、临沧、德宏傣族景颇族自治州、红河和玉溪5个州（市）排放的废水占全省总排放量的71%；德宏傣族景颇族自治州、昆明、红河、临沧、保山和曲靖6个州（市）排放的有机污染物（化学需氧量）占全省总排放量的69%；红河哈尼族彝族自治州、曲靖市和昆明市排放的二氧化硫占全省总排放量的81%，排放的烟尘占全省总排放量的63%；昆明市产生的工业固体废物占全省总量的55%。这些区域是云南省城市化发展和工业发展的重点区域，将面临环境容量的严重约束。

（2）粗放型经济增长方式与环境保护的矛盾。云南省的经济社会发展总体水平落后于全国平均水平，经济增长仍处于外延和粗放阶段。主要表现在科技水平低、技术装备落后、生产经营粗放、资源利用率和加工度低、缺乏竞争力；能耗和生产成本高，环境污染较为严重。矿产资源深度开发不足，有色金属采选与加工之比远低于全国平均水平，主要矿山资源平均综合利用率只有 55.76%，煤矿资源采出率只有 36.9%，生物资源开发相当程度上还是低档次原料生产，资源转化效率低于全国平均值 14.09 个百分点。全省工业技术装备水平总体落后，大部分仅处于国内一般水平，2/3 以上的大中型企业发展依赖于自然资源消耗。全省经济的自主增长机制尚未形成，拼资源、拼投入、拼环境的经济增长方式突出。

高投入、高消耗、高排放的粗放型经济对资源环境造成很大压力。从 2000 年开始，云南省工业废水、废气排放量仍呈增长趋势，工业固体废物的排放量排在全国第五位，是全国万元地区生产总值固体废物平均排放水平的 1.86 倍，化学需氧量和二氧化硫的排放也明显高于全国平均水平，对土地、能源、水、矿产资源的消耗也比全国高，在全国经济增长方式的综合评估中，云南排在第 25 位，综合能耗排在第 17 位，资源综合利用指数排在第 26 位。

（3）生态环境的脆弱性和敏感性与资源开发的矛盾。云南省是以山地为主的省份，处于多条国际和国内河流的上游，生物多样性在全国乃至全球具有重要地位，是长江中下游地区重要的生态安全屏障，生态环境既敏感又脆弱。云南省又是边疆、少数民族省份，经济基础薄弱，发展任务十分繁重，自然资源开发仍是重要的经济增长方式。

云南省约有 40%土地坡度在 25 度以上，水土流失面积占全省土地面积的 36.7%，岩溶面积占全省面积的 28.14%，遍及全省 16 个州（市），自然保护区和其他受保护地区面积占全省土地面积的 10%以上，共有滑坡、泥石流、崩塌等地质灾害 2 万多处，生态环境的敏感性和脆弱性十分突出。根据云南省的水电和矿产资源开发战略，2010 年水电装机要达到 1880 万千瓦时，2020 年水电装机要达到 6200 万千瓦时，分别是 2004 年的 2.5 倍和 9 倍，目的是要把云南省建成国家能源、有色金属和磷化工产业基地。如果处理不好开发与保护的关系，大规模的资源开发将导致以水土流失、河道断流和生物多样性下降等为代表的生态环境问题进一步加剧，甚至演变成灾害，严重损害云南省可持续发展的环境基础。

2. 突出问题

（1）环境污染物排放总量控制任务更加艰巨 。“十一五”期间，云南省地区生产总值年均增长 8.5%以上，城市化率将达到 35%左右，城镇人口达到 1610 万人，冶金、电力、有色金属、化工、建材等高耗能产业的进一步发展将导致能源需求居高不下，到 2010 年全省煤炭需求量将达到 10 000 万吨，火电装机容量达到 1380 万千瓦。若不采取严格控制措施，污染物排放量有可能大幅度增加，治理难度也将进一步增大。

按现有经济增长方式和污染治理水平预测，2010 年，云南省化学需氧量将比 2005

年增加 32%，二氧化硫排放量将比 2005 年增加近 1 倍，氮氧化物、可吸入颗粒物（PM_{10}）等污染物排放量也将有较大幅度增加，固体废物产生总量将增加 29.8%。这些都将对云南省环境造成巨大压力，局部地区已经透支的环境容量和资源难以支撑粗放的经济发展模式，污染物排放总量控制任务会更加艰巨。

（2）水环境污染和饮用水环境安全问题仍将十分突出。尽管以九大高原湖泊为重点的水环境污染防治工作取得了一定进展，遏制了湖泊水质迅速恶化的趋势，但主要湖泊水质没有根本转变，一半以上的湖泊还处于不同程度的富营养化状态。滇池、星云湖、杞麓湖、异龙湖等湖泊主要入湖河流水质劣Ⅴ类，水资源短缺，治理难度大；在六大水系主要河流监测断面中，已遭受污染（Ⅳ—Ⅴ类标准）的断面占 20%，污染严重（劣Ⅴ类标准）的断面占 22%。城市河流有机污染非常普遍，近一半的河流受到污染或严重污染；在 20 个城市的 34 个饮用水水源地中，有近 30%的饮用水水源地不能满足集中式饮用水水源地水质要求，据水利部门开展的农村饮水安全调查显示，云南省有饮水不安全人口 1368 万人，保障饮用水安全压力很大。

（3）城市环境基础建设滞后，城市环境问题日趋严重。云南省城市污水处理率为 40.47%，特别是已建污水处理厂由于管网配套性差，收费机制不完善，污水处理厂达不到设计处理能力，仍有大量的城市污水未经处理就直接排入江河湖库，加重了水环境污染；城市生活垃圾的无害化处理率仅为 41.91%，比全国低近 9 个百分点，远远跟不上城市发展需求，二次污染严重；危险废物和医疗废物的安全处置问题还尚待解决，每年有近 20 万吨危险废物、2.19 万吨医疗废物没有得到安全处理，安全隐患十分突出；放射性废物储存设施远不能满足实际需要。在云南省主要城市中，有近 1/5 的城市环境空气质量不能达到国家二级标准，随着城市基础设施建设加快和城市规模扩大，尘污染、机动车尾气污染等将使城市市区的环境污染增大，煤炭消费量快速增加，酸雨问题的危害将逐步加重，噪声扰民问题仍将十分突出。

（4）局部区域生态环境退化的趋势尚未得到有效控制。森林质量不高，土地退化和水土流失依然严重。云南省是全国水土流失较为严重的省份之一，全省土壤侵蚀面积占全省土地面积的近 1/3，石漠化面积占全省土地面积的 8.8%。虽然森林面积和木材蓄积量持续增长，但森林生态系统趋于单一化和片断化，林地流失问题依然突出。草地建设速度跟不上草地退化速度，部分天然草地因过度放牧和有害生物的侵入而严重退化。许多具有重要保护价值的天然栖息地面积呈明显下降趋势，生物多样性减少，自然保护区建设和管理与区域资源开发存在一定冲突。很多地区还存在生态环境边治理、边破坏的现象。

农村面源污染问题日益突出，畜禽养殖特别是规模化养殖场已成为农村面源污染的重要污染源，并成为危害农村居民生活环境、影响水源水质和湖泊治理成效的重要因素。矿山尾矿、城乡生活垃圾、工业污染等对农业生态环境和耕作土壤的危害日益显现，农产品有害成分的超标问题十分突出。

（5）辐射环境安全仍存在隐患。电磁辐射、电离辐射污染源广泛存在于通信、电力、广播电视等各个行业和领域，部分退役放射源由于收储设施能力不足而无力全部回收，存在安全隐患。电磁辐射设备日益增多，电磁辐射污染逐年加重，民事纠纷时有发生，云南省电磁辐射的安全管理压力很大。伴生放射性矿物资源开发利用中的环境问题日趋严重，尚缺乏有效治理。

（6）环境监管能力与日益繁重的环境保护任务不相适应。环境保护监管机制不完善，环境保护意识淡薄，重经济发展、轻环境保护的思想在一些地方、部门和企业负责人中不同程度地存在，进一步加大了环境管理的难度。省级及各州（市）、县环境保护部门执法装备建设与国家建设标准相距甚远，在 145 个地方环境监察机构中，平均每个机构仅有现场执法车辆 0.32 辆车、现场取证设备 2.1 台（套），却监管着近万家企业和省内所有的建设项目，并承担了全省排污费征缴、生态环境现场监察和大量复杂的污染事故纠纷调查工作，近 1/3 的县（区）仍没有配备必要的现场执法车辆和执法装备。污染源在线监控还处于起步阶段，大部分还单纯依靠“人盯人”的办法，难以应对超标排污、污染反弹、事故频发的态势。

环境预警及应急能力严重缺乏。“十一五”期间，云南已经进入污染事故多发、突发环境事件增加，甚至出现群体性环境事件的阶段，多条跨境跨界河流和多个边境口岸对环境保护要求较高，而相应的环境预警及应急能力建设长期不足，缺乏有效的应对手段，有可能危害群众健康，影响社会稳定。

环境保护投入不足。“污染者付费、利用者补偿、开发者保护、破坏者恢复”的基本原则落实不够，政府资金对环境保护的投入不足，管理体制不顺和基础设施配套不全，使云南省引导企业和社会加大环境保护投入的能力不强，环境保护的总体投入占地方生产总值比例偏低，与解决基本环境问题所需的资金相比还有很大差距。环境监测、科研、宣教、信息能力建设滞后，运行经费缺乏，为环境管理科学决策提供的支撑能力严重不足。

从总体上看，“十一五”期间，云南省资源和环境的约束将加剧，资源开发带来的生态破坏压力加大；城市扩张和消费转型导致城市环境改善难度加大；随着农村经济的进一步发展，农业和农村环境问题将凸现；新技术的发展带来许多新的环境问题，带来了新的环境挑战。新老环境问题将危害人群健康和影响社会经济持续发展，必须引起高度重视，予以认真解决。

（三）指导思想与规划目标

1. 指导思想

以科学发展观为指导，坚持“在保护中开发、在开发中保护”的方针，按照“协调发展、互惠共赢，强化法制、综合治理，不欠新账、多还旧账，依靠科技、创新机制，突出重点、分类指导”的原则，努力做到经济建设与生态建设一起推进、产业竞争力与环境竞争力一起提升、经济效益与环境效益一起考核、物质文明与生态文明一起发展，从根本上转变经济增长方式，优化产业结构、改善人居环境质量，努力让人民群众喝上干净的水、呼吸新鲜的空气、吃上放心的食物，在良好的环境中生产、生活。最终实现经济持续发展、生态持续改善，全省经济社会又快又好发展。

2. 基本原则

（1）协调发展，互惠共赢。正确处理环境保护、经济发展和社会进步的关系，在发展中落实保护，在保护中促进发展，坚持科学发展、节约发展、清洁发展。

（2）强化法制，综合治理。坚持依法行政，不断完善环境法规，严格环境执法；坚持环境保护与发展综合决策，综合运用法律、经济、技术和必要的行政手段解决环境问题。

（3）依靠科技，创新机制。大力发展环境科学技术，以技术创新促进环境问题的解决；重视用经济手段引导绿色消费，用市场化手段促进环境保护基础设施建设；完善环境保护制度，健全统一、协调和高效的环境监管机制。

（4）不欠新账，多还旧账。以环境承载力为依据，严格控制污染物排放总量，在发展中解决环境问题，积极解决历史遗留的环境问题。

（5）分类指导，突出重点。因地制宜，分区规划，分阶段解决制约经济社会发展和群众反映强烈的环境问题，改善重点流域、城市的环境质量。

3. 环境保护目标

到 2010 年，在保持经济较快增长的同时，确保完成国家规定云南省化学需氧量削减 4.9%、二氧化硫削减 4%、新增城市污水日处理能力 95 万吨的约束性指标。使饮用水环境安全水平明显提高，人居环境质量得到改善，生态环境质量保持在良好水平，环境监管能力基本适应环境保护事业发展需要。

（1）六大水系干流水质维持稳定，重点流域水环境质量有所改善。90%以上的重点城市集中式饮用水水源水质基本达标，65%以上的地表水国控和省控监测断面水环境功能达标，九大湖泊水环境功能区水质达标率大于 50%，城市（设区城市）污水处理率达到 70%以上，化学需氧量排放总量控制在 27.1 万吨以内。

（2）80%的重点城市二级空气质量天数占全年比例达到 80%，烟尘控制区覆盖率进一步扩大，机动车尾气达标率明显上升，二氧化硫年排放量控制在 50.1 万吨以内。

（3）危险废物及放射性废源、废物基本得到安全处置，固体废物资源化利用水平明显提高，城镇生活垃圾无害化处理率达到 60%以上，工业固体废物综合利用率达到 50%以上。

（4）自然保护区、重点生态功能保护区等生态功能基本保持稳定，自然保护区占全省土地面积的比例达到 10%以上，森林覆盖率大于 53%，农业及农村生态环境质量逐步得到改善。

（5）环境保护法制建设得到进一步加强，地方污染治理和生态保护法规体系不断完善，执法能力进一步提高，以适应云南省经济社会快速发展的需要。

（6）环境管理支撑能力得到进一步提高，建立云南省重点污染源在线监控系统，完善空气、水、辐射环境预警应急监测系统，提高环境管理、监察、科技、信息和宣传教育支撑能力。

（四）“十一五”环境保护的主要任务

认真执行《国务院关于落实科学发展观加强环境保护的决定》，处理好环境与发展、预防与治理、城市与农村、政府主导与市场推进四个方面的关系，在加强生活污染防治的同时，更加注重工业污染防治；在加强城市环境保护的同时，更加注重农村环境保护；加大九大高原湖泊和饮用水水源地污染防治力度，完善环境执法与环境监测体系，提高参与经济宏观调控和服务社会的水平。

1. 强化环境宏观调控，优化产业布局

按照区域协调统筹发展战略，根据资源环境承载力、环境敏感性、生态服务功能重要性和区域社会经济发展差异性等因素，明确优化开发、重点开发、限制开发和禁止开发四类主体功能区的空间范围和环境保护要求，实行生态分级控制管理，发挥环境宏观调控的作用，优化产业布局，控制重点行业的污染源，促进人与自然和谐。

（1）优化开发区。优化开发区是指滇中的昆明、曲靖、玉溪、楚雄四个城市及相关地区。要坚持环境保护优先，加快产业结构优化升级，促进增长方式转变，加快滇中城市群区域环境综合整治力度，大力削减主要污染物排放总量，做到增产减污，解决一批突出的环境问题。科学规划经济结构，限制高耗能产业开发，严格限制占用生态用地，控制水资源和土地资源开发强度，切实加强生态农业建设、农业清洁生产和基本农田保护，降低化肥和农药施用强度，控制农业面源污染。强化城镇开发规划指导，加强城市绿地系统建设，支持生态城市建设和国家环境保护模范城市的创建，努力化解环境资源瓶颈制约。

（2）重点开发区。重点开发区是指滇西、滇东和滇南三个片区中资源较为丰富、环境容量较大、开发条件较好的区域。要坚持经济与环境保护协调发展，科学合理利用环境容量，推进新型工业化和城镇化，加快环境保护基础设施建设，严格控制污染物排放总量，做到增产不增污，基本遏制生态环境恶化趋势。要加强资源开发活动的环境监管，加大资源枯竭型城市的生态修复和产业转型，有序、适度开发水资源，集约、科学开发矿产资源，积极培育生态产业，大力发展生态旅游和服务业，努力化解经济开发对环境的影响。

（3）限制开发区。限制开发区主要是指退耕还林生态林地区、典型原生生态系统、珍稀物种栖息地、集中式饮用水水源地及后备水源地等具有重大生态服务功能价值的区域；对于水土流失敏感区、重要湿地区、地质灾害敏感区、生物迁徙洄游通道等生态环境极敏感区域也要限制开发。在限制开发区，要坚持保护为主，合理选择发展方向，发展特色优势产业，确保不会导致环境质量的下降和生态功能的损害，积极开展重点生态功能保护区的建设，促进区域生态功能的改善和提高。

（4）禁止开发区。禁止开发区主要是指依法设立的各类自然保护区和世界遗产核心区，要坚持实行强制性保护，依据法律法规和相关规划严格监管，控制人为因素对自然生态的干扰，严禁不符合功能定位和国家禁止的开发活动，这一类区域边缘地带的经济发展要发挥好生态资源优势，用经营生态资源的理念支持区域经济发展。

2. 控制重点行业的污染和生态破坏

（1）重化工业。严格执行国家和地方有关产业政策，禁止新建、改建、扩建不符合国家产业政策和园区发展规划要求的项目。对与环境保护要求不相适应的高污染、高能耗的产品实行关、停、并、转、迁，建立严格的产业淘汰制度。调整工业空间布局，推进工业企业“退城进园”，促进企业在搬迁中实行技术改造和产业升级换代。

建立地方环境准入制度。加快制定冶金、化工、电力、建材等行业重点产品污染物排放强度指标，新建项目必须符合地方排放强度要求，在重要生态功能保护区、饮用水水源地等环境敏感区，以及污染物排放超过环境容量要求的区域，严格控制新建污染项目。

用高新技术和先进适用技术改造和提升冶金、建材等传统工业，加快发展节约资源、环境友好的产业。大力推行清洁生产，降低单位产品的能耗、物耗和污染物排放量，创建清洁生产示范企业，并探索建立生产者责任延伸制度，促进产品的生态设计，推动工业领域循环经济发展。对超标或超总量控制指标，或者使用有毒、有害原料进行生产，或者在生产中排放有毒有害物质的企业，要强制实施清洁生产审核。

（2）能源产业。加快研究建立水电资源开发与地方环境保护和经济协调发展的长效机制，提高资源开发经济效益和生态效益。科学制定流域水电开发规划，合理确定鼓励开发区、限制开发区和禁止开发区，确保水电开发的生态安全。

围绕经济结构战略性调整，提高电、油、气在一次性能源结构中的比重，大力推进清洁能源的开发与利用，并加大对高效燃烧技术的开发力度。积极发展生物质能，充分利用畜禽粪便、秸秆发展农村沼气，解决农村能源需求。大型火电厂建设应当考虑对酸雨控制区和主城区空气环境质量的影响，原则上布局在酸雨控制区外围地区。

（3）农特产品加工业。农特产品加工是云南省工业水污染物排放的主要来源，排放的化学需氧量占工业总排放的 75%，是水污染物治理的重点。各地一定要结合云南省人民政府实施的“云南省优势农产品加工推进工程”，以提高资源利用效率为核心，以抑劣扶优为重点，推进农特产品加工的规模化、集约化和污染治理的集中处理，努力降低单位产品的能耗和污染物排放量，并提高资源加工深度，延长产业链，加强资源的综合利用，加快高浓度有机废水治理的科技攻关，创新治理思路，提高废物再利用水平。

3. 推动循环经济发展，建设环境友好型社会

贯彻落实国家有关发展循环经济的方针、政策，推动循环经济在不同层次的示范，严格环境保护准入标准，淘汰落后工艺和设备，明确生产者的环境责任，促进资源节约型和环境友好型社会的建立。

（1）实行环境准入和淘汰制度。优化工业空间布局。结合城市总体规划、生态环境功能区划的要求，合理确定工业发展布局，推进优势企业向园区聚集，增强工业园区优化生产要素配置的能力，引导关联企业向各类工业园区聚集，促进污染物的集中治理和废物的综合利用。

严格环境准入，提高环境保护准入要求资格。对高原湖泊区、集中式饮用水水源地、重要河流两岸产业的发展，严格项目落户要求环境保护资格，严禁布置可能造成隐患的企业，防止有重大环境风险的项目进入，严格执行国家产业政策。

执行强制淘汰制度。对与环境保护要求不相适应的高污染、高能耗的产品实行关、停、并、转、迁，建立严格的产业淘汰制度，对规模不经济、污染严重的造纸、电镀、化工、冶炼、炼焦、建材、火电等企业或者落后的工艺、设备实行强制淘汰，防止死灰复燃，或通过以大带小的办法，实现污染集中控制。及时制定重点行业资源消耗和污染物排放源强标准，促进企业技术改造和提升管理水平。

（2）大力推行清洁生产。重点抓好冶金、建材、化工、火电、造纸等关键行业的清洁生产，培育一批废物综合利用、污染物排放强度低的环境友好企业，创建一批废水、废气、废渣“零排放”企业。工业新建项目要按照清洁生产的要求，从源头预防污染，使用清洁的能源和原料，采用先进的生产工艺和技术，提高资源利用效率，减少污染物排放。各地一定要以云南省委、云南省人民政府确定的工业领域十大行业、八大工业基地和三十个工业园区为重点，采用清洁生产技术，大力推进清洁生产审核，降低单

位工业增加值的能耗、物耗和废物排放强度。

（3）推动循环经济试点示范。积极探索发展循环经济的有效模式，切实做好云南省首批二十个循环经济示范试点工作，抓好开远工业、洱源农业和普者黑旅游业的循环经济试点的实施工作。以生态化改造工业园区和各类开发区，省级以上开发区要积极制定生态工业规划和生态工业园区建设规划，努力创建生态工业园区。引导煤炭、化工、建材、造纸、制糖等废物产生量大的关键行业提高废物的综合利用率，推动不同行业通过产业链延伸和耦合，实现废物循环利用。坚持保护优先、开发有序，将循环经济发展重点项目优先纳入国民经济与社会发展计划和各级财政预算。

（4）积极发展环境保护产业。推进污染治理市场化、产业化，构筑面向市场的环境保护技术服务体系和良好的市场运行机制，制定引导环境保护产业发展的标准和配套政策，加强环境保护关键技术和工艺设备的研究开发。重点发展高浓度有机废水处理、烟气脱硫、餐饮油烟废气治理、污水处理厂污泥综合利用、危险废物安全处理、工业窑炉和中小锅炉改造技术与设备；支持生态建设产业化发展、规模化畜禽养殖场污染治理、有机农业等技术研发；积极开展环境保护产业示范工程建设，逐步形成具有云南省特色和优势的环境保护产业体系。

4. 加强污染防治，改善环境质量

全面实施污染物排放总量控制制度，确保完成国家确定的环境保护约束性指标，解决人民群众最关心的突出环境问题，切实改善重点区域的环境质量。

1）以饮用水环境污染防治为重点，改善水环境质量

采取最严格的措施保护饮用水水源，积极推进城市污水处理和回用工程设施建设，加强工业废水污染源的监管，实现工业增产不增污。城市污水处理率达到70%以上，集中式饮用水水源水质达标率达到 90%以上，重要地表水水体环境质量达到环境功能要求，流经城市河段有机污染有所改善。

（1）优先保护好饮用水水源地。制定并实施云南省城市饮用水水源地污染防治规划，抓紧治理昆明松华坝、柴河和宝象河水库及文山盘龙河、昭通大龙洞和瑞丽勐卯水库等饮用水水源地污染，严格划定饮用水水源保护区。饮用水水源一级保护区内禁止设立排污口、倾倒垃圾和其他废弃物、运输有毒有害物质、使用高残留农药、滥施化肥、水产养殖、水上游览等对水质产生影响的经济活动，现有的排污口一律限期关闭。饮用水水源二级保护区内禁止新增排污口，关、停、改造对饮用水水源有污染威胁的企业，严格控制饮用水水源保护区内土地利用、植被破坏等开发活动，加强对农村饮用水水源地污染防治监管。采取有效措施实现饮用水水源水质达标，因地制宜做好农村饮用水水源环境安全，重点解决水质性缺水区域的“饮水难”问题。

建立健全饮用水水源安全预警制度，定期发布饮用水水源地水质监测信息。高度重

视饮用水水源地的有毒、有害污染物的控制，集中式饮用水水源地每年至少进行一次水质全分析监测。加大对农村和城市各类饮用水水源保护区的监管力度，森林生态建设和水土保持生态建设工程优先安排在饮用水水源地实施。

（2）推动城市污水集中处理和回用。按照国家要求，到2010年所有城市都要建设污水处理设施，一般城市污水处理率必须大于70%，昆明的污水处理率要达到80%，全省力争新增城市污水处理能力95万吨/日，加快重点流域、重要城市和饮用水水源地的污水处理设施建设，强化污水处理配套管网建设，推进雨污合流管网系统改造，加强排水管网末端接入的建设和管理，不断提高城镇污水收集的能力和效率。统一规划，协调好污水处理与供水、节水之间的关系，以昆明等缺水城市为重点，建设污水资源化和再生水利用工程。规范对污水处理厂运营的监管，污水处理厂应全部安装在线监测设施，实现对污水处理厂排污的实时、动态监督与管理。全面实施污水处理收费制度，保障污水处理厂正常运行。

（3）严格控制工业废水排放量的增长。实施水污染源全面达标排放工程，落实监控措施，对重点水污染源实行在线监控。推行清洁生产，引导企业采用先进的生产工艺和技术手段，降低单位工业产值废水排放量，提高工业用水重复利用率，淘汰高耗水、重污染的落后工艺和设备。在钢铁、电力、化工、煤炭等重点行业和企业推广废水循环利用，努力实现废水少排放或零排放。制糖行业及其他食品加工业实施污水资源化工程。

（4）加强重点流域水污染综合防治。大力推进滇池水污染防治，继续坚持“污染控制、生态修复、资源调配、监督管理、科技示范”治理方针，突出滇池外海北岸水污染控制，着力控制城市生活污染。实施污染控制、生态修复、监督管理和科技示范工程，力争2010年主要污染物入湖量比2005年削减10%，滇池流域水环境质量整体保持稳定。

抓好其他湖泊的水环境保护与治理。继续贯彻“一湖一策”的治理原则，落实湖泊治理目标责任制，根据湖泊的自然属性和污染源特点，因地制宜实施保护工程。加强对泸沽湖、抚仙湖、阳宗海、程海等水质较好湖泊的保护，重点控制新的污染源，控制农村面源污染和旅游污染，强化生态恢复，提高流域生态承载力，确保水体水质稳定达标；积极治理洱海、杞麓湖、星云湖和异龙湖污染，进行以总量为基础的污染物控制，严格新建项目的审批，深化点源治理和达标排放，有选择地进行内源治理及水资源优化调度，加强科研和湖泊监督管理能力建设，力争水体水质有所改善，富营养化发展趋势得到遏制。

推进金沙江和南盘江水污染治理。落实《三峡库区及其上游水污染防治规划》确定的项目，抓好规划项目的前期工作，争取纳入规划的项目能够尽快实施，到2010年，新增城镇污水处理能力40万吨/日，新增垃圾处理能力1965吨/日，化学需氧量控制在9

万吨，所有排污单位达到排污许可证要求，城市污水处理率不低于 70%，跨省界出境断面水质达到《三峡库区及其上游水污染防治规划》目标；以泛珠江合作框架为契机，以《珠江流域水污染防治规划》为指导，启动南盘江水污染防治工作，实施城镇污水处理及污水管网建设、工业污染源控制、城镇垃圾处理、农村面源控制、河道净化与生态修复和流域环境管理能力等建设项目，到 2010 年新增城镇污水处理能力 19.5 万吨/日，污水收集率达到 80%左右，新增城镇生活垃圾处理能力 1460 吨/日，废水量控制在 1.8 亿吨，化学需氧量控制在 4.2 万吨，氨氮排放量控制在 0.47 万吨。

2）以二氧化硫减排为重点，改善大气环境质量

重点开展昆明、曲靖、玉溪、蒙自等环境保护重点城市的大气污染防治工作，努力改善城市空气质量；以减排二氧化硫为重点，推进工业大气污染源的治理。

（1）采取综合措施改善城市大气环境质量。优化能源结构，大力发展太阳能、生物质能等新能源，有序开发水能，推动能源结构的清洁化。逐步淘汰能耗高、污染重的小型燃煤发电机组，合理布局新建电厂，城市的城区和近郊区、环境空气质量不达标的地区严格限制新建燃煤电厂。提高能源利用效率和城市清洁能源的比例，在城区内划定高污染燃料禁烧区，调整低矮小污染源的排放方式。

控制粉尘污染。禁止在城镇近郊区及风景名胜区新建、扩建水泥熟料生产线，逐步淘汰高能耗、重污染的水泥生产工艺，推行新型干法水泥工艺。控制建筑施工、道路交通等扬尘污染，加强对建筑、拆迁和市政施工环境管理。所有燃煤电厂、工业锅炉要安装烟尘净化装置，规模以上、位于敏感区和群众反映强烈的餐馆要安装油烟净化器。

（2）实施燃煤电厂脱硫工程。按照国家酸雨控制规划，重点控制二氧化硫排放。按期关停列入国家发展和改革委员会关停小火电机组名录和核准新建项目要求关停的小火电机组；实施国电阳宗海、华电昆明、国电小龙潭、国投曲靖、大塘红河等电厂机组二氧化硫治理工程，确保实现国家分配的脱硫任务；新建燃煤火电机组，要同步建设脱硫设施，并控制在国家分配的二氧化硫指标内；在酸雨污染重和二氧化硫环境浓度不达标的地区严格控制新建电厂，所有火电厂要安装烟气污染物在线自动监测装置，并与环境保护部门联网。

（3）治理机动车尾气污染。积极治理昆明、玉溪、曲靖等城市的机动车尾气污染，推行公交优先，鼓励发展电车、燃气车等绿色公共交通。严格执行《轻型汽车和重型柴油机（发动机）达标车型目录》，制定并定期公布云南省机动车污染物高排放车型目录和环境保护车型目录；逐步建立和完善在用机动车检测/维护制度，禁止不合格机动车上路行驶；在重点城市制定和实施在用车环境保护分类标志制度，根据环境空气质量调整和限制某种标志的车辆上路；建立科学的交通管理制度，严格执行机动车到期报废制度。

3）以危险废物安全处置为重点，防治固体废物环境污染

（1）安全处置危险废物。建设危险废物处置场，集中布局，到 2010 年，在昆明、曲靖、红河哈尼族彝族自治州建设三处危险废物处置场，总规模为 11 万吨/年。安全处置医疗废物，到2010 年，在 16 个州（市）建设 16 座医疗废物集中处置设施，使医疗废物安全处置能力达到 69.5 吨/日。

完善医疗废物的收集、处置体系，按规范焚烧处置全部医疗废物，并建立相应的安全运输、收集网络；加强对危险废物转移、处置的监管；制定并完善危险废物集中处理设施运行收费标准和办法，建立危险废物和医疗废物的收集、运输、处置的全过程环境监督管理体系，基本实现危险废物和医疗废物的安全处置。加大对重点企业危险废物处置设施的抽查、监督力度，限期整改不符合要求的设施，对新建设施严格按标准进行审定，提高焚烧工艺尾气处置水平和填埋工艺的防渗及渗滤液处理水平。

（2）综合处理工业固体废物。加强建设项目审批管理，鼓励企业开展清洁生产，建立示范，促进各类废物在企业内部的循环使用和综合利用，减少工业固体废物的产生。大力推进固体废物重点产生行业的清洁生产审核，优先采用资源利用率高、有利于产品废弃后回收利用的技术和工艺，开展资源综合利用，从源头减少固体废物产生，重点提高煤矸石、粉煤灰、炉渣、冶炼废渣、尾矿、蔗渣等的固体废物的回收和循环利用，积极推进综合利用各种建筑废物及秸秆、畜禽粪便等农业废物，探索建立废旧电子电器的社会收集网络，逐步实现废旧电子电器的综合利用。

（3）加强生活垃圾无害化处置。推进生活垃圾分类收集，完善城市收运网络体系，强化对垃圾的资源化回收利用力度。因地制宜建设城市生活垃圾无害化处理设施，完善垃圾处理收费制度，加大垃圾处理费收缴力度，推进垃圾处置设施建设和运营的市场化改革。新建生活垃圾焚烧装置要配套二噁英防治设施，新建生活垃圾卫生填埋场要配套渗滤液处理设施，同时按以新带旧的原则，对现行的简易垃圾处理场进行综合污染治理与生态恢复，消除污染与安全隐患。

在环境保护重点城市、九大高原湖泊县（市）、珠江流域、金沙江流域和边疆口岸县（市）建设 80 处生活垃圾处理设施，新增生活垃圾处理能力 9000 吨/日。加强对已建成生活垃圾处理设施的监管，治理垃圾渗滤液污染，确保处理设施排放达标，不对周边环境造成二次污染。

5. 保护生态环境，提高生态安全保障水平

按照城乡统筹要求和新农村建设的需要，坚持生态保护与污染治理相结合。根据云南省生态功能区划，开展保护与监管，引导经济社会发展合理布局。重点控制不合理的资源开发活动，推进生态环境从事后治理向事前保护转变、从人工建设为主向自然恢复为主转变。

（1）开展全省生态环境质量评估。改善生态环境管理方式，促进生态环境评估从人为型向科学型、规范化方向发展，编制生态环境质量评估技术方案，筛选评价因子，培训技术人才，科学全面准确地开展云南省生态环境质量评估，对生态环境质量的优劣程度进行定性或定量分析和判别，力争每两年提出一份评估报告，适时公开发布生态环境质量状况报告。

（2）建设生态功能保护区。完善云南省生态功能区划方案，科学指导自然资源开发和产业合理布局，以及重大经济技术政策、社会经济发展规划和计划的制定，明确限制开发和禁止开发的不同要求。根据国家的部署，建设生态功能保护区，重点开展滇西北国家级生态功能保护区和东川国家级生态功能保护区的建设示范，启动省级生态功能保护区示范工程建设；以云南省生态功能区划为基础，指导各地进行生态功能区划，并落实相应的保护措施，提高生态保护监管能力，力争使九大高原湖泊流域区、珠江、金沙江、澜沧江、怒江等大江大河的上游地区，以及重要水源涵养区、生物多样性保护区等重要生态功能区的生态系统和生态功能得到保护与恢复。

（3）提高自然保护区管理水平。促进自然保护区发展重点从数量规模型向质量效益型的转变。加强自然保护区的管护能力建设，推广社区参与共管机制，强化环境保护监督管理的手段，促进自然保护区规范化建设，力争使纳板河、苍山洱海、会泽黑颈鹤等国家级自然保护区达到规范化管理水平。加强对自然保护区周边资源开发活动的监控引导，建立自然保护区的警告、升降级制度，促进管理水平的提高。

建设生物物种资源保护和管理长效机制，推动生物物种保护工作的开展。在评估全省重要自然生态系统和国家重点保护物种保护有效性的基础上，重点新增一批有重要保护价值的保护区，使云南省自然保护区面积达到 400 万公顷，逐步形成完善的自然生态系统保护网络。加强生物安全管理，防治外来物种侵入。对珍稀野生动植物实行就地保护和迁地保护，建立包括野荞麦、野生稻等野生农作物原生境保护区。逐步开展生物技术安全风险评估，防范转基因生物流动带来的风险。

开展生态环境监测的试点示范和前期研究工作，力争建设 5 个国家级自然保护区定位生态监测站。同时利用国家生态遥感监测资源数据，监测评估全省的生态环境状况。

（4）强化资源开发与项目建设的生态监管。以环境影响评价制度为手段，强化资源开发的生态环境管理，遏制新的重大生态破坏。完善资源开发生态保护监管体系，协同有关部门开展资源开发的生态保护监管。严格控制破坏地表植被的开发建设活动，防治水土流失，按照“谁破坏、谁恢复”的原则，对矿山、采石场等资源开发区、地质塌陷地、大型项目建设区的裸露工作面开展生态恢复。加强旅游开发监管，鼓励旅游景区进行IS0 14001 认证，加强景区的环境管理体系建设和重点景区环境综合整治工作。重点控制高原湖泊流域、饮用水水源地和生态超载地区的生态退化。

以维持健康的水生态系统为重点，协同有关部门处理好生活、生产和生态用水，建设水坝要充分考虑下游生态用水需要，制止因人为因素造成河流断流的开发行为。加大对大江、大河水电资源开发的全过程监管，落实开发单位的生态保护责任。探索建立资源开发、经济发展与环境保护协调发展的长效机制。

（5）加强农村环境保护。加大农村环境综合整治力度。指导和督促乡镇编制农村环境综合整治规划，开展农村改水、改厕工作，改善农村环境卫生条件。因地制宜开展农村生活污水处理，消除污水随意倾倒现象，逐步提高生活污水处理率。建立生活垃圾收运系统，实现定点存放、统一收集、定时清理、集中处理，努力解决坝区农村环境“脏、乱、差”的问题，改善村容村貌。

控制农村环境污染。严格控制污染企业向农村转移，加大农村工业污染治理力度。划定畜禽禁养区和限养区，综合防治畜禽养殖污染，在敏感生态区禁止建设畜禽养殖场。开展云南省土壤污染现状调查，建立土壤污染防治与定期监测制度，进行土壤污染综合治理示范。协同有关部门对主要农产品生产基地环境进行综合治理，确保农产品质量安全，优先在自然条件良好，有利于发展有机食品生产的农村地区建设有机食品生产基地。支持农村饮用水水源和水源涵养地的生态保护，建设水源保护区，加强集中式饮用水水源水质监测，完善污染防治措施。推进以九大高原湖泊区为重点的农村面源污染防治，建设面源污染综合治理示范区。结合各州（市）资源、环境特点，大力开展农业废物的综合利用，探索适合当地自然条件和发展实际的生态农业模式。

编制并实施“农村小康环境保护行动计划”。配合云南省社会主义新农村建设，探索农村和乡镇生态环境保护的有效途径；引导乡镇工业向乡镇工业小区集中，实现污染物的集中处理和达标排放；推进小城镇环境保护规划的编制和实施，加强小城镇生态环境保护，落实城镇总体规划中环境保护规划专章；因地制宜加强九大高原湖泊和其他封闭水体流域内乡镇的环境基础设施建设，改善农村地区环境质量。

推进环境优美乡镇、生态乡镇和生态市创建活动，支持农村新能源建设，建设一批集约化养殖场、大中型沼气能源环境保护工程，建设秸秆气化工程。

6. 防治放射性和电磁辐射污染，提高辐射环境安全水平

（1）防治放射性污染。构建云南省放射源及射线装置动态管理系统。通过系统建设，把云南省放射源及射线装置全部纳入监控范围，为云南省的核技术应用创造一个安全、规范的环境。

实施放射源的全过程管理，重点加强对γ辐照、移动探伤、含源仪器销售和废源暂存库等安全隐患较大的涉源单位进行监管。协同有关部门加强放射性同位素与射线装置单位建立健全安全保卫制度，完善安全防护和事故应急措施，防止放射性污染和伤害事故的发生，使公众照射水平控制在国家标准限值之内。

强化管理，加大对放射性同位素与射线装置使用单位的监管力度。进一步规范辐射环境安全许可证的管理，禁止无证经营，做到涉源单位合法、安全使用放射源及射线装置。

防治重点地区放射性污染。开展云南省铀矿冶放射性污染防治专项行动，调查云南省铀矿冶企业的污染现状，加大监管力度，促进云南省铀矿冶系统全面、协调、可持续发展；组织开展放射性污染的防治工作，因地制宜，落实防治对策。

（2）防治电磁辐射污染。组织开展伴有电磁辐射单位申报登记、辐射环境影响评价和污染防治等工作，对伴有电磁辐射相关行业进行监督检查，全面加强电磁辐射环境安全监督管理力度。

通过加强电磁辐射环境影响评价工作，严格电磁辐射设施选址和建设的环境保护要求，控制和降低城市，尤其是社区、学校和工作场所的电磁辐射污染。协同有关部门，进一步优化、规范移动通信基站建设和布局，对不符合要求的移动通信基站进行拆除、搬迁或整改，防止移动通信基站产生电磁辐射影响。

（3）完善放射性和电磁辐射环境管理机制和手段。贯彻落实《中华人民共和国放射性污染防治法》和《放射性同位素和射线装置安全和防护条例》，理顺放射性同位素和射线装置安全监管职责，实现放射性同位素和射线装置安全、防护的统一监管。建立健全辐射突发事件应急响应体系。

实行放射性同位素和射线装置辐射安全许可证管理与放射源编码身份管理等制度，对生产、进出口、销售、使用、运输、废弃、贮存的放射性同位素和射线装置，实行全过程动态跟踪与管理。及时、安全收贮城市放射性废物和废源；加强辐射源申报登记、监督管理和安全隐患排查。开展辐射防护技术、放射性废物处置技术、辐射事故应急技术等研究，提高辐射污染防治和辐射事故应急管理技术水平；加强辐射环境安全监管及涉源单位技术人员培训，提高涉源单位安全、规范、科学使用放射源的能力；开展全省辐射环境质量现状调查，掌握云南省辐射环境质量状况和变化趋势；全面开展辐射环境常规监测工作，加强重点州（市）、县环境保护部门的辐射环境监管能力；落实《云南省核与辐射环境应急响应实施细则》，不断建立和完善辐射环境安全事故应急机制，努力提高应对辐射环境突发事件的快速、高效处置能力，从而把污染事故降到最低程度，保障公众的身心健康和生命安全，维护国家安全和社会稳定。

（4）建设放射性废物收贮设施。云南省城市放射性废物库自 1986 年建库以来，极大地减少了放射性废物的污染，在全省处置放射性突发事件、污染事故及维护社会稳定等方面发挥了积极作用。但库存已远远不能适应日益增多的废旧、闲置及无主放射源收贮的要求。按照国家发展和改革委员会、国家环境保护总局的规划和要求，云南省环境保护局正在实施云南省城市放射性废物库改扩建工程。“十一五”期间将加快对放射性废物库改扩建项目的实施进度，加强对项目实施过程的监督管理，以确保该项目快速、安全、按质按量地完成。

7. 加强环境保护监管，提高预警应急能力

以环境执法监督和环境监测预警两大体系建设为重点，尽快提高环境保护监管能力和环境管理支撑能力，提高对突发环境事件预警能力和应急处理能力，重点解决环境保护任务日益繁重与当前环境监管能力严重滞后的矛盾。

（1）提高现场执法能力。加强环境执法队伍和标准化建设。根据国家关于环境监察机构标准化建设的要求，结合云南省实际情况，省级及州市级（含重点县级市）环境监察机构要达到国家一级标准，县（区）级环境监察机构要达到国家二级标准，力争使大部分州（市）级环境监察机构达到标准化建设水平。加强上岗培训工作，使环境监察人员持证上岗，确立环境监察机构完整的执法地位，形成完善的监察、执法能力。

提高现场执法能力和应急处理能力。加强环境监察装备建设，因地制宜，对各州（市）和环境保护任务繁重的重点县，配备执法交通工具，完善现场取证设备和污染事故应急设备。进一步完善生态监察、农村和农业环境监督的相关制度。

建设重点污染源在线监控系统。统一标准、设备准入，一机一号，对重点污染源进行浓度和总量实时监控，建立完善的数据传输机制；加强对集中式城市污水处理厂、垃圾处理场和危险废物处置场的监督、监测能力。

（2）完善环境质量监测网络。到 2010 年，州（市）以上城市环境监测站仪器设备达到《环境监测站建设标准（试行）》的要求，云南省环境监测机构仪器设备达标率达到 70%。

进一步完善环境质量监测网络。续建 41 套大气自动监测系统，配置 48 套大气连续监测系统，2 套大气自动监测流动工作站，按标准填平补齐相应的大气实验室分析仪器；建立大气监测数据传输系统；实现 16 个主要城市、5 个城考县级市（宣威市、开远市、个旧市、瑞丽市、安宁市）、1 个边境口岸河口县的大气自动监测，并能对本地区的环境空气质量进行日报和预报；实现镇雄、水富、威信、陆良、禄丰、会泽、元谋、元江、弥勒、富宁、广南、砚山、澜沧、鹤庆、腾冲、兰坪 16 个重点县的城区大气连续监测，并能对本地区的环境空气质量进行周报。

加强地表水、降水、噪声监测能力。在红河、澜沧江、怒江、伊洛瓦底江四大出境水系干流和九大高原湖泊，续建 10 套水质自动监测系统，逐步实现水质周报。按标准化建设要求，填平补齐省站，以 16 个二级站为主，重点建设一批三级站的地表水、降水、噪声监测仪器设备，建立云南省环境监测数据信息管理系统，实现数据信息的数据库、网络化管理，并进行一定程度上的数据信息化分析。

组建云南省应急监测网络。围绕快速处置水污染、大气污染、生态污染、化学恐怖袭击等突发事件，以省站为中心，以昆明、昭通、大理、红河、思茅（今普洱市，下同）、保山6个二级站为分中心，其他10个二级站为成员单位，完善通信联络工具、应急监测仪器、防护装备和交通工具，全面提高应对突发环境事件的能力。

（3）提高环境保护宣传教育能力。加强环境宣传教育机构建设，切实提高各级环境宣传教育的能力水平。重点建设 2 个省级环境保护宣传教育基地，使其具备教育培训、环境展示、信息资料、青少年环境教育等综合功能；推进 300 所各类学校、150 个社区的省级绿色系列创建；继续开展县级党政领导干部和环境保护局长等各类培训班；以电视、广播、报纸、网络等为载体，围绕建设资源节约型和环境友好型社会，以弘扬环境文化，倡导生态文明为核心，以党政领导干部和重点企业负责人、青少年、城市社区和农村乡镇为重点宣传对象，开展形式多样的宣传教育活动；加强与一些非政府组织的合作，坚持走政府主导、市场推进、公众参与的道路，建立健全环境保护公众参与机制，搭建环境保护公众参与平台。

（4）强化环境监管支撑能力。开展环境管理基础调查与研究，按照国家的统一部署，开展污染源调查、地下水污染现状普查、土壤污染现状调查和评价、重点设施电磁辐射调查及污染损失调查等基础工作，掌握污染现状和动态变化。重点支持循环经济、生态补偿、生态承载力、政府绿色采购机制和一些新型环境问题的环境政策与理论研究；支持湖泊富营养化治理、农业面源污染防治以及生态治污、生态修复等重大关键技术的攻关、技术开发和推广应用；紧密结合经济建设，研究经济发展与环境保护热点问题。

提升环境管理信息化水平。建设环境政务信息传输网络、环境监测信息传输网络和环境监理信息传输网络，实现云南省环境保护局与 16 个州（市）环境保护局环境政务信息、监测站点的监测信息和环境监理信息的快速、安全、便捷的传输与交流。创造条件建立环境保护基础数据库，整合网络资源，形成基础信息网络平台，实现数据共享和动态更新。整合数据资源，建立环境业务管理系统、环境质量管理系统、环境质量预警系统、综合应用系统等，形成环境管理业务应用平台和信息服务资源平台，逐步实现建设项目管理、排污收费、在线监测监控等核心业务的网上办公，实现环境管理的自动化、信息化和高效化。

加强环境保护队伍和机构建设。全面加强环境保护队伍建设，提高环境管理效率和服务质量；建设高原湖泊国际研究中心，形成云南省湖泊研究的创新基地；提高云南省环境影响评估机构专业素质和能力，为建设项目环境管理提供有力支撑；加强监测、统计、科研、信息的队伍建设，有效提升业务水平。

（五）投资需求和重点工程

1. 投资需求

为确保“十一五”规划全面完成，实现污染物总量控制目标，基本遏制生态环境恶化的趋势，改善重点区域环境质量，云南省“十一五”期间环境保护投资共需要 310 亿元，其中重点工程投资约需要 210 亿元。

2. 重点工程

以重点工程项目的实施带动环境污染治理和生态保护的全面开展，是解决环境保护长期存在的投入不足问题的有效途径，“十一五”期间，云南需要建设八大重点环境保护工程。

（1）环境预警应急能力建设工程。包括环境监测能力、环境执法能力、环境信息能力、环境宣传教育能力、环境科技和国际合作等内容，总投资约 3.3 亿元，重点污染源自动在线监测以企业投入为主，其他主要申请国家支持，云南省从环境保护专项资金中配套，州、县做一定配套。建设主要内容如下：

一是环境监测和应急监测能力。在 16 个主要城市、5 个城考县级市（宣威市、开远市、个旧市、瑞丽市以及边境口岸河口县的城区）续建 41 套大气自动监测系统；在 16 个重点县（镇雄、水富、威信、陆良、会泽、禄丰、元谋、元江、弥勒、富宁、广南、砚山、澜沧、鹤庆、腾冲、兰坪）建设 48 套大气连续监测系统；建设两套大气自动监测流动工作站；续建 10 套水质自动监测系统，实现四大出境水系干流、九大高原湖泊重点控制断面的水质周报；完善各级监测站的实验室分析仪器，实现相应仪器设备的达标；建立大气自动传输和监测数据信息处理系统。

二是应急监测网络建设。依据就近应急的原则，以云南省环境监测站为污染事故应急监测中心，以昆明市环境监测站、昭通市环境监测站、大理白族自治州环境监测站、红河哈尼族彝族自治州环境监测站、思茅市环境监测站和保山市环境监测站 6 个二级环境监测站为分中心，其余 10 个二级环境监测站为成员单位，组成应急监测网络，配置通信联络工具、应急监测仪器、防护装备和交通工具。

三是环境监察能力建设。购置 157 辆环境现场执法交通工具、324 套现场影像取证设备、675 套快速监测设备、1099 套污染事故应急防护装备。

四是宣传教育能力建设。购置新闻采访装备，建设宣传教育网站，实施省级及重点州（市）级环境保护宣传教育工程，建设两个省级环境保护宣传教育基地。

五是环境信息能力建设。包括省级和州（市）级环境网络建设、环境政务系统建设、培训及维护、环境业务系统建设等内容。

六是环境科研能力。建设中国昆明高原湖泊研究中心，实施好国家和云南省确定的重大科技计划，开展自主创新研究。

七是污染源在线监测监控信息管理系统。建设省、州（市）、县（区）监控中心和重点污染源现场在线监测系统。

（2）重点流域水污染综合治理工程。包括九大高原湖泊、金沙江、南盘江、跨界河流和城市集中式饮用水水源地保护等流域，重点项目投资约 51 亿元（不包括已列入城市环境基础设施的垃圾及污水处理项目）。滇池和金沙江为国家重点保护的流域，主要申请国家支持，地方配套；南盘江属于国家环境保护总局牵头编制的规划，正在争取列入国家重点保护的流域；部分水污染治理基础设施项目正在申请世界银行贷款。

①九大高原湖泊水污染综合治理。包括滇池北岸水环境综合治理、呈贡污水处理厂及配套管网建设、湖泊面源污染控制、滇池总量自动监控系统、洱海入湖河道综合整治及湿地建设、大理市污水管网等重点项目。

②云南省金沙江流域水污染综合防治。包括续建原规划项目，新增 25 个污水处理项目、16 个垃圾处理项目、4 个工业污染治理项目及流域环境管理能力建设等内容。新增城镇污水处理能力 40.75 万吨/日，新增垃圾处理能力 1965 吨/日。

③珠江流域水污染防治工程。建设 20 个污水处理项目、9 个垃圾处理项目、南盘江干流和曲江玉溪段的河道净化和修复等，新增城镇污水处理能力 26 万吨/日，污水收集率达到 80%左右，新增城镇生活垃圾处理能力 1200 吨/日，削减化学需氧量 30 834 吨、氨氮 2944 吨。

④饮用水水源地环境保护及跨界河流水污染防治。制定饮用水水源地水污染防治规划，消除安全隐患，完善监控设施；开展跨境、跨界（国界）河流水污染综合治理及监控等。

（3）医疗废物和危险废物处置工程。建设总规模约 13.4 万吨/年，工程总投资约 6.5 亿元。其中在昆明、曲靖等州（市）建设 3 个危险废物集中处置设施（含医疗废物），规模 11 万吨/年；在其他州（市）建设 13 处医疗废物集中处置设施，规模近 70 吨/日。医疗废物和危险废物处置是纳入国家规划的项目，主要争取国家投资，项目业主适当配套。

（4）城市环境基础设施建设工程。包括城市垃圾和城市污水，工程总投资约 119 亿元，其中垃圾处理 31 亿元、污水处理 88 亿元，70%的投资申请国家支持，其余地方自筹。

①城市垃圾处理工程。建设 80 个垃圾处理项目，完善相应的收运设施，力争总规模达到 9000 吨/日。建设重点区域包括环境保护重点城市、九大高原湖泊流域城市、珠江流域城市、金沙江流域城市、边境城市，其中有 19 个垃圾处理项目已纳入金沙江和南盘江保护规划，共 1545 吨/日；其余纳入国家城市垃圾处理工程规划，申请国家支持。

②城市污水处理工程。建设72个污水处理项目，完善相应的污水收集管网，进行污泥处置和污水再生利用。总规模为173万吨/日，新增再生水利用量50万吨/日，新建及改造配套管网长度3300千米，处置污泥342吨/日。建设重点区域包括环境保护重点城市、九大高原湖泊流域城市、珠江流域城市、金沙江流域城市、边境城市，其中有45个项目纳入国家重点流域规划滇池、金沙江、南盘江规划，总规模约112万吨/日；其余纳入国家城市污水处理工程规划，申请国家支持。

（5）重点工业污染源治理工程。包括燃煤电厂脱硫、工业废物综合利用、污染源监控等内容，工程总投资约5.6亿元。工程投资以企业为主，排污费专项资金给予适当补助。

（6）生态环境保护工程。主要包括重要生态功能区建设、自然保护区标准化建设、新建自然保护区和生物走廊、农村环境综合整治、生态示范区建设、珍稀濒危植物引种繁育基地建设、畜禽养殖废弃物处理示范等内容，估算总投资22亿元，其中东川生态功能保护区申请列为国家级重要生态功能保护区，并申请国家给予资金补助；生物走廊带建设、长江流域（金沙江）自然保护分别申请亚洲银行、全球环境基金援助。

（7）核安全及辐射环境保护工程。包括建设放射源动态管理系统、配备辐射环境监管、应急处置装备等内容，放射源废物库建设已列入危险废物处置工程，总投资为0.25亿元，申请国家支持，地方适当配套。

（8）循环经济示范试点工程。这一工程包括开远工业、洱源农业和普者黑旅游业三个循环经济示范点的建设，实施废物综合利用示范、循环经济链接工程示范、循环经济关键技术引进与推广示范、湿地生态修复、畜禽养殖污染物综合治理和清洁生产等项目，总投资约2亿元，按照项目的性质，多渠道筹措资金建设。

（六）保障措施

“十一五”期间，云南以落实环境影响评价、污染物排放总量控制和环境目标责任制三项制度为核心，以加强环境执法监督能力和环境监测预警能力两大体系建设为保障，推行有利于环境保护的经济政策，运用市场机制推进污染治理，通过宣传教育和公众参与调动全社会的积极性，确保“十一五”环境保护目标的实现。

（1）加强对环境保护工作的领导。认真落实环境保护领导责任制。坚持和完善各级政府环境保护目标责任制，对环境保护主要任务和指标实行年度目标管理，每年向社会公布各地区主要污染物排放情况，接受群众监督和社会监督。把环境保护指标纳入党政领导班子和领导干部的重要考核内容，在重大决策、区域开发、项目建设、评优创先等方面实行环境保护一票否决制度。实行环境保护问责和奖惩制，对因决策失误造成重大环境事故、严重干扰正常环境执法的人员，追究责任。各级政府要定期听取汇报，研究部署环境保护工作，制订并组织实施环境保护规划，检查落实情况，及时解决问题，确保实现环境目标。各级人民政府要向同级人大、政协报告或通报环境保护工作，并接受监督。

完善环境保护统一监管和协调机制。建立健全协调有效的工作机制，密切配合，齐抓共管，形成合力。环境保护部门要切实履行职责，统一环境规划、统一执法监督、统一发布环境信息，加强综合管理；各相关部门要制定有利于环境保护的各项政策。建设、国土、水利、农业、林业等有关部门要依法做好各自领域的环境保护工作；宣传部门要积极开展环境保护宣传教育，普及环境保护知识；环境保护及监察部门要严肃查处环境保护违法违纪行为。加强对州（市）环境保护工作的指导、支持和监督，协调跨区域、跨流域环境保护，督促检查突出的环境问题。按照“污染者负担、利用者保护、破坏者恢复”原则，强化企业对环境影响和损害承担的责任。

（2）明确责任，确保完成国家确定的环境保护约束性指标。云南省发展和改革委员会要按照国家与云南省签订的减排责任书，积极争取资金，推进城市污水和垃圾处理设施建设，开展开征污水、垃圾处理费的工作，将城镇污水处理单位改制成独立企业法人；督促落实列入责任书中的燃煤火电厂脱硫工程。

云南省经济贸易委员会同有关部门关停列入国家发展和改革委员会关停小火电机组名录和核准新建项目要求关停的小火电机组，根据《国务院关于发布实施〈促进产业结构调整暂行规定〉的决定》和《产业结构调整指导目录（2005）》等国家产业政策，加大强制淘汰水污染严重企业和落后的生产能力、工艺、设备与产品的力度。继续巩固工业污染源达标排放成果，凡是水污染物不能稳定达标的企业一律停产治理，切实提高工业用水重复利用率。

云南省建设厅要按云南省人民政府的要求，组织完成城镇垃圾、污水的建设任务，各级政府切实承担起建设责任，按照“厂网并举、管网先行”的原则，对已建成的城镇污水处理厂，必须配套建设管网工程。新建的污水处理厂要达到一级排放标准，排入湖库等封闭水体的现有污水处理厂，应配套建设除磷、脱氮设施，要努力提高城市污水再生利用率。

云南省环境保护局要会同有关部门把排污总量控制任务分解落实到各地区和重点企业，严格实施排污许可证制度，禁止超量排污和无证排污，对污染负荷较高及有严重污染隐患的企业，实施强制清洁生产审核；指导重点排污企业安装自动在线监控装置，并确保正常运行。

（3）进一步加大环境执法力度。制定、修改和完善适用的地方性环境保护法规，尽快形成一批符合云南省实际、与市场经济接轨的环境保护单行法规和政府规章，努力解决环境保护法规不健全、执法难度大的问题，切实把环境保护纳入法制轨道。进一步强化环境保护行政主管部门执法主体地位和责任，提高环境执法的执行力和权威性，严厉查处环境违法行为和案件。完善对污染受害者的法律援助机制，对环境污染受害者提供法律咨询服务；加大处罚力度，彻底扭转“违法成本低、守法称本高”的现象。

加强部门协调，完善联合执法机制。进一步健全部门联合执法机制，完善环境监察制度，强化现场执法检查；规范环境执法行为，实行执法责任追究制，加强对环境执法活动的行政监察。要加强部门环境执法信息交流，对违反国家产业政策的污染项目，对不正常运转治理设施、超标排污、非法转移或倾倒危险废物及化学品、在自然保护区违法开发建设或违规采矿造成生态破坏等违法行为，重点查处。

严格执行环境影响评价制度。以环境影响评价为切入点，完善建设项目环境管理，控制污染新增量；依法推动规划环境影响评价，充分发挥规划环境影响评价在城市总体规划、土地利用规划、区域资源开发、产业结构调整等重大决策制定与实施中的作用，从源头防治环境污染和生态破坏；清理违规建设项目。建立基于环境审计和排放绩效的企业环境报告制度，加强排污许可证的动态管理。

（4）增加投入，完善有利于环境保护的市场机制和政策。各级人民政府要建立环境保护财政支出科目，逐步提高环境保护投入占公共支出的比例，并加大对重点区域、流域污染防治，生态保护、恢复，环境保护示范、环境保护监管能力建设的资金投入，增强引导社会资金参与环境保护的能力。凡是污水、垃圾处理收费制度未建立或低于治理成本的地区，当地政府要给予补助，以保证环境保护设施正常运转。强化对环境保护专项资金使用的监督管理，加强资金使用绩效评价和项目管理，努力提高财政性环境保护资金的投资效益。

建立有利于环境保护的财政税收体系。对循环经济产业和环境友好产品给予税收减免、优先采购；资源定价要有利于环境保护；对清洁能源、脱硫电厂和垃圾焚烧发电厂实行优先上网和提高电价等优惠政策；对环境不友好的企业，提高税收标准，减少或取消政策性优惠；依法足额征收排污费，继续完善排污收费制度，使排污费逐步达到或者超过治理成本。探索实施生态补偿制度，实行区域生态补偿政策，解决下游对上游、开发区域对保护区域、受益地区对受损地区、受益人群对受损人群以及自然保护区内外的利益补偿问题，并积极向国家争取政策和补偿资金。

积极推进污染治理市场化。坚持“污染者负担、治理者受益”的原则，全面实施城市污水、生活垃圾处理收费制度，鼓励社会资本参与污水、垃圾处理等基础设施的建设和运营。对污水和固体废物处理设施建设及运行给予用地和用电上的优惠；完善环境基础设施的服务、价格、质量、成本监管体系和特许经营等相关配套政策，营造良好的投融资环境；推行污染治理工程的设计、施工和运营一体化模式，鼓励排污单位委托专业化公司承担污染治理和污染处理设施运营。

建立政府绿色采购制度。研究制定政府绿色采购指南，定期发布或更新绿色采购标准和清单，统一标识，凡是符合环境保护要求的产品、服务和企业，政府优先采购，以鼓励企业在产品生产过程中采用环境友好的技术和工艺，同时引导大众绿色消费，促进环境友好型社会的建立。

（5）加快环境科技创新。加强环境保护关键领域的基础研究和科技攻关，提高污染防治和生态保护的技术水平。加大环境科技和研究条件的支持力度，建设环境保护科技基础平台。针对高原湖泊保护、资源开发与生态保护、清洁生产与循环经济等存在的技术问题进行研究，积极开展技术示范和成果推广，提高自主创新能力。紧密结合社会经济发展需要，加强重大环境问题的战略性、前瞻性研究，切实提高科学管理环境的能力，为云南省环境管理和改善环境质量提供有力支撑。

采取措施，鼓励扶持环境保护企业自主创新，引进、消化国内外先进适用环境保护高新技术，提高环境保护企业的核心技术能力和市场竞争力；充分发挥行业协会等中介组织的作用；完善规范环境保护咨询服务业市场，建立统一规范的环境保护市场运作规则，积极按国家要求推行职业资格制度。

（6）强化环境保护宣传教育，提高公众环境意识。增强全社会生态文明意识。大力宣传环境保护方面的法律，不断增强全社会的资源意识和环境意识，引导公众、社会团体、新闻媒体关注和监督企业的环境行为，营造全社会共同参与环境保护的良好氛围。

加强对各级领导干部环境保护法律法规和环境保护责任的培训教育力度，提高各级领导干部的守法意识，明确环境保护责任。

完善环境信息公开制度。推进环境保护政务公开，实行环境质量公告制度，发布城市空气、城市噪声、饮用水水源水质、重点流域水质、污染事故、环境保护政策法规、环境保护项目审批和案件处理等环境信息。推进企业环境信息公开，保障公众的环境知情权。

完善公众参与环境保护机制。鼓励和引导公众和社会团体有序地参与环境保护。广泛开展绿色社区、绿色学校、绿色家庭等群众性创建活动，充分发挥工会、妇联等群众组织的作用。各级环境保护部门要增加环境管理的透明度，加大社会舆论监督力度，充分发挥新闻媒体的监督作用，充分发挥“12369”环境保护举报热线的作用，拓宽和畅通群众举报投诉渠道。

（7）加强环境保护队伍建设。要建立健全环境保护机构，加快环境保护队伍建设，提高环境管理的规范化和科学化水平。按照“工作高效率、服务高质量、对自己高标准”的要求，开展环境保护队伍的思想、作风、组织、业务和制度建设，提高适应现代化管理和处置复杂环境形势的能力。完善机构设置，着重加强县级环境保护队伍建设，提升环境评估机构能力，改善环境科研机构的基础条件，探索建立环境科技创新基地。

（8）建立规划实施监测评估机制。建立规划目标、措施和效果的定期检查、评估和协调机制，定期发布监测评估结果，保障“十一五”规划的顺利实施。规划确定的工程项目要严格实行按规划立项、按项目管理、按设计施工、按效益考核。强化组织管理，建立有效的投资评估制度和专家参与制度，加强资金使用的追踪检查和审计监督工作，严格财务制度。对于国家和省级重点工程，积极探索项目法人制，建立资金使用报账制、工程监理制、竣工验收制度，重点骨干工程要采取设计、施工招投标制，实行合同管理和工程质量终身负责制。

第二节　生物多样性保护史料

一、生物多样性保护工作情况①

2004 年 8 月 19 日，云南省环境保护局对当前云南生物多样性保护工作进行了总结，云南省把加强自然保护区的建设与管理和珍稀濒危物种的保护作为生物多样性保护的突破口和龙头，并取得了良好的成效。

（1）自然保护区建设发展形势好。云南省从 1958 年正式建立第一个西双版纳勐仑自然保护区以来，自然保护区事业稳步发展，保护区的面积和数量增长较快，投入有所增加，管理水平不断提高，逐步走上规范化和科学化管理的轨道。“八五”以来，按照云南省人民政府批准《云南省自然保护区发展规划》的要求，云南省加快了自然保护区建设步伐。特别是 1998 年以来，是云南省自然保护区发展最快、形势最好的时期，云南省新建自然保护区 47 个（国家级 4 个，省级 9 个，地、县级 34 个），新增保护区面积 74 万公顷。截至 2002 年底，云南省共建立各种类型的自然保护区 160 个，总面积 2 994 217 公顷，约占云南省土地面积的 7.6%。其中，国家级自然保护区 10 个，省级自然保护区 54 个，市级自然保护区 43 个，县级自然保护区 53 个，自然保护区的数量居全国第一位，形成了各种级别、多种类型的保护区网络。西双版纳和高黎贡山两个国家级

① 云南省环境保护局：《生物多样性保护工作情况》，http://sthjt.yn.gov.cn/zrst/swdyxbh/200408/t20040819_ 11134.html（2004-08-19）。

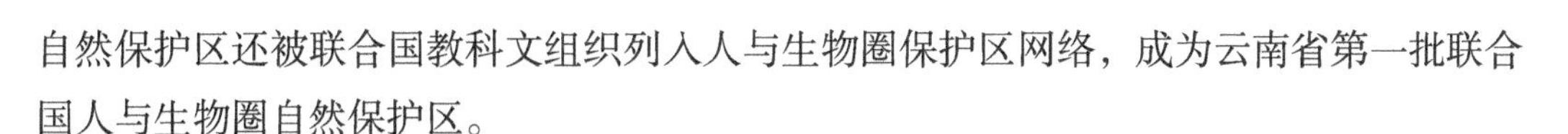

自然保护区还被联合国教科文组织列入人与生物圈保护区网络，成为云南省第一批联合国人与生物圈自然保护区。

（2）加强了生物多样性保护和自然保护区管理的法制建设。云南省在贯彻和执行国家制定的法律、法规的同时，结合云南的实际，加快了生物多样性保护和自然保护区管理的法规制定工作，先后制定和颁布了《云南省自然保护区管理条例》《云南省珍贵树种保护条例》《云南省陆生野生动物保护条例》《云南省珍稀、濒危保护动物名录》《云南省重点保护植物名录》《云南省珍稀濒危植物管理办法》。部分州、县还结合本地的特点和实际制定更具体的保护法规和规章，如《西双版纳自然保护区管理条例》《西双版纳野生动物保护条例》《文山壮族苗族自治州森林和野生动物类型自然保护区管理条例》等，使云南省的自然保护工作逐步走上了法制化和规范化的轨道。

（3）自然保护区建设得到加强，管理能力有了明显提高。云南省自然保护区实行综合管理和分部门管理相结合的管理体制。云南省环境保护部门负责全省自然保护区的综合管理；林业、农业、地矿、水利和建设等部门在各自的范围内，主管相关的自然保护区。1993 年成立了第一届云南省自然保护区评审委员会，2001 年成立了第二届云南省自然保护区评审委员会。这一机构的组建，为云南省自然保护区的发展规划、综合考察、评审论证和审批提供了科学依据，为推动云南省自然保护区的建设和管理奠定了良好的基础。

（4）随着云南自然保护区事业的发展，管理机构建设日益受到重视。不少自然保护区设立了管理局、管理所或管理站等县（处）级到科（股）级的管理机构，充实了管理、防护人员。到 2002 年底，在云南省 160 个自然保护区中，10 个国家级自然保护区全部建立了管理机构，省级自然保护区有 80%建立了管理机构，县级自然保护区有 50%建立了管理机构。一些尚未建立机构的自然保护区，也配备了管理人员，启动了基本的日常管理工作。这样，云南省自然保护区“批而不建、建而不管、管而不力”的问题得到了解决。

（5）自然保护区投入不断加大。为加强云南省自然保护区的管理，从 20 世纪 80 年代至现在，云南省财政一直将 1992 年（国家实行分税制财政管理体制）前建立的 41 个国家级、省级自然保护区 1586 人的人员经费和公用经费纳入省级财政预算予以安排，仅 2002 年就达 2987.33 万元。自 2001 年起，云南省的部分国家级自然保护区利用国债资金 3602 万元，在天然林保护区的各级自然保护区均纳入了天然林保护工程计划，安排了管护资金。在 1992 年后建立的国家级、部分省级和地县级自然保护区，所在地的财政部门也安排了一定的建设资金和人员经费，较好地保证了云南省自然保护区的正常管理。

（6）自然保护区管理水平不断提高。云南省加强了自然保护区管理机构和管理能力建设，使大多数比较珍贵的生态类型、原始的生态过程和生命保障系统、动植物物种以及珍稀濒危物种得到了重点保护。一是森林和野生动物等自然资源得到了明显保护，生态环境开始改善，保护区范围内的森林火灾、乱砍滥伐、乱捕滥猎等破坏森林和野生动物资源的现象明显下降，涌现了一批无森林火灾、无毁林开荒、无乱砍滥伐和无乱捕滥猎的自然保护区，森林植被和野生动植物得到了恢复性发展，区域生态环境明显改善。二是通过自然保护区的建立和广泛宣传教育，全社会的自然保护意识普遍增强，对自然保护区建设的重要性的认识不断提高。三是自然保护区周围地区的环境得到不同程度的改善。例如，哀牢山自然保护区内森林的巨大水源涵养作用，保证了附近几个县的农田水利工程设施的效益发挥作用；西双版纳与纳板河流域国家级自然保护区的生态作用，维护了西双版纳优越气候条件的相对稳定，促进了当地农业和旅游业的发展。四是珍稀濒危动植物资源得到了较好的保护。在分布于云南省的154种（含变种）国家第一批重点保护植物中，约有130种分布于不同的自然保护区而得到保护；在国家第二批重点保护植物中，有197种分布于云南省，约有104种在自然保护区得到了保护。

（7）生物多样性保护效果明显。云南省为开展珍稀濒危物种的保护工作，已初步构架了珍稀濒危野生动植物的迁地和就地保护网络。云南省各地利用植物园、动物园、保护基地等，对珍稀濒危动植物实行就地和异地保护，并开展了迁地保护和引种繁育研究等工作，使不少受到高度威胁的物种得到了抢救性的保护。2007年，云南省现已建多家野生动植物驯养繁殖中心和10多处野生动物收容拯救中心、10多处以保护珍稀濒危植物为主的植物园、树木园；在国家环境保护总局支持下，1991年云南省建立了专门的珍稀濒危植物引种繁育中心，已引种栽培珍稀濒危植物180余种；中国科学院昆明动物研究所已收集野生动物细胞株200多种，其中有滇金丝猴、华南虎、毛冠鹿、赤班羚等云南省特有或珍稀濒危动物。目前云南省正在进行“云南省野生种质资源库”建设工作。通过各方面的努力，云南省珍稀物种得到了有效的保护，数量也有所增加，如受国际国内广泛关注的滇东北地区昭通市、曲靖市会泽县的黑颈鹤数量由1995年的800余只增加到1200多只，无量山保护区的黑长臂猿已增加到400头，白马雪山自然保护区的滇金丝猴也增加到1000多只，西双版纳的亚洲象种群数也增加到250头左右。总体上看，云南省的珍稀濒危物种保护工作取得的成效十分显著。

在国家环境保护总局支持下，1991年，云南省建立了云南省珍稀濒危植物引种繁育中心（2008年并入云南省环境科学研究院），已引种栽培珍稀植物180余种、10 000多株珍稀植物，为搞好云南省的生物多样性保护工作起到了示范作用。此外，云南省珍稀植物保护基地面积已达到2000多亩，珍稀植物有了较大增长。1995年，云南省人民政府还在全国率先成立了云南省生物多样性保护委员会，加强了生物多样性保护和管理力度。

（8）国际交流和合作顺利开展。从20世纪80年代开始，云南生物多样性的保护受到国际自然保护组织的关注和重视，全球环境基金组织，世界自然保护基金会，世界自然保护同盟，国际鹤类基金会、麦克亚瑟基金会等都在自然保护区和生物多样性保护方面与云南省进行了合作交流。自然保护区开始成为云南省对外合作和交流的窗口。美国大自然协会与云南省环境保护局合作开展了滇西北老君山自然保护区建设，项目于2001年启动，该项目的实施对老君山丰富的生物多样性的保护有着重要意义。全球环境基金中国自然保护区管理项目于1995年在云南省启动实施，该项目在西双版纳国家级自然保护区实施，用于提高自然保护区管理水平，同时还支持了南滚河、白马雪山、哀牢山、怒江、分水岭五个A级保护区编制管理计划和全省自然保护区编制管理规划。中德合作“中国云南西双版纳热带雨林恢复与保护项目”在西双版纳国家级自然保护区和纳板河流域国家级自然保护区以及周围地域实施，通过两国合作，即保护管理、社区参与、科学研究和教育培训等子项目的实施，达到恢复和有效地保护西双版纳热带雨林的目的。同时“中荷合作云南省森林保护及社会发展项目”“中英合作云南环境保护与扶贫项目”正在组织实施，这些国际合作项目的开展积极促进了云南省生物多样性的保护。

积极探索自然保护区有效管理的途径，实现保护与合理开发利用相结合。建设自然保护区，保护生物多样性的最终目的，是造福于人类。云南省遵照国家“全面规划、积极保护、科学管理、永续利用”的自然保护方针，对自然保护区有效管理进行了探索。1991年，云南省人民政府批准建立了云南省环境保护管理的西双版纳纳板河省级自然保护区，建立该保护区的宗旨是在保护热带森林和物种资源的前提下，利用保护区的资源优势，在试验示范区进行生物资源的合理开发和适度经营，把生态保护与当地居民的社区发展结合起来，并充分利用自然环境和人文景观，开展旅游和科学考察活动，探索人口、资源、环境与发展相协调的途径，为保护和管理生态环境提供一个样板。此外，西双版纳、苍山洱海、玉龙雪山等自然保护区，都在保护前提下，利用自己的资源优势，开展旅游、生产经营活动，增强自我发展的活力，促进了保护工作的开展。

二、昆明森林公安截获大批珍贵野生动物及制品①

从2004年9月10日开始，昆明市森林公安局进行了打击贩卖野生动物的大规模专项整治行动。截至2014年9月30日，昆明市森林公安局共破获特别重大案件4起，刑事拘留11名犯罪嫌疑人，逮捕9名犯罪嫌疑人。

据了解，在这次行动中，昆明森林公安现场缴获了国家一级保护动物制品象牙 4

---

① 纳英：《昆明森林公安截获大批珍贵野生动物及制品》，http://sthjt.yn.gov.cn/zwxx/xxyw/xxywrdjj/200410/t20041006_1879.html（2004-10-06）。

只、高鼻羚羊角36只、梅花鹿标本2只；国家二级保护动物活体穿山甲6只、平胸龟355只；国家二级保护动物制品大壁虎4只，总价值达百万余元。其中，最为珍贵的要数高鼻羚羊角了。因为在我国，高鼻羚羊仅生长在新疆北部，已濒临绝种。而在这次行动中，该局就一举查获了36只高鼻羚羊角，总价值30万元人民币。

另据了解，这次查获的稀有物品，除象牙外，还有6只穿山甲活体均是在昆明长水国际机场查获。让人意想不到的是，参加这次非法运输的竟有3名机场内部的安检员，而且他们从2004年8月起就多次协助不法分子从事非法运输活动，这3名犯罪嫌疑人已被刑拘，其涉案次数和量级正在进一步深入调查中。

三、云南省生物物种资源保护取得的成绩[①]

2005年1月上旬，云南省环境保护局公布了云南省生物物种资源保护取得的成绩。

（1）进一步加快了立法进程，逐步建立健全了地方立法体系。为了使生物物种资源保护工作进一步规范化、程序化，把国家的环境保护方针和政策落到实处，针对云南省生物物种资源保护的特点，云南省突出地方特色，制定了40多项地方性法规、规章和管理办法，加快了地方性生物物种资源保护和利用的立法步伐。近十年来，特别是“九五”期间，云南省相应出台和下发了《云南省环境保护条例》《云南省自然保护区管理条例》《云南省森林和野生动物类型自然保护区管理细则》《云南省珍稀濒危植物管理办法》《云南省陆生野生动物保护条例》《云南省农业环境保护条例》等一系列法规和政府规章，公布了一批珍稀濒危动植物保护名录。一些地区也结合本地实际制定了有关的地方性法规，如西双版纳傣族自治州制定和颁布了《西双版纳傣族自治州自然保护区管理条例》，文山壮族苗族自治州制定和颁布了《文山壮族苗族自治州森林和野生动物保护条例》等。列为云南省重点保护的九大高原湖泊，亦都制定了保护条例，做到了“一湖一法”。截至2005年，云南省已初步形成了以国家和本省颁布的法律、法规为保证，由各级政府、有关部门和社区群众参与、通力协作的生物物种资源保护体系，并逐步向法制化、制度化方向发展。

（2）管理机制得到进一步完善。环境保护行政主管部门的自然生态保护机构得到充实和加强。云南省是生态大省，早在20世纪80年代初期就将生态环境保护作为环境保护的重要内容来抓。为适应云南省自然生态保护工作的开展，自1981年云南省环境保护机构正式设立自然保护处以来，始终保留并充实了自然保护人员；到现在各地、州、市环境保护局也设立相应的自然保护科，部分县级环境保护局设有自然保护科

① 云南省环境保护局：《云南省生物物种资源保护取得的成绩》，http://sthjt.yn.gov.cn/zrst/swdyxbh/200501/t20050110_15924.html（2005-01-10）。

（股），基本形成了省、地（州、市）、县的自然保护管理机构。据不完全统计，环境保护系统从事自然生态保护的专职管理人员共有 159 人，这些人员的综合业务素质、行政执法能力和管理能力基本能够适应生态环境保护的需要。

各资源管理部门、综合协调部门强化了生物物种资源保护机构的建设。生物物种资源的管理涉及多个经济综合部门和资源管理部门。为保障生物物种资源保护法律法规得到切实贯彻实施，云南省各资源管理部门、综合协调部门均明确了专门的机构，按其相应的资源管理法规完成相关的职责。例如，林业部门设了“野生动植物保护办公室”“天然林保护领导小组办公室”“濒危物种管理办公室”。

（3）生物物种资源保护执法力度进一步加大。云南省历来都重视对生物物种资源的依法保护。长期以来，云南省经常开展生物物种资源保护执法检查活动，云南省人民代表大会及云南省人民政府主要领导亲自担任检查活动领导小组组长，并多次亲自带队深入基层开展检查工作。通过执法检查活动，认真查处了一批环境违法犯罪案件，推动了云南省生态环境保护与建设工作。西双版纳傣族自治州捕杀亚洲象、野牛案等案件在检查活动中发现并查处。多年来，云南省人民代表大会经常组织开展自然保护区、高原生态保护等领域的执法检查和调研活动；1996 年以来，云南省环境保护局和监察厅连续几年对各地贯彻《国务院关于环境保护若干问题的决定》执行情况进行监察和督察；2003 年 1 月至 5 月，云南省工商局与农业厅联合开展了“云南省清理种子市场联合行动”，对云南省从事种子生产、经营的企业、市场进行了清理整顿。在 2005 年的打假工作中，共查处假冒伪劣种子 18.1 吨。在执法检查中云南省加大了行政处罚的力度，查处了一大批违反生物物种资源保护法律法规的案件。

在执法工作中，各有关部门严格按照法定程序进行审核、审批和备案。对各种违法行为进行了严厉打击和严肃查处，较好地保护了云南省的生物物种资源。例如，2003 年 5—9 月，云南省工商部门共查处取缔无照经营利用野生动物及其产品的企业 23 户，变更餐饮企业名称 119 户，查处违法经营利用野生动物及其产品的案件 18 件，案值 15 万元，查缴各类野生动物 2680 只（条），产品（含死体）949 千克；昆明海关结合云南省的特点和规律，突出重点，始终对生物物种资源的走私犯罪活动保持了强大的高压态势，加大了对走私濒危动植物打击的力度，仅从 2002 年 12 月至 2003 年 10 月，就查获走私珍稀濒危物种案件 47 起；从 2000 —2003 年，云南省渔业行政部门实施警告 24 879 起，罚款 4 704 078 元，没收违法所得 106 404 元，没收非法财物 250 440 起，价值 966 156 元，吊销许可证 3 起，行政拘留 50 起，其他 4893 起。实施行政强制措施扣押 68 起，合计 6210 元。行政强制执行 244 起，价值 43 523 元。强制拆除一起，价值 713 元。销毁 1008 起，价值 1 327 000 元。行政拘留 25 起，其他处罚 2600 多起。扣缴 4 起，价值 4300 元。通过各部门严格执法，维护了环境法律尊严，有力地促进了生态保护工作法制化的进程。

在执法工作中，云南省科研机构为云南省生物物种资源的有效保护提供了强有力的技术支持。例如，自 1999 年以来，中国科学院昆明动物研究所为国家公安机关、国家进出口管理机构和野生动物资源的保护部门鉴定标本 500 余批次，每年约鉴定 50 000 余只（件）。

（4）有效地保护了云南省丰富的生物物种资源。云南省素有“动物王国”“植物王国”“生物物种基因库”等美称，生物物种保护工作在全国乃至世界均居于十分重要的地位。云南省把加强自然保护区的建设与管理、珍稀濒危物种的保护作为生物物种资源保护的突破口和龙头，并取得了良好的成效。

四、云南省生物物种资源保护执法检查工作情况①

2005 年 1 月上旬，云南省环境保护局公布云南省生物物种资源保护执法检查工作情况。根据国家环境保护总局《关于开展全国生物物种资源保护执法检查的通知》要求和国务院第一次生物物种资源保护部际联席会议精神，云南省于 2003 年 10 月 29 日至 12 月 5 日在全省范围内开展了生物物种资源保护执法检查。云南省人民政府高度重视，由分管副省长亲自抓，及时研究、部署了云南省生物物种资源保护执法检查工作。为进一步加强对执法检查工作的领导，确保检查工作的顺利开展，云南省人民政府成立了由吴晓青副省长为组长，云南省人民政府办公厅、环境保护局、农业厅、林业厅主要负责同志为副组长，省教育厅、科技厅、卫生厅、外贸厅、建设厅、工商局、药监局、出入境检验检疫局、知识产权局、昆明海关、中国科学院昆明分院等部门和单位的负责人为成员的云南省生物物种资源保护执法检查自查领导小组以及有关单位组成的办公室；成立了专家组，制定了工作制度和职责，由专家组负责本次自查的技术审查工作；制订了云南省生物物种资源保护执法检查自方案，提出了自查提纲；下发了《云南省人民政府办公厅关于开展云南省生物物种资源保护执法检查自查的通知》。

按照云南省人民政府办公厅的要求，各部门积极部署、精心组织了执法检查工作，普遍成立了由主要负责同志任组长、相关部门领导为成员的领导小组，结合各自的实际情况制订了具体的检查方案，并抽调了业务能力强的同志参加检查。各部门在自查、自改的基础上，对云南省人民政府明确的重点检查内容进行了检查。

整个执法检查工作以贯彻国家生物物种资源保护的法律法规为核心，以检查执法过程中存在的问题为重点，以解决生物物种资源保护中存在的问题为突破口，通过有组

① 云南省环境保护局：《云南省生物物种资源保护执法检查工作情况》，http://sthjt.yn.gov.cn/zrst/swdyxbh/200501/t20050110_15923.html（2005-01-10）。

织、有计划、有步骤的工作，发现和解决了一些问题，促进了生物物种资源保护工作的深入开展，取得了显著的成效。

五、云南省生物物种资源保护工作中存在的主要问题①

2005 年 1 月 10 日，云南省环境保护局指出云南省生物物种资源保护工作中存在的主要问题。由于云南省自然生态环境多样性和脆弱性特点，资源型粗放经营的经济增长模式还没有实现根本转变，随着城市化进程的加快、人口的不断增加，自然资源开发的力度不断加大，以植被破坏、资源不合理利用等为代表的问题仍很突出，从总体上看，云南省生物物种资源保护的形势依然严峻。

（1）自然保护区面积和数量不能满足生物多样性保护的需要。云南省是我国生物多样性最丰富的省份，尽管云南省自然保护区个数已列全国第一位，但自然保护区面积小，与云南省丰富的生物多样性还不相称。

（2）自然保护区基础设施建设严重滞后。云南省虽然建立了相当数量的自然保护区，但除了少数国家级和部分省级自然保护区有过基础设施建设投入外，其他自然保护区则几乎没有基础设施建设投资。有的自然保护区即使有过投入，也因为投资规模小、建设标准低、建设年代久、年久失修等，已不能满足保护管理工作需要。由于没有投入，另外还有不少自然保护区处于批而未建、建而不管、管而不力的状况。

（3）珍稀野生动植物面临威胁。由于珍稀野生动植物栖息环境受到生态破坏的影响，许多野生动植物的适宜生境范围越来越小，并受到“岛屿化”“生境破碎化”的影响。野生动物肇事补偿费严重不足，赔偿问题得不到解决，挫伤了群众保护野生动物的积极性。

六、有利于加强云南省物种资源保护的对策、措施及建议②

2005 年 1 月，云南省环境保护局提出了许多有利于加强生物物种资源保护的对策、措施和建议：

（1）加快制定《云南省农作物种子管理条例》，明确种子管理机构的职责，种质执法人员持证上岗，加强对采集、对外交流销售种质资源的管理，查处违法案件。（2）增加投入，云南省建设 1—2 个种质资源库和 3—5 个种质资源保护区，加强种质资

① 云南省环境保护局：《云南省生物物种资源保护工作中存在的主要问题》，http://sthjt.yn.gov.cn/zrst/swdyxbh/200501/t20050110_15925.html（2005-01-10）。

② 云南省环境保护局：《有利于加强云南省物种资源保护的对策、措施及建议》，http://sthjt.yn.gov.cn/zrst/swdyxbh/200501/t20050110_15927.html（2005-01-10）。

源的采集，保存工作。（3）边境贸易出口农作物种子，按照相关规定进行审批。（4）请求上级部门在制定法规、规章及规范性文件的过程中，加大对内陆渔业发展的指导和规范力度，同时，考虑水生生物的立法工作。云南省也将加快实施《中华人民共和国渔业法》办法的调研和草案的起草。（5）健全渔政执法体制，实现渔业生产经营与渔政管理的分开，使渔政管理工作步入法治化轨道。（6）为渔政队伍的再教育创造条件和机会，使渔政人员的知识能够得到尽快更新。随着我国对外交往的增多和跨国争夺资源的斗争日趋激烈，而云南省又处于对外开放的前沿，与三个国家接壤，且流经云南省的河流大多数为国际河流，涉外管理日渐增多，对渔政队伍进行再教育，使他们既掌握国内法律法规，又懂必备的国际常识，对加强边境水域涉外渔政管理具有重要意义。（7）建议国家加大对云南省畜禽品种资源保护资金的投入。（8）建立起相关部门之间的生物物种资源保护的协调机制。（9）加强生物物种资源保护的法制宣传。

七、云南省兰属植物的多样性及其保护①

2006 年 6 月 13 日，昆明市环境保护局提出保护云南兰属植物资源多样性的建议。

（1）建立野生兰属植物保护区。在一些特有珍稀种类分布较集中的地区，制定一定的保护范围，进行原产地保护。委托当地林业部门管理，保护区内禁止任何人上山采挖。或者将一些特有的珍稀种类有目的、成批量地引入邻近已划定的国家级或省级自然保护区内，让它们在保护区内繁衍发展。

（2）建立兰花种质资源保存圃。在现有植物、园林、园艺研究机构及各种兰圃进行迁地保护，以保存野生兰花种质资源。并有计划地繁殖发展珍稀、濒危、特有种类，以免因野生兰花的过度采挖而造成物种的灭绝。资源圃内还可以开展有目的的杂交育种，培育兰花新品种。也可以利用现代科学手段对兰花进行辐射育种、航天育种试验，以期产生新的变异，甚至可以开展兰花转基因技术的试验研究。

（3）建立兰花产业基地。在这些基地内培植、繁育各种兰花，提供国内外市场需要的品种。今后要逐步做到野生兰花不准投放市场进行交易，用以交易的兰花，必须是经过兰圃数年栽培、繁殖后的兰花。

（4）严格控制珍稀和濒危兰花物种的流失。包括兰属的一些特有种、新种和各种兰花的珍稀变异品种，应禁止野生兰花的交易，严防走私出境。

（5）普及兰花知识，积极保护兰花资源。让更多的群众认识兰花、了解兰花、喜爱兰花、种植兰花，让野生兰花资源得到可持续利用。

---

① 昆明市环境保护局：《云南兰属植物的多样性及其保护》，http://sthjj.km.gov.cn/c/2006-06-13/2147398.shtml（2006-06-13）。

八、保护红嘴鸥 共建和谐社会[①]

2006 年 10 月 24 日，由昆明市环境保护局组织，盘龙区环境保护局承办的昆明市 2006 年保护红嘴鸥的工作会议在昆明召开。昆明市鸟类协会、五华区、西山区、官渡区相关部门领导及全体工作人员共同参加本次会议。

会上首先由昆明市鸟类协会王教授对近 20 年来昆过冬的海鸥数量及生活习性做了总结性发言，对省、市各级领导对保护鸟类资源展开的大量工作做出肯定。1985 年 11 月，海鸥首次飞来内陆高原春城昆明的市区水域过冬。海鸥在每年 11 月如期而至，到次年 3—4 月份离开，数量从几十只增加到 9000 多只，最多时曾达到 3 万余只，其中以红嘴鸥的种群数量最大。云南省和昆明市的野生动物主管部门在该省、市党和政府领导以及社会各界的支持下，在保护鸟类资源方面展开了大量的工作。

昆明市环境保护局赵副局长在会上说了喂食红嘴鸥工作的历史原因，由环境保护部门组织开展，全市鸟类工作者全力推动，众多企业、社团、新闻单位、大中小学积极参与，使爱鸥护鸥的善举深入人心，爱鸟活动也成了观赏性、科学性和深刻文化内涵相结合的全民活动。

会议确定了 2006 年投食活动的时间和具体工作方案，给 2006 年的海鸥保护起到了良好的开端。

九、云南省滇金丝猴栖息地白马雪山得到有效保护[②]

2006 年 12 月，昆明市环境保护局指出云南省滇金丝猴栖息地白马雪山得到了有效保护。

白马雪山国家级自然保护区管理局充分借助国际保护组织的支持，从改善保护区内农民的生产生活条件入手，与当地村社协作展开系列生态环境保护，使以滇金丝猴为主的珍稀物种栖息环境更加优化。

白马雪山国家级自然保护区内生物资源十分丰富，据初步统计，仅种子植物就有 1700 多种，列入国家级和省级保护名录的 30 种；哺乳动物 100 种以上，占云南省分布总数的 33%和全国分布总数的 17%，属国家一、二级保护动物的 23 种，其中总数为 18 个种群 1500—2000 只的世界稀有濒危物种滇金丝猴，在区内及周边生活着 8 个种群 1000 余只。目前保护区总面积达 28 万多公顷。

---

① 昆明市环境保护局：《保护红嘴鸥 共建和谐社会》，http://sthjj.km.gov.cn/c/2006-11-01/2147371.shtml（2006-11-01）。

② 昆明市环境保护局：《云南省滇金丝猴栖息地白马雪山得到有效保护》，http://sthjj.km.gov.cn/c/2006-12-11/2147400.shtml（2006-12-11）。

白马雪山自然保护区管理局成立以来，先后吸引了全球环境基金、世界自然基金、美国大自然保护协会等国际保护组织资金800多万元，白马雪山自然保护区把当地村社群众的发展与自身工作有机地结合，通过开展能源替代、农业生产、造林、封山育林、人畜饮水、农民技能培训等措施，群众生活逐步改善，对自然资源的依赖性有所缓解，走出了一条区社协作管理的新路。2006年，保护区管理局筹资近160万元，为生活在保护区内的德钦县霞若、羊拉乡和维西傈僳族自治县塔城镇的少数民族群众安装太阳能热水器400多台，水泥瓦替代木房板77户。开展了经济林木育苗、栽培技术，生态旅游培训，养蜂、药材种植等技术培训10余期，修建铁丝网围栏2800多米，人猴生存矛盾骤减，农民的保护意识明显增强，减少了林木消耗导致的生态破坏。

保护区还积极主动与国内外科研机构合作，开展了滇金丝猴地理分布和种群数量考察，行为生态学、保护生物学研究，鸟类分布种群数量调查，以及多学科综合考察，为摸清白马雪山的生物多样性底数，做好保护工作创造了有利条件。

十、“七彩云南”生物多样性保护国际论坛在昆明召开[①]

2007年10月17日，由国家环境保护总局和云南省人民政府主办，亚洲开发银行、欧盟驻华代表处、德国技术公司协办的“七彩云南”生物多样性保护国际论坛在春城昆明隆重召开，国家环境保护总局李干杰副局长出席论坛并讲话，云南省人民政府副省长顾朝曦出席论坛开幕式并致辞。

参加这次论坛的有老挝、越南、泰国、柬埔寨、缅甸、马来西亚、德国等国的官员和专家以及美国大自然保护协会等非政府组织代表，国内的四川、广西、内蒙古等省区和云南省内相关单位及科研院所参加了论坛。国内外的专家学者在论坛上就全球的生物多样性保护进行了广泛深入的学术研究和探讨。此次论坛是全球生物多样性保护的一次重要会议，对于提高认识、增强理解，加强合作，共同寻求生物多样性保护、促进生态安全具有重要的意义。

云南省环境保护局局长王建华在论坛上向中外环境保护专家介绍了云南省全面实施“七彩云南保护行动”的有关情况和取得的成效，引起了广泛关注。生物多样性是人类赖以生存和发展的基础，是世界各国的共同责任，需要广泛的国际合作，需要全社会的积极参与和大力支持。“七彩云南”生物多样性国际论坛为云南省提供了难得的学习机会，通过学习借鉴国际社会在生物多样性保护领域的经验，将有利于推动云南省实施“七彩云南保护行动”，开展节能减排，加快建设生态省步伐，促进经济社会与环境保

① 云南省环境保护局对外交流合作处：《省环保局：“七彩云南”生物多样性保护国际论坛在昆明召开》，http://sthjt.yn.gov.cn/dwhz/dwhzgjjlhz/200711/t20071107_12619.html（2007-11-07）。

护的协调发展。

十一、云南建二氧化磷人工气候室预测入侵物种分布[①]

2008 年 10 月下旬，中国科学院西双版纳热带植物园建设的封顶式二氧化碳人工气候室正式投入使用，它将通过人工模拟的小环境的变化来预测入侵物种未来可能的分布区，并进行早期预警。

自工业革命以来，人类社会的飞速发展导致了史无前例的全球环境变化，加剧了生物入侵，入侵物种的扩散严重威胁着全球生物多样性安全、生态系统的结构和功能，以及农林牧业生产。

而高海拔、高纬度地带的生态系统对气候变化尤其敏感，且对全球气候变化的响应具有一定程度上的超前性。哀牢山地处我国青藏高原东南侧以及云南省亚热带与热带北缘的过渡区，热带、亚热带、温带（亚高山）区系成分在这里交错汇集，形成了生物多样性极为丰富和植物区系地理成分极为复杂的格局。在全球环境变化日渐加剧的今天，地处过渡带上的哀牢山森林生态系统将能更为明显地反映出全球环境变化的影响，从而成为研究生态系统过程与气候变化相互作用的良好的天然实验室。

据悉，西双版纳热带植物园二氧化碳人工气候室将用于入侵生态学与全球变化生态学相结合的控制实验研究，探讨未来环境变化（二氧化碳浓度增加、温度升高、氮素沉降等）条件下外来植物入侵性的演化，预测入侵物种未来可能的分布区，并进行早期预警，及早发现入侵物种在扩散过程中的薄弱环节和限制因子，并制定相应的措施限制其传播、科学地管理与防治等，并为生态系统的恢复提供指导，同时为哀牢山的控制实验提供了良好的研究平台。

十二、云南积极保护植物界“大熊猫”五针松[②]

2008 年 11 月初，云南省安排林业专家实地考察，制定措施保护云南巧家五针松这个全世界个体数量最少的物种之一。

根据专家的保护建议，云南省药山国家级自然保护区管理局结合实际编制了《巧家五针松近地保护实施方案》。具体措施包括严格按照预先制定的技术措施对冻伤树进行

① 昆明市环境保护局：《云南建气候室预测入侵物种分布》，http://shtjj.km.gov.cn/c/2008-10-28/2147399.shtml（2008-10-28）。

② 昆明市环境保护局：《云南积极保护植物界“大熊猫”五针松》，http://shtjj.km.gov.cn/c/2008-11-10/2147375.shtml（2008-11-10）。

拯救及居群环境处理，完成了冻伤树药剂喷洒和包敷处理 8 株，清理轻微危害树梢 26 株，居群环境消毒处理面积 50 余亩；对 25 株结果树进行了防松鼠危害处理，在树干及周围设立防护网，阻止松鼠对球果的危害，保证了种实产量；开展扩繁工作，共人工育苗 3000 余株，移栽 1500 余株，归化造林 25 亩。目前巧家五针松长势良好，幼苗成活率达 90%以上。

1992 年，巧家五针松才被发现，是国家一级保护濒危植物，仅存 34 株，是全世界个体数量最少的物种之一，对于生物多样性研究具有重要的意义。

十三、昆明市首次为海鸥请保镖全天候保护海鸥的安全①

2008 年 11 月 19 日下午，翠湖公园的工作人员正在沿湖巡查海鸥在翠湖的觅食情况及游客投喂海鸥的情况。看到人鸥和谐相处，海鸥的情况很正常，他们相对放松；而一旦遇到海鸥出现被人惊吓和被风筝线缠住的情况，他们就会及时上前制止和救助，让海鸥有一个好的栖息环境。

2007 年，昆明市林业局才成为海鸥事务的“新管家”，他们对如何管理好海鸥事务进行了多方面的探索，考虑到海鸥到昆明市后，看鸥、喂鸥的人数多，再加上往年出现了一些伤害海鸥的事件，在 2008 年首次专门聘请了 6 名海鸥义务监督员，分别设在草海、环西桥和翠湖。海鸥义务监督员的费用由林业局支付，他们的主要责任是免费向市民和游客发放鸥粮，监控投喂给海鸥的食物，制止伤害海鸥的行为，救助受困和受伤的海鸥。

如果市民在草海、环西桥和翠湖发现有对海鸥不文明的行为或海鸥受到了伤害，可以告知现场的海鸥义务监督员。

第三节　自然保护区建设与管理史料

一、云南省新增 8 个省级自然保护区②

2002 年上半年，云南省人民政府批准建立了沾益海峰等 8 个省级自然保护区。至

① 昆明市环境保护局：《昆明首次为海鸥请保镖全天候保护海鸥的安全》，http://sthjj.km.gov.cn/c/2008-11-20/2147379.shtml（2008-11-20）。

② 云南省环境保护局：《云南新增 8 个省级自然保护区》，http://sthjt.yn.gov.cn/zwxx/xxyw/xxywrdjj/200206/t20020601_760.html（2002-06-01）。

此，云南已有省级以上自然保护区60个，面积达240万公顷。

新建的8个省级自然保护区分别是：元江自然保护区，位于元江县境内，总面积22 300公顷；沾益海峰自然保护区，位于沾益县（今曲靖市沾益区，下同）境内，总面积27 846公顷；瑞丽江自然保护区，位于德宏傣族景颇族自治州境内瑞丽江下游段河谷及其两侧山地，总面积 73 500 公顷；普者黑自然保护区，位于丘北县境内，总面积20 732 公顷；娘江自然保护区，位于富宁县与广西田林县交界的驮浪江谷地，总面积15 725 公顷；马关古林箐自然保护区，位于马关县境内，总面积 6832 公顷；燕子洞白腰雨燕自然保护区，位于建水县境内，总面积1601公顷。

这些保护区的建立，将有力地促进云南省自然保护事业的发展。云南省人民政府要求自然保护区所在地政府及有关部门切实加强领导，认真编制好自然保护总体规划，建立高效的管理机构，切实保护好自然保护区的生态环境。

二、老君山小桥沟升格为国家级自然保护区①

2003年6月初，文山县（今文山市，下同）老君山、西畴县小桥沟两个省级自然保护区被国务院批准为云南文山国家级自然保护区。

该自然保护区总面积26 867公顷，是滇东南亚热带地区少数保存较为完整的原始林区，自然保护区内森林茂密，物种丰富，分布着蕨类植物45科、100属、262种，种子植物187科、946属、3085种，保护区内还分布有野生动物42目、178科、681种。国家重点保护植物和国家重点保护动物各有30多种，列入国际贸易公约的植物有168种，列入国际贸易公约的动物有 30 种。保护区内生物多样性十分丰富，种子植物丰富度每平方千米达 11.48 种，是我国南方丰富度最高的自然保护区之一，种子植物占所在生物地理区系的35%，哺乳动物占云南省的28.3%。

三、白马雪山国家级自然保护区成立管理局②

2003年10月，经云南省人民政府批准，云南白马雪山国家级自然保护区管理局成立。

白马雪山国家级自然保护区生物资源十分丰富，据初步统计，世界稀有濒危物种滇

---

① 云南省环境保护局：《老君山小桥沟升格为国家级自然保护区》，http://sthjt.yn.gov.cn/zwxx/xxyw/xxywrdjj/200307/t20030715_919.html（2003-07-15）。

② 云南省环境保护局：《白马雪山自然保护区成立管理局》，http://sthjt.yn.gov.cn/zwxx/xxyw/xxywrdjj/200310/t 20031027_1058.html（2003-10-27）。

金丝猴，仅在白马雪山国家级自然保护区就生活着8个种群、1000余只。1983年云南省人民政府批准建立白马雪山省级自然保护区，1988年被国务院列为国家级自然保护区，总面积达28万多公顷。

四、楚雄彝族自治州哀牢山国家级自然保护区扩大保护面积①

2003年11月上旬，经国务院批准，楚雄彝族自治州南华县大中山省级自然保护区并入哀牢山国家级自然保护区。哀牢山国家级自然保护区扩建后，新增面积173.4平方千米，由原来的5个分区增加为6个分区，跨楚雄彝族自治州的双柏、楚雄、南华，思茅景东、镇沅和玉溪新平6个县（市）。

南华县大中山自然保护区与哀牢山国家级自然保护区地域相连，以保护亚热带中山湿性常绿阔叶林及候鸟迁徙通道为主要目标，区内动植物种类丰富，垂直带谱明显，在生物多样性保护和研究上有着重要作用，具有较高的保护价值。

五、大山包黑颈鹤自然保护区建立管理机构②

2004年4月2日，云南省第一个高原湿地类型的国家级自然保护区管理机构——大山包黑颈鹤国家级自然保护区管理局在昭通市挂牌。

大山包保护区位于昭通市昭阳区西部的大山包乡，总面积19 200公顷。由于水域、沼泽、湿地较多，是黑颈鹤、灰鹤、黑鹳、苍鹭、绿翅鸭、绿头鸭、赤麻鸭、秋沙鸭、斑头雁、斑嘴鸭等候鸟的越冬栖息地。其中前来越冬的黑颈鹤最多，种群数量占世界黑颈鹤总数的1/5左右。大山包黑颈鹤保护区始建于1990年，2003年1月经国务院批准晋升为国家级自然保护区。

六、云南省加大昭通黑颈鹤国家级自然保护区管理力度③

2004年以来，云南省加快昭通市昭阳区大山包黑颈鹤国家级自然保护区各项建设

① 云南省环境保护局：《楚雄州哀牢山国家级自然保护区扩大保护面积》，http://sthjt.yn.gov.cn/zwxx/xxyw/xxywrdjj/200311/t20031111_1082.html（2003-11-11）。

② 云南省环境保护局：《大山包黑颈鹤自然保护区建立管理机构》，http://sthjt.yn.gov.cn/zwxx/xxyw/xxywrdjj/200404/t20040405_1347.html（2004-04-05）。

③ 凌继发：《云南加大昭通黑颈鹤国家级自然保护区管理力度》，http://sthjt.yn.gov.cn/zwxx/xxyw/xxywrdjj/200410/t20041018_1933.html（2004-10-18）。

工作，有效遏制了水土流失和湿地减少的势头，改善了生态环境，为黑颈鹤越冬栖息创造了良好的条件。

昭阳区成立了大山包黑颈鹤国家级自然保护区管理局，明确了人员编制和工作职责，建立健全了管理机构，负责保护区黑颈鹤和亚高山湿地等自然资源的调查统计、保护、监测和科学研究等工作，制定了保护区总体规划和工程建设可行性研究报告。该管理局委托云南省城乡规划设计研究院为大山包保护区编制《云南省大山包国家级自然保护区总体规划》和《工程建设项目可行性研究报告》，并通过云南省林业厅专家评审后，上报国家林业局。《云南省大山包国家级自然保护区总体规划》已获国家林业局批准，《工程建设项目可行性研究报告》已通过了国家林业局保护司审查。

昭阳区林业局和大山包乡党委、大山包乡人民政府通过造林绿化、退耕还林（草）、天保工程等项目，有力地促进了保护区的生态建设；通过人工种草、家畜防疫、推广农业种植技术等方面的工作，加快了保护区群众的脱贫步伐；市、区环境保护和有关部门通过污染防治、湿地生态保护、环境卫生保护等方面的工作，有效地改善了保护区生态环境。

昭阳区还充分利用保护区的生态旅游资源优势，提出了以鸡公山为代表，以观鹤、观光为主题的高质量、高品位的生态旅游开发思路，委托了西南林学院（今西南林业大学）生态旅游系为保护区编制旅游发展总体规划。此外，昭阳区通过植树造林、推广省柴节煤灶、退耕还湿、恢复扩大湿地面积等措施，已有效遏制了水土流失和湿地减少势头，改善了生态环境，为黑颈鹤越冬栖息创造了良好的条件。

七、云南省的自然保护区正在迅速“长大”①

2005 年 5 月 17 日，据云南省林业厅负责人介绍，云南省自然保护区数量已由 20 世纪 80 年代的 30 多个扩展到 2004 年 12 月的 181 个，自然保护区面积也扩大到 326 万多公顷，占全省面积的 8%。与此同时，为使自然保护区真正成为野生动植物的“幸福家园”，云南省人民政府将自然保护区建设纳入国民经济发展计划，加大对国家级、省级保护区建设的投入，增加保护事业经费，保证了保护管理工作的正常开展。

据云南省林业厅的有关调查显示：在加大自然保护区建设后，珍稀物种的数量有所增加。滇东北的黑颈鹤数量已由 1990 年的 800 余只增加到了 2500 余只；景东无量山保护区的黑长臂猿增加到了 400 只；白马雪山自然保护区的滇金丝猴增加了 500 余只；西双版纳的亚洲象从 140 头增加到 250 头左右；还有不少一度濒临灭绝的珍稀动物数量也

① 蔺以光：《云南的自然保护区正在迅速“长大”》，http://sthjt.yn.gov.cn/zwxx/xxyw/xxywrdjj/200505/t20050518_2459.html（2005-05-18）。

成倍增加。建在长江、珠江、澜沧江、怒江中上游的自然保护区，还成了江河流域重要的生态屏障。

围绕这些重要生态功能区、重点资源开发区和生态环境良好地区的“三区保护战略”在云南省已基本形成，滇西北地区（含迪庆、丽江、怒江、大理）也被确定为国家级重要生态功能区。云南省建成的生态示范区域从户到县多达5万余个。世界自然保护基金会、全球环境基金组织等 10 多个国际组织先后派出专家到云南省各级自然保护区考察，并提供资金开展多个保护合作项目，大大提高了当地自然保护区的管理水平。

八、云南省自然保护区专项执法检查取得初步成效①

2005 年上半年，国家环境保护总局以《关于开展自然保护区专项执法检查的通知》决定在全国范围内开展自然保护区专项执法检查工作，云南省迅速进行了部署安排，转发了相关文件，落实工作任务，组织开展自查。自查工作结束后，云南省已按时向国家环境保护总局上报了全省自然保护区专项执法检查工作报告。

为确保自然保护区专项执法检查工作的顺利开展，云南省环境保护局要求各级环境保护部门高度重视这次专项执法检查，把开展自然保护区专项执法检查作为牢固树立和落实科学发展观，贯彻落实云南省委、云南省人民政府建设绿色经济强省战略构想的具体措施，以自然保护区专项执法检查为抓手，加强对自然保护区的监督管理，严肃查处违反自然保护区管理的各种违法行为，强化对自然保护区实施环境保护统一监督管理，促进自然保护区的环境监察执法工作制度化，防止和纠正各种破坏自然保护区内自然资源的违法活动。

各级环境保护部门按照国家环境保护总局和云南省环境保护局的工作安排，组织执法人员对全省193个自然保护区情况进行逐个自查，保山市、文山壮族苗族自治州等州（市）工作开展及时，认真执行文件要求，按时上报了相关统计数据和自查报告。云南省环境保护局有关领导分别赴昆明市、大理白族自治州、丽江市、西双版纳傣族自治州对国家级或省级自然保护区进行了抽查，有力地推动了当地自然保护区专项执法检查工作的开展。截至2005年6月底，全省各级环境保护部门共出动执法人员3165人次，立案54起，限期补办环境影响评价27家，关停取缔129家，限期治理20家，取缔旅游线路 4 条，移送其他部门 8 件。检查范围包括全省各类、各级自然保护区，重点是国家级、省级自然保护区。

在对16个国家级自然保护区的检查中，所辖地区环境保护和其他有关部门共出动

① 云南省环保专项整治行动联席会议办公室：《我省自然保护区专项执法检查取得初步成效》，http://sthjt.yn.gov.cn/hjjc/hbzxxd/200508/t20050819_12366.html（2005-08-19）。

检查人员 1225 人次，查处违法环境影响评价的案件 2 起，对保护区有影响的区外项目 2 起，违禁资源开发活动 16 起。

经检查，高黎贡山国家级自然保护区、西双版纳国家级自然保护区、纳板河流域国家级自然保护区严格按照《中华人民共和国环境保护法》《中华人民共和国自然保护区条例》《云南省自然保护区管理条例》中的规定认真落实、执行。自然保护区内均不存在违反《中华人民共和国自然保护区条例》的砍伐、开矿、挖沙等资源开发活动。在保护核心区和缓冲区内均没有建设生产经营设施及开展旅游活动，保护和管理情况较好。

会泽黑颈鹤国家级自然保护区、哀牢山国家级自然保护区、巧家药山国家级自然保护区、大包山黑颈鹤国家级自然保护区、金平分水岭国家级自然保护区、黄连山国家级自然保护区、大理苍山洱海国家级自然保护区、无量山国家级自然保护区、南滚河国家级自然保护区、大雪山国家级自然保护区、西畴小桥沟国家级自然保护区所处地区社会经济发展缓慢，人民生活水平较低，自然保护区周边村寨的群众文化素质不高，环境保护意识不强，导致零星砍伐、放牧、狩猎、毁林种果树、采药等违法行为不同程度地存在，经检查后得到及时制止。

文山壮族苗族自治州老君山国家级自然保护区发现对自然保护区有影响的区外项目 2 个，红河哈尼族彝族自治州绿春黄连山国家级自然保护区有 2 个水电项目违法建设，有关部门依法查处。

下一步，云南省环境保护局将联合云南省监察厅对各重点地区进行抽查，坚决按国家环境保护总局的部署和要求督促完成各项工作，保障自然保护区专项检查取得实效。

九、云南自然保护区总面积达 326.8 万公顷①

2005 年 7 月 19 日，据云南省林业厅统计资料显示，截至 2004 年 12 月，云南省共建立了各级各类自然保护区 181 个，总面积 326.8 万公顷。这些自然保护区在生态系统、物种保护方面发挥了极其重要的作用。

在这 181 个自然保护区中，由林业部门管理的森林生态系统类型、野生动物类型、野生植物类型、湿地类型的保护区有 135 个，总面积 286.1 万公顷。云南省共有 13 个国家级自然保护区，其中苍山洱海、纳板河流域两个国家级自然保护区由环境保护部门管理，总面积 10.6 万公顷；其余的 11 个由林业部门管理，分别是西双版纳、高黎贡山、白马雪山、南滚河、哀牢山、无量山、黄连山、金平分水岭、大围山、文山、大山包国家级自然保护区，总面积 128 万公顷，占全省自然保护区面积的 40%，涉及 12 个州

① 陈明昆：《云南自然保护区总面积达 326.8 万公顷》，http://sthjt.yn.gov.cn/zwxx/xxyw/xxywrdjj/200507/t20050720_2567.html（2005-07-20）。

（市）28个县（区）。其中西双版纳国家级自然保护区和高黎贡山国家级自然保护区被纳入“世界人与生物圈自然保护区”网络；大山包黑颈鹤国家级自然保护区被列为国际重要湿地；白马雪山国家级自然保护区、高黎贡山国家级自然保护区被列为三江并流世界自然遗产的重要组成部分。从1980年至2004年，有9个国家级自然保护区开展了保护区科学考察和编制了自然保护区总体规划，累计争取国家和云南省投入资金7794万元，进行了8个国家级自然保护区基础设施建设。

总之，国家级自然保护区已经成为云南省自然保护区建设的中坚，是生物多样性保护最重要的基地，在保护自然生态系统、保护物种和基因资源等方面发挥着不可替代的作用。大多数自然保护区管理部门除了做好资源管护工作外，还在科研监测、公众意识教育、社区共管、国际合作项目等方面卓有成效地开展了工作，已经在全国乃至国际社会产生了广泛影响。

十、云南省正确处理自然保护区资源保护和合理开发关系①

2005年，为配合国家重点水电站建设和规范在保护区进行旅游开发，云南省林业厅按照云南省人民政府的要求，完成景洪电站对西双版纳国家级自然保护区生物多样性影响评估及自然保护区总体规划的修编工作。及时配合当地政府、水电、公路等部门，完成百色水利枢纽工程对驮娘江等省级自然保护区的生物多样性影响评价工作，按照科学决策的原则配合好建设单位处理好自然保护区建设和当地经济发展的关系。与此同时，按照相关规定对一些涉及自然保护区的建设做了合理安排。

为切实配合地方经济建设，进一步规范云南省自然保护区管理，积极推动国家级和省级自然保护区总体规划的编制和修编工作，云南省林业厅及时完成西双版纳国家级自然保护区二期总体规划，上报国家林业局批准。糯扎渡、碧塔海和轿子山省级自然保护区规划也得到云南省人民政府批准。2005年，云南省林业厅正在组织完成临沧澜沧江、威远江省级自然保护区科学考察，以及大围山国家级自然保护区，临沧澜沧江、威远江、铜壁关、珠江源、驮娘江、泸沽湖省级自然保护区的总体规划编制工作。

为适应云南省生态旅游发展，云南省林业厅组织完成了大山包国家级自然保护区生态旅游规划评审工作；申请国际保护资金，启动白马雪山国家级自然保护区生态旅游规划工作。

① 云南省环境保护局：《云南省正确处理自然保护区资源保护和合理开发关系》，http://sthjt.yn.gov.cn/zwxx/xxyw/xxywrdjj/200511/t20051109_2753.html（2005-11-09）。

十一、云南省认真开展自然保护区专项执法检查工作[①]

截至2006年4月，云南省共建立自然保护区193个，其中国家级16个、省级48个、市（州）级68个、县级61个，保护区面积达347.33万公顷，占全省面积的 8.81%，保护区数量居全国前列。

近5年来，云南省各级环境保护部门和各有关行政主管部门在自然保护区的管理方面做了大量工作，自然保护区的建立和建设已成为云南省保护自然环境、自然资源和生物多样性的有效措施。但是在各级自然保护区的建设和管理中，存在着重审批轻建设、重开发轻保护的问题，资源开发和自然资源保护的矛盾也日益突出，一些自然保护区未能发挥其保护作用。在2005年的全国自然保护区专项执法检查工作中，在国家环境保护总局的指导帮助下，云南省各有关部门高度重视，精心组织，认真按照国家确定的检查重点、范围、有关要求和措施，结合实际，部门联合行动，认真开展了自然保护区专项执法检查，有效地遏止了污染和破坏生态环境的违法行为，保护和改善了当地的生态环境质量。现将2005年自然保护区专项执法检查的主要做法汇报交流如下：

（一）主要做法

（1）建立健全组织机构，加强领导，确保自然保护区专项执法检查的顺利实施。为切实加强对这次自然保护区专项执法检查工作的组织领导，云南省环境保护局联合林业、农业、监察、司法等部门成立了自然保护区专项执法检查领导小组，指挥部署自然保护区专项执法检查工作的开展，各地相应成立了组织机构，落实人员，负责组织实施这次自然保护区专项执法检查工作，为云南省开展自然保护区专项执法检查工作提供了强有力的组织保障。

（2）认真制订工作方案，完善措施，确保自然保护区专项执法检查稳步推进。云南省环境保护局结合云南省实际，认真制订工作方案，明确了自然保护区专项执法检查的总体目标、重点和范围，具体安排了各个阶段的工作任务，统一自然保护区专项执法检查的进度安排和信息调度，并提出了保障措施。在全面检查的基础上，将云南省国家级自然保护区和省级自然保护区作为重点检查范围，以水电建设、公路建设过程中存在的违反自然保护区法律法规的环境违法行为作为切入点，重点突破。各地结合当地情况，制订了自然保护区专项执法检查自查方案。

（3）明确责任，团结协作，共同推进自然保护区专项执法检查。自然保护区专项

---

① 杨志强：《精心组织，狠抓落实认真开展自然保护区专项执法检查工作》，http://sthjt.yn.gov.cn/zwxx/xxyw/xxywrdjj/200605/t20060525_3166.html（2006-05-25）。

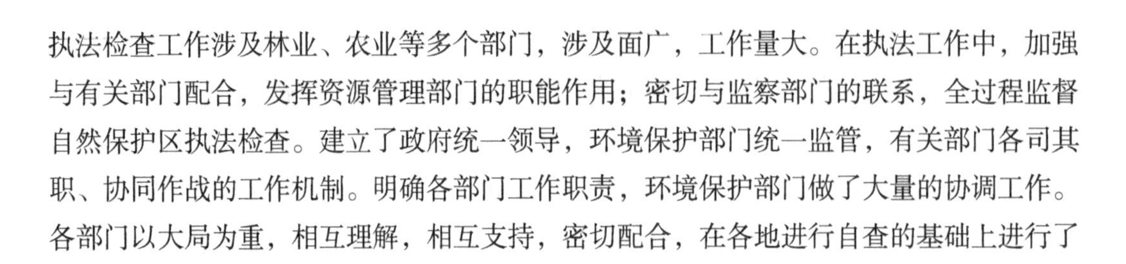

执法检查工作涉及林业、农业等多个部门，涉及面广，工作量大。在执法工作中，加强与有关部门配合，发挥资源管理部门的职能作用；密切与监察部门的联系，全过程监督自然保护区执法检查。建立了政府统一领导，环境保护部门统一监管，有关部门各司其职、协同作战的工作机制。明确各部门工作职责，环境保护部门做了大量的协调工作。各部门以大局为重，相互理解，相互支持，密切配合，在各地进行自查的基础上进行了抽查，共同推进自然保护区专项执法检查。

（二）取得的成效

整个专项行动期间，云南省各级、各部门共出动执法人员 3415 人次，共立案 58 起，限期补办环境影响报告书 28 家，关停取缔污染和违法建设项目 133 个，限期治理 20 家，取缔旅游线路 4 条，移送其他部门案件 8 起，对有关责任人移送纪检监察部门按《环境保护违法违纪行为处分暂行规定》追究责任。这次专项行动取得的主要成效如下：一是利用自然保护区专项执法检查这一有利抓手，促进了全省自然保护区环境监察工作的开展，环境监察职能进一步得到拓展和强化。二是环境监察机构队伍执法水平、执法人员素质得到提高，树立了环境保护部门良好的执法形象和执法权威。三是初步建立了自然保护区执法检查部门联席会议制度、案件移交制度、联合执法制度、举报受理制度和责任追究制度等相关措施，初步建立了自然保护区环境监察各项制度和程序以及自然保护区环境监察工作机制。四是以自然保护区专项执法检查为契机，加大自然保护区法律法规宣传，提高了公众的环境保护意识，增强了保护区内外企业和公民的环境责任感和守法意识。五是督促自然保护区周围企业加强了环境管理工作，环境污染事故、纠纷减少。六是自然保护区管理工作进一步规范，在开发、利用、保护方面逐步走向良性发展轨道。

（三）下一步的工作

在自然保护区专项执法检查中，云南省贯彻国家环境保护总局决定坚决，组织实施有力，自然保护区专项执法检查取得了阶段性成果。但是，由于受管理体制、投资机制的制约，云南省自然保护区管理中仍然存在着一些问题：一是有法不依、执法不严、违法不究的现象依然存在。二是自然保护区的建设和管理资金投入不足，基础设施建设滞后，执法装备缺乏，人员不足，严重影响了自然保护区的有效保护。三是自然保护区大部分处于边疆民族地区，社会经济发展相对落后，人民生活水平低下，对自然保护区资源的依赖性较强，资源的保护与开发的矛盾日益突出。

随着自然保护区建设管理和生态环境监察工作的不断深入，要进一步提高认识，统一思想，加大自然保护区生态环境破坏违法案件的依法查处力度；建立行之有效的自然保护区专项执法检查的长效机制；解决环境执法能力薄弱的问题；加强环境宣传，增强公众的环境保护意识，加大在新闻媒体上对查处的典型违法企业公开曝光的力度；以生态环境监察试点为契机，加强环境监察队伍建设，加强业务培训和信息交流工作，促进全省自然保护区建设和管理工作的全面发展。

十二、云南省新增77个自然保护区 数量位居中国第一①

2006年5月初，云南省环境保护局透露，云南省新增自然保护区77个，自然保护区数量位居全国第一。

据云南省环境保护局局长王建华介绍，云南省是全国乃至全世界生物多样性最丰富、最集中的地区之一，素有“植物王国”“动物王国”之美誉。全省拥有高等植物426科、2592属、17 000多种，科、属、种的数量分别占全国的88%、68%、62%。其中，有列为国家重点保护的野生植物120种（类），占全国总数的47%。全省有脊椎动物1737种，占全国总数的58%，其中陆生脊椎动物1366种。在中国公布的335种重点保护野生动物中，云南就有199种，占全国总数的59%，其中的亚洲象、野牛、绿孔雀、赤颈鹤等23种在中国仅云南省独有。

王建华称，云南共建立自然保护区198个，其中包括西双版纳、高黎贡山、哀牢山、白马雪山、南滚河等国家级保护区14个，保护区总面积为3 509 500公顷，占云南土地面积的9%。

他表示，众多自然保护区的建立，为珍稀动植物提供了“庇护所”。近年来，保护区内珍稀物种种群和数量均有所增加

十三、云南严惩自然保护区内违规行为②

2008年2月20日，云南省人民政府在丽江市召开滇西北生物多样性保护工作会议。会议指出，政府将加强与民间环境保护组织沟通合作，共同促进云南滇西北生物多样性保护，共同推进云南生态文明建设。丽江市等5个州（市）以及云南省环境保护局等4个厅（局）相继发言，进一步提出保护举措。

丽江市提出，市政府投入了 12 亿元资金，组织实施了天然林保护、退耕还林、防护林建设等重点工程建设，有效保护了玉龙雪山、泸沽湖、拉市海3个省级自然保护区

① 石雨：《云南新增 77 个自然保护区 数量位居中国第一》，http://sthjt.yn.gov.cn/zwxx/xxyw/xxywrdjj/200605/t20060508_3116.html（2006-05-08）。

② 李海玲：《云南严惩自然保护区内违规行为》，http://sthjt.yn.gov.cn/zwxx/xxyw/xxywrdjj/200802/t20080221_5193.html（2008-02-21）。

区域内的生物多样性。他们提出要建立生态补偿机制，建立监测机制，维护生态平衡。

大理白族自治州政府提出，要发挥已建自然保护区的资源优势，鼓励周边群众从事有利于自然保护事业的生产活动。同时严格执法，防止不合理的开发建设对自然保护区的破坏。动员全社会一切有能力、有条件的社会团体、企事业单位及个人共同参与自然保护区建设事业。在中小学开设环境保护课程。

迪庆藏族自治州政府提出，尽快建立生态补偿机制，加大对自然保护区的建设投入，增加伤害补偿、搬迁补偿资金扶持，解决高原湖泊、湿地的经费。据了解，全州基本形成自然保护区、重要生态功能保护区、重要湿地、国家公园为主要保护实体的生物多样性保护体系，共有4个自然保护区，2006年森林覆盖率提高到73.9%，以香格里拉普达措国家公园为标志，尝试用国家公园管理模式解决旅游业开发与保护之间的矛盾。

云南省环境保护局提出6项举措：一是在滇西北地区开展生态监察，严惩自然保护区内的违法违规建设和开发行为。二是严格建设项目的环境管理，对不符合产业政策规定的建设项目，各级环境保护部门一律不予审批。三是强化节能减排，加强污染源监管。四是建立滇西北国家级生态功能保护区。五是全面推进生态创建，弘扬生态文明。六是探索建立生态补偿机制，推动自然保护区、重要生态功能区、重大资源开发项目、城市水源地保护4个领域的生态补偿试点。

云南省国土资源厅提出，2005年9月以来，在滇西北5个州（市），已建有国土资源部批准的腾冲火山热海、玉龙黎明、老君山、大理苍山国家地质遗迹保护区和地质公园。针对滇西北地质环境背景和条件脆弱现状，2003—2008年，各级政府投入地质灾害治理资金10 700余万元，治理面积10 300多公顷。

云南省建设厅提出，下一步将严格规范国家级风景名胜区内的建设行为，加强与联合国世界遗产中心国际专家合作，配合国家有关部门，力争完成三江并流世界自然遗产边界细化工作。

滇西北是受到国际关注的生物多样性热点地区之一，云南省林业厅提出，实施林业生态工程，保护滇西北生物多样性。具体包括实施天然林保护工程，建立自然保护区，开展野生动植物和湿地保护，实施退耕还林工程和生态恢复，实施农村能源建设工程，加强森林防火和有害生物防等。

十四、纳板河流域国家级自然保护区挂牌成立①

2008年9月，纳板河流域国家级自然保护区管理局成立挂牌，云南省环境保护部门

① 资敏、程伟平：《纳板河流域国家级自然保护区挂牌成立》，http://sthjt.yn.gov.cn/zwxx/xxyw/xxywrdjj/200809/t20080928_6026.html（2008-09-28）。

将通过成立管理局、增加人员编制及设备配置，提高环境监管能力，最终实现自然保护区内人与自然和谐相处。

纳板河流域国家级自然保护区自然条件复杂，立体气候明显，生物多样性丰富，主要保护对象是以热带雨林为主体的森林生态系统及珍稀野生动植物。自然保护区划分核心区、缓冲区、试验区三大功能区，以实现对自然资源的多功能管理。自然保护区内实施山林权属不变，行政区划不变，居民不搬迁原则，截至2008年9月，自然保护区范围内有5个村委会、31个村民小组，居住着傣族、哈尼族等6个民族，总人口5769人。

据悉，纳板河流域自然保护区作为我国第一个按小流域生物圈思想建设的多功能、综合型保护区，自1991年成立以来，以保护为中心，科研、监测、开发相结合，以探索自然资源永续利用、促进社区持续发展为管理目标，逐步完善管理机构建设、制度体系建设和管护队伍建设，自然保护区管理能力明显提高；加强对动植物资源和生态环境的保护，自然保护区自然资源得到了有效保护；大力拓展国内外科研的合作与交流，取得了丰硕的科研成果；积极扶持和引导社区改善基础设施和发展经济，社区群众的生产生活水平有了明显提高；大力开展环境保护宣传和教育活动，在当地形成了保护生态环境的良好氛围，为促进当地生态、社会、经济的可持续发展做出重要贡献。

在成立挂牌仪式上，纳板河流域国家级自然保护区管理局局长梁建立表示，将通过人员的增加和设备的完善，提高自然保护区管理局的环境监管能力，以保护为中心，以提高管护水平和示范效果为重点，把纳板河流域国家级自然保护区建设成为具有亚热带地区小流域生物多样性保护特色和优势的管护示范基地、科研科普基地和“三个效益”同步发展的一流国家级自然保护区。

纳板河流域国家级自然保护区是1991年建立的省级多功能综合型自然保护区，2000年晋升为国家级自然保护区，为云南省环境保护局直属管理的自然保护区。

第四节　森林环境保护史料

一、玉龙纳西族自治县森林覆盖率达76.6%[①]

2003年8月27日，云南省环境保护局宣称丽江市玉龙纳西族自治县森林覆盖率达

① 云南省环境保护局：《玉龙县森林覆盖率达76.6%》，http://sthjt.yn.gov.cn/zwxx/xxyw/xxywrdjj/200308/t20030827_984.html（2003-08-27）。

76.6%。丽江市拥有极为丰富的野生动植物资源，玉龙纳西族自治县更是有着长江上游最后一座“绿色堡垒”的美誉。

自1998年天然林保护工程实施以来，玉龙纳西族自治县加大了保护森林资源，一批森林工业企业积极转产分流，使天然林保护工程取得显著成效。截至2013年8月，全县森林覆盖率达76.6%。玉龙纳西族自治县地处长江上游的金沙江林区，境内野生动植物资源十分丰富，其中有国家重点保护动植物滇金丝猴、中华秋沙鸭、玉龙蕨、南方红豆杉、水青树、滇山茶毛红椿等，是云南省实施天然林保护工程的重点县。在谈到天然林保护工程取得的成效时，丽江市林业局副局长李仕开感慨地说：“多亏了森工企业职工从砍树人到护林人、种树人的转变。”据了解，玉龙纳西族自治县驻有黑白水、巨甸两家重点森林工业企业和森龙集团1家地方森工企业。国家禁伐天然林后，这些昔日的采伐单位纷纷放下斧锯，拿起锄头，成为护林人和种树人。2003年，全县有708名职工从事天然林保护工作。禁止采伐天然林后，全县3个森林工业企业坚持“职工自愿”等原则，为职工的再就业提供机会。黑白水森林工业企业和森龙集团除了管辖好自己管护区内的天然林，切实抓好林区护林防火、林政管理和公益林项目建设外，还积极抓好天然林保护工程配套项目——苗圃的建设和管理。此外，黑白水森林工业企业筹建了白水山庄旅游度假区，森龙集团则筹建了森龙大酒店，从原来单一的木材采伐和销售发展到现在的旅游、饮用水、墙材、木材精深加工等众多行业，不仅解决了职工的就业问题，还为丽江市经济发展做出突出的贡献。

二、昆明市森林公安截获滇朴树[①]

2003年12月15日凌晨，昆明市森林公安局民警在严家山警务站用短短40分钟时间，连续查获非法运输移栽滇朴树的2辆大货车和3辆满载着盗来的桦山松货车。

据介绍，12月14日凌晨5时许，在昆明市严家山警务站，民警当场从一辆大货车上查获4棵滇朴树。15日凌晨3时40分许，1辆货车从远处驶来，民警发现这辆大货车上装载着10余米长的滇朴树，树枝紧挨着地面。接着，又1辆大货车被查获，2辆车上共运载着6棵滇朴树。经查，这些滇朴树是村民非法砍挖，准备运到昆明后找买主。而这些桦山松被盗砍以后剃去树枝，也是运到昆明后卖给别人当烧柴。

---

① 云南省环境保护局：《昆明市森林公安截获滇朴树》，http://sthjt.yn.gov.cn/zwxx/xxyw/xxywrdjj/200312/t20031216_1151.html（2003-12-16）。

三、怒江大峡谷森林覆盖率达 70%①

2004 年初，地处三江并流核心区的怒江大峡谷通过实施退耕还林、天然林资源保护、自然保护区建设等林业生态工程，森林覆盖率达到 70%，9 成以上的生物多样性得到保护。

自 2000 年启动退耕还林工程以来，怒江傈僳族自治州已完成造林 38 万亩，基本实现了国家以粮食换生态的目标。自启动天然林保护工程后，怒江傈僳族自治州落实森林管护面积 1286 万亩，分流安置森林工业企业职工 413 人。而它的自然保护区建设也取得突破性进展，除了新建成的云岭滇金丝猴自然保护区外，还使高黎贡山自然保护区晋升为国家级自然保护区。同时，怒江傈僳族自治州还加强了林业资源管理，加大林业案件查处力度，加快农村能源建设步伐，各种违法案件大大降低，森林生态功能明显增加。

四、2010 年云南省森林覆盖率将达 53%以上②

2004 年 3 月 30 日，云南省为加速林业发展，确定了林业发展远景规划，到 2010 年，全省森林覆盖率将达 53%以上，实现生态良好、山川秀美的目标。

云南省加速林业发展规划的主要内容是到 2020 年，全省森林覆盖率达 56%以上，生态状况步入良性循环。到 2050 年，建成比较完备的森林生态体系。到 2010 年、2020 年，全省林业总产值分别达 500 亿元和 1000 亿元以上，第一、二、三产业结构趋于合理，林业成为全省经济的重要产业之一；到 2050 年，全省建成比较发达的林业体系。

为此，云南省将继续实施天然林资源保护工程；稳步推进退耕还林工程；进一步实施好防护林工程；切实抓好生物多样性保护工程；加速建设用材林基地工程等。

五、云南省森林覆盖率接近 50%③

1998—2004 年，经过 6 年的努力，云南省将森林覆盖率从 1998 年的 44.3%提高到

① 云南省环境保护局：《怒江大峡谷森林覆盖率达 70%》，http://sthjt.yn.gov.cn/zwxx/xxyw/xxywrdjj/200401/t20040119_1219.html（2004-01-19）。

② 云南省环境保护局：《2010 年我省森林覆盖率将达 53%以上》，http://sthjt.yn.gov.cn/zwxx/xxyw/xxywrdjj/200403/t20040331_1336.html（2004-03-31）。

③ 王研：《云南省森林覆盖率接近 50%》，http://sthjt.yn.gov.cn/zwxx/xxyw/xxywrdjj/200405/t20040512_1432.html（2004-05-12）。

2004年的近50%，平均每年增加约1个百分点。6年来，云南省累计投入资金67亿元，义务植树7.9亿株。

自1998年云南省启动天然林资源保护工程以来，全省13个州（市）的66个县、17个原国有重点森林工业企业施业区被纳入天然林资源保护工程区，全面停止了天然林的商品性采伐，国有森林工业企业实现了由砍树人向种树人、管树人的根本性转变。

6年来，云南省共治理水土流失面积12 646平方千米，完成植树造林3721万亩，封山育林2.5亿亩，仅2000年退耕还林工程实施以来，全省就造林949万亩，使113.2万户农民户均受益1760元。

六、思茅市中荷合作“云南森林保护与社区发展项目”一期工作圆满结束①

2004年6月1日，“云南森林保护与社区发展项目”一期工作在思茅市举行移交仪式，为项目一期工作画上了圆满句号。

“云南森林保护与社区发展项目”于1998年在思茅市开始实施，由荷兰政府无偿提供资金援助，旨在通过培训提高保护区周边社区群众保护生态环境意识，提供资金援助发展经济，提高生产生活水平，减轻对森林的依赖和压力，达到对森林资源和生物多样性的保护。

项目以思茅莱阳河省级自然保护区、糯扎渡省级自然保护区、无量山国家级自然保护区及周边社区为项目区。项目实施5年来，按照要求开展了设备配置、培训，建立保护管理系统等工作。此外，在乡、村建立森林共管委员会62个；开展农村实用技术培训65期，培训村民10 000多人；种植经济林17 175亩；修建人畜饮水工程13项，建沼气1280口，修森林巡护小道210千米，建林区防火公路50千米，修防火隔离带100千米，建宣传牌545块等。项目移交后，将由当地政府继续巩固发展森林保护项目。

七、中德合作在昆明市寻甸造林3765.3公顷②

2004年8月，由我国和德国合作在昆明市寻甸县实施的造林项目准备评估验收，该项目目标造林3765.3公顷，封山育林3152公顷，以及包括国内培训在内的10余个子

① 云南省环境保护局：《思茅市中荷合作〈云南森林保护与社区发展项目〉（FCCDP）一期工作圆满结束》，http://sthjt.yn.gov.cn/dwhz/dwhzgjjlhz/200409/t20040916_12602.html（2004-09-16）。

② 云南省环境保护局：《中德合作在昆明市寻甸造林3765.3公顷》，http://sthjt.yn.gov.cn/dwhz/dwhzgjjlhz/200409/t20040916_12601.html（2004-09-16）。

项目。

该项目利用德国政府提供赠款1352万元，由中国政府在云南省长防工程区内实施。该工程从1996年开始实施，分5年投资，持续期为15年。

项目涉及昆明市寻甸塘子、城关、仁德、金所、羊街、六哨、功山7个乡镇。截至2001年，寻甸县总造林4921.63公顷，占总目标的130.7%，封山育林完成项目目标3152公顷，投入护林员363人，做到了每一块森林都有人管护，层层都有防火队伍。

2002年，寻甸县对项目图纸进行了清理和绘编，在2001年的基础上完善了造林抚育措施，对保存率不合格的330公顷林地进行了补植。

在实施该项目的同时，寻甸县抓紧全县的退耕还林等工作，从2000—2004年，全县退耕还林21.6万亩，天然林管护面积达236万多亩，并且进行了小江流域的治理，确保了2005年全县森林覆盖率达40%的目标实现。

八、云南省明确依法治林经费　森林“肇事者”将被严惩①

2005年2月23日，针对森林防火期和森林资源破坏与野生动物犯罪的高发期这一情况，云南省林业厅要求，各级森林公安机关要进一步加大对破坏严重、影响恶劣、群众关心的大案要案专项整治和案件查处力度，严惩犯罪分子。

为促使依法治林落到实处，云南省林业厅明确表示，云南省各级林业主管部门将在安排林业基础建设项目、管护经费、防火经费等各项经费中，实实在在地解决森林公安机关建设，特别是派出所装备、办案、科技强警等方面经费不足的问题。

云南省林业厅强调，各级森林公安机关要认真履行好法律赋予的职责，加强林区特别是边境重点林区治安防控体系建设，从源头上遏制破坏森林资源、通过边境走私、利用林区种毒等违法犯罪活动，提高防范和打击能力。

九、云南对1600万亩森林进行生态效益补偿②

2005年3月29日，总投入达8200万元的云南省森林生态效益补偿工作正式启动。

据云南省林业厅介绍，2004年云南省规划界定全省国家重点公益林区18 580.2万亩，在这些公益林地中，处在非天然保护区的有2574.6万亩。经核准认定后，2005年

① 周平洋、武建雷：《我省明确依法治林经费　森林“肇事者”将被严惩》，http://sthjt.yn.gov.cn/zwxx/xxyw/xxywrdjj/200502/t20050225_2309.html（2005-02-25）。

② 冯茵、陈明昆：《云南对1600万亩森林进行生态效益补偿》，http://sthjt.yn.gov.cn/zwxx/xxyw/xxywrdjj/200503/t20050330_2374.html（2005-03-30）。

国家将云南省非天然林保护区的重点公益林 1600 万亩纳入了生态效益补偿范围。

云南省列入生态效益补偿的森林主要分布在以下地区：一是金沙江、珠江、澜沧江、怒江等重要江河的两岸。二是国家级自然保护区和列入世界自然遗产名录的三江并流地区。三是石漠化和水土流失严重的地区。

根据云南省制定的森林生态效益补偿的相关办法，补偿工作启动后，云南省林农个人所有或经营的重点公益林，每亩每年可获得不低于 4.5 元的补偿，并由林农个人承担林地的营造、抚育保护和管理的全部责任。

云南省是我国四大林区之一，据 2005 年统计数据显示，云南森林覆盖率已达到 50%，活立木蓄积量 15 亿立方米。

十、云南省打击破坏森林资源专项行动显成效①

2005 年 4 月 1 日至 6 月 15 日，云南省森林公安机关开展了以打击破坏森林资源为主要内容的专项行动，取得了明显成效。

专项行动开始后，云南省各级林业、公安部门强化协调配合，各司其职，通力协作，密切配合，形成了一股打击破坏森林资源违法犯罪活动的强大合力。根据国家林业局的要求，这次专项行动打击的重点是企业法人和单位法人以及政府部门利用职权非法征占用林地、湿地违法犯罪活动。行动期间，云南省林业厅先后派出四个工作组深入全省各地，对国家林业局和云南省林业厅挂牌督办的重点案件，进行实地督办。各地森林公安机关积极主动地对这些严重破坏森林资源案件认真进行查处。国家林业局和云南省林业厅督办的5起案件，已经全部查结。自2003年以来，国家林业局批转的省厅督办案件 29 起已经查结 24 起，云南省林业厅批转州（市）案件 30 件已经查结 29 件。此次专项行动收缴了一大批国家重点保护植物、重点保护野生动物及制品和木材，为国家挽回经济损失 1884.96 万元。

十一、数字保护神”让西山森林更绿②

2005 年 10 月，由昆明市西山区人民政府与昆明新康城信息技术有限公司合作研制的“林业信息管理及林火扑救指挥系统”完成。该系统实现了林业资源信息的快速采

① 邓瑾、郝万幸：《我省打击破坏森林资源专项行动显成效》，http://sthjt.yn.gov.cn/zwxx/xxyw/xxywrdjj/200507/t20050708_2558.html（2005-07-08）。

② 郑劲松、刘萍：《“数字保护神”让西山森林更绿》，http://sthjt.yn.gov.cn/zwxx/xxyw/xxywrdjj/200510/t20051019_2719.html（2005-10-19）。

集、共享和数字化管理，为林业工作提供强有力的基础信息资料和决策支持，并可实现森林火灾的快速定位，及时了解火场及其周围翔实的地形和资源环境信息，监控扑火队伍位置及火场形势。优化扑火队伍行进路线，及时导航，实现扑火力量的最优配置，提高扑火效率，保护人员安全，辅助指挥者制订合理的扑火方案，从而将森林火灾造成的损失尽可能地减少到最低限度。

该系统分为林业信息管理子系统和林火扑救指挥子系统两个部分，林业信息管理子系统主要是完成林业部门日常的信息采集、变更、管理，火灾发生时向指挥员提供火场及周边静态背景资料；火灾发生后快速准确地完成灾情评估。林火扑救指挥子系统通过提供三维立体的现场动态资料，实现指挥部与火灾现场的实时沟通，提高林火扑救指挥的科学性，尽可能减少火灾损失，保障扑救人员安全，真正做到运筹帷幄，决胜千里。

云南省是全国重点林业省份之一，西山区作为昆明市的“后花园”，林业用地面积占到了全区土地面积的 67.8%，有林地占到 53.78%。森林防火，是整个西山区工作的重中之重。为预防森林火灾，西山区人民政府每年都要印发大量的宣传资料；在清明、“三月三”等传统节日期间，西山区林业部门人民工作人员都要进入第一线防火。特别是西山被划入长江中上游天然林保护区后，西山区人民政府投入了大量的人力、物力，各乡镇还与西山区人民政府签订森林防火责任书，并纳保证金，每年都要进行目标责任考核。

据西山区林业局有关负责人介绍，由于林火的发生是一个极其复杂的自然现象，森林防火工作者往往要面对错综复杂、各种各样的信息，并在此基础上开展林火预防、扑救、善后处理等工作，要全面掌握如此之多的信息难度很大，特别是林火发生又具有突发性，必须要在很短的时间内判断出林火的发展趋势，并及时做出决策，同时要随时掌握现场的状况，采用先进的科学技术提高指挥者的判断能力和现场指挥能力是非常有必要的。

据系统研发单位介绍，该系统采用了最先进的数据库技术、网络构架技术，在研发过程中得到了云南省林业厅和森林武警部队的指导，突出了以人为本的设计理念，实用、简便，系统技术体系和数据格式与国家林业局系统具有良好兼容性的同时，费用成本不高，具有极大的推广价值。该系统的建立和使用将使林扑救工作从传统经验型的定性管理转化为自动化、标准化、规范化的定量管理，极大地提高森林资源信息管理和林火扑救指挥水平。

十二、云南省 3 年内摸清森林资源家底[①]

从2005年起，云南省计划用3年时间完成云南省森林资源二类调查，在掌握资源数

---

① 成淇平、李汉勇：《我省 3 年内摸清森林资源家底》，http://sthjt.yn.gov.cn/zwxx/xxyw/xxywrdjj/200507/t20050707_2555.html（2005-07-70）。

据的基础上，逐步建立森林资源动态监测体系，为建设中国林纸一体化强省提供科学决策依据。

尽快摸清森林资源家底，是云南省发展林产业的当务之急。截至2005年，全省129个县（市、区）中已开展森林资源调查的有121个。其中，仅有13个县（市、区）的森林资源调查数据在国家规定有效期内。云南省还有8个县（市、区）从未进行过二类资源调查。思茅、文山等林纸产业发展重点州（市）还没有较为准确的资源数据，加之林农用地存在交错、权属不清等情况，严重影响了各级党委、人民政府对林业发展，特别是林纸产业发展的科学决策。为了做好森林资源调查，2005年，云南省将组织省、州、市、县所有资源调查力量，以专业调查队伍为主，重点完成文山壮族苗族自治州、思茅市的森林资源调查，并尽快协助两州（市）把原料林基地造林用地落实到山头地块。在云南省委、云南省人民政府领导下，2005 年下半年，云南省将启动集体林林权制度改革试点工作，借鉴省外成功经验，深入探索和制定云南省林权制度的配套政策，努力建立起产权归属清晰，经营主体到位，责权划分明确，利益保障严格，流转规范顺畅，监管服务有效的现代林业产权制度。

十三、昆明市森林覆盖率达 52%①

据云南省绿化委员会办公室统计，截至2006年6月底，昆明市森林（包括灌木林）覆盖率从5年前的48%提高到52%左右，高于云南省平均49%的水平，辖区内生态状况明显改善，已成为云南省生态状况明显改善的州（市）之一。

2001—2006年，昆明造林260多万亩，封山育林220多万亩，义务植树10 000万株左右，林业总产值12亿元以上，实现了有林地面积和活力木蓄积量的持续双增长。昆明市有12个县（区、市）纳入了国家保护、天然林保护工程。截至2006年，昆明市已累计建设了92.5万亩公益林，珠防工程造林8.8万亩，退耕还林、荒山造林64万亩。

在加强生态建设的同时，昆明市重点扶持一批名、特、优、新干果基地和经济林木、种植基地、林产品深加工企业，一批以林下资源开发为主的加工企业日益发展壮大，企业总数达1000多户，带动了农业结构调整和农民增收致富。

在云南省林业、绿化建设规划中，昆明市森林覆盖率到2020年将达到60%，实现林业总产值90亿元。昆明市林业将在林种结构、林分质量、森林生体系统的整体功能方面得到较大改善。

---

① 王密：《昆明森林覆盖率达 52%》，http://sthjt.yn.gov.cn/zwxx/xxyw/xxywrdjj/200607/t20060728 _3362.html（2006-07-28）。

十四、临沧市临翔区实行森林资源保护举报奖励制度[①]

2007 年 4 月，临沧市临翔区林业局下发了《关于设立森林资源保护举报奖励的通告》，对举报破坏森林资源肇事者的有功人员给予一定的奖励。

通知规定，在临翔区发现森林火灾报告并举报火灾肇事者的，经查证核实给予举报者现金奖励 100—500 元；对重大森林火灾提供线索的，经查证核实给予举报者现金奖励 1000—10 000 元。在临翔区内发现破坏森林资源和野生动物资源行为及时举报的，经查证核实给予举报者现金奖励 100—500 元；举报重大案件的，经查证核实给予举报者现金奖励 1000—10 000 元。在临翔区发现有违法征占用林地等行为及时举报的，经查证核实给予举报者现金奖励 100—500 元。

十五、云南省查破一起滥伐千余亩林木的大案[②]

2007 年 6 月，云南省普洱市江城哈尼族彝族自治县查破一起滥伐林木案件，两名犯罪嫌疑人擅自组织人员滥伐林木 5500 余立方米、滥伐面积 1246.4 亩。

据云南省森林公安局负责人介绍，2006 年 2 月，云南省勐腊县建筑工程公司董事长代某和勐腊县建材个体经营户刘某合伙，与江城哈尼族彝族自治县整董镇曼乱宰村民小组签订了土地转让承包合同，将整董镇曼乱宰村民小组集体山林猫飞山承包，代、刘两人计划在猫飞山种植橡胶。

2006 年 11 月至 2007 年 1 月，代、刘两人在未经林业部门批准核发林木采伐许可证的情况下，擅自组织人员对山上的林木进行采伐，滥伐林木 5500 余立方米。

这起案件是国家林业局挂牌督办的重大案件，也是云南省自 2007 年 5 月 21 日开展专项行动以来查处的一起滥伐林木大案。

十六、森林覆盖率超 53%　大理市成为“全国绿化模范市”[③]

2008 年 1 月，大理市因绿化建设取得突出成绩，被全国绿化委员会授予“全国绿化

① 昆明市环境保护局：《临翔实行森林资源保护举报奖励制度》，http://sthjj.km.gov.cn/c/2007-04-13/2147365.shtml（2007-04-13）。

② 昆明市环境保护局：《云南省查破一起滥伐千余亩林木的大案》，http://sthjj.km.gov.cn/c/2007-06-29/21472 40.shtml（2007-06-29）。

③ 秦蒙琳：《森林覆盖率超 53%　大理成为“全国绿化模范市”》，http://sthjt.yn.gov.cn/zwxx/xxyw/xxywrdjj/200801/t20080122_5113.html（2008-01-22）。

模范市”荣誉称号。此次全国共有84个县（市）获此殊荣，其中云南省有两个县（市）。

大理市委、大理市人民政府高度重视和加强造林绿化工作，以森林资源保护和生态环境建设为重点，深入开展全民义务植树运动、村镇绿化和农村能源建设，强化林政执法和森林资源的管理保护，大力推进林业事业发展，森林蓄积量长大于消，森林覆盖率达53.26%。

大理市以洱海绿化带建设为载体，建成环洱海128千米的洱海绿化带6692.8亩、植柳89.1万株，投资6991万元先后完成了洱海湖滨带西区48千米生态修复工程、机场路10千米湖滨带恢复建设工程和沙坪湾生态恢复工程；投资近60万元对下关至机场12.8千米的公路进行了重点绿化；投资7910万元，实施大凤公路绿化27.5千米。

此外，通过洱海公园改造、大凤公路景观建设为重点的城市绿化美化工程及风车广场、人民公园、三塔公园、西洱河两岸等绿化亮化工作，初步展现出大理山水园林城市的形象。

十七、丽江市森林覆盖率10年提高12.2%①

2008年，丽江市森林覆盖率比1998年提高12.2个百分点，生态环境和生物多样性得到有效保护和改善。

丽江市切实加强重点区域的环境保护规划，分别完成了《玉龙雪山、丽江古城环境规划》《泸沽湖流域水污染防治规划》《程海湖流域水污染防治规划》等一系列重要规划，改变了过去自然资源和生物多样性保护工作中存在的低效率和盲目性，为生态环境保护提供了科学的宏观指导和具体的解决措施。同时，坚持不懈地开展生态建设与保护工程。早在20世纪90年代初，丽江市就实施了“东部林区禁伐行动”，全面停止了大东、鸣音、大具、宝山、奉科等区域的天然林采伐。1998年，国家天然林保护工程、退耕还林政策出台以后，丽江市进一步加大了生态保护与建设力度，累计投入12亿元资金，累计完成造林面积134.9万亩、封山育林72.87万亩、全民义务植树1458万株、退耕还林52.5万亩、公益林建设438.81万亩，使全市森林覆盖率由10年前的40.3%提高到52.5%，野生动植物的数量明显增加，生态环境和生物多样性得到有效保护和改善。

此外，丽江市积极创新和完善环境保护资金投入机制，努力争取国际环境保护组织支持，实施了一批国内外援助的生态保护项目。“中英合作云南环境发展与扶贫宁蒗示范项目”总投资404.9万元，其中英国政府出资209.8万元。“全球环境基金援助的长江流域自然保护和洪水控制老君山示范项目”由国家环境保护总局与联合国环境规划署共

① 云南省环境保护局：《丽江森林覆盖率10年提高12.2%》，http://sthjt.yn.gov.cn/zwxx/xxyw/xxywrdjj/200804/ t20080423_5402.html（2008-04-23）。

同开发并实施无偿援助，项目区在玉龙纳西族自治县，总面积 2055 平方千米，项目从 2006 年 1 月开始实施，总投资 744 810 美元。该项目的目标是在老君山建立生态功能示范区，示范如何通过综合生态系统管理的办法获取全球环境效益、地方环境效益和社会经济效益。截至 2008 年，泸沽湖垃圾处理厂工程已经建成投入使用，永胜县污水处理厂及排污管网工程和永胜县城及程海湖周围垃圾处理工程正在加紧建设，其余项目的前期工作都已完成。这些项目的实施，有效地保护和改善了丽江的生态环境，拓宽了生态环境保护的资金渠道，扩大了生态环境保护的影响力。

第五节　城乡环境保护史料

一、关于转发国家环境保护总局《关于加强农村环境保护工作严防典型肺炎向农村蔓延的紧急通知》的通知①

2003 年 5 月 9 日，云南省环境保护局向各地州、市环境保护局转发国家环境保护总局《关于加强农村环境保护工作严防典型肺炎向农村蔓延的紧急通知》。

党中央、国务院和云南省委、云南省人民政府高度重视防控“非典”工作，各地环境保护部门必须从实践“三个代表”重要思想的高度，充分认识农村“非典”防治工作的极端重要性，加强农村环境保护工作，把农村防控“非典”工作作为当前工作的重中之重来抓，切实做到“五个到位”，即认识到位、领导到位、工作措施到位、目标责任到位、工作力度到位，建立健全信息报告制度，及时做好各项工作，严防“非典”在农村的传播和蔓延。

在贯彻落实上述紧急通知的过程中，各地（市）、县环境保护部门要集中时间和力量，对医院、农村集中饮用水水源地、“菜篮子”产地及畜禽，水产养殖场进行监测、检查，并将监测结果及时报告当地政府；对畜禽养殖业粪便要按照国家有关规定，采取各种适用技术和方法进行杀菌、灭菌，达到《粪便无害化卫生标准》（GB7959—1987）的要求；严禁使用污水浇灌蔬菜和瓜果，严禁将未经处理的医院废水混入灌溉水体。各地环境监理部门要重点对县、乡镇医院（卫生院、所）废水及医疗垃圾加大监管力度，确保医疗废水及垃圾不成为二次污染源；对发现问题的场所，要采取果断措施，

① 云南省环境保护局：《关于转发国家环境保护总局〈关于加强农村环境保护工作严防典型肺炎向农村蔓延的紧急通知〉的通知》，http://sthjt.yn.gov.cn/zwxx/zfwj/qttz/200408/t20040802_10265.html（2004-08-02）。

依法严加处理，迅速切断“非典”传播渠道，并及时将情况按程序上报。

二、云南省加强七个重点城市环境质量达标工程建设饮食业油烟污染治理和污水处理厂在线监测[①]

2003 年 7 月底，曲靖、玉溪、大理、个旧、楚雄、景洪 6 个城市已按云南省人民政府批准的《七个环境保护重点城市环境质量达标工程工作方案》要求，编制了工作方案，并加紧进行方案修改，完善后报当地政府批准实施，昆明市由于正在进行滇池水环境功能区划调整，待调整结束后将按新的功能区划编制工作方案。2003 年，昆明市已有 100 多个餐饮单位进行了饮食业油烟污染治理工作；昆明市人民政府已将餐饮业环境管理规定纳入政府立法计划；昆明市环境保护局将该项工作与环境保护举报热线相结合，遇到油烟污染投诉，监理人员赶赴现场调查处理，情况属实的要求业主限期安装污染防治设施。7 个重点城市的污水处理厂将逐步安装在线监测系统，昆明市人民政府 2003 年初已责成昆明市滇池管理局负责此项工作，并委托云南省设计院集团有限公司进行设计；对新审批的安宁城市污水处理厂，在环境影响报告书的审批意见中已明确要求安装在线监测系统。

三、云南省重点城市环境空气质量周报出齐[②]

2003 年 6 月 20 日，大理市环境空气自动监测系统开通，开始报出周报。至此，云南省实现了 16 个主要城市环境空气质量周报。在 16 个主要城市中采用自动监测的有 7 个城市，采用连续采样加手工分析的有 9 个城市，两种方法均符合国家现行的《空气和废气监测技术规范》和有关标准要求。其中，景洪市、怒江傈僳族自治州和迪庆藏族自治州属于首次开展环境空气质量监测。自周报发布以来，云南省环境保护局网站的访问量显著增加，并引起了《云南日报》等媒体的关注，拟在适当时候通过信息交换在该报的网站或报刊上发布。这是自 2002 年 10 月云南省实现“九大高原湖泊”水质监测月报后，云南省环境保护局和云南省环境监测中心站在环境信息公开化和及时为环境管理服务方面采取的又一重大举措。它标志着云南省环境监测工作的总体监测能力跃上了一个新的台阶，对提高全民的环境意识，树立监测站的自身形象起到了积极的意义。

---

① 云南省环境保护局：《云南省加强七个重点城市环境质量达标工程建设饮食业油烟污染治理和污水处理厂在线监测》，http://sthjt.yn.gov.cn/zwxx/xxyw/xxywrdjj/200307/t20030729_935.html（2003-07-29）。

② 云南省环境保护局：《云南省重点城市环境空气质量周报出齐》，http://sthjt.yn.gov.cn/zwxx/xxyw/xxywrdjj/200307/t20030731_941.html（2003-07-31）。

四、综合整治城市环境 还春城一个美丽①

自 2003 年以来，按照“科学规划、精心建设和严格管理，做到有利发展，功能齐全，方便群众，特色明显，人与自然和谐相容”的要求，昆明市各有关部门大力进行了城市环境综合整治，以还春城一个美丽。

自 2003 年以来，昆明市各有关部门以春城路、东风西路创建为主线，围绕宝善街、弥勒寺等周边市容环境的综合整治，规范了户外广告、门头招牌管理，实施了道路、人行道路彩化、灯光亮化工程，并对占道经营、环境卫生等进行整治。对示范街各类户外广告做到设置规范、整洁、协调，突出整体效果和夜间亮化效果，对影响市容市貌建筑物进行清洗、粉刷或外装修，共清洗（粉刷）临街建筑 67 栋，总面积 273 860 平方米。昆明市还以占道经营、违法小广告为重点，开展对城区主要道路、商业区、公园景点周边环境的专项整治，强化城管综合执法，巩固提高市容环境质量。2003 年出动执法人员 32 600 余人次，机动车 5320 辆次，巡查城区主要街道 14 000 余条次，查处违法违章 20 000 起，取缔占道经营、流动摊点 12 380 余起，收缴各类占道物品 8000 余千克，查处违章施工、夜间施工扰民和车辆违章运载、泼洒、泄漏污染道路 270 余起。查获捣毁制贩假证件、假公章窝点 10 个，抓获犯罪嫌疑人 26 人，收缴了 20 000 件制假工具，先后抓获违法散发、张贴、喷涂小广告 1749 人，收缴各类违法广告宣传品 37 110 份，停机 3670 部，拆除、整改影响市容市貌户外广告、门头招牌 557 块、26 325 平方米，拆除违法、临时建筑 205 间、3816 平方米。昆明市还新建了“烟尘控制区”“环境噪声达标区”7 平方千米，对 143.2 平方千米的“烟尘控制区”进行了全面复测，加强了对“环境噪声达标区”的监督管理。昆明市继续加大城市“禁煤”“禁白”“禁磷”“禁铅”工作力度，开展了“禁磷”“禁白”“禁止销售高毒高残留农药”专项整治工作，2003 年收缴燃煤炉灶 1500 多台（眼），没收不可降解塑料袋 70 万多个，不可降解餐饮具 220 万个，泡沫餐饮具生产原材料 11 吨，挤压设备 1 套；含磷洗衣粉 8000 多千克，高毒高残留农药 260 吨，以及价值人民币 300 多万元的对环境、生态有严重影响的商品。对辖区加油站进行了检查，无铅汽油使用率 100%。2003 年，昆明市各有关部门还严格执行国家机动车排放标准，加强对新车落户、市场交易、在用车排放污染的监督管理，禁止国家明令禁止生产、销售、落户的车型在机动车（新、旧机动车）交易市场销售，2003 年共审验新机动车交易发票 47 350 辆（份），审验旧机动车交易发票 19 241 辆（份），办理新车注册登记 61 874 辆，均为国家允许落户的达标车型。继续开展在用

① 云南省环境保护局：《综合整治城市环境 还春城一个美丽》，http://sthjt.yn.gov.cn/zwxx/xxyw/xxywrdjj/200405/t20040514_1444.html（2004-05-14）。

汽车排气污染防治工作，市区路（抽）检在用汽车 12 451 辆路（抽）检达标率为 73.20%。治理尾气超标在用车 4759 辆，其中超标公交车 284 辆；安装各类净化装置 2776 辆。

五、玉溪城市环境综治全省领先①

2004 年，玉溪城市环境综治全省领先。玉溪市十分重视城市的环境综合整治，自 1999 年以来，在云南省 14 个城市的环境综合整治定量考核中，玉溪市连续 5 年夺得云南省第一名。

为把玉溪市建成云南省最适宜商贸经营和居住的山水旅游城市，玉溪市环境保护部门在各有关方面的配合协作下，以创建国家环境保护模范城市为契机，以治理环境空气污染、加强饮用水水源保护为重点，在玉溪市开展了“禁煤”“禁烧”“禁磷”“禁鸣”“禁放烟花爆竹”等多项整治活动，同时实施“绿化”“美化”“亮化”三大工程，使玉溪的城市环境质量得到迅速提升。

六、“十一五”期间云南将重点解决农村环境质量问题②

2005 年 11 月，据云南省环境保护局透露，在新编制的《云南省环境保护“十一五”规划》初稿中，云南省将实施“农村小康环境保护行动计划”。根据规划，预计到 2010 年初步解决坝区农村环境“脏、乱、差”、山区和半山区农村饮用水安全、高原湖泊区农村面源污染、畜禽养殖废弃物综合利用、农村环境管理薄弱等问题。

按照规划要求，云南省将在重要生态功能区、农业发展重点区和九大高原湖泊区农村开展示范和工程建设，推进 100 000 个生态户、150 个生态文明村、1000 个生态村、300 个生态乡镇、20 个全国环境优美乡镇、30 个生态示范区的建设。

同时，开展农村饮用水水源和水源涵养地的生态保护；改进化肥、农药施用方法，治理畜禽养殖和因地制宜处理村镇的污水；“改水、改厨、改厕”和建立生活垃圾收运系统；开展云南省土壤污染现状调查，建立土壤污染防治与监测制度等工作。

规划还要求，各州（市）要结合各地资源、环境的特点，探索适合各地生态农业发展的模式，推广秸秆过腹还田、秸秆制气等应用技术，建立一批大中小沼气示范工程，

① 云南省环境保护局：《玉溪城市环境综治全省领先》，http://sthjt.yn.gov.cn/zwxx/xxyw/xxywrdjj/200403/t20040330_1333.html（2004-03-30）。

② 刘萍、牟洁姿：《“十一五”云南将重点解决农村环境质量问题》，http://sthjt.yn.gov.cn/zwxx/xxyw/xxywrdjj/200511/t20051117_2766.html（2005-11-17）。

实现农村废物的资源化利用。

七、世界银行代表团考察“云南城市环境建设项目”①

2005年12月11—13日，由世界银行城市环境发展部部长哲理先生、世界银行中国代表处高级业务助理李晓峰女士和世界银行咨询专家钱德拉先生组成的代表团一行三人，对“云南城市环境建设项目”进行了为期三天的考察。

利用世界银行贷款的“云南城市环境建设项目”已列入国家利用世界银行贷款2008财年备选项目规划，并已获得国务院批准，估算总投资27.5亿元，其中申请世界银行贷款1.5亿美元。该项目位于国家水污染防治重点流域滇池流域（昆明）、金沙江流域（昆明和丽江）和珠江流域（文山壮族苗族自治州）以及云南省水污染防治重点流域洱海流域（大理白族自治州），项目内容的选择符合国家和云南省水污染防治的总体战略和优先行动计划。这一项目的实施将对改善滇池、洱海以及金沙江和南盘江流域的水环境质量，提高城市集中式饮用水水源地水质安全水平，保障昆明危险废物得到安全处置，加强环境监管能力做出积极的贡献。

此次世界银行代表团考察的目的是先期论证“云南城市环境建设项目”的合理性，并与云南省讨论开展项目准备的相关事宜。

2005年12月12—13日，由云南省环境保护利用世界银行贷款项目办公室组织召开了“云南城市环境建设项目”情况介绍会，云南省环境保护局局长兼云南省环境保护利用世界银行贷款办公室主任王建华到会致欢迎辞，并就推进项目准备工作向代表团提出了建议。云南省财政厅董岗处长、发展和改革委员会杨洁女士、建设厅颜林副处长以及文山壮族苗族自治州兰骏副州长分别代表省级相关部门和项目州（市）介绍了项目的进展情况。

考察期间，代表团实地考察了嵩明县污水、垃圾子项目和滇池，听取了云南省项目办的项目情况介绍，对前期开展的工作给予了充分肯定，并对项目筛选、项目管理机构设置等提出了建设性意见。代表团承诺将向世界银行总部反映云南方面的建议，尽快确定云南项目经理，争取2006年3月前派出项目鉴别团，同时积极帮助争取国际赠款的技术援助，在人员培训和项目建设等方面提供指导和支持。

会后，云南省环境保护局对外交流合作处处长杨为民和云南省环境保护利用世界银行贷款项目办公室常务副主任周波对四州（市）项目办下一步工作进行了安排，要求尽快把世界银行代表团考察的意见向当地政府分管领导汇报，落实项目前期工作经费和

① 云南省环境保护利用世界银行贷款项目办公室：《世行代表团考察“云南城市环境建设项目”》，http://sthjt.yn.gov.cn/zwxx/xxyw/xxywrdjj/200512/t20051216_2828.html（2005-12-16）。

工作人员，并协调会同有关部门按照项目选择标准进一步确定贷款项目名单，并于2005年12月26日前上报云南省环境保护利用世界银行贷款项目办公室。

八、云南省七个环境保护重点城市环境质量达标工程考核方案[1]

2005年12月，云南省环境保护局制定《云南省七个环境保护重点城市环境质量达标工程考核工作方案》。具体内容如下：

（一）考核的目的和意义

随着云南省社会、经济的快速发展，城市环境污染已经日益成为各级人民政府和广大群众关心的重要问题。城市环境质量直接影响社会经济的可持续发展，人民生活的安宁、稳定，并关系到落实科学发展观、构建社会主义和谐社会目标的实现。党中央、国务院和各级人民政府十分重视环境保护的重要性，下决心，花大力气整治环境，为人民创造能够安居乐业、和谐生活的环境。

环境保护重点城市各级人民政府及有关部门必须认清形势，从实践“三个代表”重要思想和构建社会主义和谐社会的高度，充分认识本次考核工作的重要性，牢固树立和全面落实科学发展观，下大力气抓好这次考核工作。要使本次考核工作成为对当地“十五”期间工作的一个总结，也为下一阶段工作的继续开展打下坚实基础。

（二）考核范围

考核范围为昆明市、曲靖市、玉溪市、大理市、个旧市、楚雄市、景洪市七个环境保护重点城市的市区。考核对象为所在地人民政府。

（三）考核目标

检查昆明市、曲靖市、玉溪市、个旧市、景洪市、大理市、楚雄市认真贯彻云南省人民政府有关指示，落实《城市环境质量达标工程工作方案》完成情况，即确保到2005年12月31日前实现城市环境空气和水环境质量按功能区达到规定的环境质量标准，特别是确保7个环境保护重点城市空气质量达到国家标准。考核基准年为2005年。

---

① 云南省环境保护局：《云南省七个环保重点城市环境质量达标工程考核方案》，http://sthjt.yn.gov.cn/zwxx/zfwj/yhf/200601/t20060111_10346.html（2006-01-11）。

（四）考核依据、标准

（1）《环境保护重点城市环境质量全面达标规划审查技术要点》。

（2）《关于印发〈七个环境保护重点城市环境质量达标工程工作方案〉的函》。

（3）《关于曲靖等六个市〈城市环境质量达标工程工作方案〉审查意见的函》。

（4）《云南省环境保护局关于确定昆明市环境质量达标工程监测点位及考核指标的函》。

（5）《云南省环境保护局关于七个环境保护重点城市实施环境质量达标工程有关事宜的函》。

（6）《环境空气质量标准》（GB3095—1996）。

（7）《地表水环境质量标准》（GB3838—2002）。

（五）考核内容

根据云南省环境保护局《关于曲靖等六个市〈城市环境质量达标工程工作方案〉审查意见的函》《云南省环境保护局关于确定昆明市环境质量达标工程监测点位及考核指标的函》《云南省环境保护局关于七个环境保护重点城市实施环境质量达标工程有关事宜的函》等文件所确定的考核点位及要求，从水环境质量达标、城市空气质量达标两个方面进行考核。

（1）水环境质量达标。按所确定点位和考核指标。每个监测点位按监测频次要求取得全部监测数据，经统计计算有大于80%的达标率，即该点位达标；每个环境功能区中全部监测点位均达标，即该类水环境功能区环境质量达标；全市考核范围内全部参加考核的水环境功能区达标，即城市水环境功能区达标。

（2）城市空气质量达标。按所确定点位进行评价，对采用自动大气站监测的城市：全市日均值达到二级及好于二级天数＞85%，即城市环境空气功能区达标；对采用连续采样实验室分析方法监测的城市，全市年日均浓度值达到或好于空气环境质量二级标准，即城市环境空气功能区达标。

（六）时间安排和工作步骤

（1）准备及自查阶段（2006年2月15日前）。各级地方人民政府根据本考核工作方案进行部署，做好相关材料准备，完成本市城市环境质量达标工程工作报告和技术报告并报云南省环境保护局。

（2）省级相关部门检查总结阶段（2006年3月31日前）。由云南省人民政府组织，云南省环境保护局安排对7个环境保护重点城市环境质量达标工作进行考核（考核时间及考核方式另定）。根据考核结果，完成云南省七个环境保护重点城市环境质量达标工程考核报告报云南省人民政府。并向社会公布达标情况。

九、云南城市环境建设项目成立组织领导机构[①]

2006年3月22日，经云南省人民政府同意，成立“世界银行贷款云南城市环境建设”项目领导小组，高峰副省长任组长，云南省人民政府钱恒义副秘书长、云南省环境保护局王建华局长、云南省发展和改革委员会王敏正副主任、云南省财政厅刘建华副厅长和云南省建设厅陈锡诚副厅长任副组长，成员单位有云南省环境保护局、国土资源厅、农业厅、林业厅、水利厅和商务厅。该项目领导小组办公室设在云南省环境保护局，办公室主任由云南省环境保护局王建华局长兼任。

文件明确了领导小组、副组长单位和领导小组办公室的主要职责，并要求各项目州、市、县（市、区）人民政府参照省级项目机构设置，及时设立项目组织领导机构，负责本地区项目的组织实施工作。

十、世界银行启动云南城市环境建设项目鉴别工作[②]

2006年5月8—10日，世界银行代表团对云南城市环境建设项目进行了为期3天的第一阶段鉴别，其目的如下：（1）进一步了解云南省的经济发展动力、城市和工业发展（包括矿业、电力、旅游等）的重点方向和面临的环境挑战等。（2）了解拟议的项目如何适应云南省和相关州（市）城市基础设施总体发展战略，以及如何对实现全省和相关州（市）重点政策目标和服务目标做出贡献。

云南省环境保护局局长、世界银行贷款云南城市环境建设项目领导小组副组长兼领导小组办公室主任王建华到会致辞，并就加快项目前期准备工作、力争项目尽快实施向代表团提出了建议。云南省发展和改革委员会外资处周志坚处长、云南省财政厅涉外处程彪处长、云南省建设厅城建处颜林副处长先后代表各自部门发言。云南省发展和改革委员会外资处周志坚处长、云南省环境保护局对外交流合作处处长、云南省环境保护利用世界银行贷款项目办公室常务副主任周波分别介绍了云南省“十五”期间经济社会发展情况和“十一五”发展思路、云南省“十五”期间环境保护和“十一五”规划（重点

---

① 云南省环境保护局：《云南城市环境建设项目成立组织领导机构》，http://sthjt.yn.gov.cn/zwxx/xxyw/xxywrdjj/200605/t20060529_3171.html（2006-05-29）。

② 云南省环境保护局：《世行启动云南城市环境建设项目鉴别工作》，http://sthjt.yn.gov.cn/zwxx/xxyw/xxywrdjj/200606/t20060601_3181.html（2006-06-01）。

流域、重点城市）以及项目背景。昆明市人民政府杜林杠副秘书长、大理白族自治州州长助理张猛、丽江市崔刚副市长、文山壮族苗族自治州兰骏副州长和项目州（市）有关部门的领导及相关人员参加了会议。

世界银行代表团听取了各级项目办对项目前期准备工作的情况介绍，对开展的前期准备工作给予了充分肯定，并对项目的筛选等问题提出了建设性意见，表示将积极帮助争取国际赠款的技术援助，在人员培训等方面给予支持。

总结会上，云南省环境保护局杨志强副局长对世界银行代表团在昆明市期间的辛勤工作表示感谢，要求各项目州（市）尽快落实世界银行代表团的反馈意见，切实推进项目前期准备的进程。

世界银行代表团拟于2006年6月中旬对云南城市环境建设项目开展为期两周的第二阶段鉴别。

十一、云南城市环境建设项目通过世界银行鉴别①

2006 年 7 月 9—19 日，以项目经理镰田卓也先生为团长的世界银行鉴别团一行 13 人对云南城市环境建设项目进行了为期 11 天的鉴别。此次鉴别取得了实质性的进展，云南城市环境建设项目顺利通过鉴别，进入项目准备期阶段。

世界银行鉴别团听取了各级项目办公室对项目准备的情况汇报，考察了昆明市、大理白族自治州和丽江市的部分项目，与各级项目办公室、各项目州（市）的相关单位就项目进入准备期面临的机构、项目管理、环境影响评价和移民等方面的问题进行了广泛而深入的探讨。世界银行鉴别团对云南城市环境建设项目开展的前期工作给予了充分肯定，表示将尽快动员法国惠特公司的援助人员到位，及时对项目的前期准备提供技术援助，并继续争取国际赠款的技术援助和项目，与中方共同努力，推动项目进程。

期间，云南省环境保护局局长、项目领导小组副组长兼领导小组办公室主任王建华到会致辞并做了讲话，他责成省项目办尽快就此次世界银行鉴别团提出的意见和建议形成报告上报云南省人民政府，对总结会上专家提出的意见要及时进行反馈，与世界银行方面建立有效的沟通机制，切实做好项目的实施工作。参加此次鉴别的还有云南省发展和改革委员会、云南省财政厅、云南建设厅和各项目州（市）有关部门及领导。

---

① 云南省环境保护局：《云南城市环境建设项目通过世行鉴别》，http://sthjt.yn.gov.cn/zwxx/xxyw/xxywrdjj/200608/t20060803_3379.html（2006-08-03）。

十二、云南省环境保护局李辉一行到昭通检查指导城市环境综合整治工作[①]

2006 年 10 月 17 日，云南省环境保护局污染控制处李辉副处长一行三人到昭通检查指导城市环境综合整治工作。为了进一步客观反映昭通市城市环境质量状况，为政府决策提供科学依据，10 月 17 日上午，昭通市环境保护局副局长陈泽平带领相关人员陪同云南省检查指导组现场考察论证了地表水功能和噪声监测点位。10 月 17 日下午，检查指导组听取了城市环境综合整治工作汇报后，对有关情况进行了反馈和指导，一是对以往昭通市城市环境综合整治定量考核工作上存在问题和不足进行了分析。二是对昭通市的城市环境综合整治工作，特别是被“通报”以后，在昭通市委、昭通市人民政府的高度重视下所做的大量工作给予充分肯定。三是对昭通市城市环境综合整治定量考核监测点位调整的申请表示初步同意，并将尽快行文确定，以便尽快开展监测工作。四是对进一步搞好城市环境综合整治工作提出了具体的指导意见和建议。陈泽平代表昭通市环境保护局表示，一定在昭通市委、昭通市人民政府的领导下，总结经验，吸取教训，狠抓各项工作落实；在相关部门的配合支持下，按照昭通市城市环境综合整治定量考核工作会议安排，实行统一规划、重点推进，尽快改变昭通城市环境综合整治工作落后的状况，甩掉落后的帽子，一年上一个新台阶。

十三、云南省 2006 年度城市环境综合整治定量考核结果的通知[②]

2007 年 7 月 19 日，云南省环境保护局公布云南省 2006 年度城市环境综合整治定量考核结果的通知。

根据国家环境保护总局《“十一五”城市环境综合整治定量考核指标实施细则》和《全国城市环境综合整治定量考核管理工作规定》的要求，云南省认真开展了“十一五”期间城市环境综合整治定量考核工作。2007 年 4 月 24—26 日，云南省环境保护局组织 17 个考核城市及相关的州（市）对各考核城市的上报材料进行了分组会审，在初审结果的基础上，云南省环境保护局又组织云南省城市环境综合整治定量考核工作技术组进行了审查，2006 年考核结果公布如下：

---

① 云南省环境保护局：《省环保局李辉一行到昭通检查指导城市环境综合整治工作》，http://sthjt.yn.gov.cn/zwxx/xxyw/xxywrdjj/200610/t20061023_3632.html（2006-10-23）。

② 云南省环境保护局：《云环发［2007］267 号云南省环境保护局关于公布云南省 2006 年度城市环境综合整治定量考核结果的通知》，http://sthjt.yn.gov.cn/zwxx/zfwj/yhf/200707/t20070720_10406.html（2007-07-20）。

2006年，云南省17个城市得分比2005年的结果有了明显提高，环境管理指标完成较好，环境质量指标提高较快。各城市在环境质量指标监测工作方面有较大的进步，具体表现在监测技术规范、监测频次、监测项目、监测时间都能按照城市环境综合整治定量考核工作指标实施细则执行。2006年，云南省地级市、县级市考核城市考核结果按得分排名情况如下。

地级市排名情况如下：昆明市、曲靖市、玉溪市、丽江市、保山市、昭通市、普洱市、临沧市。

县级市排名情况如下：个旧市、景洪市、楚雄市、安宁市、大理市、瑞丽市、宣威市、潞西市（今芒市，下同）、开远市。

十四、云南省环境保护局自然处调研易门农村环境保护工作①

2007年8月29日，完成《易门生态县建设规划》的评审后，云南省环境保护局自然保护处李副处长等一行三人在易门县环境保护局局长周斌等领导的陪同下，于8月30日上午深入易门县龙泉镇水桥村进行农村环境保护工作调研。

在调研过程中，李副处长等一行人通过实地查看、向村组干部了解情况、与群众进行交谈等方式，对村庄村容村貌、绿化美化、道路、沟道及排污现状；沼气池建设、使用情况；村庄卫生与环境保护宣传教育情况、村规民约制度建立情况，村庄保洁人员落实情况做了详细了解。

在回到易门县环境保护局会议室以后，李副处长进一步详细了解了基层环境保护部门在农村环境保护工作开展过程中存在的困难和突出问题。李副处长对易门县农村环境保护工作给予了充分的肯定，并要求：一是加大农村环境保护宣传教育工作，提高群众的环境意识。二是县、乡环境保护部门要帮助村、组制定和完善村规民约，充实环境卫生、生态植被、水源管理措施，形成长效机制。三是加强与其他相关部门配合，加大农村基础设施的投入力度，共同做好农村环境保护工作。

十五、保山市腾冲县制订方案加强农村环境保护工作②

2007年9月，为认真贯彻落实国家环境保护总局《关于加强农村环境保护工作的意

① 云南省环境保护局：《省环保局自然处调研易门农村环境保护工作》，http://sthjt.yn.gov.cn/zwxx/xxyw/xxywrdjj/200709/t20070910_4685.html（2007-09-10）。

② 保山市环境保护局：《保山市腾冲县制定方案加强农村环境保护工作》，http://sthjt.yn.gov.cn/trgl/ncsthj/200709/t20070927_11141.html（2007-09-27）。

见》文件精神，结合腾冲县（今腾冲市，下同）新农村建设及“七彩云南腾冲保护行动”，进一步提高农民环境保护意识，改善农村环境现状，腾冲县人民政府出台了《腾冲县关于加强农村环境保护工作的实施方案》。

该方案针对腾冲县农村环境现状，结合国家环境保护总局《关于加强农村环境保护工作的意见》，提出八条具体要求：一是加强农村环境保护组织领导和队伍建设。二是建立农村环境保护责任制。三是加大农村环境保护宣传力度，提高农民环境保护意识。四是改善农村饮用水水源地环境，确保农村饮用水安全。五是加大农村生活污染和工业污染治理力度。六是控制农村面源和畜禽养殖污染。七是加强农村自然生态保护。八是加强乡镇卫生院和村级卫生所的医疗废物监管。

十六、云南城市环境质量保持稳中有升 昆明曲靖潞西城市绿化率达 35%以上①

2008 年 5 月 15 日，云南省环境保护局透露 2007 年云南省城市环境质量保持稳中有升，空气自动监测系统进一步完善，部分城市集中式饮用水质达标率较 2007 年有所提高，水环境、空气环境质量、区域环境噪声有所好转。

2007 年，云南省把城市环境综合整治定量考核工作与城市环境保护有机结合，完成 17 个考核城市的数据上报工作，促进城市环境综合整治。完成昆明、普洱、昭通市机动车环境保护定期检测机构委托，对机关公务用车、公共汽车、出租车、货车集中抽检工作。昆明市在全国率先开展每月一次“无车日”活动。新增烟尘控制区、环境噪声达标区两个，建成烟控区、噪声达标区总面积分别达 419.88 平方千米和 280 平方千米。

在 17 个考核城市中，有 14 个建成城市污水处理厂和垃圾处理场并投入使用。昆明市医疗废物集中处置率达 100%、建成城市分散式再生水设施 120 座，普洱、保山等医疗废物集中处置中心 2008 年将全部建设完成，并投入使用。昆明、曲靖、潞西市城市绿化率较 2007 年增加，已大于 35%。在此基础上，云南省加大了环境影响评价管理制度，严把审核关；开展整治违法排污企业，保障群众健康环境保护专项行动，积极引导环境友好型企业创建，开展公众对环境满意率调查活动。

通过城市环境综合治理定量考核，地级市以得分多少排名为昆明市、曲靖市、保山市、玉溪市、普洱市、昭通市、丽江市、临沧市；县级市排名为安宁市、个旧市、景洪市、大理市、潞西市、楚雄市、瑞丽市、开远市、宣威市。

① 云南省环境保护局：《云南城市环境质量保持稳中有升 昆明曲靖潞西城市绿化率达 35%以上》，http://sthjt.yn.gov.cn/zwxx/xxyw/xxywrdjj/200805/t20080519_5499.html（2008-05-19）。

十七、云南省环境保护局自然处到玉溪市红塔区指导农村环境保护综合治理工作[①]

2008年8月7日，云南省环境保护局自然保护处一行到玉溪市红塔区指导农村环境保护综合治理工作，在区环境保护局领导的陪同下，云南省环境保护局自然处领导深入李棋镇大矣资村委会小矣资村进行指导。指导组一行现场查看了小矣资村人工湿地、防洪沟、沼气池等环境综合整治工程。

通过查看现场，指导组对玉溪市红塔区近年来开展农村环境保护综合治理工作取得的成绩给予高度评价，指导组认为，小矣资村的地理位置非常特殊，为保护好玉溪中心城区 13 万居民唯一饮用水水源东风水库的水质，在小矣资村开展农村环境保护综合治理工作显得尤为重要。红塔区开展农村环境保护综合治理工作起步早，思路清晰，已取得初步成效。为充分发挥小矣资环境综合整治工程的作用，指导组对小矣资村今后的环境保护工作提出了三点建议：一是要完善村规民约，使环境保护工作在农村形成一种制度。二是要依靠管理，发挥工程的效益。三是要调动村民参与环境保护的积极性和主动性。

通过云南省环境保护局自然保护处的指导，红塔区认识到农村环境保护综合治理工作是环境保护的一项重点工作，需要常抓不懈，同时也使红塔区明确了今后开展农村环境保护综合治理工作的具体思路。

十八、曲靖市麒麟区被列为全国农村环境保护试点区[②]

2008年8月，环境保护部同意将云南省曲靖市麒麟区列为全国农村环境保护试点区（县）。

2007年麒麟区就被环境保护部列为“全国生态区建设”单位，2008年又被列为全国农村环境保护试点区，为环境保护部、云南省环境保护局在项目和资金方面支持农村环境保护工作奠定了良好基础。2008年，云南省环境保护局已安排给麒麟区30万元前期工作经费，并向环境保护部申报珠街乡桂花村委会獭兔养殖污染防治、沿江乡余家圩村委会生态村建设、三宝镇兴龙村委会环境综合整治三个项目。从2009年开始，麒麟区环境保护局每年将争取不少于200万元项目资金支持全区的新农村建设和农村环境保护工作。计划于2009年向环境保护部申报授予“全国生态区”称号。

---

① 玉溪市环境保护局：《省环保局自然处到玉溪市红塔区指导农村环境保护综合治理工作》，http://sthjt.yn.gov.cn/zwxx/xxyw/xxywrdjj/200808/t20080818_5878.html（2008-08-18）。

② 蒋琼波：《曲靖市麒麟区被列为全国农村环境保护试点区》，http://sthjt.yn.gov.cn/zwxx/xxyw/xxywrdjj/200808/t20080828_5912.html（2008-08-28）。

十九、云南省省级部门和驻昆单位积极支持昆明城市环境整治①

2008 年 10 月，云南省人民政府办公厅下发通知，要求省级各部门，驻昆省属科研院所、大专院校、大中型企业，中央驻昆单位，驻昆解放军和武警部队，积极支持、配合昆明市的城市环境综合整治工作。

通知指出，昆明市采取了一系列重大举措，大力开展以城中村改造、拆临拆违拆迁、35 条入滇河道截污导流、滇池流域地下水清理整顿、高污染燃料禁燃等城市环境综合整治，不断加快现代新昆明建设。这些工作均不同程度涉及在昆的省级有关部门、企事业单位、中央驻昆单位、驻昆解放军和武警部队及其工作人员，需要以上部门及其工作人员给予积极支持和配合。为此，经云南省人民政府同意，云南省人民政府办公厅要求各单位要提高认识、高度重视，进一步统一思想，积极关心和支持该项工作。

通知要求，在城中村改造工作中涉及的有关单位要顾全大局，对改造工作给予理解和积极支持、配合。涉及本单位公职人员不配合的，单位要帮助做好宣传解释和思想政治工作，配合拆迁工作，不得抵制、干扰；有关单位的临时、违章建筑要按照昆明市拆除通知书的要求，尽快予以拆除；要严格执行《昆明市高污染燃料禁燃区管理规定》，在规定时限内自觉停止使用高污染燃料；要积极支持昆明市做好滇池流域企业的核查统计和重点监控等相关工作；要积极支持昆明市的地下水整顿工作，妥善做好地下水封停封填工作，保护好昆明市的地下水环境。

此外，云南省人民政府办公厅还要求云南省人民政府督查室、云南省监察厅加强督促检查、跟踪支持推进昆明市环境综合整治工作，确保昆明市城市环境综合整治各项措施落到实处。对少数不顾大局，片面强调本单位利益、个人利益，刻意抵制、干扰昆明市环境综合整治工作的单位和个人，将采取必要的措施，加大问责力度，按照有关规定对单位负责人和相关人员进行问责和处理。

二十、2008 年云南省六成医疗废物未集中处置②

2008 年 10 月，环境保护部发布的《2007 年全国城市环境管理与综合整治年度报告》显示，云南省一些城市在环境保护方面有很大的成效，云南省医疗废物集中处置率上升了 15 个百分点，城市生活垃圾无害化处理率上升 20 个百分点，但是报告也显示，

① 和光亚：《省级部门和驻昆单位积极支持昆明城市环境整治》，http://sthjt.yn.gov.cn/zwxx/xxyw/xxywrdjj/200810/t20081015_6090.html（2008-10-15）。

② 张勇、余兴文：《年度城市环境报告显示 我省 6 成医疗废物未集中处置》，http://sthjt.yn.gov.cn/zwxx/xxyw/xxywrdjj/200810/t20081020_6101.html（2008-10-20）。

云南省仍有一些城市面临着比较大的污染压力。

在昆明、丽江等 17 个考核的城市中，60%以上的医疗废物未按要求进行集中处置。个旧市的工业固体废物处置利用率不足 20%，潞西市、瑞丽市城市重点工业企业二氧化硫排放稳定达标率不足 20%，普洱市的重点工业企业粉尘排放稳定达标率不足 10% 等问题。

报告显示，昆明开展的“创园”“创卫”“创模”工作，以及实施的“七彩云南保护行动”“节能减排”行动对环境保护起到了较好的作用。2007 年，在全国 25 个省、自治区（青海、西藏除外）城市环境综合治理考核综合得分中，云南省排名最后的地级市是临沧市，在城市环境基础设施建设的排序中居后，在无害化处理、医疗危险废物未按要求进行集中处置两项指标中均榜上有名。此外，曲靖、保山、丽江、普洱市的医疗危险废物也都未按要求进行集中处置。

第六节　环境保护监察史料

一、云南省环境监察人员严格执行“六不准”规定[①]

2003 年 7 月 31 日，云南省环境保护局转发国家环境保护总局关于环境监察人员“六不准”的规定。云南省严格按照国家环境保护总局关于规范环境监察人员的执法行为，树立文明执法形象，建设一支社会认可、群众满意、公正执法、廉洁文明和作风过硬的环境监察队伍的要求，转发了环境监察人员“六不准”的规定，要求各级环境监察人员在执法工作中：（1）不准接受被检查者的礼品、礼金和有价证券。（2）不准接受被检查者宴请。（3）不准参加被检查者邀请的娱乐活动。（4）不准参与被检查者的营销活动。（5）不准向被检查者通风报信。（6）不准酒后开车、酒后执行公务。把“六不准”作为强化环境执法，转变工作作风的新举措，要求各级环境监察人员必须严格遵守；对违反“六不准”规定的环境监察人员，一经查实，按照有关规定吊销其环境执法证件，调离一线执法岗位，并给予行政处分；情节严重或造成重大环境污染损失的，调离环境监察队伍或开除公职，并追究环境监察机构领导责任。

---

① 云南省环境保护局：《云南省环境监察人员严格执行“六不准”规定》，http://sthjt.yn.gov.cn/zwxx/xxyw/xxywrdjj/200307/t20030731_942.html（2003-07-31）。

二、云南省 2005 年环境监察所（支队）长会议在昆召开①

2005 年 4 月 5 日，云南省 2005 年环境监察会议在昆明市召开。云南省各州、市环境监理（监察）所长（支队长）30 多人参加了会议。

这次会议，一是回顾、总结了 2004 年云南省环境监察工作情况。二是全面部署了 2005 年环境监察工作任务。三是对 2004 年度环境监察先进单位进行了表彰鼓励。

云南省环境保护局邓家荣副局长在会上做了重要讲话，他深入地分析了 21 世纪新阶段下的环境保护形势，肯定了云南省环境监察工作取得的成绩，对云南省环境监察执法重点工作提出了要求。云南省环境监理所方雄所长在工作报告中指出，环境监察作为环境保护工作的现场执法保障，要紧紧围绕云南省环境保护工作的总体要求和中心工作，在执法力度、执法能力、执法手段上有较大的提高。2005 年要进一步强化云南省环境监察执法工作，结合云南省环境保护中心工作，重点如下：清理整顿不法排污企业保障群众健康环境保护专项行动；云南省九大高原湖泊保护治理的现场监察；《排污费征收使用管理条例》的全面贯彻施行；新、老污染源及排污许可证的环境监察；自然生态和农村生态环境监察试点；污染源自动在线监控网络系统建设；环境污染事故、污染纠纷及信访案件的调查处理；在环境监察机构队伍建设等方面取得进展，为构建社会主义和谐社会做出贡献。

三、云南省进一步加强环境监督管理严防发生污染事故的紧急通知②

2005 年 12 月 2 日，云南省环境保护局办公室印发《云南省环境保护局关于贯彻落实国家环境保护总局电视电话会议精神 进一步加强环境监督管理严防发生污染事故的紧急通知》。

（1）充分认识环境安全的重要性。环境安全的状况直接关系到人民群众的身体健康，关系到经济社会的可持续发展，关系到社会的稳定和长治久安。各州（市）要以最近相继发生的重特大安全生产事故所引发的环境污染事件为鉴，把国家环境保护总局电视电话会议的精神传达到全系统干部职工；要充分认识环境污染给当地社会的生产、生活秩序和生态环境造成的严重影响，坚决克服麻痹大意思想，把严防重特大环境污染事

① 云南省环境保护局：《云南省 2005 年环境监察所（支队）长会议在昆召开》，http://sthjt.yn.gov.cn/zwxx/xxyw/xxywrdjj/200504/t20050427_2419.html（2005-04-27）。

② 云南省环境保护局：《云南省环保局关于贯彻落实国家环保总局电视电话会议精神 进一步加强环境监督管理严防发生污染事故的紧急通知》，http://sthjt.yn.gov.cn/zwxx/zfwj/yhf/200512/t20051205_10342.html（2005-12-05）。

故作为当前和今后一个时期各级环境保护部门首要工作任务之一，切实加强领导，严密措施，防范环境污染事故的发生。

（2）加强环境监管。立即开展各类重点污染源全面排查工作；对造纸、化工、冶金、制糖、制药、橡胶、铬盐、放射性等重污染行业和容易引发环境污染事故的企业要全面排查；对居民集中区的重污染企业要加强检查；辖区内的城市（城镇）集中式饮用水水源地，特别是松华坝水库、潇湘水库、东风水库、五里冲水库等以及澜沧江、珠江水系的南盘江干流、曲江、泸江，金沙江、红河水系等跨越国界和省界水体的各类重点污染源、在用和闲置放射源等要进行全面清查，发现环境污染事故隐患，立即责令整改，限期消除隐患，并及时向当地政府报告。各级环境保护部门要对辖区内可能引发环境污染事故的污染源摸清底数，建立台账，有针对性制定应对措施。

（3）加强对危险化学品环境污染隐患的全面排查工作。各州（市）特别是昆明市、曲靖市、文山壮族苗族自治州、楚雄彝族自治州、红河哈尼族彝族自治州要加强对危险化学品的登记、生产、使用、流通，执法部门要密切关注水路运输和陆路运输有毒有害物质对水体的影响。

（4）增强对突发事件的敏锐性、防范能力和责任感。各地要建立、健全突发事件的环境应急响应制度，多方筹集资金，加大对环境应急装备的投入，检查和落实环境应急的处理处置措施，配备必要的应急设备，最大限度减轻事故造成的危害；云南省环境保护局将在2006年适当时候组织进行一次环境污染事故应急演练。

（5）加强防范污染事故的宣传和指导工作。各地要加强对各地和各重点污染企业的技术指导，在1700家持排污许可证企业发放《环境应急手册》，要求各重点污染企业制定相应的应急预案和防范措施，报排污许可证发证单位作为2005年度排污许可证年检的考核依据；各级环境保护部门应该加大对自身和相关职能部门的培训力度；对污染源周围居民进行有针对性的环境污染防范、防护宣传和科普教育，提高居民的自我防护和自救互救意识。

（6）严格执行环境污染事故的信息报送和发布制度，及时做好重特大环境污染事故的信息报送和信息发布。根据《国家环境保护总局突发环境事件应急预案》的要求，遇到突发环境事件时，事件责任单位和当地群众应当迅速向本地和上级人民政府以及环境保护行政主管部门报告，各相关部门按照重特大突发环境事故的报告程序及时报告，并随时上报调查处理的进展情况，不允许隐瞒真实情况，更不能拖延不报，延误处理事故时机。

四、云南省环境监察总队关于开展排污费征收稽查工作的通知[①]

2006 年 4 月 29 日，云南省环境监察总队印发了《云南省环境监察总队关于开展排污费征收稽查工作的通知》。

对排污单位征收排污费是利用经济手段实现环境管理、改善环境质量的重要手段，也是环境监察机构的重要工作职责之一。自 2003 年排污收费制度改革以来，云南省各级环境监察机构积极按照国家和省里的有关规定和要求，认真开展排污费的征收解缴工作，排污费逐年保持较快增长。2005 年共征收排污费 1.94 亿元，与 2004 年相比增幅达 26%，为云南省环境保护工作做出了重要贡献。但是，各地在排污费的征收力度和工作进度的发展方面也存在明显不平衡，少数地方工作进展缓慢，长期不能完成省里下达的计划指标。为了更好地贯彻执行国务院《排污费征收使用管理条例》，切实加大排污费的征收工作力度，确保排污费依法、全面、足额征收，根据国家环境保护总局《关于印发 2006 年全国环境保护工作要点的通知》要求及 2006 年全国环境执法工作会议精神，云南省环境监察总队从2006年7月起将组织进行排污费征收稽查工作，有关事项通知如下：

（一）排污费征收稽查工作的目的

通过排污费征收稽查，督促各州（市）每年按期完成省里下达的排污费征收计划，逐步消除协商收费现象，排除地方保护主义干扰，解决弄虚作假、少征、漏征、人情收费等问题，提高依法征收水平，确保2006年云南省征收排污费要突破2亿元、力争达到 2.2 亿元的目标。

（二）排污费征收稽查的范围

排污费征收稽查的范围包括云南省 16 个州（市）环境监察支队、有关县（区）环境监察大队及相关排污单位。2006 年重点稽查各州（市）排污费征收计划完成情况，即各州（市）第一季度完成省里下达排污费征收计划的 20%；第二季度完成 30%；第三季度完成 30%；第四季度完成 20%。

（三）排污费稽查的主要内容

监督、检查州（市）级和有关县（区）级环境监察机构及其工作人员依法履行排污费征收工作职责情况；检查州（市）级和有关县（区）级环境监察机构在排污费征收中

① 云南省环境监察总队：《云南省环境监察总队关于开展排污费征收稽查工作的通知》，http://sthjt.yn.gov.cn/hjjc/hjjcgzdt/200605/t20060524_12299.html（2006-05-24）。

是否有违规行为，并进行调查处理；检查排污单位在排污申报中是否有弄虚作假、瞒报、漏报等行为，并进行调查处理。

（四）稽查工作要求

（1）稽查启动。云南省环境监察总队在确定稽查单位名单后，填写《排污费稽查通知书》，除预先告知有碍稽查外，首先向被稽查单位发出稽查通知，告知其稽查时间、需要准备的材料。

（2）现场稽查。现场实施排污费稽查时，被稽查单位应提供排污申报登记、排污量核定、排污费计算等有关材料，询问有关当事人；对排污单位的稽查则应依据监测数据或采用物料衡算等方法，确定排污量，最后如实填写《现场稽查记录单》，并做好相应的笔录材料，经被稽查人核对无误后签章。

对排污单位现场稽查的同时，稽查人员还要全面检查排污单位执行环境保护法律、法规情况，包括对排污单位的生产工艺状况、环境保护设施运行情况、排污许可证及污染隐患等情况进行监督检查。稽查人员发现企业存在违反环境保护法律、法规情况的，依据职责转交给其他部门处理。

（3）稽查处理。云南省环境监察总队在稽查工作结束后，稽查人员应在 10 个工作日内将排污费稽查情况写成报告，经领导审核，若发现下级环境监察机构在排污费征收有违规行为或工作不到位等情况时，限期其立即改正；发现有排污费缺项、少缴、欠缴的，责成当地环境监察机构 15 个工作日内追缴排污费或给予处罚。如未在限期内按程序追缴或处罚，云南省环境监察总队将直接予以追缴或处罚，并全部缴入省级国库。

（4）稽查案件的整理与信息通报。排污费稽查人员对立案处理案件的执行情况进行整理，并与各种资料统一归档；将排污费稽查工作情况汇总，制作《排污费稽查通报》进行通报。

五、环境监察刹住歪风——企业违法超标排放废水遭万元罚金①

2006 年 5 月 18 日，云南省环境保护局和云南省环境监察总队对九大高原湖泊开展专项环境监察工作发现，云南省第一季度九大高原湖泊流域偶有违规行为。据悉，专项监察根据对列入九大高原湖泊流域内重点检查的排污单位、新建项目、城市生活污水处理厂及生态保护情况进行了现场环境监察，以及对九大高原湖泊流域部分新建项目进行了环境监察，共检查排污单位166家。其中新建项目45家，昆明市和玉溪市分别对三个

① 郑劲松：《环境监察刹住歪风——企业违法超标排放废水遭万元罚金》，http://sthjt.yn.gov.cn/zwxx/xxyw/xxywrdjj/200605/t20060519_3152.html（2006-05-19）。

和一个违反建设项目有关规定的项目进行了处理、处罚。根据 2006 年公布的第一季度《云南省九大高原湖泊环境监察报告》，昆明市环境保护局对滇池流域新建项目 29 家进行环境监察，对违反规定的项目进行处理、处罚；昆明市环境监理所第一季度对阳宗海流域内的 11 家排污单位进行现场环境监察 77 次，未发现异常情况；大理市环境保护部门对洱海流域环境监察期间排污单位正常生产 18 家，污染防治设施运行正常；玉溪市环境保护部门监察星云湖流域时，发现流域内中国港湾建设（集团）总公司星云湖—抚仙湖出流改道顶管项目违法超标排放废水，玉溪市环境监察支队与江川县（今玉溪市江川区，下同）环境保护局环境监察大队 2006 年 1 月 16 日现场监察后给予处罚 10 000 元并责令限期改正违法行为，现已结案。其他各湖所在地的环境保护部门也分别就流域内的排污单位等进行现场监察。据悉，从各地现场环境监察情况看，流域所在地的环境监察机构有重点地对 2004—2006 年排污量大、时有反复的排污企业，以及在流域内新建的一些项目、宾馆、饭店等进行现场环境监察，使流域内的环境质量得到了保障。

六、云南省、昆明市两级环境监察队视察官渡区饮用水水源地[①]

2006 年 8 月 31 日，云南省环境监察总队和昆明市环境监察支队一行四人到昆明市官渡区检查饮用水水源及饮用水水源地。在官渡区环境保护局刘宏华副局长的陪同下，视察了官渡区的饮用水水源——宝象河水库。

自宝象河水库划为饮用水水源后，官渡区环境保护局认真把好环境保护前置审批关口，在饮用水水源地没有批准过任何企业从事生产。并多次同库区管理工作人员一道，对在库区边放养牲畜的问题进行综合整治。

检查组在宝象河管理所负责人的陪同下沿库区进行了检查，该所负责人介绍了宝象河周边的情况。宝象河水库建于 1958 年，主要作为官渡区阿拉乡、小板桥镇和官渡镇等地区的农业灌溉用水，库区的水来源于周边 67 平方千米的降雨聚集而成，水域面积有 2858 亩，平均储水量为 1900 万立方米。由于宝象河流域的地下水质量不达标，官渡区委、区人民政府高度重视，于 1996 年建立了官渡区宝象河水厂，用于处理宝象河水库的水，解决了沿河 10 多万人民的饮水问题。至此，宝象河水库就成了官渡区的重要饮用水水源。2006 年由于降雨较少，加之近段时间持续高温，库区的储水量仅有 528 万立方米，而且上半年的水质达标率并不理想。

在检查结束时，省、市检查组相关人员也明确表示，会把 8 月 31 日的检查情况和反映出来的问题上报省局领导，便于尽快协调解决。

---

① 云南省环境保护局：《省、市两级环境监察队视查官渡区饮用水源地》，http://sthjt.yn.gov.cn/zwxx/xxyw/xxywrdjj/200609/t20060908_3509.html（2006-09-08）。

七、云南省环境监察总队到蒙自矿冶有限责任公司检查环境保护设施建设情况①

2007 年 4 月 26 日，云南省环境监察总队监察科副科长曹俊等人到蒙自矿冶有限责任公司对 50 吨/年电铟和 4.9 万吨/年电锌冶炼厂项目进行试生产前环境监察，陪同检查的有蒙自县（今蒙自市，下同）环境保护局局长周德良、红河哈尼族彝族自治州环境监察支队人员、蒙自县环境监察大队监察人员、蒙自矿冶有限责任公司副总经理黄伟忠等厂矿领导。通过对 50 吨/年电铟和 4.9 万吨/年电锌冶炼厂项目的环境保护设施进行现场检查，省、州、县环境保护部门肯定了该公司领导重视环境保护工作，认为两个项目的环境保护设施建设基本符合《云南省环境保护局准予行政许可决定书》的要求。同时对该公司提出了四点要求：加强环境保护法律、法规学习，提高公司领导和员工的环境保护意识；主动积极配合蒙自县人民政府解决渣场下游部分居民饮用黑龙潭用水问题，将其纳入城市居民用水；在试生产期间安装锅炉在线监控设施；尽快完善地下水监控井的监测。

第七节　环境保护宣传教育史料

一、嵩明县滇池管理局加大宣传教育提高水源保护意识②

嵩明县滇池管理局挂牌成立以来，在困难重重、工作头绪繁多、人员少的情况下，明确工作职责，抓住工作重点，有的放矢地开展工作。首先从抓水源保护区群众的思想意识入手，大力开展宣传教育工作，把水源保护及污染防治工作抓实，抓出成效，让水源保护区的群众及往来水源保护区的人员有一个有形的行为规范，使水源保护意识深入人心。管理局成立两个月来，在缺少经费的情况下，四处筹措资金，分别在白邑、阿子营、大哨三个乡镇设立了 152 块水源保护警示宣传牌，并对部分河道进行了清淤，共投入资金 13 万余元。这些标牌，主要设立在三个乡镇交叉路、人员集中的地方，以及流入松华坝的牧羊河、冷水河，白邑青龙潭、黑龙潭等一些有针对性的地方。当地群众及

---

① 云南省环境保护局：《云南省环境监察总队到蒙自矿冶有限责任公司检查环保设施建设情况》，http://sthjt.yn.gov.cn/zwxx/xxyw/xxywrdjj/200705/t20070509_4291.html（2007-05-09）。

② 云南省环境保护局：《嵩明县滇管局加大宣传教育提高水源保护意识》，http://sthjt.yn.gov.cn/zwxx/xxyw/xxywrdjj/200309/t20030927_1028.html（2003-09-27）。

过往的人员均表示，保护水源，人人有责。

二、“构建和谐彩云南·2006环保行”[①]

2006年7月28—31日，由云南省环境保护局、云南省政协人口资源环境委员会共同举办的“构建和谐彩云南·2006环保行”系列宣传活动圆满结束。

为搞好此次宣传活动，扩大影响，具体承办活动的云南省环境保护宣传教育中心组织召集了“爱心家庭”环境保护志愿者，邀请了云南省内部分媒体记者全程参与报道，云南省政协人口资源环境委员会办公室主任熊泽民、云南省环境保护宣传教育中心主任程伟平及中心工作人员工共50多人参与了活动。由12辆车组成的宣传车队沿昆明市、开远市、文山壮族苗族自治州普者黑景区开展了环境保护系列宣传活动：组织志愿者参观了开远市工业循环经济试点企业和普者黑景区旅游循环经济示范区；在红河哈尼族彝族自治州和文山壮族苗族自治州的绿色学校中挑选了10名品学兼优的贫困学生，并向他们每人捐献了500元爱心助学金和一批学习用品；分别在开远市的中心广场和丘北县城开展了面向公众的环境保护知识有奖问答、环境保护法律法规咨询和相关的宣传活动，发放宣传资料近两万份。

此次活动得到了红河哈尼族彝族自治州环境保护局、开远市环境保护局、文山壮族苗族自治州环境保护局、丘北县政协及环境保护局的大力支持和积极参与，活动取得了预期的效果。

三、盘龙区再添八家市级“绿色社区”[②]

2008年3月14日，昆明市盘龙区新添8家市级“绿色社区”。开展“绿色社区”创建的目的是通过政府与民间组织、公众的合作，把环境管理和环境保护的公众参与机制引入社区，让环境保护贴近百姓，走进每个人的生活，加强居民的环境意识和文明素质，推动大众对环境保护的参与。在建设绿色社区的过程中，通过各种活动，增强社区的凝聚力，创造出一种与环境友好、邻里亲密和睦相处的社区氛围。

多年来，盘龙区积极动员和指导辖区具备申创条件的社区或小区开展“绿色社区”创建活动，引导社区居民参与到环境保护和环境管理活动当中。截至2006年，盘龙区

---

① 云南省环境保护宣传教育中心：《“构建和谐彩云南·2006环保行”——红河、文山环保系列宣传活动圆满结束》，http://sthjt.yn.gov.cn/xcjy/xjdt/200709/t20070925_11707.html（2007-09-25）。

② 昆明市环境保护局：《盘龙区再添8家市级“绿色社区”》，http://sthjj.km.gov.cn/c/2008-04-01/2143635.shtml（2008-04-01）。

共有“绿色社区”12家，其中市级7家，省级4家，国家级1家。在此基础上盘龙区不断努力，2007年又组织了8家社区（小区）开展申创工作，在各街道办事处及社区工作站、小区物业管理的共同配合和努力下，8家社区（小区）于2008年3月14日顺利通过了市级“绿色社区”验收组的考评验收，正式获得昆明市市级“绿色社区”荣誉称号，为盘龙区“绿色社区”创建工作再添新花。

通过扎实有效的“绿色社区”创建工作，社区居民逐步能够认识和行使自己的环境保护权利和责任，关心环境质量，监督环境执法、参与政策建议、选择绿色生活等，进一步鼓励广大居民积极参与环境保护，努力建设资源节约型和环境友好型社会，促进人居环境的优化、美化、绿化和亮化，维护居民的环境权益，倡导一种绿色、文明、健康的生活方式，满足人民群众日益增长的物质和精神文明需要，推动整个城市的环境建设，提高文明进步的水平。

四、环境保护宣传进村寨

2008年10月18日，西双版纳傣族自治州生物多样保护廊道建设示范项目办公室副主任贾红与项目宣传课题组到国家级自然保护区勐腊片—尚勇片开展宣传与项目知晓率调查活动。项目宣传课题组与大龙哈小学60多名师生进行了交流，并为师生带来了一堂生动活泼的生物多样性保护知识培训课。在活动中，项目宣传课题组向大龙哈小学、龙菌小学师生及村民发放了100份《西双版纳生物多样性保护廊道建设示范项目公众知晓率调查表》、廊道宣传单和35件宣传品。此次活动反映良好，实现了小手拉大手、学生带动家长的宣传活动目的。

第二章　云南九大高原湖泊环境保护史料

第一节　2003—2008 年九大高原湖泊各年度治理情况

一、2003 年九大高原湖泊现场环境监察情况通报及 2004 年工作安排①

2004 年 2 月 10 日，云南省环境保护局发布了 2003 年九大高原湖泊现场环境监察情况通报及 2004 年工作安排。

（一）2003 年九大高原湖泊现场环境监察情况通报

作为九大高原湖泊现场环境监察工作的业务主管单位，为了加强各级环境监察部门的现场监察，云南省环境监理所对玉溪市、昆明市等地流域内建设项目，以及流域内重点排污单位进行现场监察，2003 年共出动现场监察 100 余人次，有力地促进了九大高原湖泊流域的现场环境监察工作。

在监察工作中，除了原来列入重点现场监察的排污单位外，各地、州、市环境保护局环境监察部门根据流域内排污企业的实际情况，均增加监察单位和现场监察频次。2003 年，环境监察人员共对 1263 家排污单位（包括昆明市网络监控企业）实施了现场环境监察，出动现场监察 14 136 人次，有 9 家排污单位因违反有关环境保护法规，所在

① 云南省环境保护局：《二〇〇三年九大高原湖泊现场环境监察情况通报及二〇〇四年工作安排》，http://sthjt.yn.gov.cn/gyhp/jhdt/200407/t20040728_11599.html（2004-07-28）。

地环境保护部门对其进行了处理处罚。流域内 17 家污水处理厂经现场监察，设施运行正常。其中，大理白族自治州洱源县污水处理厂、红河哈尼族彝族自治州石屏坝心污水处理厂、丽江市永胜县污水处理厂在建。2003 年对流域内污水处理厂现场检查 91 人次，正常运行率 100%。流域内新建项目 365 个，检查中发现有 25 个项目违反了有关规定，所在地环境保护部门对其进行了处理处罚。2003 年，各流域内所在地环境监察部门开展生态环境监察 123 次，对违反有关规定的依法做出的处理、处罚 24 起。

各有关地、州、市按照相关要求，以及云南省环境保护局 2003 年工作安排部署，逐步开展对流域内的自然保护区、风景名胜区、旅游景区的现场执法检查，进行现场检查 330 人次，对违反有关规定的，给予了处理、处罚 31 次。

从 2003 年各流域的现场环境监察情况看，各级环境监察人员，经过一年多的现场监察，不断摸索，总结经验，根据流域内污染源的实际情况，采取了各种工作形式，在筛选确定流域内排污单位实施现场环境监察对象的同时，增加现场检查频次。形成了以日常现场环境监察为基础，以重点排污单位、生态环境监察为重点，积极与相关部门配合，以联合执法检查为推动，加强现场执法力度，促进了流域内的环境保护工作。

在已筛选确定的排污单位中，各级环境监察部门重点对湖泊流域入湖河道、湖泊周边的排污单位进行现场环境监察，并且增加现场监察频次。例如，丽江市把泸沽湖周围以服务为主的小型客栈列为重点现场监察对象，增加现场检查频次。在现场检查时，要求小客栈购置污染物收集设备，将污水排入污水处理站处理，集中处置固体废物，对泸沽湖周围的水体保护起到积极的作用。大理白族自治州积极与有关部门配合，对洱海周边村镇及入湖河道生活垃圾的收集清运处理进行现场监察，经过了两次大规模入湖河道的垃圾清理工作，尤其是对洱海发源地洱源县弥苴河、西湖的综合治理及河道的垃圾清理，使水环境有了明显的改善，促进了水源保护地的环境保护。

按照云南省环境保护局 2003 年的工作安排部署，有关地、州、市环境保护局环境监察部门依法联合相关部门对自然保护区、风景名胜区、旅游景区进行现场监察，发现违反环境保护法律、法规行为的，现场给予处理处罚。例如，玉溪市江川县在对辖区抚仙湖流域风景区的现场监察中，发现违反有关规定的宾馆、饭店 6 家，现场依法做出处理处罚。大理白族自治州旅游局、卫生局、工商局和苍山保护管理局等部门对风景名胜区、旅游景区进行了环境执法检查，发现有环境违法行为的，现场给予处罚，年内共处罚了 2 家。2003 年，大理白族自治州还开展了洱海入湖河流弥苴河、茈碧湖、苍山十八溪等生态环境监察，共进行生态环境监察 58 次。昆明市积极配合有关部门开展对自然保护区、风景名胜区、旅游景区的现场执法检查 150 人次，共进行处理、处罚 23 次。其中对昆明市松华坝水源保护区擅自修建破坏生态环境的违法行为，依法做了处理。在生态环境监察中，昆明市环境监理所积极配合昆明市西山区滇池西山区风景保护区内挖沙采石的取缔工作，采取多种处理措施，处理、处罚24起。

另外，通过清理整顿不法排污企业保障群众健康环境保护行动，各地环境监察部门积极与有关部门配合，采取突击检查、夜间巡察、驻厂督察等多种工作形式，推动了九大高原湖泊的环境综合整治，强有力地促进了现场环境执法的展开。

2003年，在各级环境保护行政主管部门的领导下，环境监察人员不辞辛苦，兢兢业业，认真细致地工作，完成了九大高原湖泊现场环境监察的各项工作任务，克服了环境监察部门人员少、装备差，工作量大，经费不足的困难，工作没有松懈，保障了流域内的现场环境监察工作正常开展，为九大高原湖泊治理保护工作做出贡献。但是，各地在工作中也存在着一些问题，主要表现如下：

一是各有关的地、州、市环境监察部门对流域内已建、在建的污水处理厂逐步安装在线监测仪，但其达到规范化的监管力度不够，此项工作未能顺利开展。

二是按照2003年九大高原湖泊现场环境监察工作安排部署，有的地、州、市环境监察部门尚未上报本年度已调整确定的流域内现场监察计划或工作方案。

三是有的地、州、市环境监察部门不能做到按时上报季度现场监察情况和监察情况分析小结，影响了全省的汇总上报工作。

（二）2004年九大高原湖泊现场环境监察工作安排

九大高原湖泊现场环境监察是云南省“十五”期间的重点工作之一，为了充分体现环境监察为环境管理和决策提供执法保障，围绕2004年全省环境保护工作的任务，结合2003年工作情况，云南省环境保护局对2004年现场环境监察工作做如下安排部署：

（1）以九大高原湖泊流域181家以污水排放为主的企业（单位）为基础，各地根据所在流域内实际排污企业（单位）情况，进行认真的筛选，确定2004年现场环境监察重点，编制现场监察计划或方案，计划或方案编制后报云南省环境监理所登记备案。

（2）各地、州、市环境监察部门重点抓好流域入湖河道及湖泊周边片区污染源（点）的现场环境监察，积极配合有关部门做好各流域入湖河道整治，以及对湖泊采取的各种综合整治措施。

（3）进一步探索和加强流域内生态环境现场监察的方法和途径，积极配合或联合有关部门，一如既往地开展流域内生态环境监察。增加现场执法检查频次，特别是要加大流域内湖泊水源保护区的生态环境保护现场监察、湖泊周边片区生态治理监察次数。

（4）加大对流域内重点工业污染源的现场监察力度，强化环境管理，控制污染物排放。对已确定实施现场环境监察的排污企业（单位），特别是持有排污许可证的企业每月不得少于一次现场监察，使之保证全面达标排放。对在流域内新建项目，严格执行建设项目有关制度，在项目建设期间每季度不得少于一次现场监察。

（5）加强流域内污水处理厂的现场监管力度，保证污水处理设施正常运行，对已建、在建、新建的污水处理厂，有条件的必须安装在线监控、监测系统，使其达到规范化管理要求。

（6）继续开展流域内自然保护区、风景名胜区、旅游景区的现场监察，积极配合或组织联合有关部门开展现场执法检查，严格查处环境违法行为。

（7）各有关地、州、市要严格执行环境监察执法程序，对排污企业所做出的处理、处罚决定等，应在处理、处罚决定后七日内上报环境保护行政主管部门和云南省环境监理所登记备案。

（8）把九大高原湖泊的现场环境监察工作，纳入一年一次的环境监察工作考评，考评事宜按照《云南省二〇〇四年环境监察工作考核评分标准》执行，对工作开展好的地、州、市给予通报表彰，工作开展较差的地、州、市提出批评。

（9）建立和完善九大高原湖泊现场环境监察情况报告制度，各有关地、州、市在上报现场环境监察情况报表和工作总结时必须做到：一是每季度现场环境监察情况报表和工作小结，于每季度前十日内上报。年终汇总全年现场监察情况数据资料，编制年度工作总结，于次年1月15日前上报云南省环境监理所。二是上报每季度报表时，应有本期进行现场监察的排污企业名录，以及按环境监察程序依法做出的处理、处罚决定等法律文书，确有必要时另附有现场监察情况说明。三是上报每季度报表和工作小结时，首先采取传真和电子邮件方式上报，便于在上级主管部门规定的时间内及时汇总上报，然后再通过邮寄上报正式文件。

二、2004年九大高原湖泊环境监管情况①

2004年，云南省环境保护局对九大高原湖泊实施强化监管，组织九大高原湖泊所在地五个州（市）环境监察机构开展环境监察，对九大高原湖泊流域内重点排污工矿企业、宾馆饭店、污水和垃圾处理厂、集中式畜禽养殖场等情况进行了现场环境监察。2004年，九大高原湖泊所在地五州（市）监察机构共出动2337人次，检查排污单位434家，对滇池流域的7家排污单位、阳宗海流域的1家排污单位、星云湖流域的3家排污单位，依法进行了处理、处罚。2004年，昆明市对违反建设项目有关规定的12个项目进行了处理、处罚。流域内现场环境监察城市污水处理厂（站）18家，16家污水处理厂运行正常，正常运行率88.9%，1家试运行，1家未运行。生态环境保护现场环境监察151人次。

① 云南省环境保护局：《2004年九大高原湖泊环境监管情况》，http://sthjt.yn.gov.cn/gyhp/jhdt/200504/t20050428_11601.html（2005-04-28）。

2004 年，滇池管理综合行政执法局共组织了 10 次较大规模的综合执法行动，共立案查处各类行政案件 210 起，行政处罚 66 万余元，受理举报 97 起。玉溪市依法取缔抚仙湖机动船（艇）、水上飞行器 282 只，取缔拖捕银鱼的燃油机头 1715 个。按照云南省人民政府第五次九大高原湖泊领导小组会要求，云南省环境保护局三次邀请《中国环境报》驻云南记者站、云南电视台、《云南日报》、《春城晚报》等新闻媒体对阳宗海机动船污染环境问题、玉溪市澄江县（今澄江市，下同）阳宗镇部分村民沿湖养鸭污染阳宗海水质问题、昆明市小板桥镇中闸村生猪养殖场养殖废渣污水污染滇池问题进行了明察暗访和媒体曝光，督促当地政府尽快解决。昆明、玉溪市政府随后依法取缔了阳宗海 80 多艘机动船，对阳宗镇部分村民沿湖养鸭污染阳宗海水质问题提出了解决措施和办法，解决了中闸村生猪养殖场污染滇池问题。跟踪督办了抚仙湖周边违章建筑、经营摊点反弹和泸沽湖环境污染问题。对群众反映的滇池、阳宗海流域三家高尔夫球场污染问题进行了检查评估，向云南省人民政府提出云南省控制性建设高尔夫球场的建议和污染问题防治对策，有力地促进了保护治理工作的开展。

另外，还办理云南省人民代表大会、政协关于九大高原湖泊治理保护提案建议 13 件，办结率 100%，满意率 100%。

三、2005 年云南省九大高原湖泊水质状况及治理情况公告①

（一）2005 年九大高原湖泊水质状况

2005 年，九大高原湖泊水质状况，见表 2-1。

表 2-1　2005 年九大高原湖泊水质状况表

湖泊	水域功能	水质综合评价	透明度（米）	营养状态指数	主要污染指标	污染程度
滇池草海	Ⅴ	劣Ⅴ	0.64	76.1	氨氮、总磷、总氮	重度污染
滇池外海	Ⅴ	Ⅴ	0.53	62.5	总氮、总磷	中度污染
阳宗海	Ⅱ	Ⅱ	3.41	29.3		优
洱海	Ⅱ	Ⅲ	1.98	41.6	总氮、总磷	良好
抚仙湖	Ⅰ	Ⅰ	5.65	19.0		优
星云湖	Ⅲ	Ⅴ	0.83	61.3	总氮、总磷	中度污染
杞麓湖	Ⅲ	劣Ⅴ	0.65	62.6	总氮	重度污染
程海	Ⅲ	Ⅱ	2.91	36.6		优
泸沽湖	Ⅰ	Ⅰ	10.18	12.9		优
异龙湖	Ⅲ	Ⅴ	0.78	56	总氮	中度污染

① 云南省九大高原湖泊水污染综合防治领导小组办公室：《2005 年云南省九大高原湖泊水质状况及治理情况公告》，http://sthjt.yn.gov.cn/ gyhp/jhdt/200604/t20060404_11673.html（2006-04-04）。

（二）2005年九大高原湖泊主要入湖河流水质状况

2005年九大高原湖泊主要入湖河流水质状况，见表2-2。

表2-2　2005年九大高原湖泊主要入湖河流水质状况表

湖泊	主要入湖河流	断面名称	水域功能	水质类别	入湖水量（万立方米/年）	主要污染指标
滇池	盘龙江	严家地桥	Ⅳ	劣Ⅴ		溶解氧、氨氮、总磷、生化需氧量
	船房河	入湖口	Ⅳ	劣Ⅴ		溶解氧、氨氮、生化需氧量、高锰酸盐指数
	运粮河	入湖口	Ⅳ	劣Ⅴ		生化需氧量、氨氮、总磷
	大清河	入湖口	Ⅴ	劣Ⅴ		溶解氧、氨氮、生化需氧量、高锰酸盐指数、总磷
	乌龙河	入湖口	Ⅳ	劣Ⅴ		溶解氧、氨氮、生化需氧量、石油类、高锰酸盐指数、总磷
	采莲河	入湖口	Ⅳ	劣Ⅴ		溶解氧、氨氮、总磷
	新河	积中村	Ⅳ	劣Ⅴ		溶解氧、氨氮、生化需氧量、总磷、高锰酸盐指数
阳宗海	阳宗大河	入湖口	Ⅱ	Ⅱ	979	
洱海	弥苴河	江尾桥	Ⅱ	Ⅲ		溶解氧
	永安江	东湖入口	Ⅱ	Ⅳ		溶解氧
	罗时江	沙坪桥	Ⅱ	Ⅳ		溶解氧、高锰酸盐指数
	波罗江	入湖口	Ⅱ	Ⅳ		溶解氧
抚仙湖	马料河	入湖口	Ⅰ	Ⅴ	919	氨氮
	路居河	入湖口	Ⅰ	劣Ⅴ	437	总磷、氨氮
	隔河	入湖口	Ⅰ	Ⅳ	2536	溶解氧、石油类
星云湖	渔村大河	入湖口	Ⅲ	劣Ⅴ	377	总磷、氨氮、生化需氧量
	东西大河	入湖口	Ⅲ	劣Ⅴ	773	总磷、氨氮
	大街河	入湖口	Ⅲ	劣Ⅴ	320	总磷、氨氮、生化需氧量、高锰酸盐指数
杞麓湖	红旗河	入湖口	Ⅲ	Ⅴ	445	石油类
异龙湖	城河	4号闸	Ⅲ	劣Ⅴ		总磷、溶解氧、生化需氧量、氨氮、高锰酸盐指数

（三）2005年九大高原湖泊流域污水处理厂运行情况

2005年九大高原湖泊污水处理厂运行情况，见表2-3。

表2-3　2005年九大高原湖泊流域污水处理厂运行情况表

名称	设计处理能力（万吨/日）	处理量（万吨/年）
昆明市第一污水处理厂	12	3502.53
昆明市第二污水处理厂	10	3087.71
昆明市第三污水处理厂	15	5237.72
昆明市第四污水处理厂	6	2333.98
昆明市第五污水处理厂	7.5	2404.46
昆明市第六污水处理厂	5	385.16

续表

名称	设计处理能力（万吨/日）	处理量（万吨/年）
呈贡县[①]污水处理厂	1.5	126
晋宁县[②]污水处理厂	1.5	406.8
宜良县阳宗海污水处理厂	0.5	119.34
大理市污水处理厂	5.4	1560
洱源县污水处理厂	0.4	45
澄江县污水处理厂	1	153
澄江县禄冲污水处理厂	0.2	40.2
江川县污水处理厂	1	276
江川县小马沟污水处理站	0.1	18
通海县污水处理厂	1	266
永胜县污水处理厂	0.5	因网管不配套，未运行
宁蒗彝族自治县泸沽湖污水处理站	0.1	19.5
石屏县污水处理厂	1	156.5

（四）2005 年九大高原湖泊水污染综合治理情况

2005 年九大高原湖泊水污染综合治理情况，见表 2-4。

表 2-4　2005 年九大高原湖泊水污染综合治理情况表

项目名称	湖泊名称	项目数（个）	已完成（个）	在建（个）	前期工作（个）	未动工（个）	开工率（%）
滇池“十五”计划	滇池	22	15	5		2	95
		40（子项目）	31	7		2	
其他八湖目标责任书	阳宗海	12△	12				92.5
		9*	7	1	1		
	洱海	27	25	1	1		
	抚仙湖	16	11	5			
	星云湖	17	13	3	1		
	杞麓湖	14	8	4	1	1	
	程海	18	13		4	1	
	泸沽湖	20	16	3	1		
	异龙湖	14	11	3			
	合 计	147	116	20	9	2	

注：截至 2005 年 12 月 31 日阳宗海项目栏中“△”表示昆明市部分；“*”表示玉溪市部分

① 今昆明市呈贡区，下同。
② 今昆明市晋宁区，下同。

（五）2005 年九大高原湖泊流域环境监察情况

昆明市、玉溪市、红河哈尼族彝族自治州、大理白族自治州、丽江市环境监察机构对列入九大高原湖泊流域内重点检查的排污单位、新建项目、城市生活污水处理厂及生态保护情况进行了现场环境监察，云南省环境监理所重点对九大高原湖泊流域新建项目进行了环境监察。2005 年，云南省九大高原湖泊流域现场监察共计 4313 人次，检查排污单位 960 家，其中昆明市滇池流域有 15 家、玉溪市星云湖流域有 2 家排污单位、丽江市泸沽湖流域有 1 家排污单位因有环境违法行为，所在市、县环境保护部门按照有关法律法规进行了处理、处罚。其中，昆明市对 30 个违反有关规定的新建项目进行了处理、处罚。流域内现场环境监察城市生活污水处理厂（站）18 家，其中大理污水处理厂试运行，永胜县城污水处理厂未运行，昆明市第六污水处理厂因管网建设不配套不能稳定运行，其余 15 家污水处理厂运行正常，流域内污水处理厂正常运行率 78.9%。生态环境保护现场环境监察 280 人次。对流域内自然保护区、风景名胜区、旅游景区（点）现场环境监察 319 人次，处理、处罚 1 次。

（六）其他

2005 年 11 月 2 日，云南省九大高原湖泊水污染综合防治领导小组第六次会议在大理白族自治州召开。会议由徐荣凯省长主持，云南省人民政府秘书长黄毅、云南省九大高原湖泊水污染综合防治领导小组成员等参加会议。云南省九大高原湖泊水污染综合防治领导小组办公室、云南省环境监测中心站做了《九大高原湖泊水污染综合防治“十五”计划和目标责任书实施情况及下一步工作建议的汇报》和《2000—2005 年度九大高原湖泊水质变化分析报告》，昆明、大理、玉溪、丽江、红河五州（市）人民政府就湖泊保护治理工作向会议做了汇报。会议还讨论了九大高原湖泊水污染防治“十一五”规划（讨论稿），对洱海治理工作进行了实地考察。最后，徐荣凯省长做了《全力抓好九大高原湖泊水污染综合防治工作、为我省建设资源节约型环境友好型社会作出新贡献》的重要讲话。

四、2006 年云南省九大高原湖泊水质状况及治理情况公告[①]

（一）2006 年九大高原湖泊水质状况

2006 年，九大高原湖泊水质状况，见表 2-5。

① 云南省九大高原湖泊水污染综合防治领导小组办公室：《2006 年云南省九大高原湖泊水质状况及治理情况公告》，http://sthjt.yn.gov.cn/ gyhp/jhdt/200705/t20070531_11676.html（2007-05-31）。

表 2-5　2006 年九大高原湖泊水质状况表

湖泊	水域功能	水质综合评价	透明度（米）	营养状态指数	主要污染指标	污染程度
滇池草海	V	＞V	0.60	77.1	氨氮、总磷、总氮	重度污染
滇池外海	V	＞V	0.46	65.4	总氮	重度污染
阳宗海	Ⅱ	Ⅱ	4.21	30.6		优
洱海	Ⅱ	Ⅲ	1.73	42.5	总氮	良好
抚仙湖	I	I	6.08	18.8		优
星云湖	Ⅲ	＞V	0.94	62.5	总氮	重度污染
杞麓湖	Ⅲ	＞V	0.82	59.8	总氮	重度污染
程海	Ⅲ	Ⅱ	2.89	37.9		优
泸沽湖	I	I	10.91	15		优
异龙湖	Ⅲ	＞V	0.44	64.0	总氮	重度污染

注：评价执行《地表水环境质量标准》（GB3838—2002）

（二）2006 年九大高原湖泊主要入湖河流水质状况

2006 年，九大高原湖泊主要入湖河流水质状况，见表 2-6。

表 2-6　2006 年九大高原湖泊主要入湖河流水质状况表

湖泊	主要入湖河流	监测断面名称	水环境功能类别	水质类别	主要污染指标
滇池草海	新河	积中村	Ⅳ	＞V	溶解氧、高锰酸盐指数、生化需氧量、氨氮、石油类、总磷
	船房河	入湖口	Ⅳ	＞V	溶解氧、高锰酸盐指数、生化需氧量、氨氮、总磷
	运粮河	入湖口	Ⅳ	＞V	氨氮、总磷
	乌龙河	入湖口	Ⅳ	＞V	溶解氧、高锰酸盐指数、生化需氧量、氨氮、石油类、总磷
	采莲河	入湖口	Ⅳ	＞V	氨氮、总磷
滇池外海	盘龙江	松华坝口	Ⅱ	Ⅱ	
		小人桥	Ⅳ	＞V	溶解氧、氨氮、总磷
		严家村桥	Ⅳ	＞V	溶解氧、氨氮、总磷
	大清河	入湖口	V	＞V	溶解氧、高锰酸盐指数、生化需氧量、氨氮、总磷
阳宗海	阳宗大河	入湖口	Ⅱ	Ⅳ	生化需氧量、总磷
洱 海	弥苴河	下山口	Ⅱ	Ⅲ	生化需氧量、氨氮
		江尾桥	Ⅱ	Ⅲ	溶解氧
	永安江	东湖入口	Ⅱ	Ⅲ	溶解氧、生化需氧量、氨氮
		江尾东桥	Ⅱ	Ⅳ	溶解氧
	罗时江	莲河村	Ⅱ	V	生化需氧量
		沙坪桥	Ⅱ	V	溶解氧
	波罗江	入海口	Ⅱ	Ⅳ	生化需氧量、氨氮、挥发酚
	白鹤溪	丰呈庄	Ⅱ	Ⅳ	生化需氧量、氨氮、总磷

续表

湖泊	主要入湖河流	监测断面名称	水环境功能类别	水质类别	主要污染指标
抚仙湖	马料河	入湖口	Ⅰ	Ⅳ	溶解氧、氨氮、石油类、总磷
	隔河	入湖口	Ⅰ	Ⅳ	溶解氧、高锰酸盐指数
	路居河	入湖口	Ⅰ	>Ⅴ	生化需氧量、氨氮、总磷
星云湖	东西大河	入湖口	Ⅲ	>Ⅴ	氨氮、总磷
	大街河	入湖口	Ⅲ	>Ⅴ	高锰酸盐指数、生化需氧量、氨氮、总磷
	渔村河	入湖口	Ⅲ	Ⅴ	高锰酸盐指数、生化需氧量、氨氮
杞麓湖	红旗河	入湖口	Ⅲ	Ⅳ	高锰酸盐指数、生化需氧量、石油类、总磷
异龙湖	城河	3号闸	Ⅲ	>Ⅴ	溶解氧、高锰酸盐指数、生化需氧量、氨氮、总磷

（三）2006年九大高原湖泊流域污水处理厂运行情况

2006年，九大高原湖泊流域污水处理厂运行情况，见表2-7。

表2-7　2006年九大高原湖泊流域污水处理厂运行情况表

污水处理厂名称	设计处理能力（万吨/日）	处理量（万吨/年）
昆明市第一污水处理厂	12	3848
昆明市第二污水处理厂	10	2250
昆明市第三污水处理厂	15	5847
昆明市第四污水处理厂	6	2447
昆明市第五污水处理厂	7.5	2829
昆明市第六污水处理厂	5	412
呈贡县污水处理厂	1.5	128
晋宁县污水处理厂	1.5	438
宜良县阳宗海污水处理厂	0.5	119
大理市污水处理厂	5.4	1445
洱源县污水处理厂	0.4	49
澄江县污水处理厂	1	146
澄江县禄冲污水处理厂	0.2	36
江川县污水处理厂	1	260
江川县小马沟污水处理站	0.1	20
通海县污水处理厂	1	273
永胜县污水处理厂	0.5	未运行
宁蒗彝族自治县泸沽湖污水处理站	0.1	25
石屏县污水处理厂	1	164

（四）2006年九大高原湖泊水污染防治工作情况

（1）九大高原湖泊水污染综合防治工程稳步推进。2006年，各级政府认真执行九大高原湖泊“十一五”目标责任书，共计污染治理项目184项，完成7项，在建35项，开展前期工作82项，未动工60项。其中滇池完成1项，在建10项，开展前期工作30项；其他八湖完成6项，在建25项，开展前期工作52项，水污染防治工作稳步推进。

滇池治理项目取得积极进展。完成了滇池西岸截污治污工程，加快了船房河、乌龙河、盘龙江中段综合治理和大清河综合整治配套泵站工程。滇池北岸水环境综合治理工程进展顺利，与日本国际协力银行签订了转贷协议，完成了项目工程初步设计和第七污水处理厂、泵站建设用地范围内4.9万平方米的拆迁工作。

其他八大高原湖泊治理项目有序进行。完成了阳宗海污染物总量调查与控制研究、阳宗海数字化水下地形测量项目，以及洱海流域挖色镇和喜洲镇污水处理、洱源县污水处理厂湿地建设、马甲邑永安江拦污闸建设，异龙湖水域边界界定工程。星云湖—抚仙湖出流改道工程水利部分除九溪顶管段尚未贯通外，其余各标段均已贯通，正在进行隧洞永久砼浇灌，水质净化部分挺水植物带工程已完工，九溪人工湿地一期工程土建已完成，植物育苗600多万株，完成育苗总量的50%以上。

（2）认真编制了九大高原湖泊水污染防治“十一五”规划，签订了“十一五”九大高原湖泊水污染综合防治目标责任书。按照国家环境保护总局、云南省环境保护局、云南省发展和改革委员会的要求，九大高原湖泊所在地五州（市）编制完成了九大高原湖泊水污染综合防治“十一五”规划。其中，八湖水污染综合防治“十一五”规划云南省人民政府已批复，《滇池流域水污染综合防治“十一五”规划》已上报国家环境保护总局审定后报国务院批复。

依据九大高原湖泊水污染综合防治“十一五”规划，结合九大高原湖泊保护（管理）条例规定和各湖治理污染的实际情况，云南省人民政府与五州（市）政府、省级有关厅局签订了“十一五”九大高原湖泊水污染综合防治目标责任书，明确了九大高原湖泊保护目标和任务，对九大高原湖泊水质目标、主要污染物入湖总量控制目标、考核指标、主要任务等指标进行了量化，提出了考核要求，强化了政府和部门目标责任制，形成上下共担责任、共同努力的领导体制和管理体制，为确保“十一五”九大高原湖泊水污染防治规划目标实现提供了组织保证。

（3）抓紧抓好九大高原湖泊污染防治第七次领导小组会议精神的贯彻落实。2006年9月5日，云南省人民政府召开了九大高原湖泊污染防治第七次领导小组会议，徐荣凯省长做了重要讲话，对“十一五”九大高原湖泊水污染综合防治工作提出了“把握三个层次、搞好三个结合、争取三个突破、实现三个转变”的总要求。“三个层次”：着力保护抚仙湖、泸沽湖、阳宗海；稳定洱海、程海；加快治理滇池、星云湖、杞麓湖、异龙湖。“三个结合”：工程措施、生物措施与管理措施结合，单要素治理与多要素综合治理结合，区域治理与流域治理结合。“三个突破”：防治思路有所突破，污染治理市场化有所突破，湖泊环境监管有所突破。“三个转变”：从重经济增长轻环境保护转变为保护环境与经济增长并重，在保护环境中求发展；从环境保护滞后于经济发展转变为环境保护和经济发展同步，努力做到不欠新账，多还旧账，改变先污染后治理、边治理边破坏的状况；从主要用行政办法保护环境转变为综合运用法律、经济、技术和必要的行政办法解决环境问题。“十一五”期间，各级有关部门要按照总体要求，遵循经济规律和自然规律，进一步加大九大高原湖泊水污染综合防治力度，促进九大高原湖泊流域经济社会的协调发展。

大理白族自治州、昆明、玉溪、红河哈尼族彝族自治州相继召开会议，认真贯彻第七次领导小组会议精神，认真总结“十五”成绩和经验，增强九大高原湖泊水污染综合防治的紧迫感和责任感；进一步明确思路，切实搞好规划，按照污染防治的总要求，狠抓各项工作落实，确保“十一五”九大高原湖泊水污染防治目标如期实现。大理白族自治州高度重视，主要领导亲自抓，深入调查研究，专题研究贯彻落实云南省九大高原湖泊领导小组第七次会议精神，下发了《中共大理白族自治州委、州人民政府关于加强“十一五”期间洱海流域水污染综合防治工作的意见》。云南省环境保护局、云南省九大高原湖泊水污染综合防治办公室在大理召开云南省九大高原湖泊环境监管现场会议，总结推广洱海、抚仙湖环境监督管理和综合整治的经验，云南省环境保护局局长王建华同志号召大家认真学习洱海、抚仙湖的防治经验，增强对湖泊水污染综合防治的责任感，按照相关要求，以科学发展观为指导，依靠科技进步，加强入湖污染物控制，强化湖泊环境监管，建立长效机制，改善湖泊生态环境，着力推动“十一五”期间九大高原湖泊水污染综合防治工作，努力实现九大高原湖泊水污染防治目标，改善九大高原湖泊生态环境质量。

（4）强化执法监督，依法保护治理湖泊。云南省人民代表大会审议通过了《云南省程海保护条例》，云南省人民政府加快了《云南省抚仙湖保护条例》的修订工作。2006年，云南省环境监察总队和昆明市、大理白族自治州、玉溪市、丽江市、红河哈尼族彝族自治州环境监察机构依据“一湖一法”，加大了对九大高原湖泊流域内的重点排污单位、新建项目、城市生活污水处理厂及生态保护的现场环境监察力度，出动环境人员2909人次，检查排污单位951家，其中新建项目163家，查处各类违纪违规项目36起。云南省环境监察总队重点对昆明市第二、五污水处理厂，昆明市白水泥厂违规行为进行了查处。昆明市环境监察机构对云南云溪植物制药有限公司未建污染治理设施进行了严肃处理，对康园住宅小区、金色维也纳花园、昆明昆瑞食品有限公司、昆明东连接线采石厂、光明中西医医院、宜良温流水养鱼场、云南省水产技术推广站温流水养鱼场、昆明市水产科学研究所温流水养鱼场、云南恒阳实业有限公司温水养鱼场等未办理环境保护审批手续的新建项目进行了处罚。玉溪市环境监察机构对星云湖—抚仙湖出流改道顶管项目违规超标排放废水，云南江川实龙精细化工有限公司清理除尘水污泥时导致泥浆水外排，江川天宇包装有限公司、江川县宏丰砖厂未报环境影响评价手续擅自开工建设，江川县皇壮养殖场超规模建设未重新报批环境影响评价手续等违反建设项目环境影响评价有关规定的新建项目进行了处理、处罚，并组织沿湖三县政府开展了抚仙湖月检，重点对沿湖餐馆、渔船、入湖河道、禁磷等进行督促检查。

（5）突出重点，认真开展滇池流域水污染综合防治调研。为积极推进滇池水污染防治，加快滇池流域经济社会全面发展。云南省人民政府主要领导指示，由云南省发展和改革委员会、云南省环境保护局牵头，云南省经济贸易委员会、建设厅、农业厅、水利厅、国土资源厅、科技厅、林业厅等部门对滇池流域水污染防治进行了综合调研。“九五”以来，云南省、昆明市人民政府高度重视，始终把滇池治理作为可持续发展的头等大事来抓，认真落实滇池流域水污染防治计划，坚持标本兼治、综合治理的原则，采取积极措施，经过共同努力，在流域经济社会快速发展、人口增加的情况下，入湖主要污染物有所下降，滇池继续恶化的趋势得到一定程度遏制，水体基本保持稳定。

虽然滇池水污染防治工作取得了新成绩，但形势依然严峻：一是水资源短缺，水体生态系统破坏严重，水环境压力加大，滇池水污染防治形势不容乐观。二是污染源没有得到有效控制，入湖污染物仍在增加，滇池水质没有明显改善。三是环境监督管理缺乏协调，监督管理体制机制与滇池水污染综合防治不相适应，削弱了环境监管效率。四是治理资金投入不足和资金闲置并存，已严重影响滇池水污染治理工作开展。五是对滇池治理科学的综合规划重视不够，基础研究工作薄弱。

今后一个时期滇池水污染治理的对策、措施：一是实施现代新昆明建设同滇池水污染综合防治整体推进战略。二是发挥中长期规划及专项规划对水污染防治的指导作用。三是建立职责明确、协调高效的管理体制机制。四是加大重点污染源削减力度，有序推进综合治理工作。五是综合运用法律、经济、行政手段，提升保护治理的集成效果和管理效率。六是构筑与市场经济相适应的投融资体系，进一步提高资金使用效率。七是加强基础研究工作，提升科技支撑能力。八是加强宣传教育，努力推进公众参与进程。

五、云南省九大高原湖泊 2007 年水质状况及治理情况公告[①]

2008 年 5 月 13 日，按照云南省九大高原湖泊水污染综合防治领导小组第五次会议

① 云南省九大高原湖泊水污染综合防治领导小组办公室：《云南省九大高原湖泊 2007 年水质状况及治理情况公告》，http://sthjt.yn.gov.cn/ gyhp/jhdt/200805/t20080515_11679.html（2008-05-15）。

向社会定期公告九大高原湖泊水质状况及治理情况的要求，根据《关于开展九大高原湖泊水质状况及治理情况公告的通知》文件规定，云南省九大高原湖泊水污染综合防治领导小组办公室将云南省九大高原湖泊2007年水质状况及治理情况予以公告。

（一）2007年九大高原湖泊水质状况

2007年，九大高原湖泊水质状况，见表2-8。

表2-8　2007年九大高原湖泊水质状况

湖泊	水域功能	水质综合评价	透明度（米）	总磷（毫克/升）	总氮（毫克/升）	营养状态指数	主要污染指标	污染程度
滇池草海	V	＞V	0.59	1.394	15.20	80.2	高锰酸盐指数、总磷、总氮	重度污染
滇池外海	V	＞V	0.42	0.135	3.01	67.6	高锰酸盐指数、总磷、总氮	重度污染
阳宗海	Ⅱ	Ⅱ	4.09	0.022	0.44	32.1		优
洱海	Ⅱ	Ⅲ	1.83	0.021	0.54	41.4		
抚仙湖	Ⅰ	Ⅰ	7.04	0.006	0.17	17.7		优
星云湖	Ⅲ	＞V	0.97	0.222	2.13	62.1	总磷、总氮	重度污染
杞麓湖	Ⅲ	＞V	0.94	0.064	3.40	60.4	总氮	重度污染
程海	Ⅲ	Ⅲ	2.37	0.026	0.51	37.7		
泸沽湖	Ⅰ	Ⅰ	12.02	0.005	0.11	13.4		优
异龙湖	Ⅲ	＞V	0.36	0.104	2.65	66.1	高锰酸盐指数、总磷、总氮	重度污染

（二）2007年九大高原湖泊主要入湖河流水质状况

2007年，九大高原湖泊主要入湖河流水质状况，见表2-9。

表2-9　2007年九大高原湖泊主要入湖河流水质状况表

湖泊	主要入湖河流	监测断面名称	水域功能	水质类别	主要污染指标
滇池	盘龙江	松华坝口	Ⅱ	Ⅱ	
		小人桥		＞V	总磷、氨氮、生化需氧量
		严家桥村		＞V	总磷、氨氮、生化需氧量
	采莲河	入湖口		＞V	总磷、氨氮
	船房河	入湖口	Ⅳ	＞V	总磷、氨氮、溶解氧、高锰酸盐指数、生化需氧量
	运粮河	入湖口	Ⅳ	＞V	总磷、氨氮
	大清河	入湖口	V	＞V	总磷、氨氮、溶解氧、高锰酸盐指数、生化需氧量
	乌龙河	入湖口	Ⅳ	＞V	总磷、氨氮、溶解氧、高锰酸盐指数、石油类、生化需氧量
	新河	积中村	Ⅳ	＞V	总磷、氨氮、溶解氧、高锰酸盐指数、石油类、生化需氧量

续表

湖泊	主要入湖河流	监测断面名称	水域功能	水质类别	主要污染指标
阳宗海	阳宗大河	入湖口	Ⅱ	Ⅳ	总磷
洱海	弥苴河	江尾桥	Ⅱ	Ⅲ	氨氮、溶解氧
		下山口		Ⅱ	
	永安江	东湖入口	Ⅱ	Ⅱ	
		江尾东桥		Ⅳ	溶解氧
	罗时江	沙坪桥	Ⅱ	Ⅴ	溶解氧
		莲河桥		Ⅴ	溶解氧
	波罗江	入户口		Ⅳ	氨氮、生化需氧量
	白鹤溪	丰呈庄		Ⅳ	石油类、生化需氧量
抚仙湖	马料河	马料河	Ⅰ	＞Ⅴ	溶解氧、氨氮、总磷
	路居河	路居河	Ⅰ	＞Ⅴ	总磷、氨氮
	隔河	隔 河	Ⅰ	Ⅳ	溶解氧、总磷、石油类
星云湖	渔村河	渔村河	Ⅲ	Ⅴ	总磷、氨氮
	东西大河	东西大河	Ⅲ	＞Ⅴ	总磷、氨氮
	大街河	大街河	Ⅲ	＞Ⅴ	总磷、氨氮、溶解氧、高锰酸盐指数、生化需氧量
杞麓湖	红旗河	红旗河	Ⅲ	Ⅳ	总磷、高锰酸盐指数、石油类
异龙湖	城河	3号闸	Ⅲ	＞Ⅴ	总磷、氨氮、溶解氧、高锰酸盐指数、生化需氧量

（三）2007年九大高原湖泊流域污水处理厂运行情况

2007年，九大高原湖泊流域污水处理厂运行情况，见表2-10。

表2-10　2007年九大高原湖泊流域污水处理厂运行情况表

单位名称	设计处理能力（万吨/日）	处理量（万吨/年）
昆明市第一污水处理厂	12	3839.8
昆明市第二污水处理厂	10	3571.5
昆明市第三污水处理厂	15	5410.4
昆明市第四污水处理厂	6	2014.2
昆明市第五污水处理厂	7.5	3007.9
昆明市第六污水处理厂	5	588.7
呈贡县污水处理厂	1.5	169.42
晋宁县污水处理厂	1.5	449.29
宜良县阳宗海污水处理厂	0.5	121.45
大理市污水处理厂	5.4	1849.1
洱源县污水处理厂	0.4	50.2
澄江县污水处理厂	1	128.37

续表

单位名称	设计处理能力（万吨/日）	处理量（万吨/年）
澄江县禄冲污水处理厂	0.2	36.59
江川县污水处理厂	1	279.02
江川县小马沟污水处理站	0.1	23.5
通海县污水处理厂	1	271.53
永胜县污水处理厂	0.5	0
宁蒗彝族自治县泸沽湖污水处理站	0.1	27.38
石屏县污水处理厂	1	152
石屏县坝心污水处理厂	0.5	18.2

（四）2007年九大高原湖泊“十一五”目标责任书项目进展情况

2007年，九大高原湖泊“十一五”目标责任书项目进展情况，见表2-11。

表2-11　2007年九大高原湖泊“十一五”目标责任书项目进展情况表

项目名称	湖泊名称	项目数（个）	已完成（个）	在建（个）	前期工作（个）	未动工（个）	开工率（%）	完成投资（万元）
九大高原湖泊“十一五”目标责任书	滇池	42	3	1	22	6	33.3	86 200
	阳宗海	△15	1	5	4	5	40	425
		*6	1	2	2	1	50	75.81
	洱海	30	1	13	15	1	46.7	38 544.21
	抚仙湖	24	1	12	8	3	54.17	803.84
	星云湖	17	1	7	6	3	47.06	21 723.75
	杞麓湖	15		3	6	6	20	1 450
	程海	10		7	3		70	543.5
	泸沽湖	11	1	6	2	2	63.64	550
	异龙湖	14	5	7	2		85.7	1 794.7
合计		184	14	73	70	27	47.28	152 110.81

注：阳宗海项目栏中“Δ”表示昆明市部分；“*”表示玉溪市部分

（五）2007年九大高原湖泊水污染防治工作情况

（1）认真贯彻落实国务院、云南省人民政府湖泊治理有关会议精神。2007年，湖泊治理得到了党中央、国务院和云南省委、云南省人民政府前所未有的高度重视，相继召开了全国重点湖泊治理工作会以及云南省委、云南省人民政府滇池水污染治理调研汇报会、云南省人民政府滇池水污染治理调研座谈会等重要会议，进一步明确了以滇池为重点的九大高原湖泊水污染防治思路，做出重大部署，提出了新的要求，下发了《关于加强滇池水污染治理工作的意见》。云南省委、云南省人民政府要求，全力落实好国务院的部署和要求，以对历史高度负责、对人民高度负责、对子孙后代高度负责的态度，把滇池治理摆到更加重要、更加突出、更加紧迫的位置，下最大的决心、花最大的功夫、尽最大的努力，力争滇池治理在较短时间内取得实质性进展，让这颗高原明珠重放光彩。2007 年 11 月 5—6 日，云南省九大高原湖泊水污染综合防治领导小组办公室主任会议召开，提出进一步推广洱海治理经验，深化改革、创新思路，充分调动全社会参与九大高原湖泊保护治理的积极性，全面推进环湖截污、环湖生态、入湖河道整治、底泥疏浚、水源地保护、外流域引水六大工程建设，为实现九大高原湖泊水污染综合防治规划目标做出新贡献。

（2）认真组织九大高原湖泊“十一五”规划的实施。一是完成《滇池流域水污染防治“十一五”规划》修编工作，云南省人民政府已将该规划上报国务院批复。二是一批重点工程项目建设扎实推进。九大高原湖泊 “十一五”目标责任书规定污染治理项目 184 项，截至 2007 年 12 月 31 日，完成 14 项，在建 73 项，开展前期工作 70 项，未动工 27 项。2017 年共完成投资 152 110.81 万元；其中滇池完成 3 项，在建 11 项，开展前期工作 22 项，全年完成投资 86 200 万元，其他八湖完成 11 项，在建 62 项，开展前期工作 48 项，2007 年完成投资 65 910.81 万元，水污染防治工作稳步推进。

滇池治理项目取得积极进展。加快了第七污水处理厂、第三污水处理厂、城西片区排水管网等项目的建设。滇池北岸水环境综合治理工程进展顺利，盘龙江城区段水环境治理工程已经完成工程量的 90%以上。

八大高原湖泊治理项目有序进行。完成了抚仙湖 55.36 平方千米水土流失治理、阳宗海农村生态卫生旱厕推广、阳宗海数字化水下地形测量、星云湖测土配方施肥 20 万亩、泸沽湖污水处理系统等八大工程，洱源县军马场垃圾处理场建设、异龙湖水域边界界定工程、测土配方施肥技术推广、蔡营小流域综合治理、异龙湖流域沼气池建设、异龙湖流域防护林体系建设有序推进。滇池、洱海水体污染与控制列入国家“十一五”水专项。

三是对九大高原湖泊水污染综合防治“十一五”规划实施及九大高原湖泊“十一五”目标责任书执行情况进行检查。2007 年 9 月 18—23 日，云南省九大高原湖泊水污染综合防治办公室会同省级领导小组成员单位，分别对五州（市）人民政府贯彻国务院“三湖”治理工作座谈会等重要会议精神情况 、“十一五”以来湖泊水污染综合防治规划及目标责任书执行情况进行了检查。重点抽查了九大高原湖泊流域的 20 座污水处理设施运行、12 条入湖河道整治、6 项退塘还湖工程建设、7 家工业企业污染源治理、8 项农村农业面源工程实施情况，特别是对抚仙湖沿湖部分建筑设施拆除、星云湖—抚仙湖出流改道工程、阳宗海环境污染反弹问题综合整治、泸沽湖环境综合整治等情况进行了深入的检查。通过检查及时发现了存在的问题，并与当地人民政府共同研究和提出了下一步工作的重点任务、措施和具体要求。

（3）强化执法监督，依法保护治理湖泊。云南省人民代表大会审议通过了《云南省抚仙湖保护条例》《云南省星云湖保护条例》《云南省杞麓湖保护条例》，为湖泊保护与治理提供有力的法律保障。2007 年，云南省环境监察总队和昆明市、玉溪市、红河哈尼族彝族自治州、大理白族自治州、丽江市环境监察机构依据“一湖一法”，加大了对九大高原湖泊流域内的重点排污单位、新建项目、城市生活污水处理厂及生态保护的现场环境监察力度，出动环境监察人员3624人次，检查排污单位896个，其中新建项目245个，查处各类违纪违规项目24起。云南省环境监察总队重点对昆明市第五、六污水处理厂，呈贡县（今昆明市呈贡区）、晋宁县（昆明市今晋宁区）、澄江县（今玉溪市澄江市）、江川县（今玉溪市江川区）污水处理厂，江川县小马沟污水处理站等违法、违规行为进行了查处。昆明市环境监察支队对第五自来水厂违法排放藻渣行为进行了处罚，玉溪市环境监察支队对江川县江磷集团磷制品分公司、江川县橡胶部件厂环境违法，云南实龙精细化工有限公司、江川丰茂纸业有限公司、阳宗耐火材料厂、江川县水泥厂、江川县凤凰山水泥有限公司、澄江德安磷化工有限公司、云南澄江冶钢集团驷方冶炼有限公司违法超标排污，江川县安福化工有限公司、江川县恒宇包装厂违反环境影响评价有关规定进行了查处，取缔了在抚仙湖暂养鱼类的行为。

在顾朝曦副省长对《阳宗海水污染防治工作存在的主要问题》做出重要批示后，昆明、玉溪两市立即开展行动，全面开展了阳宗海环境综合整治，通过治理整顿，湖体机动船、沿岸违章建筑物、灯光诱捕漂浮架、迷魂阵捕鱼设施、沿路堆放磷石膏和阳宗镇海晏村李家友塑料颗粒加工厂、邱洪明废油废塑料回收厂已全部依法取缔，云南风鸣磷肥厂 62 立方米高炉已停产整改。云南澄江锦业工贸有限责任公司磷酸一铵生产废气干法除尘、除气设备得到整改以后，才允许投入运行。

（4）加强资金审计，强化项目管理。2007 年 9 月 26 日至 12 月 10 日，云南省审计厅对阳宗海、异龙湖、抚仙湖、星云湖、杞麓湖、洱海、程海、泸沽湖八大高原湖泊水污染综合防治资金管理使用情况进行了专项审计。审计“十五”计划项目 233 个，计划投资 238 105 万元，截至 2007 年 8 月 30 日已实施 199 个，完成项目 162 个，实际完成投资 170 145 万元。审计“十一五”规划项目 142 个（含“十五”结转项目 19 个），规划投资 256 601 万元。到 2007 年 8 月 31 日，已批复可研报告 17 个，已批复初步设计 14 个，批准投资 20 732 万元，已实施项目 12 个，已完成项目 2 个，到位资金 10 689 万元。审计结果：八湖“十五”计划项目基本完成，“十一五”规划项目正在逐步开展，资金管理和使用总体情况较好，项目实施效果逐步体现，湖泊水质基本保持稳定。但也不同程度存在挤占、挪用、滞留专项资金的问题；污水处理厂管网不配套，影响了污水处理厂投资效益的整体发挥；垃圾处理厂建设滞后，湖泊流域的生活垃圾对湖泊的污染压力依然很大；入湖河道的综合整治任务艰巨；各湖泊流域的森林覆盖率还需进一步提高；农业、农村面源污染的防治还需要各级财政进一步加大投入；“十一五”规划项目的落实不够理想，各级有关部门需要进一步加大工作力度。

（5）学习推广洱海治理经验。“十五”以来，大理白族自治州委、州人民政府把洱海治理摆在经济社会发展大局的重要位置，组织率领洱海流域各族人民齐心协力，艰苦奋斗，洱海保护与治理取得了明显的成效，使之成为我国城市近郊保护与治理最好的湖泊之一，受到党和国家领导人的充分肯定，国家环境保护总局把“洱海治理经验”向全国进行推广。云南省环境保护局、云南省九大高原湖泊水污染综合防治领导小组办公室下发文件，号召九大高原湖泊所在的州、市、县采取多种形式学习洱海治理经验。玉溪市副市长、石屏县委书记等领导亲自带队到洱海进行考察，目前九大高原湖泊流域所在州（市）已派出12批次、140多人次到洱海学习，有力促进了滇池、异龙湖和玉溪“三湖一海”的水污染防治。

六、云南省九大高原湖泊2008年水质状况及治理情况公告①

2009年4月3日，云南省九大高原湖泊水污染综合防治领导小组办公室公布了云南省九大高原湖泊2008年水质状况及治理情况。

（一）2008年九大高原湖泊水质状况

2008年，九大高原湖泊水质状况，见表2-12。

表2-12　2008年九大高原湖泊水质状况表

湖泊	水域功能	水质综合评价	透明度（米）	营养状态指数	主要污染指标	污染程度
滇池草海	V	＞V	0.57	77.9	生化需氧量、氨氮、总磷、总氮	重度污染
滇池外海	V	＞V	0.42	66.4	总氮	重度污染
阳宗海	Ⅱ	V	3.87	34.3	砷	重度污染
洱海	Ⅱ	Ⅱ	1.70	39.2		优
抚仙湖	I	I	6.13	18.8		优
星云湖	Ⅲ	＞V	1.08	58.7	总氮、总磷	重度污染
杞麓湖	Ⅲ	＞V	1.18	58.3	总氮	重度污染
程海	Ⅲ	Ⅲ	3.30	34.9		良
泸沽湖	I	I	12.10	11.4		优
异龙湖	Ⅲ	＞V	1.23	56.5	总氮	重度污染

① 云南省环境保护局九大高原湖泊水污染综合防治领导小组办公室：《云南省九大高原湖泊2008年水质状况及治理情况公告》，http://sthjt.yn.gov.cn/ gyhp/jhdt/200909/t20090918_11630.html（2009-09-18）。

（二）2008年九大高原湖泊主要入湖河流水质状况

2008年，九大高原湖泊主要入湖河流水质状况，见表2-13。

表2-13 2008年九大高原湖泊主要入湖河流水质状况表

湖泊	主要入湖河流	监测断面名称	水域功能	水质类别	主要污染指标
滇池草海	新河	积中村	Ⅳ	>Ⅴ	重铬酸盐值、溶解氧、生化需氧量、石油类、挥发酚、氨氮、总磷
	船房河	入湖口	Ⅳ	>Ⅴ	总磷
	运粮河	入湖口	Ⅳ	>Ⅴ	氨氮、总磷、生化需氧量
	乌龙河	入湖口	Ⅳ	>Ⅴ	重铬酸盐值、溶解氧、生化需氧量、石油类、挥发酚、氨氮、总磷
	采莲河	入湖口	Ⅳ	>Ⅴ	重铬酸盐值、溶解氧、生化需氧量、氨氮、总磷
滇池外海	盘龙江	松华坝口	Ⅱ	Ⅰ	
		小人桥	Ⅳ	>Ⅴ	生化需氧量、氨氮、总磷
		严家村桥	Ⅳ	>Ⅴ	氨氮、总磷
	大清河	入湖口	Ⅴ	>Ⅴ	重铬酸盐值、溶解氧、生化需氧量、氨氮、总磷
	金家河	金太塘	Ⅲ	>Ⅴ	氨氮
	小清河	六甲乡新二村	Ⅲ	>Ⅴ	溶解氧、高锰酸盐指数、氨氮、总磷
	西坝河	平桥村	Ⅲ	>Ⅴ	溶解氧、高锰酸盐指数、生化需氧量、氨氮、总磷、石油类
	大观河	篆塘	Ⅲ	>Ⅴ	生化需氧量、氨氮、总磷
	王家堆渠	入湖口	Ⅲ	>Ⅴ	溶解氧、生化需氧量、氨氮、总磷
	六甲宝象河	东张村	Ⅲ	>Ⅴ	溶解氧、高锰酸盐指数、生化需氧量、氨氮、总磷
	五甲宝象河	曹家村	Ⅲ	>Ⅴ	氨氮、总磷
	老宝象河	龙马村	Ⅲ	>Ⅴ	溶解氧
	新宝象河	宝丰村	Ⅲ	>Ⅴ	氨氮、总磷
	虾坝河	五甲村	Ⅲ	>Ⅴ	溶解氧
	海河	入湖口	Ⅲ	>Ⅴ	溶解氧、高锰酸盐指数、生化需氧量、氨氮、总磷
	马料河	溪波村	Ⅲ	>Ⅴ	高锰酸盐指数、生化需氧量、氨氮
	洛龙河	入湖口	Ⅲ	Ⅱ	
	胜利河	入湖口	Ⅲ	Ⅳ	溶解氧
	南冲河	入湖口	Ⅲ	Ⅳ	溶解氧
	淤泥河	入湖口	Ⅲ	>Ⅴ	氨氮
	柴河	入湖口	Ⅲ	>Ⅴ	氨氮
	白鱼河	入湖口	Ⅲ	Ⅴ	生化需氧量
	茨港河	牛恋河	Ⅲ	>Ⅴ	氨氮
	城河	昆阳码头	Ⅲ	>Ⅴ	氨氮
	东大河	入湖口	Ⅲ	Ⅲ	
	古城河	马鱼滩	Ⅲ	>Ⅴ	总磷

续表

湖泊	主要入湖河流	监测断面名称	水域功能	水质类别	主要污染指标
阳宗海	阳宗大河	入湖口	Ⅱ	Ⅴ	总磷、生化需氧量
洱海	弥苴河	江尾桥	Ⅱ	Ⅲ	生化需氧量
		下山口	Ⅱ	Ⅱ	
	永安江	桥下村	Ⅱ	Ⅳ	生化需氧量
		江尾东桥	Ⅱ	Ⅲ	溶解氧
	罗时江	沙坪桥	Ⅱ	Ⅳ	溶解氧
		莲河桥	Ⅱ	Ⅳ	溶解氧
	波罗江	入湖口	Ⅱ	Ⅳ	氨氮、
	万花溪	喜州桥	Ⅱ	Ⅱ	
	白石溪	丰呈庄	Ⅱ	Ⅲ	生化需氧量
	白鹤溪	丰呈庄	Ⅱ	Ⅳ	总磷
抚仙湖	马料河	马料河	Ⅰ	Ⅴ	溶解氧、生化需氧量、氨氮
	隔河	隔河	Ⅰ	Ⅳ	生化需氧量、石油类
	路居河	路居河	Ⅰ	＞Ⅴ	生化需氧量、总磷
星云湖	东西大河	东西大河	Ⅲ	＞Ⅴ	总磷、氨氮
	大街河	大街河	Ⅲ	＞Ⅴ	生化需氧量、氨氮、总磷
	渔村河	渔村河	Ⅲ	Ⅴ	生化需氧量、氨氮、总磷
杞麓湖	红旗河	红旗河	Ⅲ	＞Ⅴ	生化需氧量
异龙湖	城河	3号闸	Ⅲ	＞Ⅴ	重铬酸盐值、溶解氧、生化需氧量、氨氮、总磷

（三）2008年九大高原湖泊流域污水处理厂运行情况

2008年，九大高原湖泊流域污水处理厂运行情，见表2-14。

表2-14　2008年九大高原湖泊流域污水处理厂运行情况表

单位名称	设计处理能力（万吨/日）	处理量（万吨/年）
昆明市第一污水处理厂	12	4132.87
昆明市第二污水处理厂	10	4117.6
昆明市第三污水处理厂	15	5334.61
昆明市第四污水处理厂	6	2309.29
昆明市第五污水处理厂	7.5	3298.61
昆明市第六污水处理厂	5	1021.56
呈贡县污水处理厂	1.5	288.48
晋宁县污水处理厂	1.5	427.76
宜良县阳宗海污水处理厂	0.5	108.3
大理市污水处理厂	5.4	1700.31
洱源县污水处理厂	0.5	61.98
大理市庆中污水处理厂	1	153.55

续表

单位名称	设计处理能力（万吨/日）	处理量（万吨/年）
澄江县污水处理厂	1	172.84
澄江县禄冲污水处理厂	0.2	21.61
江川县污水处理厂	1	228.18
江川县小马沟污水处理站	0.1	20.09
通海县污水处理厂	1	194.88
永胜县污水处理厂	0.5	10.85
宁蒗彝族自治县泸沽湖污水处理站	0.1	9.0
石屏县污水处理厂	1	152.81
石屏县坝心污水处理厂	0.1	26.98
合计	70.9	23792.16

（四）2008年九大高原湖泊“十一五”目标责任书项目进展情况

2008年，九大高原湖泊“十一五”目标责任书项目进展情况，见表2-15。

表2-15　2008年九大高原湖泊“十一五”目标责任书项目进展情况表

项目名称	湖泊名称	项目数（个）	已完成（个）	在建（个）	前期工作（个）	未动工（个）	开工率（%）	累计完成投资（万元）
九大高原湖泊“十一五”目标责任书	滇池	65	8	43	14		78.46	297000
	阳宗海	△15	5	3	4	3	53.3	1950
		*6	1	2	3		50	920.55
	洱海	30	2	17	8	3	63.3	70191.85
	抚仙湖	24	3	16	5	0	79.17	5736.95
	星云湖	17	6	7	4	0	76.47	31440.83
	杞麓湖	15	3	3	8	1	40.00	15162.62
	程海	10	3	5	2	0	80	3507
	泸沽湖	11	1	6	4		63.64	2530.2
	异龙湖	14	3	9	1	1	85.7	3673.25
合计		207	35	110	54	8	70.05	432113.25

注：阳宗海项目栏中“Δ”表示昆明市部分；“*”表示玉溪市部分

（五）九大高原湖泊水污染防治工作情况

（1）九大高原湖泊水污染防治“十一五”规划项目加快实施。截至2008年底，由表2-15可知，九大高原湖泊流域共建有污水处理厂21座，处理能力达70.9万吨/日。由表2-16可知，九大高原湖泊“十一五”目标责任书项目完成35项，完工率16.91%，开工建设110项，开工率70.05%，开展前期工作54项。

①滇池。滇池西岸截污工程、滇池西岸生态恢复与建设，滇池外海南岸矿山生态修复，乌龙河综合整治，船房河综合整治，垃圾填埋场渗滤液处理站建设，五华区垃圾综

合处理厂，松华坝水库自动监测站建设，滇池流域水环境保护长远规划研究8个项目已完工；滇池北岸水环境综合治理工程及其他城镇污水处理设施建设、饮用水水源地污染控制、生态修复、垃圾及粪便污染治理、入湖河道水环境综合整治、环境监管及研究示范项目六大类43个子项目正在实施。

②阳宗海（昆明市部分）。600户农村卫生旱厕推广、阳宗海东岸柳树湾段湖滨带生态修复示范工程、阳宗海流域陆域数字地图制作已完成；村落污水处理示范工程启动实施，春城湖畔高尔夫球场污染调查与控制研究项目已经实施，测土配方施肥技术推广、摆依河引洪渠环境治理、监测监察能力建设积极推进。

③阳宗海（玉溪市部分）。阳宗海水下地形测量已完成；七星河河口末端治理、林业生态建设工程正在建设。

④洱海。洱源县军马场垃圾处理场建设、大理医疗废弃物垃圾处理场建设项目已完工；大理市下关片区、东城区给排水管网工程（二期），苍山十八溪水环境综合整治，环洱海（上和—灯笼河段）截污干渠、流域乡镇垃圾中转站及清运系统，湖泊生态系统修复工程，海西海、茈碧湖水源保护区建设，凤仪镇波罗江沿岸综合管网、流域村落污水收集处理系统建设，农业面源污染控制测土配方施肥技术推广，农村卫生旱厕建设，沼气池建设，洱海东区湖滨带生态恢复，洱海重点湖湾中挖色至青山湾生态治理、公益林建设，水土流失治理，喜洲污水处理，波罗江水环境综合整治工程正在实施。

⑤抚仙湖。抚仙湖水土流失治理、澄江县抚仙湖北岸农作物秸秆及湿地植物残体综合利用、澄江县污水处理厂管网配套已完工；禄充旅游景区污水处理站管网配套、小马沟旅游景区污水处理站管网配套、农村环境综合整治、沼气池建设、测土配方施肥技术推广、退塘退田还湖、湖滨带建设、入湖河道治理、截污治污、林业生态建设、帽天山动物化石群保护区周边生态修复及水生生态与抗浪鱼种群保护研究等项目正在实施。

⑥星云湖。星云湖—抚仙湖出流改道、星云湖陈家湾村环境综合整治、测土配方施肥、螺蛳铺河污染控制及湖滨带恢复、江川县星云湖李忠村集中养殖污染控制示范、水土流失治理等工程已完工；江川县城生活垃圾处理、县城污水处理厂管网配套完善、农村环境综合整治、沼气池建设、星云湖农业固废及湿地植物残体资源化综合利用示范、林业生态建设、星云湖退塘还湖及生态修复工程中子项目小街河湿地正在建设；江川县星云湖截污治污一期、星云湖海门村综合治理工程前期工作已完成。

⑦杞麓湖。通海县城生活垃圾处理、杞麓湖调蓄水隧道、农业面源污染控制已完工；农村环境综合整治、者湾河末端治理、林业生态建设、水生植物残体处置工程正在实施。

⑧程海。永胜县城截污管网建设、程海公益林建设、程海流域面源污染控制工程已

完工；永胜县城垃圾处理厂、程海湖周生活垃圾处理、程海沼气池建设、程海小流域治理、程海环境监测监察能力建设等项目已开工建设。

⑨泸沽湖。污水处理系统工程已实施完成；农村面源污染控制示范、湖滨带建设、山垮河治理，沼气池建设，泸沽湖环境监测、监察能力建设，泸沽湖环境承载力研究等项目正在实施；泸沽湖浪放河道泥石流防治、泸沽湖公益林建设、泸沽湖主要污染物输移规律研究正在进行前期工作。

⑩异龙湖。石屏县城排污配套管网建设工程、异龙湖减污人工湿地工程、异龙湖水域边界界定工程三项已完工；石屏县垃圾处理厂、异龙湖污染底泥疏浚、测土配方施肥技术推广、异龙湖流域沼气池建设、异龙湖小流域综合治理、异龙湖流域防护林体系建设、退塘还湖试点、新街海河整治、农村村庄环境污染综合整治、异龙湖流域水环境污染总量控制研究等项目正在实施；异龙湖补水工程前期工作已完成；异龙湖水生植物残体底泥资源化利用工程正在开展前期工作。

（2）加强监督管理，促进依法治污。云南省人民政府成立了滇池水污染防治专家督导组，督导组深入河道、湿地、农业面源等工程实地进行调研，三次召开省、市两级滇池治理联席会议，加大了对滇池治理规划实施的督导力度，并协调解决滇池治理中遇到的困难和问题。昆明、玉溪两市成立了公安环境保护分局，组建了专业环境保护警察。云南省环境监察总队和五州（市）环境监察机构紧紧围绕九大高原湖泊流域环境监察的重点，采取例行检查、突击检查、暗查等方式，加大对污水处理厂，国控和省控企业的检查力度。省市两级环境监察机构对 2008 年重点项目、重点工作、新建项目等加大现场监察力度，出动环境监察人员 2189 人次，检查企业 383 个、新建项目 240 个，加强了对九大高原湖泊流域各类污染源、污染治理设施的监管。玉溪市开展环境保护百日整治专项行动，集中整治沿湖周边的污染源和污染隐患，重点整治造纸、磷化工、采选矿、金属冶炼等 37 家污染企业，集中整治工业园区、工业集聚区、交通干道沿线污染问题及群众关心的环境污染问题。昆明市滇池管理局出动执法人员 6874 人次，开展日常检查 8098 次，开展环境整治活动 31 次，查处案件 848 件，强制拆除占压河堤、湿地等违章建筑 1955 平方米。永胜县对丽江程海保尔生物开发有限公司治污设施未能正常运行、养殖区未完成雨污分流系统建设、未按要求封堵通向程海排污口的违法事实进行了处罚，并责令限期于 2009 年 3 月底前完成整改。

（3）认真做好阳宗海砷污染事件的调查处置工作。2008 年 6 月 26 日接到阳宗海水体砷浓度超标的报告以来，在云南省委、云南省人民政府的领导下，由云南省环境保护局牵头，组成调查组立即开展对阳宗海水体砷污染源的排查工作，查明云南澄江锦业工贸公司是本次阳宗海水体砷污染的主要来源，形成了《阳宗海砷污染事件专家调查报告》。2008 年 9 月 12 日，云南省人民政府第十次常务会议决定，一是立即实施“三禁”，即禁止饮用阳宗海的水，禁止在阳宗海内游泳，禁止捕捞阳宗海的水生产品。二是立即截断污染源，查处污染企业，依法追究相关责任人的责任。三是启动行政问责程序，严肃追究相关责任人不作为、乱作为的责任。四是全面启动阳宗海砷污染综合治理，力争用三年左右时间将阳宗海水质恢复到Ⅲ类。五是研究制定阳宗海沿湖周边行政区划调整工作，进一步理顺阳宗海管理机制。六是做好对外宣传报道工作。同时，向国务院报告云南省处置这一事件的措施和情况。云南省环境保护部门组织开展了云南澄江锦业工贸公司阳宗海取水口以南25米处受污染的泉眼、渣场堆渣及土壤、循环池污染底泥等应急治理工作，有效地控制了入湖污染源。昆明、玉溪两市落实了饮水安全的应急处置措施，依法查处了环境违法企业，对云南澄江锦业工贸有限公司于7月15日由澄江县责令停产，玉溪市公安局以涉嫌破坏环境资源保护罪依法逮捕了其法人代表；对负有责任的30名行政领导进行了问责。《云南省人民政府办公厅关于在全省开展环境保护大检查的通知》要求各地举一反三，在全省范围，特别是云南省九大高原湖泊流域、集中式饮用水水源地，全面开展污染隐患检查排查活动，整治环境违法企业。编制完成了《阳宗海水体砷污染综合治理方案》，并上报云南省人民政府审批。截至2018年底，阳宗海水体砷污染尚未发现危及周边群众的身体健康，受到严重污染的入湖泉水砷浓度下降，入湖污染物得到初步控制，阳宗海水体砷浓度上升的趋势基本得到遏制。开展阳宗海出水口水体进行火山石吸附处理阳宗海低浓度含砷水工程试验，完成了中国云南阳宗海湖泊水体减污除砷及水质恢复科技招标项目申请人资格预审，推荐了对阳宗海砷污染综合治理关联度较强的五家潜在投标人。

（4）积极开展湖泊基础科研工作。昆明市人民政府完成了《滇池流域水环境综合治理总体方案》和《滇池流域水污染防治规划（2006—2010年）补充报告》，提出并完善了环湖截污和交通、农业农村面源治理、生态修复与建设、入湖河道整治、生态清淤、外流域调水及节水六大工程体系，明晰了滇池治理思路；完成了滇池生态安全调查与评估，分析了水质严重恶化、生态系统功能退化极富营养化问题；完成了国家高技术研究发展计划（863计划）“滇池入湖河流水环境治理技术与工程示范”项目的研究；开展了国家水体污染控制与治理科技重大专项“滇池流域水污染控制及富营养化治理关键技术与示范项目”“富营养化初期湖泊（洱海）水污染综合防治技术研究与工程示范项目”的研究，启动实施了滇池项目的三个子课题；完成了盘龙江上、中段环境综合整治绩效后评估，开展了滇池水藻分离综合治理示范工程试验和新运粮河（柯利尔生物技术）、采莲河下段东大沟（阿科曼生物技术）、老盘龙江（蚤状溞生物技术）河道治理技术示范工程。玉溪市人民政府完成了《抚仙湖流域水环境保护与水污染防治规划》，以湖泊水环境承载力为依据，提出了流域产业结构调整与污染减排、流域污染源系统治理、湖泊清水产流机制修复、湖内水体保育、流域环境管理五大工程方案；开展了《星云湖流域水环境保护与水污染防治规划》和《杞麓湖主要入湖河道红旗河综合整治方案》的编制工作；完成了除滇池以外的云南省八大高原湖泊水污染综合防治“十一五”规划中期评估，开展了九大高原湖泊2003—2008年水质分析工作。

（5）其他。云南省委、云南省人民政府主要领导对九大高原湖泊水污染治理工作进行了多次调研，确定了湖泊治理的重点项目和重点工作。2008年4月15日，云南省人民政府召开了滇池环湖截污现场办公会，4月26日，召开了牛栏江—滇池补水工程现场调研会，部署了滇池治理工作，加快了滇池水污染治理的速度。5月22日，云南省人民政府召开了云南省九大高原湖泊水污染综合治理工作会，明确了“十一五”后期的重点任务和要求。10月24日，云南省人民政府召开了阳宗海水体砷污染治理现场办公会，安排部署了今后一段时期的阳宗海水污染综合防治工作。

2008年11月6—9日，环境保护部周生贤部长率领调研组，结合学习实践科学发展观活动，赴云南省考察调研阳宗海、滇池及洱海水污染防治工作情况。周生贤将此行的主要任务概括为“三个一”：“就是要汲取阳宗海砷污染事件的教训，破解滇池污染治理的难题，总结洱海环境保护治理的经验。”在调研期间，周生贤部长对云南省阳宗海砷污染事件处理、滇池及洱海污染防治工作给予了充分肯定。2008年12月1—2日，环境保护部在云南省大理白族自治州召开洱海保护经验交流会，总结和推广大理白族自治州在经济快速发展过程中保护洱海的成功经验和做法，积极探索让江河湖海休养生息的新思路。

第二节　2003—2008年九大高原湖泊各季度治理情况

一、2003年第一季度云南省九大高原湖泊环境监察报告

2003年5月20日，云南省环境监理所发布了2003年第一季度九大高原湖泊环境监察情况报告，具体内容如下：

（一）总体情况

昆明市、玉溪市、红河哈尼族彝族自治州、大理白族自治州、丽江市环境监察机构对列入九大高原湖泊流域内重点检查的排污单位、新建项目、城市生活污水处理厂及生态保护情况进行了现场环境监察。2003年第一季度，昆明市开展了对滇池流域内自然保护区、风景名胜区、旅游景区（点）的检查工作。

为加强和配合有关地、州、市对九大高原湖泊流域的现场环境监察，2003 年 3 月中旬，由云南省环境监理所牵头，玉溪市环境监察支队和江川县环境监察大队配合，对星云湖流域内江川污水处理厂和江川翠峰纸业有限责任公司两家重点排污单位进行了突击检查，经检查两家企业生产正常，污染治理设施运行正常，总排口排污情况未发现异常。通过对排污企业的突击检查，提高了排污单位的环境保护意识，促进了污染治理设施和排污口的管理。

（二）各流域详细情况

1. 滇池流域

昆明市环境保护局组织有关区、县环境保护局环境监理机构对滇池流域内列入重点检查的排污单位、新建项目、城市污水处理厂、生态环境保护情况，以及流域内自然保护区、风景名胜区、旅游景区（点）进行了现场监察。环境监察共计 12 131 人次，检查排污单位 213 家，流域内现场监察新建项目 50 家；对滇池流域 6 家城市生活污水处理厂进行现场监察 6 次，正常运行率 100%；在滇池流域内开展生态监理 18 次。

滇池流域内进行现场环境监察的排污企业共计 213 家，经昆明市环境监理所现场监察的有 80 家，通过污染防治设施监控的有 133 家。在现场环境监察时污染防治设施不正常运行的排污企业有 7 家，均依法进行了处理。

滇池流域内新建项目进行环境监察的单位有 50 家，经现场监察发现县区越权审批新建项目 1 个，未办理环境保护手续擅自开工建设的单位有 2 家，未达到建设项目规定要求，即投入生产的企业有 5 家。对以上 8 家新建项目企业都依法进行了处理、处罚。

在生态环境监察方面，昆明市环境监理所认真组织，配合昆明市西山区滇池西山区风景保护区内挖沙采石点的取缔工作，共取缔挖沙采石点 16 个，爆破拆除采石轧机 8 台，设置永久性路障 24 个，并对 16 个挖沙采石点采取全面断水、断电等措施。

2. 阳宗海流域

昆明市环境监理所对阳宗海流域内 7 家排污单位进行了现场环境监察，在现场未发现异常情况。阳宗海污水处理厂正在建设之中。

3. 洱海流域

大理白族自治州环境保护局环境监察支队组织大理市和洱源县环境保护局环境监察机构，根据《2003 年九大高原湖泊现场环境监察工作的安排部署》，把流域内 21 家排污单位作为环境监察的重点。大理市和洱源县坚持与洱海管理局等有关部门配合，采取多种工作措施，使洱海流域和洱海源头的重点保护工作得以顺利展开。

大理市和洱源县本季度进行现场环境监察共计 49 人次。其中，对 21 家重点排污单位进行现场环境监察 38 人次，环境监察期间排污单位生产正常，污染防治设施运行正常。检查了城市生活污水处理厂 2 家，大理市污水处理厂正在建设中，洱源县污水处理厂也在加紧建设的前期工作。在洱海流域内开展了生态环境监察 11 人次。

大理市和洱源县主要采取的工作措施是坚持与洱海管理局等有关部门配合，继续加大对洱海流域和源头的环境综合整治工作力度。2003 年 1 月，洱源县开展了保护洱海的大型宣传活动，出动宣传 80 多次，散发宣传资料 4000 多份，动员和投入 53 400 人次，清除洱海流域周围垃圾 1340 吨，拆除不规范便厕 89 个，还聘请 20 名环境保护员及时清除打捞水葫芦 6000 余吨。大理市和洱源县对地处洱海流域和源头的乡镇配发垃圾清运车 18 辆，增设垃圾池 55 个，有效地制止了乱丢、乱堆、乱排废弃物的现象。

4. 抚仙湖流域

玉溪市环境保护局组织有关县环境保护局环境监理机构，结合本市实际情况，主要对抚仙湖、星云湖、杞麓湖流域排污单位进行了现场环境监察。

澄江县环境监察大队对抚仙湖流域内列入重点检查的 4 家排污单位、2 个新建项目、2 家城市污水处理厂进行了现场监察，现场环境监察共计 24 人次。其中，4 家重点排污单位均正常生产，污染防治设施正常运行。2 家城市生活污水处理厂处理设施运行正常。对 2 个新建项目共现场环境监察 6 人次。

5. 星云湖流域

江川县环境保护局环境监察大队对星云湖流域内列入重点检查的 3 家排污单位、7 个新建项目、2 个城市污水处理厂，以及生态环境保护情况进行了现场监察。在 3 家排污单位中，江川铸九化工有限公司原是江磷制品公司生产区内的一个生产单位，现已撤销并入磷制品公司，作为一家排污单位进行现场环境监察。江川县煤业集团有限公司于 2001 年停产关闭，现不作为一家排污单位进行环境监察。2003 年第一季度环境监察共计 16 人次。其中 2 家重点排污单位经 6 次现场环境监察均正常生产。星云湖流域内新建项目 7 家，经过现场环境监察 7 次，项目均按相关要求建设。2 家城市生活污水处理厂设施运行正常，运行率 100%。2003 年第一季度开展生态监察 1 次。

在 2003 年第一季度的现场环境监察中，江川云龙磷化学工业有限公司二期工程（江达磷化学有限公司）违反了转移危险废物管理规定，由于其转移危险废物的行为尚未正式开始就被环境保护部门制止，未造成实际影响，故玉溪市环境保护局给予了该单位环境保护行政警告。

6. 杞麓湖流域

通海县环境保护局对杞麓湖流域内列入重点检查的 3 家排污单位、1 个污水处理厂进行了现场监察，环境监察共计40人次。其中3家排污单位生产正常，污染防治设施运行正常。1家城市生活污水处理厂已投入使用，运行率100%。流域内新建项目10个。

7. 泸沽湖流域

丽江市环境监理所和宁蒗彝族自治县环境监理所对泸沽湖流域内1家城市污水处理站进行了检查，城市污水处理站设施运行正常，丽江市和宁蒗彝族自治县环境监理所进行了2人次现场监察。2003年第一季度，市县两级环境监理所在泸沽湖流域内开展生态监理4人次。

8. 程海流域

丽江市环境保护局和永胜县环境监理所对程海流域内 1 家排污单位、1 个新建项目、1 家城市污水处理厂进行了现场监察，环境监察共计 4 人次。流域内的云南施普瑞有限公司程海蓝藻厂生产正常，污染防治设施运行正常。丽江市环境保护局和永胜县环境监理所对永胜县城市生活污水处理厂进行了 2 人次现场监理，该厂正在准备工程竣工验收工作。流域内有 1 个新建项目，已经按相关要求建设。

9. 异龙湖流域

异龙湖位于红河哈尼族彝族自治州石屏县，石屏县环境保护局环境监察机构对流域重点排污单位、城市生活污水处理厂进行了现场监察。环境监察共计16人次，在现场监察的4家排污单位中，石屏县豆制品厂从1998年停厂至今，该厂生产设备已拆迁，现场环境监察时停产（以后将不列入现场监察单位）。其他3家排污单位现场监察时生产正常，处理设施运行正常，已经安装废水监控设备。除云南富屏糖业股份有限公司外，2 家豆制品厂无废水处理设施，排放的废水全部进入城市生活污水处理厂进行处理。2003年第一季度，石屏县环境保护局对石屏县城市污水处理厂进行了3人次现场环境监察，该厂处理设施运行正常。

从以上现场环境监察情况看，还有一部分地、州、市县级环境监理机构由于重视程度不够，人员少，装备差，没有全面开展九大高原湖泊流域的环境监察工作，使现场监督检查工作力度不够。另外，由于资金方面的原因，污染源在线监控监测工作也进展缓慢，特别是城市生活污水处理厂的在线监测工作亟待有关部门给予重视和解决。2003年第一季度，昆明市开展了对滇池流域内自然保护区、风景名胜区、旅游景区（点）的现场环境监察，并对发现的违法行为依法做出处理，这是从2002年开展九大高原湖泊现场环境监察工作以来迈出的第一步，此项工作的开展希望得到上级和有关部门的大力支持。

二、2003年第二季度云南省九大高原湖泊环境监察报告①

2003年7月21日，云南省环境监理所发布了2003年第二季度九大高原湖泊环境监察情况报告，具体内容如下：

（一）总体情况

昆明市、玉溪市、红河哈尼族彝族自治州、大理白族自治州、丽江市环境监察机构对列入九大高原湖泊流域内重点检查的排污单位、新建项目、城市生活污水处理厂及生态保护情况进行了现场环境监察。

玉溪市结合本市实际情况，重新调整重点监察的排污单位，将流域内对湖泊污染大的企业纳入重点监察计划，对原来列入重点监察的一些不在径流区和对湖泊影响小的企业，转为正常监察单位，不作为重点监察。

（二）各流域详细情况

1. 滇池流域

昆明市环境保护局组织有关区、县环境保护局环境监理机构对滇池流域内列入重点检查的排污单位、新建项目、城市污水处理厂、生态环境保护情况，以及流域内自然保护区、风景名胜区、旅游景区（点）进行了现场监察。环境监察共计449次（含网络监控），检查排污单位445家，在现场监察时对其中13家排污单位根据不同情况进行了处理、处罚。其中，在滇池流域内现场监察新建项目52家；对滇池流域内的4家城市生活污水处理厂进行现场监察4次，正常运行率100%；2003年第二季度开展生态监理13次。对滇池流域内自然保护区、风景名胜区、旅游景区（点）检查87人次。

2. 阳宗海流域

昆明市环境监理所对阳宗海流域内的51家排污单位进行了现场环境监察，在现场未发现异常情况。阳宗海污水处理厂正在建设之中。

3. 洱海流域

大理白族自治州环境保护局环境监察支队组织大理市和洱源县环境保护局环境监察

① 云南省环境监理所办公室：《二〇〇三年第二季度云南省九大高原湖泊环境监察报告》，http://sthjt.yn.gov.cn/gyhp/jhdt/200407/t20040728_11596.html（2004-07-28）。

机构，根据《二○○三年九大高原湖泊现场环境监察工作的安排部署》，把流域内21家排污单位作为环境监察的重点。大理市和洱源县坚持与洱海管理局等有关部门配合，采取多种工作措施，使洱海流域和洱海源头的重点保护工作得以顺利展开。

2003年第二季度，大理市和洱源县开展环境监察共计73人次。其中，对21家重点排污单位进行现场环境监察52人次，在洱海流域内开展了生态环境监察21人次。环境监察期间排污单位生产正常，污染防治设施运行正常。检查城市生活污水处理厂2家，大理市污水处理厂正在建设中，洱源县污水处理厂也在加紧建设的前期工作。

大理市和洱源县为了巩固流域内环境综合治理的成果，通过向群众散发环境保护宣传资料、设立环境保护宣传咨询台等方式，提高群众的环境保护意识，增强群众对环境保护法律、法规的了解和认识。通过对流域的综合治理，洱海流域及源头弥苴河两岸脏乱差的局面得到了有效改观。

4. 抚仙湖流域

澄江县环境监察大队对抚仙湖流域内列入重点检查的4家排污单位、2家城市污水处理厂进行了现场监察，现场环境监察共计17人次。其中，澄江县藕粉厂因原料受季节限制没有生产，其余3家重点排污单位均正常生产，污染防治设施正常运行。2家城市生活污水处理厂处理设施运行正常。

5. 星云湖流域

江川县环境监察大队对星云湖流域内重点检查的7家排污单位、7个新建项目、2个城市污水处理厂，以及生态环境保护情况进行了现场监察。在7家排污单位中，江川县水泥厂因正在改制生产不正常，云南江川天湖化工有限公司和江川县丰茂纸业有限公司因排放超标生产废水，按有关法律法规各处罚3000元，并责令其改正违法行为。星云湖流域内新建项目7家，经过现场环境监察7次，项目均按有关要求进行建设。2家城市生活污水处理厂设施运行正常，运行率100%。2003年第二季度，江川县环境监察大队开展生态监察1次。

2003年第二季度江川县环境保护局、环境监察大队配合土地、林业、水电部门开展对抚仙湖、星云湖面山开山炸石点的清理整顿工作，共清理整顿开山炸石点5个，有效遏制了人为因素对抚仙湖、星云湖面山生态环境和自然景观造成的破坏，促进了抚仙湖、星云湖面山的生态保护工作。

6. 杞麓湖流域

通海县环境保护局对杞麓湖流域内列入重点检查的3家排污单位、1个污水处理厂进行了现场监察，环境监察共计15人次。其中3家排污单位生产正常，污染防治设施运行正常。1家城市生活污水处理厂已投入使用，运行率100%。

7. 泸沽湖流域

丽江市环境监察支队和宁蒗彝族自治县环境监察大队把九大高原湖泊环境监察作为2003年的工作重点，从原来列入流域内1家重点排污单位，扩大到12家排污单位，在对12家排污单位进行16次的现场环境监察中，未发现异常情况，生产正常。流域内1家城市污水处理厂通过6次现场监察处理设施运行基本正常。2003年第二季度，市、县两级环境监察部门共开展生态监理6人次。

8. 程海流域

丽江市环境监察支队和永胜县环境监察大队在原列入程海流域内的1家重点排污单位基础上扩大到3家排污单位，通过10次现场环境监察，均存在环境违法行为，云南施普瑞有限公司污水处理设施在检查时停止运行，生产废水未经处理直接排入程海。永胜县程海镇程潮螺旋藻养殖场未办理任何手续，在没有治理设施、不具备生产条件下擅自恢复生产。永胜县蓝宝实业股份有限公司河口养殖场排污口不规范，没有按环境保护要求封堵排污口。针对3家单位的环境违法行为，丽江市环境监察支队和永胜县环境监察大队严格按照有关法律、法规进行了处理、处罚。永胜县污水处理厂主体工程已完工，但因管网建设未完成，污水处理厂还未运行。2003年第二季度，市、县两级环境监察部门共在程海流域内进行生态环境监察1次。

9. 异龙湖流域

异龙湖位于红河哈尼族彝族自治州石屏县，石屏县环境监察大队对流域重点排污单位、城市生活污水处理厂进行了现场环境监察共计17人次。在现场监察的3家排污单位中，云南富屏糖业股份有限公司榨季已经结束，现场监察时已停产。其他2家排污单位现场监察时生产正常，生产废水纳入城市污水处理厂进行处理。石屏县污水处理厂处理设施运行正常。2003年第二季度，石屏县环境监察大队共开展生态环境监察4人次。

从以上现场环境监察情况看，目前还有一部分地、州、市县级环境监理机构由于重视程度不够，人员少，装备差，没有全面开展九大高原湖泊流域的环境监察工作，现场监督检查工作力度不够。另外，由于资金方面的原因污染源在线监控监测工作也进展缓慢，特别是城市生活污水处理厂的在线监测工作亟待有关部门给予重视解决。

三、2003年第三季度云南省九大高原湖泊环境监察报告[①]

2003年10月27日，云南省环境监理所发布了2003年第三季度九大高原湖泊环境监察情况报告，具体内容如下：

（一）总体情况

昆明市、玉溪市、红河哈尼族彝族自治州、大理白族自治州、丽江市环境监察机构对列入九大高原湖泊流域内重点检查的排污单位、新建项目、城市生活污水处理厂及生态保护情况进行了现场环境监察，云南省环境监理所对九大高原湖泊流域部分新建项目进行了环境监察。

（二）各流域详细情况

1. 滇池流域

昆明市环境保护局组织有关区、县环境保护局环境监理机构对滇池流域内列入重点检查的排污单位、新建项目、城市污水处理厂、生态环境保护情况，以及流域内自然保护区、风景名胜区、旅游景区（点）进行了现场监察。环境监察共计81次，检查排污单位81家。滇池流域内现场监察新建项目90家，对违反规定的14个项目进行了处理、处罚。对滇池流域内的5家城市生活污水处理厂进行现场监察5次，有4家污水处理厂正常运行，运行率为80%；2003年第二季度，市、县（区）两级环境监理机构开展生态监理2次。对滇池流域内自然保护区、风景名胜区、旅游景区（点）检查12人次。

2. 阳宗海流域

昆明市环境监理所对阳宗海流域内的6家排污单位进行了现场环境监察，在现场未发现异常情况。

3. 洱海流域

洱海流域所在大理白族自治州的大理市和洱源县环境保护局环境监察机构，把洱海流域的现场监察作为日常环境监察的重点，通过清理整顿不法排污企业保障群众健康环境保护行动推动了洱海流域的环境综合整治。大理市和洱源县积极与有关部门配合，采

---

① 云南省环境监理所办公室：《二〇〇三年第三季度云南省九大高原湖泊环境监察报告》，http://sthjt.yn.gov.cn/gyhp/jhdt/200407/t20040728_11597.html（2004-07-28）。

取突击检查、夜间巡察、驻厂督察等多种工作形式，促进了洱海流域和洱海源头的重点保护工作。

2003年第三季度，大理市和洱源县进行环境监察共计71人次。其中，对37家重点排污单位进行现场环境监察。流域内开展了生态环境监察18人次。环境监察期间排污单位正常生产33家，污染防治设施运行正常。检查城市生活污水处理厂2家。

大理市环境监察大队在对洱海流域现场环境监察中，监察限期治理企业14家，清理整顿大理石加工、洗沙户18家。洱源县环境监察大队重点对21家排污企业进行了现场环境监察，其中有13家限期治理企业，对江尾（今上关镇）、双廊镇环湖一带环境进行了集中清理整治，使环湖一带环境质量有了进一步提高。

4. 抚仙湖流域

澄江县环境监察大队对抚仙湖流域内列入重点检查的4家排污单位、2家城市污水处理厂、新建项目2个进行了现场环境监察，共计24人次。4家重点排污单位均正常生产，污染防治设施正常运行。2家城市生活污水处理厂处理设施运行正常。

江川县环境监察大队在对辖区抚仙湖流域自然保护区、风景名胜区的现场环境监察中发现的环境违法情况进行了6次处罚。其中，新发顺度假公寓罚款200元，碧玉沙滩罚款200元，金山饭店罚款200元，玉带河宾馆罚款1000元，仙湖雅居罚款2000元，江川风味仙湖鱼罚款1000元。

5. 星云湖流域

玉溪市环境监察支队与江川县环境监察大队对星云湖流域内9家重点排污单位、19个新建项目、2个城市污水处理厂，以及生态环境保护情况进行了现场监察（生态环境监察3次）。在9家排污单位中，对2家环境违法企业进行处理、处罚。江川天湖化工有限公司因排污口不规范，要求限期整改。江川江磷集团磷制品分公司没有清污分流废水外排，要求其限期整改。星云湖流域内新建项目19家，经过现场环境监察19次，项目均按建设项目要求进行建设，执行率100%。2家城市生活污水处理厂设施运行正常，运行率100%。

6. 杞麓湖流域

玉溪市环境监察支队与通海县环境监察大队对杞麓湖流域内列入重点检查的3家排污单位、1个污水处理厂进行了现场环境监察，共计12人次。在3家排污单位中，通海化工有限责任公司由于管理不善，生产中产生的煤灰渣没有按照规定定点堆放，被当地村委会作为杞麓湖边农田护埂的材料，存在环境污染隐患，要求其限期整改，严格管理。其他重点排污企业在现场环境监察中生产正常，污染设施运行正常。

7. 泸沽湖流域

丽江市环境监察支队和宁蒗彝族自治县环境监察大队把九大高原湖泊环境监察作为2003年的工作重点。2003 年第三季度，它们对12家排污单位进行了12人次现场环境监察，未发现异常情况，生产正常。流域内 1 家城市污水处理厂通过 4 次现场监察处理设施运行基本正常。2003 年第三季度，市、县两级环境监察机构开展生态监理 4 人次。

8. 程海流域

2003 年第三季度，丽江市环境监察支队和永胜县环境监察大队对4家排污单位进行了10人次现场环境监察。在现场检查中，有3家单位正常生产，永胜宏源生物工程有限公司螺旋藻养殖场停产。永胜县污水处理厂主体工程已完工，但因管网建设未完成，污水处理厂还未运行。2003 年第三季度，市、县两级环境监察机构在程海流域内进行生态环境监察 4 次。

9. 异龙湖流域

异龙湖位于红河哈尼族彝族自治州石屏县，石屏县环境监察大队对流域重点排污单位、城市生活污水处理厂进行了现场环境监察。石屏县环境监察大队开展环境监察共计18 人次，现场监察了 3 家排污单位，现场环境监察时生产正常，生产废水纳入城市污水处理厂进行处理。石屏县污水处理厂处理设施运行正常，石屏县坝心污水处理厂在建。2003 年第三季度，石屏县环境监察大队开展生态环境监察 4 人次。

从以上现场环境监察情况看，通过各有关地、州、市环境监察机构对重点排污单位现场环境监察的调整，流域所在地的环境监察机构有重点地对近两年来排污量大、时有反复的排污企业，以及在流域内新建的一些项目、宾馆、饭店等进行现场环境监察，流域内的环境质量得到了保障。2003 年第三季度云南省环境监察的重点是“清理整顿不法排污企业保障群众健康环境保护行动”，各有关地、州、市（县）环境监理机构在工作量大、人员少、装备差的情况下，工作没有松懈，始终保证了九大高原湖泊流域的现场环境监察工作。另外，由于资金方面的原因，污染源在线监控监测工作进展缓慢，特别是城市生活污水处理厂的在线监测工作亟待有关部门给予重视和解决。

四、2003 年第四季度云南省九大高原湖泊环境监察报告[①]

2004 年 2 月 7 日，云南省环境监理所发布了 2003 年第四季度九大高原湖泊环境监

① 云南省环境监理所办公室：《二〇〇三年第四季度云南省九大高原湖泊环境监察报告》，http://sthjt.yn.gov.cn/gyhp/jhdt/200407/t20040728_11598.html（2004-07-28）。

察情况报告，具体内容如下：

（一）总体情况

昆明市、玉溪市、红河哈尼族彝族自治州、大理白族自治州、丽江市环境监察机构对列入九大高原湖泊流域内重点检查的排污单位、新建项目、城市生活污水处理厂及生态保护情况进行了现场环境监察，云南省环境监理所对九大高原湖泊流域部分新建项目，进行了环境监察。

（二）各流域详细情况

1. 滇池流域

昆明市环境保护局组织有关区、县环境保护局环境监理机构对滇池流域内列入重点检查的排污单位、新建项目、城市污水处理厂及生态环境保护情况，以及流域内自然保护区、风景名胜区、旅游景区（点）进行了现场环境监察共计209次，检查排污单位98家。上述环境监察机构在滇池流域内现场监察新建项目101家，对违反建设项目有关规定的项目进行了处理、处罚。对滇池流域内的5家城市生活污水处理厂进行现场监察5次，均正常运行，运行率为100%；2003年第四季度，上述环境监察机构在滇池流域内开展生态监察5次，在检查中对违反有关法律法规的进行处理、处罚23次。开展自然保护区、风景名胜区、旅游景区（点）的现场检查12人次。

2. 阳宗海流域

昆明市环境监理所对阳宗海流域内的6家排污单位进行了现场环境监察，在现场未发现异常情况。

3. 洱海流域

洱海流域所在大理白族自治州的大理市和洱源县环境监察大队，把洱海流域的现场监察作为日常环境监察的重点，通过清理整顿不法排污企业保障群众健康环境保护行动推动了洱海流域的环境综合整治。大理市和洱源县积极与有关部门配合，采取突击检查、夜间巡察、驻厂督察等多种工作形式，促进了洱海流域和洱海源头的重点保护工作。

大理市和洱源县开展环境监察共计155人次。其中，对19家重点排污单位进行现场环境监察。环境监察期间排污单位正常生产15家，污染防治设施运行正常。检查城市生活污水处理厂2家、新建项目4家、现场环境监察12人次。2003年第四季度，双方在洱海流域内进行生态环境监察8人次。

4. 抚仙湖流域

澄江县环境监察大队对抚仙湖流域内列入重点检查的 5 家排污单位、2 家城市污水处理厂、新建项目 5 个进行了现场环境监察，共计 24 人次。3 家重点排污单位均正常生产，污染防治设施正常运行。2 家城市生活污水处理厂处理设施运行正常。2003 年第四季度，澄江县环境监察大队共计开展生态环境监察 2 次。

5. 星云湖流域

玉溪市环境监察支队与江川县环境保护局环境监察大队对星云湖流域内重点检查 6 家排污单位、5 个新建项目、2 个城市污水处理厂，以及生态环境保护情况进行了现场监察（生态环境监察 1 次），6 家排污单位生产和治理设施运行正常。在现场监察中 2 家城市生活污水处理厂设施运行正常，运行率 100%。

6. 杞麓湖流域

玉溪市环境监察支队与通海县环境监察大队对流域内列入重点检查的 3 家排污单位、1 个污水处理厂进行了现场环境监察，共计 12 人次。在现场监察中，排污单位和污水处理厂均生产正常，设施运行正常。

7. 泸沽湖流域

丽江市环境监察支队和宁蒗彝族自治县环境监察大队把九大高原湖泊环境监察作为 2003 年的工作重点，根据流域内排污单位的实际，在人员不足、装备条件尚待解决的情况下，对泸沽湖流域及湖泊周围的排污单位进行了现场环境监察，从原来确定的 4 家排污单位增加到现在的 49 家，2003 年第四季度，市、县两级环境监察机构出动了 306 人次进行现场环境监察，未发现异常情况。其中，流域内 1 家城市污水处理厂通过 6 次现场环境监察，污染处理设施运行基本正常。此外，市、县两级环境监察机构开展生态监察 6 人次，在泸沽湖自然保护区旅游景点进行现场检查 18 人次。

8. 程海流域

丽江市环境监察支队和永胜县环境监察大队对 4 家排污单位进行了 10 人次现场环境监察。永胜县污水处理厂主体工程已完工，但因管网建设未完成，污水处理厂还未运行。2003 年第四季度，市、县两级环境监察机构在程海域流内进行生态环境监察 6 次。

9. 异龙湖流域

异龙湖位于红河哈尼族彝族自治州石屏县，石屏县环境监察大队对异龙湖流域内的 5 家重点排污单位、2 家城市生活污水处理厂进行了现场环境监察，共计 16 人次。现场监察时生产正常，生产废水纳入城市污水处理厂进行处理。石屏县污水处理厂处理设施运行正常，石屏县坝心污水处理厂在建。2003 年第四季度，石屏县环境监察大队共计开展生态环境监察 3 次。

从以上现场环境监察情况看，流域所在地的环境监察机构根据实际情况有重点地对近两年来排污量大、时有反复的排污企业，以及在流域内新建的一些项目等进行现场环境监察，使流域内的环境质量得到了保障。各有关地、州、市（县）环境监理机构在工作量大，人员少，装备差的情况下，工作没有松懈，始终保证了九大高原湖泊流域的现场环境监察工作。

五、2004 年第一季度云南省九大高原湖泊现场环境监察报告①

2004 年 5 月 9 日，云南省环境监理所发布了 2004 年第一季度九大高原湖泊环境监察情况报告，具体内容如下：

（一）总体情况

昆明市、玉溪市、红河哈尼族彝族自治州、大理白族自治州、丽江市环境监察机构对列入九大高原湖泊流域内重点检查的排污单位、新建项目、城市生活污水处理厂及生态保护情况进行了现场环境监察。

（二）各流域详细情况

1. 滇池流域

昆明市环境保护局、流域内各有关区、县环境监察机构对滇池流域内新建项目、自然保护区、风景名胜区、旅游景区（点）进行了现场监察。环境监察共计 35 人次，在滇池流域内现场监察新建项目 35 个，对违反建设项目有关规定的 4 个项目进行了处理、处罚。2004 年第一季度，市、县两级环境监察机构在滇池流域内开展生态监察 4 次。开展自然保护区、风景名胜区、旅游景区（点）的现场检查 43 人次。

2. 洱海流域

洱海流域所在大理白族自治州的大理市和洱源县环境监察大队，始终把洱海流域的现场监察作为日常环境监察的重点。2004 年第一季度，两地环境监察大队共开展环境监察 82 人次。其中，对 20 家排污单位进行现场环境监察，环境监察期间 16 家排污单位生产正常，共检查 47 人次，在检查中污染防治设施运行正常。此外，两地环境监察大

① 云南省环境监理所办公室：《二〇〇四年第一季度云南省九大高原湖泊现场环境监察报告》，http://sthjt.yn.gov.cn/gyhp/jhdt/200407/t20040728_11600.html（2004-07-28）。

队对 2 家城市污水处理厂进行 10 人次的现场监察，未发现异常情况。4 个新建项目，现场环境监察 15 人次。在流域内进行生态环境监察 10 人次。2004 年第一季度，两地环境监察大队开展流域内自然保护区、风景名胜区、旅游景区（点）现场检查 80 人次。

3. 抚仙湖流域

澄江县环境监察大队对抚仙湖流域内列入重点检查的 4 家排污单位、2 家城市污水处理厂、2 个新建项目进行了现场环境监察，检查总数 24 人次。环境监察期间排污单位均正常生产，污染防治设施正常运行。此外，2 家城市生活污水处理厂处理设施运行正常。

4. 星云湖流域

玉溪市环境监察支队与江川县环境监察大队对星云湖流域内重点检查的 6 家排污单位、5 个新建项目、2 个城市污水处理厂，进行了现场监察。其中，5 家排污单位的生产和污染治理设施运行正常，对另外 1 家排污单位废水处理设施运行不正常、外排水质差的情况给予了限期整改。在现场监察中，2 家城市生活污水处理厂设施运行正常，运行率 100%。

5. 杞麓湖流域

玉溪市环境监察支队与通海县环境保护局环境监察大队对杞麓湖流域内列入重点检查的 3 家排污单位、1 个污水处理厂进行了现场环境监察，共计 26 人次。在现场监察中，排污单位和污水处理厂均生产正常，设施运行正常。2004 年第一季度，市、县两级环境监察机构开展生态环境监察 6 人次。

6. 泸沽湖流域

泸沽湖流域所在宁蒗彝族自治县的环境监察大队把九大高原湖泊环境监察作为 2004 年的工作重点。2004 年第一季度，该县环境监察大队对泸沽湖风景区内 49 家从事住宿、娱乐、购物等旅游经营者进行了 51 人次的现场监察，未发现异常情况。从 2003 年起，该县环境保护部门要求 49 家旅游经营者把经营中所产生的固体污染物和污水实行由业主按环境保护要求进行处置，凡是污染防治设施不配套，或者不能正常运行的，不能从事经营活动，更不得投入使用，严禁向泸沽湖排放污染物。

7. 程海流域

丽江市环境监察支队和永胜县环境监察大队在 2004 年第一季度对 4 家排污单位进行了 8 人次现场环境监察，还在程海流域内进行生态环境监察 1 次。其中，4 家排污企业均处于停产状态，经现场监察，没有生产废水排入程海。永胜县污水处理厂主体工程已完工，但因管网建设未完成，污水处理厂还未运行。

8. 异龙湖流域

异龙湖所在地红河哈尼族彝族自治州的石屏县环境监察大队对流域内的 5 家重点排污单位、2 家城市生活污水处理厂进行了现场环境监察，共计 14 人次。现场监察时生产正常，生产废水纳入城市污水处理厂进行处理。石屏县污水处理厂处理设施运行正常，石屏县坝心污水处理厂在建。2004 年第一季度，石屏县环境监察大队开展生态环境监察 2 次。

六、2005 年第一季度云南省九大高原湖泊水质状况及治理情况公告①

2005 年 5 月 19 日，云南省九大高原湖泊水污染综合防治领导小组办公室将 2005 年第一季度云南省九大高原湖泊水质状况及治理情况公告如下：

（一）2005 年第一季度九大高原湖泊水质状况

2005 年第一季度，九大高原湖泊水质状况，见表 2-16。

表 2-16　2005 年第一季度九大高原湖泊水质状况表

湖泊	水域功能	水质综合评价	透明度（米）	营养状态指数	主要污染指标	污染程度
滇池外海	V	V类	0.63	60.5	总磷、总氮	水质中度污染
滇池草海	V	劣 V类	0.64	75.3	氨氮、总氮、总磷	水质重度污染
阳宗海	Ⅱ	Ⅲ类	3.71	31.3	总磷	水质良好
洱海	Ⅱ	Ⅲ类	2.51	39.6	总氮	水质良好
抚仙湖	Ⅰ	Ⅰ类	6.96	16.7		水质优
星云湖	Ⅲ	Ⅳ类	1.27	58.6	总氮、总磷、高锰酸盐指数、石油类	水质轻度污染
杞麓湖	Ⅲ	劣Ⅴ类	1.47	59.6	总氮	水质重度污染
程海	Ⅲ	Ⅲ类	2.2	42.7	高锰酸盐指数、总磷	水质良好
泸沽湖	Ⅰ	Ⅰ类	10.2	17.1		水质优
异龙湖	Ⅲ	Ⅴ类	0.68	56.1	总氮	水质中度污染

① 云南省九大高原湖泊水污染综合防治领导小组办公室：《二〇〇五年一季度云南省九大高原湖泊水质状况及治理情况公告》，http://sthjt.yn. gov.cn/gyhp/jhdt/200506/t20050605_11670.html（2005-06-05）。

（二）2005年第一季度主要入湖河流水质状况

2005年第一季度，主要入湖河流水质状况，见表2-17。

表2-17　2005年第一季度主要入湖河流水质状况表

湖泊	主要入湖河流	水域功能	水质类别	入湖水量（万立方米/季度）	主要污染指标
滇池	盘龙江	Ⅳ	劣Ⅴ类		溶解氧、氨氮、总氮、总磷、生化需氧量
	船房河	Ⅳ	劣Ⅴ类		溶解氧、氨氮、总氮、总磷、生化需氧量、高锰酸盐指数、石油类、化学需氧量、挥发酚
	运粮河	Ⅳ	劣Ⅴ类		总氮、总磷、生化需氧量、化学需氧量、高锰酸盐指数、氨氮
	大清河	Ⅴ	劣Ⅴ类		溶解氧、氨氮、总氮、总磷、生化需氧量、化学需氧量、高锰酸盐指数
	乌龙河	Ⅳ	劣Ⅴ类		溶解氧、氨氮、总氮、总磷、生化需氧量、化学需氧量、高锰酸盐指数、
	采连河	Ⅳ	劣Ⅴ类		溶解氧、氨氮、总氮、总磷、生化需氧量、化学需氧量
	新运粮河	Ⅳ	劣Ⅴ类		溶解氧、氨氮、总氮、总磷、生化需氧量、化学需氧量、高锰酸盐指数、石油类、挥发酚
阳宗海	阳宗大河	Ⅱ	Ⅱ类	80	总氮
洱海	弥苴河	Ⅱ	Ⅳ类	5900	总氮、总磷
	永安江	Ⅱ	劣Ⅴ类	1300	总氮、总磷
	罗时江	Ⅱ	劣Ⅴ类	1000	总氮、总磷
	波罗江	Ⅱ	劣Ⅴ类	780	总氮、总磷
抚仙湖	马料河	Ⅰ	劣Ⅴ类	222	总氮、石油类
	路居河	Ⅰ	劣Ⅴ类	106	总氮、总磷、氨氮
	隔河	Ⅰ	Ⅴ类	608	总氮、化学需氧量
星云湖	渔村大河	Ⅲ	劣Ⅴ类	93	总氮、氨氮
	东西大河	Ⅲ	劣Ⅴ类	192	总氮、总磷、氨氮
	大街河	Ⅲ	劣Ⅴ类	79	总氮、总磷、氨氮
杞麓湖	红旗河	Ⅲ	劣Ⅴ类	110	总氮、化学需氧量
异龙湖	城河	Ⅲ	劣Ⅴ类	115	总磷、溶解氧、化学需氧量、氨氮

（三）2005年第一季度污水处理厂运行情况

2005年第一季度污水处理厂运行情况，见表2-18。

表2-18　2005年第一季度污水处理厂运行情况表

单位名称	设计处理能力（万吨/日）	处理量（万吨/季度）
昆明市第一污水处理厂	12	820
昆明市第二污水处理厂	10	912（超负荷运转）
昆明市第三污水处理厂	15	1222
昆明市第四污水处理厂	6	508

续表

单位名称	设计处理能力（万吨/日）	处理量（万吨/季度）
昆明市第五污水处理厂	7.5	468
昆明市第六污水处理厂	5	112
呈贡县污水处理厂	1.5	30
晋宁县污水处理厂	1.5	100
大理市污水处理厂	5.4	486（试运行）
洱源县污水处理厂	0.4	9
澄江县污水处理厂	1	32
澄江县禄冲污水处理厂	0.2	11
江川县污水处理厂	1	72
江川县小马沟污水处理站	0.1	4
通海县污水处理厂	1	65
永胜县污水处理厂	0.5	未运行
宁蒗彝族自治县泸沽湖污水处理站	0.1	5
石屏县污水处理厂	1	49

（四）2005年第一季度九大高原湖泊水污染综合治理情况

（1）《滇池流域水污染防治“十五”计划》进展。截至2005年3月31日，滇池“十五”计划26个项目，已完成4个，占15.4%；已开工实施17个，占65.4%；正在开展前期工作的5个，占19.2%。滇池“十五”计划26个项目经过细化后的45个子项目，已完成16个，占35.6%；已开工实施的22个，占48.9%；正在开展前期工作的7个，占15.5%。

盘龙江上段截污工程和采莲河整治工程已完工；枧槽河综合整治工程已完成工程总量的65%，累计完成投资15 046万元；明通河下段（大清河）截污综合整治工程已完成工程总量的75%，累计投资20 571万元；滇池西岸（高海公路沿线）截污治污工程已完成工程总量的70%，累计投资5889万元；东风坝及老干鱼塘综合整治工程二期已完成工程总量的90%，累计投资809.3万元；北岸水环境综合整治工程已完成可研上报云南省发展和改革委员会。滇池流域内780家工业企业实施了水污染排放许可证制度，306家企业进行了排污口规范化整治，167个废水排放量较大的排污口布设了流量计，130台（套）污水处理设施安装了运行监控仪。

（2）其他八大湖保护与治理。截至2005年3月31日，八大湖目标责任书确定的147个项目，已完成31个，占21.1%；在实施83个，占56.5%；正在开展前期工作30个，占20.4%；未动工3个，占2%；总体开工率为77.5%。其中，阳宗海（昆明部分）

12 个项目，在实施 10 个，完成 2 个；洱海 27 个项目，正在开展前期工作 2 个，在实施 18 个，完成 7 个；抚仙湖 16 个项目，正在开展前期工作 2 个，在实施 12 个，完成 2 个；星云湖 17 个项目，正在开展前期工作 4 个，在实施 10 个，完成 3 个；杞麓湖 14 个项目，正在开展前期工作 3 个，在实施 8 个，完成 1 个，未动工 2 个；阳宗海（玉溪部分）9 个项目，正在开展前期工作 2 个，在实施 5 个，完成 2 个；程海 18 个项目，完成 7 个，在建 4 个，正在开展前期工作 6 个，未动工 1 个；泸沽湖 20 个项目，完成 5 个，在建 6 个，正在开展前期工作 9 个；异龙湖 14 个项目，正在开展前期工作 2 个，在实施 10 个，完成 2 个。

洱海大理古城至下关镇（今下关街道办事处，下同）15.7 千米截污干管工程、下关镇洱河南岸 5.3 千米综合管网工程完工并投入使用；抚仙湖马料河、窑泥沟人工湿地工程和牛摩 2 千米湖滨带建设已完成；星云湖入湖河道渔村河人工湿地工程和隔河泄水蓝藻处理应急工程已完工；杞麓湖调蓄水隧道工程已完成主洞、支洞进尺 2480 米，顶管顶进 1593 米；阳宗海流域开展平衡施肥 3 万亩、新建 8 立方米沼气池 75 口；异龙湖坝心镇人工湿地已完工；泸沽湖湖滨示范工程基本完成；程海建成 3000 米湖滨林带。九大高原湖泊 12 个农业面源污染控制示范村建设进展顺利。

2005 年第一季度，云南省环境保护局和昆明市、大理白族自治州、玉溪市、丽江市、红河哈尼族彝族自治州环境监察机构对九大高原湖泊流域内的重点排污单位、新建项目、城市生活污水处理厂及生态保护情况进行了现场环境监察，共出动 1497 人次，检查排污单位 667 家，依法对滇池流域的 7 家、星云湖流域的 1 家违法排污单位进行了处理、处罚；对流域内 188 个新建项目进行了现场环境监察。现场环境监察城市生活污水处理厂（站）18 家，正常运行率 80%。昆明市环境监察机构对 6 个违反建设项目有关规定的项目进行了处理、处罚。此外，昆明市还开展了“爱我春城、护我滇池、共建现代新昆明美好家园”的全市宣传活动。

七、2005 年第二季度云南省九大高原湖泊水质状况及治理情况公告①

2005 年 7 月 20 日，云南省九大高原湖泊水污染综合防治领导小组办公室将 2005 年第二季度云南省九大高原湖泊水质状况及治理情况进行公告，具体见表 2-19、表 2-20、表 2-21、表 2-22。

① 云南省九大高原湖泊水污染综合防治领导小组办公室：《二〇〇五年二季度云南省九大高原湖泊水质状况及治理情况公告》，http://sthjt.yn. gov.cn/gyhp/jhdt/200509/t20050919_11671.html（2005-09-19）。

（一）2005年第二季度九大高原湖泊水质状况

表2-19　2005年第二季度九大高原湖泊水质状况表

湖泊	水域功能	水质综合评价	透明度（米）	营养状态指数	主要污染指标	污染程度
滇池外海	Ⅴ	劣Ⅴ类	0.54	61.53	总磷	水质重度污染
滇池草海	Ⅴ	劣Ⅴ类	0.76	77.43	氨氮、总氮、总磷、生化需氧量	水质重度污染
阳宗海	Ⅱ	Ⅱ类	3.64	28.01		水质优
洱海	Ⅱ	Ⅲ类	1.78	40.93	总氮	水质良好
抚仙湖	Ⅰ	Ⅰ类	5.70	16.94		水质优
星云湖	Ⅲ	Ⅴ类	0.70	60.11	总氮	水质中度污染
杞麓湖	Ⅲ	Ⅴ类	0.50	61.01	总氮	水质中度污染
程海	Ⅲ	Ⅱ类	2.90	39.30		水质优
泸沽湖	Ⅰ	Ⅰ类	10.37	15.75		水质优
异龙湖	Ⅲ	Ⅴ类	0.94	54.08	总氮	水质中度污染

（二）2005年第二季度九大湖主要入湖河流水质状况

表2-20　2005年第二季度九大湖主要入湖河流水质状况表

湖泊	主要入湖河流	断面名称	水域功能	水质类别	入湖水量（万立方米/季度）	主要污染指标
滇池	盘龙江	松华坝口	Ⅱ	Ⅰ		
		小人桥	Ⅳ	劣Ⅴ		溶解氧、生化需氧量、氨氮、总磷
		严家村桥	Ⅳ	劣Ⅴ		溶解氧、生化需氧量、氨氮、总磷
	船房河	入湖口	Ⅳ	劣Ⅴ		溶解氧、高锰酸盐指数、生化需氧量、氨氮、总磷
	运粮河	入湖口	Ⅳ	劣Ⅴ		生化需氧量、氨氮、总磷
	大清河	入湖口	Ⅴ	劣Ⅴ		溶解氧、高锰酸盐指数、生化需氧量、氨氮、总磷
	乌龙河	入湖口	Ⅳ	劣Ⅴ		溶解氧、高锰酸盐指数、生化需氧量、氨氮、总磷
	采莲河	入湖口	Ⅳ	劣Ⅴ		溶解氧、高锰酸盐指数、氨氮、总磷
	新河	积中村	Ⅳ	劣Ⅴ		溶解氧、高锰酸盐指数、生化需氧量、氨氮、总磷
阳宗海	阳宗大河	入湖口	Ⅱ	Ⅲ	95	氨氮、总磷
洱海	弥苴河	下山口	Ⅱ	Ⅳ		溶解氧
		江尾桥	Ⅱ	Ⅲ		溶解氧、生化需氧量
	永安江	东湖入口	Ⅱ	Ⅳ		生化需氧量
		江尾东桥	Ⅱ	Ⅲ		溶解氧、高锰酸盐指数
	罗时江	莲河村	Ⅱ	Ⅳ		高锰酸盐指数、生化需氧量、石油类
		沙坪桥	Ⅱ	Ⅳ		高锰酸盐指数
	波罗江	入海口	Ⅱ	Ⅳ		溶解氧、挥发酚、总汞

续表

湖泊	主要入湖河流	断面名称	水域功能	水质类别	入湖水量（万立方米/季度）	主要污染指标
抚仙湖	马料河	入湖口	Ⅰ	劣Ⅴ	249	氨氮
	路居河	入湖口	Ⅰ	劣Ⅴ	118	氨氮、总磷
	隔河	入湖口	Ⅰ	Ⅳ	691	溶解氧、高锰酸盐指数、生化需氧量、石油类
星云湖	渔村河	入湖口	Ⅲ	劣Ⅴ	104	氨氮
	东西大河	入湖口	Ⅲ	劣Ⅴ	216	氨氮、总磷
	大街河	入湖口	Ⅲ	劣Ⅴ	90	溶解氧、高锰酸盐指数、生化需氧量、氨氮、总磷
杞麓湖	红旗河	入湖口	Ⅲ	劣Ⅴ	124	石油类
异龙湖	城河	入湖口	Ⅲ	劣Ⅴ	148	溶解氧、高锰酸盐指数、生化需氧量、氨氮、石油类、总磷

（三）2005 年第二季度九大高原湖泊流域污水处理厂运行情况

表 2-21　2005 年第二季度九大高原湖泊流域污水处理厂运行情况表

单位名称	设计处理能力（万吨/日）	处理量（万吨/季度）
昆明市第一污水处理厂	12	825
昆明市第二污水处理厂	10	855
昆明市第三污水处理厂	15	1224
昆明市第四污水处理厂	6	512
昆明市第五污水处理厂	7.5	515
昆明市第六污水处理厂	5	124
呈贡县污水处理厂	1.5	32
晋宁县污水处理厂	1.5	117
宜良县污水处理厂	0.5	30
大理市污水处理厂	5.4	453（试运行）
洱源县污水处理厂	0.4	12（试运行）
澄江县污水处理厂	1	38（试运行）
澄江县禄冲污水处理厂	0.2	9
江川县污水处理厂	1	64
江川县小马沟污水处理站	0.1	4
通海县污水处理厂	1	61
永胜县污水处理厂	0.5	未运行
宁蒗彝族自治县泸沽湖污水处理站	0.1	6
石屏县污水处理厂	1	20

（四）2005 年第二季度九大高原湖泊水污染综合治理情况

表 2-22　2005 年第二季度九大高原湖泊水污染综合治理情况表

<table>
<tr><th>项目名称</th><th>湖泊名称</th><th>项目数（个）</th><th>已完成（个）</th><th>在建（个）</th><th>前期工作（个）</th><th>未动工（个）</th><th>开工率（%）</th></tr>
<tr><td rowspan="2">滇池“十五”计划</td><td rowspan="2">滇池</td><td>26</td><td>4</td><td>17</td><td>5（其中 2 个准备开工）</td><td></td><td rowspan="2">80.8</td></tr>
<tr><td>45（子项目）</td><td>16</td><td>22</td><td>4（其中 2 个准备开工）</td><td>3 个纳入北岸水环境综合治理工程</td></tr>
<tr><td rowspan="11">其他八湖目标责任书</td><td rowspan="2">阳宗海</td><td>12△</td><td>2</td><td>10</td><td></td><td></td><td rowspan="11">81.6</td></tr>
<tr><td>9*</td><td>5</td><td>2</td><td>2</td><td></td></tr>
<tr><td>洱海</td><td>27</td><td>13</td><td>12</td><td>2</td><td></td></tr>
<tr><td>抚仙湖</td><td>16</td><td>7</td><td>9</td><td></td><td></td></tr>
<tr><td>星云湖</td><td>17</td><td>9</td><td>5</td><td>3</td><td></td></tr>
<tr><td>杞麓湖</td><td>14</td><td>5</td><td>7</td><td>1</td><td>1</td></tr>
<tr><td>程海</td><td>18</td><td>7</td><td>4</td><td>6</td><td>1</td></tr>
<tr><td>泸沽湖</td><td>20</td><td>5</td><td>6</td><td>9</td><td></td></tr>
<tr><td>异龙湖</td><td>14</td><td>5</td><td>7</td><td>2</td><td></td></tr>
<tr><td>合计</td><td>147</td><td>58</td><td>62</td><td>25</td><td>2</td></tr>
</table>

注：截至 2005 年 6 月 30 日。阳宗海项目栏中“△”表示昆明市部分；“*”表示玉溪市部分

（五）2005 年第二季度九大高原湖泊流域环境监察情况

2005 年第二季度，云南省环境保护局和昆明市、大理白族自治州、玉溪市、丽江市、红河哈尼族彝族自治州环境监察机构对九大高原湖泊流域内重点排污单位、新建项目、城市生活污水处理厂及生态保护情况进行了现场环境监察，共出动 1161 人次，检查排污单位 652 家，依法对滇池流域的 4 家、星云湖流域的 1 家、程海湖流域的 1 家违法排污单位进行了处理、处罚；对流域内 20 个新建项目进行了现场环境监察。现场环境监察城市生活污水处理厂（站）19 家，正常运行率 79%。昆明市对环境监察机构 12 个违反建设项目有关规定的项目进行了处理、处罚。

（六）其他

九大高原湖泊所在地五州（市）已全面开展《九大高原湖泊水污染综合防治“十一五”规划》编制工作，到2005年6月底已编制完成各湖规划基本框架，有的已完成规划初稿。

八、2005年第三季度云南省九大高原湖泊水质状况及治理情况公告[1]

2005年11月20日，云南省九大高原湖泊水污染综合防治领导小组办公室将2005年第三季度云南省九大高原湖泊水质状况及治理情况进行公告，具体见表2-23、表2-24、表2-25、表2-26。

（一）2005年第三季度九大高原湖泊水质状况

表2-23　2005年第三季度九大高原湖泊水质状况表

湖泊	水域功能	水质综合评价	透明度（米）	营养状态指数	主要污染指标	污染程度
滇池外海	V	劣V类	0.54	75.1	氨氮、总磷、总氮	重度污染
滇池草海	V	劣V类	0.41	64.3	总氮	重度污染
阳宗海	Ⅱ	Ⅱ类	2.95	26.6		优
洱海	Ⅱ	Ⅲ类	1.40	45.4	生化需氧量、总氮、总磷	良好
抚仙湖	I	I类	4.71	20.0		优
星云湖	Ⅲ	V类	0.53	63.3	总磷、总氮	中度污染
杞麓湖	Ⅲ	劣V类	0.53	64.4	总氮	重度污染
程海	Ⅲ	Ⅱ类	2.63	34.4		优
泸沽湖	I	I类	10.07	12.5		优
异龙湖	Ⅲ	Ⅳ类	0.95	54.8	高锰酸盐指数、总氮	轻度污染

（二）2005年第三季度九大高原湖泊主要入湖河流水质状况

表2-24　2005年第三季度九大高原湖泊主要入湖河流水质状况

湖泊	主要入湖河流	断面名称	水域功能	水质类别	主要污染指标
滇池	盘龙江	严家地桥	Ⅳ	劣V类	溶解氧、氨氮、总磷
	船房河	入湖口	Ⅳ	劣V类	溶解氧、氨氮、生化需氧量、高锰酸盐指数、石油类
	运粮河	入湖口	Ⅳ	劣V类	生化需氧量、溶解氧、氨氮、总磷
	大清河	入湖口	V	劣V类	溶解氧、氨氮、生化需氧量、高锰酸盐指数、总磷
	乌龙河	入湖口	Ⅳ	劣V类	溶解氧、氨氮、生化需氧量、石油类、高锰酸盐指数、总磷
	采连河	入湖口	Ⅳ	劣V类	溶解氧、总磷
	新运粮河	入湖口	Ⅳ	劣V类	溶解氧、氨氮、生化需氧量、总磷
阳宗海	阳宗大河	入湖口	Ⅱ	Ⅱ类	

① 云南省九大高原湖泊水污染综合防治领导小组办公室：《二〇〇五年三季度云南省九大高原湖泊水质状况及治理情况公告》，http://sthjt.yn.gov.cn /gyhp/jhdt/200512/t20051230_11672.html（2005-12-30）。

续表

湖泊	主要入湖河流	断面名称	水域功能	水质类别	主要污染指标
洱海	弥苴河	江尾桥	Ⅱ	Ⅳ类	溶解氧
	永安江	东湖入口	Ⅱ	Ⅴ类	溶解氧
	罗时江	沙坪桥	Ⅱ	Ⅳ类	溶解氧、高锰酸盐指数
	波罗江	入湖口	Ⅱ	Ⅳ类	溶解氧
抚仙湖	马料河	入湖口	Ⅰ	Ⅴ类	溶解氧、总磷
	路居河	入湖口	Ⅰ	劣Ⅴ类	总磷
	隔河	入湖口	Ⅰ	Ⅳ类	高锰酸盐指数、石油类、生化需氧量
星云湖	渔村大河	入湖口	Ⅲ	劣Ⅴ类	总磷
	东西大河	入湖口	Ⅲ	劣Ⅴ类	总磷、氨氮
	大街河	入湖口	Ⅲ	劣Ⅴ类	总磷、氨氮、生化需氧量、高锰酸盐指数
杞麓湖	红旗河	入湖口	Ⅲ	Ⅴ类	石油类
异龙湖	城河	3号闸	Ⅲ	劣Ⅴ类	总磷、溶解氧、生化需氧量、氨氮、高锰酸盐指数

（三）2005年第三季度九大高原湖泊流域污水处理厂运行情况

表2-25 2005年第三季度九大高原湖泊流域污水处理厂运行情况表

单位名称	设计处理能力（万吨/日）	处理量（万吨/季度）
昆明市第一污水处理厂	12	922
昆明市第二污水处理厂	10	433
昆明市第三污水处理厂	15	1501
昆明市第四污水处理厂	6	650
昆明市第五污水处理厂	7.5	774
昆明市第六污水处理厂	5	142
呈贡县污水处理厂	1.5	
晋宁县污水处理厂	1.5	
宜良县阳宗海污水处理厂	0.5	28
大理市污水处理厂	5.4	486（试运行）
洱源县污水处理厂	0.4	9
澄江县污水处理厂	1	44
澄江县禄冲污水处理厂	0.2	11
江川县污水处理厂	1	70
江川县小马沟污水处理站	0.1	7
通海县污水处理厂	1	76
永胜县污水处理厂	0.5	未运行
宁蒗彝族自治县泸沽湖污水处理站	0.1	6.4
石屏县污水处理厂	1	39.5

（四）2005 年第三季度九大高原湖泊水污染综合治理情况

表 2-26　2005 年第三季度九大高原湖泊水污染综合治理情况表

项目名称	湖泊名称	项目数（个）	已完成（个）	在建（个）	前期工作（个）	未动工（个）	开工率（%）
滇池“十五”计划	滇池	26	4	17	5（其中 2 个准备开工）		80.8
		45（子项目）	16	23	3（其中 2 个准备开工）	3 个纳入北岸水环境综合治理工程	
其他八湖目标责任书	阳宗海	12△	8	4			81.6
		9＊	7		2		
	洱海	27	23	2	2		
	抚仙湖	16	9	7			
	星云湖	17	12	3	2		
	杞麓湖	14	7	5	1	1	
	程海	18	7	4	6	1	
	泸沽湖	20	5	6	9		
	异龙湖	14	8	4	2		
	合计	147	68	52	25	2	

注：截至 2005 年 9 月 30 日。阳宗海项目栏中“△”表示昆明市部分；“*”表示玉溪市部分

此外，滇池东风坝及老干鱼塘综合整治工程二期已完成并通过竣工验收，累计投资 1064 万元。洱源县城污水处理厂尾水处理湿地试验工程已完工，东湖人工湿地恢复示范建设已完成，完成3家宾馆饭店污水处理示范项目。异龙湖污染底泥疏浚完成19万立方米。

（五）2005 年第三季度九大高原湖泊流域环境监察情况

2005 年第三季度，云南省环境保护局和昆明市、大理白族自治州、玉溪市、丽江市、红河哈尼族彝族自治州环境监察机构对九大高原湖泊流域内的重点排污单位、新建项目、城市生活污水处理厂及生态保护情况进行了现场环境监察，共出动 687 人次，检查排污单位 178 家。昆明市和玉溪市环境监察机构依法对滇池流域的 4 家、星云湖流域的 1 家违反建设项目环境影响评价和其他规定的单位进行了处理、处罚。现场环境监察城市生活污水处理厂（站）18 家，正常运行率 80%。云南省环境保护专项整治行动领导小组组织省级七厅局对昆明等六州（市）进行了抽查，重点对国家挂牌督办的昆明市第六污水处理厂进行了实地检查，严格按国家要求督促整治和整改。2005 年 8 月 26 日，玉溪市委、玉溪市人民政府在抚仙湖畔举行了抚仙湖保护日活动，徐荣凯省长为保护抚仙湖禁船工作的先进单位和个人颁奖。

（六）其他

九大高原湖泊所在五州（市）均已编制完成《九大高原湖泊水污染综合防治“十一五”规划》讨论稿，开始征求各级有关部门意见。

九、2006 年第一季度云南省九大高原湖泊水质状况及治理情况公告①

2006 年 4 月 20 日，云南省九大高原湖泊水污染综合防治领导小组办公室将 2006 年第一季度云南省九大高原湖泊水质状况及治理情况进行公告，具体见表 2-27、表 2-28、表 2-29、表 2-30。

（一）2006 年第一季度九大高原湖泊水质状况

表 2-27　2006 年第一季度九大高原湖泊水质状况

湖泊	水域功能	水质综合评价	透明度（米）	营养状态指数	主要污染指标	污染程度
滇池草海	V	V	0.61	57.3	总氮、总磷	中度污染
滇池外海	V	劣V	0.52	76.0	五日生化需氧量、氨氮、磷、总氮	重度污染
阳宗海	Ⅱ	Ⅲ	4.75	32.2	总氮	良好
洱海	Ⅱ	Ⅲ	2.34	37.8	总氮	良好
抚仙湖	I	I	5.25	20.1		优
星云湖	Ⅲ	劣V	1.57	55.6	总氮	重度污染
杞麓湖	Ⅲ	劣V	1.47	50.6	总氮	重度污染
程海	Ⅲ	Ⅲ	2.63	37.8	总磷	良好
泸沽湖	I	I	10.20	13.3		优
异龙湖	Ⅲ	劣V	0.50	61.0	总氮	重度污染

（二）2006 年第一季度九大湖主要入湖河流水质状况

表 2-28　2006 年第一季度九大湖主要入湖河流水质状况

湖泊	主要入湖河流	断面名称	水域功能	水质类别	入湖水量（万立方米/季度）	主要污染指标
滇池	盘龙江	严家桥村	Ⅳ	劣V		溶解氧、氨氮、总磷
	船房河	入湖口	Ⅳ	劣V		溶解氧、高锰酸盐指数、五日生化需氧量、氨氮、石油类、总磷
	运粮河	入湖口	Ⅳ	劣V		五日生化需氧量、氨氮、总磷

① 云南省九大高原湖泊水污染综合防治领导小组办公室，《二〇〇六年一季度云南省九大高原湖泊水质状况及治理情况公告》，http://sthjt.yn.gov.cn /gyhp/jhdt/200606/t20060622_11674.html（2006-06-22）。

续表

湖泊	主要入湖河流	断面名称	水域功能	水质类别	入湖水量（万立方米/季度）	主要污染指标
滇池	大清河	入湖口	V	劣V		高锰酸盐指数、五日生化需氧量、氨氮、总磷
	乌龙河	入湖口	Ⅳ	劣V		溶解氧、高锰酸盐指数、五日生化需氧量、氨氮、石油类、总磷
	采莲河	入湖口	Ⅳ	劣V		氨氮、总磷
	新运粮河	积中村	Ⅳ	劣V		溶解氧、高锰酸盐指数、五日生化需氧量、氨氮、石油类、总磷
阳宗海	阳宗大河	入湖口	Ⅱ	Ⅳ	76	五日生化需氧量
洱海	弥苴河	江尾桥	Ⅱ	Ⅲ		五日生化需氧量
	永安江	东湖入口	Ⅱ	Ⅲ		五日生化需氧量、氨氮
	罗时江	沙坪桥	Ⅱ	V		溶解氧
	波罗江	入湖口	Ⅱ	V		五日生化需氧量、挥发酚
	万花溪	喜洲桥	Ⅱ	断流		
	白石溪	白石溪桥	Ⅱ	断流		
	白鹤溪	丰呈庄	Ⅱ	Ⅳ		五日生化需氧量、总磷
抚仙湖	马料河	入湖口	I	V	215	石油类
	路居河	入湖口	I	劣V	103	氨氮、总磷
	隔　河	入湖口	I	Ⅳ	604	溶解氧、高锰酸盐指数
星云湖	渔村大河	入湖口	Ⅲ	Ⅳ	91	高锰酸盐指数、五日生化需氧量、石油类
	东西大河	入湖口	Ⅲ	劣V	189	氨氮、总磷
	大街河	入湖口	Ⅲ	劣V	80	溶解氧、氨氮、总磷
杞麓湖	红旗河	入湖口	Ⅲ	Ⅳ	107	高锰酸盐指数、氨氮
异龙湖	城　河	3号闸	Ⅲ	劣V		溶解氧、氨氮、总磷

（三）2006年第一季度九大高原湖泊流域污水处理厂运行情况

表 2-29　2006年第一季度九大高原湖泊流域污水处理厂运行情况表

单位名称	设计处理能力（万吨/日）	处理量（万吨/季度）
昆明市第一污水处理厂	12	878
昆明市第二污水处理厂	10	735
昆明市第三污水处理厂	15	1248
昆明市第四污水处理厂	6	557
昆明市第五污水处理厂	7.5	533
昆明市第六污水处理厂	5	70
呈贡县污水处理厂	1.5	23.5
晋宁县污水处理厂	1.5	103.8
宜良县阳宗海污水处理厂	0.5	27.18
大理市污水处理厂	5.4	453
洱源县污水处理厂	0.4	9
庆中污水处理厂	1	40.5

续表

单位名称	设计处理能力（万吨/日）	处理量（万吨/季度）
澄江县污水处理厂	1	29.2
澄江县禄冲污水处理厂	0.2	9
江川县污水处理厂	1	64
江川县小马沟污水处理站	0.1	4.3
通海县污水处理厂	1	55.8
永胜县污水处理厂	0.5	未运行
宁蒗彝族自治县泸沽湖污水处理站	0.1	6.3
石屏县污水处理厂	1	44.892

（四）2006 年第一季度九大高原湖泊流域垃圾处理场运行情况

表 2-30　2006 年第一季度九大高原湖泊流域垃圾处理场运行情况

单位名称	设计处理能力（吨/日）	处理量（万吨/季吨
昆明市东郊垃圾处理场	800	12.1325
昆明市西郊垃圾处理场	700	10.7425
大理市大风坝垃圾处理场	300	2.7
澄江县垃圾处理场	50	0.44
江川县垃圾处理场	50	0.3
通海县垃圾处理场	50	0.45
永胜县垃圾处理场	50	0.45
石屏县垃圾处理场	100	0.54

（五）2006 年第一季度九大高原湖泊水污染综合治理情况

（1）截至 2005 年底，经国务院批准的滇池“十五”计划 22 个大项细化后的 40 个子项目中，目前已完成 31 个，正在建设的 7 个，未动工 2 个，开工率达到 95%。达到了国家和云南省人民政府的要求。其余八湖目标责任书的 147 个项目，已完成 116 项，在建 20 个，正在开展前期工作 9 个，未动工 2 个，总体开工率为 92.5%。

2005 年，九大高原湖泊水污染治理投资 6.87 亿元，其中滇池投资 2.6 亿元。据统计，到 2005 年 12 月 31 日，九大高原湖泊水污染治理累计投资 70.69 亿元，其中滇池治理投资 50.24 亿元。

“十五”期间，在云南省人民政府及云南省九大高原湖泊水污染综合防治领导小组的直接领导下，九大高原湖泊所在地五个州（市）政府和省级各有关部门共同努力，建立健全了湖泊保护治理综合协调机制，进一步明确责任，采取有力措施，加大宣传教育力度，强化管理，依法治湖，九大高原湖泊污染综合防治工作取得了明显效果，实现了九大高原湖泊流域在人口增长、经济快速发展、城市规模不断扩大、污染负荷不断加重的情况下，基本控制住了入湖污染负荷，遏制住了水质急剧恶化的势头，湖泊水质基本保持稳定，部分湖泊水质有所改善。

（2）2006 年第一季度，滇池枧槽河综合整治工程完工，投资 25 684.04 万元；明通河下段（大清河）截污综合整治工程已完成工程总量的 95%，累计投资 29 650 万元；滇池西岸（高海公路沿线）截污治污工程已完成工程总量的 90%，累计投资 8660 万元，船房河截污综合治理工程在建项目，已完成投资 9787 万元；乌龙河截污综合治理工程在建项目，已完成投资 362.4 万元；大清河截污综合整治工程配套泵站已完成前期工作，投资 510 万元；滇池污染底泥疏挖二期工程已完成前期工作，投资 641 万元。洱海湖西区 48 千米生态修复建设工程已完成工程总量的 80%，累计投资 4296.33 万元；洱海湖东区 80 千米湖滨带生态修复建设工程已经批复。抚仙湖自动监测站，抚仙湖许家村、塘子村农村面源污染控制示范工程正在建设，禄充污水处理厂管网扩建工程已编制完成可研报告。星云湖—抚仙湖出流改道工程、星云村面源污染控制示范工程、星云湖退塘还湖及生态修复项目、星云湖湿地水生植物残体及农业面源固体废弃物资源化示范项目正在建设。杞麓湖调蓄水隧道工程、大树村农村面源污染控制示范村工程正在建设。阳宗海南岸西段湖滨湿地生态恢复建设工程、摆依河河口人工浮岛湿地正在建设。泸沽湖污水处理工程正在建设，泸沽湖流域面源污染控制示范、山垮河治理项目已完成项目建议书。程海永胜县城截污管网工程、程海垃圾处理工程、程海小流域综合治理工程已完成可研报告的编制上报，程海流域面源污染控制示范村建设已完成项目建议书的编制。异龙湖海河—城河河道综合治理工程、石屏县城镇垃圾处理工程、石屏县城排污管网配套完善工程、异龙湖流域化肥缓释示范工程正在建设，异龙湖污染底泥环境疏浚工程正在开展初步设计。

（六）2006 年第一季度九大高原湖泊流域环境监察情况

昆明市、玉溪市、红河哈尼族彝族自治州、大理白族自治州、丽江市环境监察机构对列入九大高原湖泊流域内重点检查的排污单位、新建项目、城市生活污水处理厂和生态保护情况进行了现场环境监察。云南省环境保护局对用国电阳宗海发电厂冷却水温水养鱼污染水体和船房河部分河段污染严重的问题进行了媒体曝光。2006 年第一季度，云南省环境监察总队对九大高原湖泊流域部分新建项目进行了现场环境监察，共计 412 人次，生态环境保护现场环境监察 18 人次，检查排污单位 166 家。其中，现场环境监察新建项目 45 个，昆明市和玉溪市分别对 3 个和 1 个违反建设项目有关规定的项目进行了处理、处罚。流域内现场环境监察城市生活污水处理厂 20 家，其中大理市污水处理厂试运行，永胜县城污水处理厂未运行，其余 18 家污水处理厂运行正常，流域内污水处理厂正常运行率 89%。

十、2006年第三季度云南省九大高原湖泊水质状况及治理情况公告①

2006年11月20日，云南省九大高原湖泊水污染综合防治领导小组办公室将2006年第三季度云南省九大高原湖泊水质状况及治理情况进行公告，具体见表2-31、表2-32、表2-33。

（一）2006年第三季度九大高原湖泊水质状况

表2-31　2006年第三季度九大高原湖泊水质状况

湖泊	水域功能	水质综合评价	透明度（米）	营养状态指数	主要污染指标	污染程度
滇池草海	Ⅴ	＞Ⅴ	0.44	78.6	氨氮、总氮、总磷	重度污染
滇池外海	Ⅴ	＞Ⅴ	0.39	69.3	总氮、总磷	重度污染
阳宗海	Ⅱ	Ⅲ	3.67	28.5	总磷	良好
洱海	Ⅱ	Ⅲ	1.32	46.8	总氮、总磷、生化需氧量	良好
抚仙湖	Ⅰ	Ⅰ	7.53	16.5		优
星云湖	Ⅲ	＞Ⅴ	0.80	60.3	总磷	重度污染
杞麓湖	Ⅲ	＞Ⅴ	0.57	61.0	总氮	重度污染
程海	Ⅲ	Ⅲ	3.20	38.9		良好
泸沽湖	Ⅰ	Ⅰ	10.83	14.9		优
异龙湖	Ⅲ	＞Ⅴ	0.47	53.7	总氮	重度污染

（二）2006年第三季度九大湖主要入湖河流水质状况

表2-32　2006年第三季度九大湖主要入湖河流水质状况

湖泊	主要入湖河流	断面名称	水域功能	水质类别	主要污染指标
滇池	盘龙江	严家地桥	Ⅳ	＞Ⅴ	溶解氧、氨氮、总磷
	船房河	入湖口	Ⅳ	＞Ⅴ	溶解氧、氨氮、总磷、高锰酸盐指数、生化需氧量
	运粮河	入湖口	Ⅳ	＞Ⅴ	氨氮、总磷
	大清河	入湖口	Ⅴ	＞Ⅴ	溶解氧、氨氮、总磷、高锰酸盐指数、生化需氧量
	乌龙河	入湖口	Ⅳ	＞Ⅴ	溶解氧、氨氮、总磷、高锰酸盐指数、生化需氧量、石油类
	采莲河	入湖口	Ⅳ	＞Ⅴ	氨氮、总磷
	新河	积中村	Ⅳ	＞Ⅴ	溶解氧、氨氮、总磷、石油类、生化需氧量
阳宗海	阳宗大河	入湖口	Ⅱ	Ⅲ	生化需氧量
洱海	弥苴河	江尾桥	Ⅱ	Ⅳ	溶解氧
	永安江	东湖入口	Ⅱ	Ⅳ	溶解氧
	罗时江	沙坪桥	Ⅱ	Ⅴ	溶解氧
	波罗江	入湖口	Ⅱ	Ⅴ	溶解氧

① 云南省九大高原湖泊水污染综合防治领导小组办公室：《二〇〇六年三季度云南省九大高原湖泊水质状况及治理情况公告》，http://sthjt.yn.gov.cn /gyhp/jhdt/200612/t20061230_11675.html（2006-12-30）。

续表

湖泊	主要入湖河流	断面名称	水域功能	水质类别	主要污染指标
抚仙湖	马料河	入湖口	Ⅰ	＞Ⅴ	溶解氧、总磷
	路居河	入湖口	Ⅰ	Ⅳ	氨氮、总磷、高锰酸盐指数
	隔河	入湖口	Ⅰ	Ⅳ	溶解氧、总磷、高锰酸盐指数
星云湖	渔村大河	入湖口	Ⅲ	＞Ⅴ	氨氮
	东西大河	入湖口	Ⅲ	＞Ⅴ	氨氮、总磷
	大街河	入湖口	Ⅲ	＞Ⅴ	氨氮、总磷、高锰酸盐指数、生化需氧量
杞麓湖	红旗河	入湖口	Ⅲ	Ⅳ	高锰酸盐指数
异龙湖	城河	4 号闸	Ⅲ	＞Ⅴ	溶解氧、氨氮、总磷、高锰酸盐指数、生化需氧量

（三）2006 年第三季度九大高原湖泊流域污水处理厂运行情况

表 2-33　2006 年第三季度九大高原湖泊流域污水处理厂运行情况表

单位名称	设计处理能力（万吨/日）	处理量（万吨/季度）
昆明市第一污水处理厂	12	1038
昆明市第二污水处理厂	10	559.36
昆明市第三污水处理厂	15	1607
昆明市第四污水处理厂	6	666
昆明市第五污水处理厂	7.5	826
昆明市第六污水处理厂	5	116
呈贡县污水处理厂	1.5	36.74
晋宁县污水处理厂	1.5	125
宜良县阳宗海污水处理厂	0.5	31.3
大理市污水处理厂	5.4	460
洱源县污水处理厂	0.4	15
澄江县污水处理厂	1	41.4
澄江县禄冲污水处理厂	0.2	9
江川县污水处理厂	1	69.51
江川县小马沟污水处理站	0.1	4.12
通海县污水处理厂	1	77.17
永胜县污水处理厂	0.5	未运行
宁蒗彝族自治县泸沽湖污水处理站	0.1	25.76
石屏县污水处理厂	1	40.68

（四）2006 年第三季度九大高原湖泊水污染综合治理情况

滇池主要入湖河流大清河综合整治主体工程已完工，配套泵站已完成土建部分，滇池西岸截污治理工程已进入竣工验收阶段，船房河截污综合治理工程已完成工程总量的 46%，乌龙河截污综合治理工程已完成工程总量的 28%，盘龙河城区段环境治理工程已开工建设，滇池底泥疏挖及处置二期工程已完成初步设计并通过专家评审。洱海世界银

行贷款“洱海水质保护与改善”项目已通过世界银行贷款项目鉴别团鉴别，正式进入项目准备阶段，洱海西区48千米湖滨带生态恢复通过初步验收，挖色镇村落污水处理工程和上关镇马甲邑永安江拦污闸工程已通过竣工验收。抚仙湖北岸镇海营东沟河道末端污染控制工程、新河洋潦营农业灌溉河道污染控制工程通过竣工验收，玉溪市湖泊环境监测站主楼建设已完工。星云湖渔村大河河道末端治理—人工湿地生物净化工程通过竣工验收，星云湖—抚仙湖出流改道人工湿地主体工程已完工，星云湖实施退塘退田还湖后生态修复工程已完成前期工作，星云湖湿地水生植物残体及农业面源固体废弃物资源化示范工程已完成土建。杞麓湖底泥疏浚及处置二期工程通过竣工验收，阳宗海数字化地下地形测量正在实施，胡家庄面源污染控制示范村二期正在恢复12亩湿地和沼气池建设。泸沽湖污水处理系统改扩建工程已完成管网铺设，垃圾处理场已完成前期工作。异龙湖海河—城河河道综合整治工程已完成投资330万元，第一标段1.6千米河道整治已完工，城河污染控制湿地建设工程已完成37亩表流湿地和15亩潜流湿地水生植物种植。

（五）2006年第三季度九大高原湖泊流域环境监察情况

云南省环境监察总队和昆明市、大理白族自治州、玉溪市、丽江市、红河哈尼族彝族自治州环境监察机构对九大高原湖泊流域内的重点排污单位、新建项目、城市生活污水处理厂及生态保护情况进行了现场环境监察，共出动环境人员544人次，检查排污单位180家。其中，检查新建项目62个。玉溪市对云南江川实龙精细化工有限公司清理除尘水污泥时导致泥浆水外排和江川天宇包装有限公司、江川县宏丰砖厂未报环境影响评价手续擅自开工建设，以及江川县皇壮养殖场超规模建设未重新报批环境影响评价手续等违反建设项目环境影响评价有关规定的新建项目进行了处理、处罚，并组织沿湖三县政府开展了抚仙湖月检，重点对沿湖餐馆、渔船、入湖河道、禁磷等进行督促检查。

十一、2007年第一季度九大高原湖泊水污染综合防治工作进展情况①

2007年4月5日，云南省九大高原湖泊水污染综合防治领导小组办公室编印了2007年一季度九大高原湖泊水污染综合防治工作进展情况，主要情况如下：

（1）滇池保护与治理。盘龙江中段水环境治理工程。工程批复概算总投资为9519万元。截至2007年3月26日，累计完成工程总量的42%；昆明官渡驼峰文化生态公园

① 云南省九大高原湖泊水污染综合防治领导小组办公室：《2007年一季度云南省九大高原湖泊水质状况及治理情况公告》，http://sthjt.yn. gov.cn/gyhp/jhdt/200707/t20070709_11605.html（2007-07-09）。

与西亮塘生态湿地公园积极开展项目前期工作建设；从 2007 年 1 月 1 日起，禁止营运性燃油机动船进入滇池；2007 年组织开展了 5 次入湖河道管理监督专项检查活动；滇池北岸水环境综合整治工程，在完成该工程 4 个片区（草海、城东、城北、城东南）初步设计的编制、初审和上报工作的基础上，进行动工建设的各项准备工作；滇池污染底泥疏挖及处置二期工程，已完成了前期勘察设计、疏浚施工合同签订和监理招投标等工作；船房河截污综合治理工程。完成全部截污干管铺设共 7654 米，完成率为 100%。河道综合整治完成 5717 米，占工程量的 80%。截污泵站主体工程完成 60%；清水回补泵站主体工程完成 100%；乌龙河截污综合治理工程完成截污管线铺设 1724 米，占工程量的 50%，完成双孔箱沟 320 米，截污泵站完成主体工程量的 40%；2007 年 1 月 1 日至 3 月 31 日，滇池管理综合行政执法局共开展日常检查 722 人次，开展专项整治活动 5 次，出动人员 1400 人，协同区县滇池管理行政执法分局进行湖滨带执法巡查 6 次，受理群众举报及 12345 热线 53 起，共计查处案件 206 件，行政罚款 130 万元。

（2）阳宗海保护与治理。昆明阳宗海部分：“十五”计划全部 19 个项目已完成。完成的重点工程项目有阳宗海北岸环湖截污和污水处理厂工程建设；阳宗海水质自动监测站建设；呈贡胡家庄、宜良摆依河口湿地恢复示范工程；水土流失治理 16.3 平方千米；造林面积 1501.87 公顷，封山育林 2254 公顷；生态卫生旱厕 1000 个；开展阳宗海基础背景调查、阳宗海污染物总量调查与控制研究、阳宗海总磷输入响应关系研究。

（3）玉溪“三湖一海”保护与治理。2007 年第一季度，玉溪市共出动 272 人次，对湖泊径流区重点排污企业及污水处理厂、宾馆、饭店等污染防治设施运行情况以及流域内自然保护区、风景名胜区进行现场监察。在加强执法的同时，2007 年第一季度，开展抚仙湖月检 3 次。

①抚仙湖保护与治理。玉溪市湖泊环境监测站主体工程完工并通过初步验收；澄江县抚仙湖流域生活垃圾转运站工程、澄江县禄充旅游度假区排水管网及提升泵站工程初步设计，抚仙湖东岸世家村面源污染控制工程实施方案，江川县抚仙湖明星生态村污水收集及处置工程、江川县孤山旅游风景区污水处理站管网配套工程可行性研究报告通过专家评审；抚仙湖流域磷矿开发对湖区生态的影响研究通过结题验收并进行了科技成果评定。

②星云湖保护与治理。江川县星云湖螺蛳铺河末端治理及湖滨带恢复工程可行性研究报告，江川县陈家湾环境综合整治工程实施方案通过专家评审；星云湖—抚仙湖出流改道工程水利部分除九溪顶管段尚未贯通外，其余各标段均已贯通，正在进行隧洞永久砼浇灌，水质净化部分挺水植物带工程已完工，九溪人工湿地一期工程土建工作已完工，准备进行植物栽种；星云湖退塘还湖及生态修复工程在 2006 年退塘、退田还湖，以及 6 条入湖河道湿地建设及生态修复的基础上，进行植物筛选移栽工作；星云湖湿地

水生植物残体及农业面源固体废弃物资源化示范项目土建工作已基本完成。

③杞麓湖保护与治理。杞麓湖者湾河末端治理工程，金山村、兴义村环境综合整治工程等项目在开展前期工作；杞麓湖调蓄水隧道工程正在建设。

④阳宗海保护与治理。阳宗海数字化水下地形测量通过验收；七星河河口末端治理工程已批复，准备进入招投标阶段。

（4）洱海保护与治理。大理市制定出台了《关于进一步加强洱海综合治理保护的实施意见》，明确了综合治理保护工作的指导思想、基本原则、目标、工作重点和主要项目，使洱海综合治理保护工作有计划、有目标、有步骤地开展。认真实施洱海综合治理保护“六大工程”：大理洱海湖滨带（西区）生态恢复工程主体工程基本完成，并通过初验，完成投资4953万元；洱海湖滨带（东区）生态恢复工程（满江—机场路10千米湖滨带生态修复）着手验收准备，完成投资1500万元；大理市环洱海（上和—登龙河）截污干渠工程，完成投资14 780.05万元；大理市东城区给排水管网工程（二期），完成投资2678.908万元；洱源县军马场生活垃圾处理工程和洱源县城供排水管网及污水处理厂工程分别完成投资3846万元和100万元，工程建设进展顺利。

（5）异龙湖保护与治理。异龙湖综合治理领导小组办公室调整了领导班子；编制了异龙湖退塘还湖试点工程实施方案，已开展试点工作；“十一五”期间规划继续底泥疏浚125万立方米的项目工程初步设计已报云南省发展和改革委员会审批，现正在加紧前期工作；建设垃圾处理规模为100吨/日，工程总投资1540万元，累计到位资金 595万元，完成投资560万元；建成管理用房、发酵用房、筛分厂房、进场公路，已开始试运行；界桩埋设工程完工，按异龙湖1414.2米高程沿湖埋设界桩470棵，埋设线路总长40 256米，工程完成投资60万元；海河治理工程，总投资1298万元，该工程分为7个标段。其中，一标段的工程已基本完成，完成投资420万元，二标段工程已开工建设，工程进展顺利；小流域治理工程，完成了《异龙湖项目区水土保持综合治理可行性研究报告》的编制、评审和上报工作，总投资1700万元，治理小流域10条，面积88平方千米；石屏县城截污干管改造工程可行性研究报告已通过评审，并得到云南省发展和改革委员会的批复。《异龙湖项目区水土保持综合治理可行性研究报告》的编制、评审和上报工作已经完成。

（6）丽江泸沽湖、程海保护与治理。丽江泸沽湖污水处理工程污水管网工程基本完成，污水处理厂已开工建设；泸沽湖流域垃圾处理工程进展顺利。在云南、四川环境保护协调委员会第三次会议上，丽江市环境保护局与四川省凉山彝族自治州环境保护局签署了泸沽湖水污染防治工作备忘录，有力地推进了湖泊保护与治理。此外，丽江市开展了泸沽湖流域面源污染控制示范工程、泸沽湖滨带工程、泸沽湖山垮河治理、泸沽湖环境监测监察能力建设、泸沽湖流域基础地理数据库建设、泸沽湖生态系统研究、泸沽湖环境承载力研究、程海流域面源污染控制示范工程、程海环境监测监察能力建设、程海生态系统研究、程海流域基础地理数据库建设 11 个重点项目，这些工程已经开始编制项目可研和实施方案的前期工作。

十二、云南省九大高原湖泊 2007 年三季度水质状况及治理情况公告①

（一）2007 年第三季度九大高原湖泊水质状况

2007 年第三季度九大高原湖泊水质状况，见表 2-34。

表 2-34　2007 年第三季度九大高原湖泊水质状况

湖泊	水域功能	水质综合评价	透明度（米）	营养状态指数	主要污染指标	污染程度
滇池草海	Ⅴ	劣Ⅴ	0.5	77.2	氨氮、总氮、总磷	重度污染
滇池外海	Ⅴ	劣Ⅴ	0.41	68.5	总氮、总磷	重度污染
阳宗海	Ⅱ	Ⅱ	3.9	43.6		良
洱海	Ⅱ	Ⅲ	1.2	46.2	总氮、总磷	良
抚仙湖	Ⅰ	Ⅰ	4.9	20.9		优
星云湖	Ⅲ	劣Ⅴ	0.73	65.0	总氮、总磷	重度污染
杞麓湖	Ⅲ	劣Ⅴ	0.87	60.4	总氮	重度污染
程海	Ⅲ	Ⅲ	2.1	40.4		良
泸沽湖	Ⅰ	Ⅰ	11.7	13.4		优
异龙湖	Ⅲ	劣Ⅴ	0.35	67.2	总氮	重度污染

（二）2007 年第三季度九大高原湖泊主要入湖河流水质状况

2007 年第三季度九大高原湖泊主要入湖河流水质状况，见表 2-35。

表 2-35　2007 年第三季度九大高原湖泊主要入湖河流水质状况

湖泊	主要入湖河流	监测断面名称	水环境功能类别	水质类别	主要污染指标
滇池草海	新河	积中村	Ⅳ	劣Ⅴ	化学需氧量、溶解氧、氨氮、总磷、石油类
	船房河	入湖口	Ⅳ	劣Ⅴ	化学需氧量、溶解氧、氨氮、总磷、石油类
	运粮河	入湖口	Ⅳ	劣Ⅴ	氨氮、总磷
	乌龙河	入湖口	Ⅳ	劣Ⅴ	化学需氧量、溶解氧、氨氮、总磷、石油类
	采莲河	入湖口	Ⅳ	劣Ⅴ	氨氮、总磷

① 云南省九大高原湖泊水污染综合防治领导小组办公室：《云南省九大高原湖泊二〇〇七年三季度水质状况及治理情况公告》，http://sthjt.yn. gov.cn/gyhp/jhdt/200712/t20071203_11678.html（2007-12-03）。

续表

湖泊	主要入湖河流	监测断面名称	水环境功能类别	水质类别	主要污染指标
滇池外海	盘龙江	松华坝口	Ⅱ	Ⅱ	
		小人桥	Ⅳ	劣Ⅴ	溶解氧、氨氮、总磷
		严家村桥	Ⅳ	劣Ⅴ	溶解氧、氨氮、总磷
	大清河	入湖口	Ⅴ	劣Ⅴ	化学需氧量、溶解氧、氨氮、总磷、石油类
阳宗海	阳宗大河	入湖口	Ⅱ	Ⅲ	氨氮、总磷
洱海	弥苴河	下山口	Ⅱ	Ⅲ	溶解氧
	弥苴河	江尾桥	Ⅱ	Ⅲ	生化需氧量
	永安江	桥下村	Ⅱ	Ⅳ	溶解氧
	永安江	江尾东桥	Ⅱ	Ⅴ	溶解氧
	罗时江	莲河桥	Ⅱ	Ⅴ	生化需氧量
	罗时江	沙坪桥	Ⅱ	劣Ⅴ	溶解氧
	波罗江	入海口	Ⅱ	劣Ⅴ	氨氮
	白鹤溪	丰呈庄	Ⅱ	Ⅳ	生化需氧量
抚仙湖	马料河	入湖口	Ⅰ	劣Ⅴ	溶解氧、氨氮
	隔　河	入湖口	Ⅰ	Ⅳ	溶解氧、氨氮、石油类
	路居河	入湖口	Ⅰ	劣Ⅴ	总磷
星云湖	东西大河	入湖口	Ⅲ	劣Ⅴ	氨氮、总磷
	大街河	入湖口	Ⅲ	劣Ⅴ	化学需氧量、溶解氧、氨氮、总磷、石油类
	渔村河	入湖口	Ⅲ	Ⅳ	化学需氧量、氨氮、石油类
杞麓湖	红旗河	入湖口	Ⅲ	劣Ⅴ	总氮
异龙湖	城　河	3号闸	Ⅲ	劣Ⅴ	化学需氧量、溶解氧、氨氮、总磷、石油类

（三）2007年第三季度九大高原湖泊流域污水处理厂运行情况

2007年第三季度九大高原湖泊流域污水处理厂运行情况，见表2-36。

表2-36　2007年第三季度九大高原湖泊流域污水处理厂运行情况

湖泊名称	单位名称	设计处理能力（万吨/日）	处理量（万吨/季度）
滇池	第一污水处理厂	12	983.77
	第二污水处理厂	10	1348.34
	第三污水处理厂	15	1524.67
	第四污水处理厂	6	578.29
	第五污水处理厂	7.5	946.55
	第六污水处理厂	5	227.84
	呈贡污水处理厂	1.5	54.87
	晋宁污水处理厂	1.5	119.06
	小计	58.5	5783.39
阳宗海	汤池镇污水处理厂	0.5	30.5
	小计	0.5	30.5

续表

湖泊名称	单位名称	设计处理能力（万吨/日）	处理量（万吨/季度）
洱海	大鱼田污水处理厂	5.4	491.2
	洱源县污水处理厂	0.4	13.8
	下关庆中污水处理厂	0.5	设备检修和升级，未运行
	小计	6.3	505
抚仙湖	澄江县城污水处理厂	1	41.4
	禄充污水处理站	0.2	9.0
	小马沟污水处理站	1	74.1
	小计①	2.2	124.5
星云湖	江川县城污水处理厂	0.1	5.8
	小计	0.1	5.8
杞麓湖	通海县城污水处理厂	1	75.2
	小计	1	75.2
程海	永胜县城污水处理厂	0.5	管网不配套，未运行
	小计	0.5	
泸沽湖	落水污水处理站	0.072	4.83
	自然保护区管理所污水处理站	0.024	1.61
	里格污水处理站	0.015	0.45
	小计	0.111	6.89
异龙湖	石屏县城污水处理厂	1	10.42
	坝心镇污水处理站	0.1	3.6
	小计	1.1	14.02
合计		70.311	6545.3

（四）2007年第三季度九大高原湖泊水污染综合治理情况

1. 九大高原湖泊“十一五”目标责任书项目进展情况

九大高原湖泊“十一五”目标责任书项目进展情况，见表2-37。

表2-37　九大高原湖泊“十一五”目标责任书项目进展情况

项目名称	湖泊名称	项目数（个）	已完成（个）	在建（个）	前期工作（个）	未动工（个）	开工率（%）
九大高原湖泊“十一五”目标责任书	滇池	42	1	12	29		30.95
	阳宗海	△15		2	7	6	13.3
		*6	1	2	2	1	50.00
	洱海	30		15	15		50
	抚仙湖	24	1	3	17	3	16.67
	星云湖	17	1	6	9	1	41.18

① 原文件中此处小计中抚仙湖设计处理能力的数据为1.3万吨/日，处理量数据为56.2万吨/日，这两个数据明显有问题，特此更正。

续表

项目名称	湖泊名称	项目数（个）	已完成（个）	在建（个）	前期工作（个）	未动工（个）	开工率（%）
九大高原湖泊“十一五”目标责任书	杞麓湖	15		2	7	6	13.33
	程海	10		3	7		30.00
	泸沽湖	11		3	8		27.3
	异龙湖	14	1	6	5	2	50.00
	合 计	184	5	54	106	19	32.1

注：阳宗海项目栏中“Δ”表示昆明市部分；“*”表示玉溪市部分

2. 九大高原湖泊“十一五”目标责任书主要工程项目进度

（1）滇池。①船房河截污综合治理工程，总投资 43 208.4 万元，于 2005 年 11 月 18 日开工建设，已完成工程量的 92%，完成投资 25 232 万元，计划 2007 年底完工。②乌龙河截污综合治理工程，总投资 9269.9 万元，于 2005 年 11 月 18 日开工建设，已完成工程量的 95%，完成投资 5133 万元，计划 2007 年底完工。③盘龙江城区段水环境治理工程，第一阶段批准总投资 9519 万元，于 2006 年 6 月 8 日开工建设，工程已完工，正在进行竣工验收准备工作，完成投资 8850 万元。④滇池污染底泥疏挖及处置二期工程，总投资 18 578 万元，已完成围堰合同签订及泵站设备采购招标工作、堆场土地收储 360 亩，完成投资 4933 万元。⑤滇池北岸水环境综合治理工程，初步设计批复概算总投资 39.8 亿元，计划 2012 年完工。工程主要内容为铺设污水、雨水干线管道 385 千米，改扩建及新建污水、雨水泵站 11 座，改扩建现有 6 座污水处理厂，新建第七污水厂，增加污水处理能力 43.5 万立方米/日，工程完成后主城污水处理总规模将达到 99 万立方米/日，出水水质将达到国家一级 A 排放标准。另外，继草海西岸截污管 B 段开工后，2007 年 7 月 31 日庄房村泵站土建开工，2007 年 8 月 28 日第三污水厂改扩建和第七污水处理厂场地填筑工程正式动工，官宝路污水管 A 段已完成招标工作。截至 2007 年 9 月底，北岸工程累计完成投资 27 549.22 万元。

（2）阳宗海。阳宗海（昆明部分）东岸柳树湾段湖滨带修复工程在建，春城湖畔高尔夫球场污染源调查与控制研究正在实施中；阳宗海（玉溪部分）七星河河口末端治理工程开工建设。

（3）洱海。①洱源县军马场生活垃圾处理工程及波罗江沿岸综合管网基本完工。②海东至澄龙河截污干渠已完成一期、二期共 7.7 千米建设。③大理市城区东部给排水管网工程二期正在实施。

（4）抚仙湖。①澄江县禄充旅游度假区排水管网及提升泵站工程正在开展招投标准备工作。②抚仙湖还湖鱼塘生态修复工程，澄江县、江川县正在开展前期工作。③抚仙湖北岸东大河环境综合治理工程可行性研究报告已批复，正在开展初步设计。④澄江县城生活垃圾处理工程可行性研究报告已通过云南省发展和改革委员会评审。⑤澄江县城污水处理厂管网配套工程可研报告已上报云南省发展和改革委员会。

（5）星云湖。①星云湖螺蛳铺河末端治理及湖滨带恢复工程可行性研究报告已批复。②陈家湾环境综合整治工程已完成招投标。③星云湖—抚仙湖出流改道工程即将全部贯通，抓紧进行永久砼浇灌和灌浆，九溪人工湿地正在栽种植物。④星云湖生态修复工程除小街河河口湿地外已全部完工。⑤星云湖湿地水生植物残体及面源农业固体废弃物资源化示范项目正在安装设备。⑥江川县城生活垃圾处理工程正在抓紧建设。

（6）杞麓湖。①金山村、兴义村环境综合整治工程方案已编制完成。②黄龙片区截污管道工程方案已编制完成。③者湾河末端治理工程项目正在开展前期工作。④杞麓湖调蓄水隧道工程正在抓紧建设。

（7）泸沽湖。①污水处理系统工程已完成工程量的80%，完成投资1508.5万元，计划2007年11月底完工。②泸沽湖承载力研究已启动。

（8）程海。①公益林建设完成54 848亩。②沼气池建设完成1407口。③永胜县城截污管网建设计划2007年10月开工。④程海垃圾处理场建设计划2007年11月底完工。

（9）异龙湖。①石屏县城排污配套管网建设，已完成新城区管网建设16 786米、老城区管网建设7232米。②异龙湖流域测土配方施肥技术推广项目，已完成8.67万亩，减少施用尿素312吨、普钙341吨。③异龙湖流域小流域综合治理工程，已基本完成蔡营小流域综合治理。④异龙湖流域防治林体系建设工程，已完成人工造林307亩。

（五）2007年第三季度九大高原湖泊流域环境监察情况

2007年，九大高原湖泊流域环境立法力度进一步加大。《云南省抚仙湖保护条例》已于2007年9月1日施行、《云南省星云湖保护条例》已经云南省人民代表大会通过，《云南省杞麓湖保护条例》修订工作进展顺利，并依法、合理调度水资源，积极改善湖泊水质。

环境执法力度不断加强。云南省和五州（市）环境监察机构紧紧围绕九大高原湖泊流域环境监察的重点任务，加大对九大高原湖泊流域内排污单位、新建项目、污水处理厂、垃圾处置场、目标责任书重点项目建设等现场环境监察力度，强化环境现场执法，开展污染物总量控制现场环境监察1028人次，检查排污单位237家、新建项目53个、城市生活污水处理厂23个，查处环境违法企业9家（抚仙湖1家、滇池4家、星云湖4家），进一步推进了九大高原湖泊保护治理工作的深入开展。

（六）其他

（1）2007年9月18—23日，根据云南省九大高原湖泊水污染综合防治领导小组第七次会议安排和《云南省九大高原湖泊水污染综合防治目标责任书（2006—2010

年）》的要求，云南省九大高原湖泊水污染综合防治领导小组办公室会同省级领导小组成员单位，分别对昆明市、玉溪市、红河哈尼族彝族自治州、大理白族自治州、丽江市人民政府贯彻国务院“三湖”治理工作座谈会、全国湖泊污染防治工作会议精神情况，以及对 2006 年、2007 年上半年湖泊水污染综合防治“十一五”规划和九大高原湖泊“十一五”目标责任书执行情况进行了检查。

检查结果显示，九大高原湖泊“十一五”目标责任书项目共 184 项，截至 2007 年 6 月 30 日，已完成 4 项，在建 50 项，开展前期工作 95 项，未启动 35 项，项目开工率为 29.3%。据不完全统计，2006 年至 2007 年上半年，九大高原湖泊治理共完成投资 135 040.44 万元。其中，滇池完成投资 72 673 万元。其他八湖完成投资 62 367.44 万元。

检查发现，九大高原湖泊保护与治理的形势依然十分严峻，湖泊水环境质量不容乐观。湖泊污染源未能得到综合、有效治理，新的污染源在扩展，入湖污染物总量在增加，湖泊污染控制和治理的难度进一步加大。九大高原湖泊规划重点治理项目推进缓慢。截至 2007 年上半年，九大高原湖泊治理项目开工率较低（特别是重点项目、截污项目），工程进度缓慢，完工率低，部分项目环境效益没有得到充分体现。湖泊治理大多数已完工项目均未进行验收，工程的环境效益未能充分发挥，有的入湖河道在治理后水质基本没有改善，工程减污能力有待大幅度提高。工作落实不够，监督管理工作有死角。目标责任落实不全面，责任追究不健全。州（市）、县配套资金不足、不落实、不到位，已成为制约九大高原湖泊水污染综合防治目标责任制执行和规划目标实现的主要因素。

下一步要切实加强对九大高原湖泊水污染防治目标责任制的领导，进一步落实责任，强化机制，建立目标责任长效机制。加快推进重点治理项目建设，严格执行国家的基本建设程序和有关规定。对已竣工的项目要认真组织竣工验收并进行综合效益评估，向社会公告。各地要全力做好九大高原湖泊治理“十一五”规划项目的前期工作，各级财政、环境保护等部门负责指导重大项目前期工作的开展，并对前期工作的进度、质量提出明确要求，要切实优化重点项目的工程方案和工程规模，提高项目的可行性和可批性。加强省、市协调，加强与国家有关部门的联系沟通，最大限度地争取国家支持。各级配套资金必须根据目标责任书及项目进度的要求及时到位，加快九大高原湖泊治理重大项目建设，大幅度削减入湖污染负荷，确保“十一五”规划目标的实现。

（2）2007 年 9 月 10 日至 13 日，根据《云南四川两省环境保护协调委员会第三次会议纪要》要求，由云南省环境监察总队牵头组织滇川两省三级环境监察部门，采取分组交叉检查、互派观察员的方式，重点对泸沽湖流域两省辖区内的污水处理厂、垃圾填埋场运行情况，沿湖部分旅游接待宾馆、饭店的环境保护设施运行管理情况，环湖截污干管建设管护情况进行了现场检查。检查发现，云南省方面突出抓了泸沽湖环境治理

“八大工程”建设，禁磷、禁白和退居还湖工作，四川省方面认真抓了农户沼气池和农家宾馆污水资源化处理池建设，污染治理成效显著。但也发现宁蒗彝族自治县落水村临时沙石料堆场为泥石流高发地段，不仅存在对水体污染的隐患，而且对环湖公路安全构成威胁；盐源县泸沽湖假日酒店（四星级）无法提供相关环境影响评价资料。针对上述存在问题，检查组现场建议当地政府责成有关部门和单位立即整改。

十三、云南省九大高原湖泊 2008 年三季度水质状况及治理情况公告①

2008 年 11 月 11 日，云南省九大高原湖泊水污染综合防治领导小组办公室编印了 2008 年第三季度九大高原湖泊水污染综合防治工作进展情况，具体见表 2-38、表 2-39、表 2-40、表 2-41。

（一）2008 年第三季度九大高原湖泊水质状况

表 2-38　2008 年第三季度九大高原湖泊水质状况表

湖泊	水域功能	水质综合评价	透明度（米）	营养状态指数	主要污染指标	污染程度
滇池草海	V	＞V	0.57	79.18	氨氮、总磷、总氮	重度污染
滇池外海	V	＞V	0.51	64.3	总氮	重度污染
阳宗海	Ⅱ	＞V	3.22	32	砷	重度污染
洱海	Ⅱ	Ⅱ	1.63	36.8		良
抚仙湖	I	I	4.48	19.49		优
星云湖	Ⅲ	＞V	0.62	63.8	总氮	重度污染
杞麓湖	Ⅲ	＞V	0.91	58.93	总氮	重度污染
程海	Ⅲ	Ⅲ	3.0	29.8		良
泸沽湖	I	I	11.0	4.9		优
异龙湖	Ⅲ	V	1.08	53.67	总氮、重铬酸盐值	重度污染

（二）2008 年三季度九大湖主要入湖河流水质状况

表 2-39　2008 年第三季度九大高原湖泊水质状况表

湖泊	主要入湖河流	监测断面名称	水域功能	水质类别	主要污染指标
滇池草海	新河	积中村	Ⅳ	＞V	重铬酸盐值、溶解氧、生化需氧量、石油类、挥发酚、氨氮、总磷
	船房河	入湖口	Ⅳ	＞V	总磷
	运粮河	入湖口	Ⅳ	＞V	氨氮、总磷、生化需氧量
	乌龙河	入湖口	Ⅳ	＞V	重铬酸盐值、溶解氧、生化需氧量、石油类、挥发酚、氨氮、总磷

① 云南省九大高原湖泊水污染综合防治领导小组办公室：《云南省九大高原湖泊 2008 年三季度水质状况及治理情况公告》，http://sthjt.yn.gov. cn/gyhp/jhdt/200812/t20081223_11628.html（2008-12-23）。

续表

湖泊	主要入湖河流	监测断面名称	水域功能	水质类别	主要污染指标
滇池草海	采莲河	入湖口	Ⅳ	＞Ⅴ	重铬酸盐值、溶解氧、生化需氧量、氨氮、总磷
滇池外海	盘龙江	松华坝口	Ⅱ	Ⅰ	
		小人桥	Ⅳ	＞Ⅴ	生化需氧量、氨氮、总磷
		严家村桥	Ⅳ	＞Ⅴ	氨氮、总磷
	大清河	入湖口	Ⅴ	＞Ⅴ	重铬酸盐值、溶解氧、生化需氧量、氨氮、总磷
	金家河	金太塘	Ⅲ	＞Ⅴ	氨氮
	小清河	六甲乡新二村	Ⅲ	＞Ⅴ	溶解氧、高锰酸盐指数、氨氮、总磷
	西坝河	平桥村	Ⅲ	＞Ⅴ	溶解氧、高锰酸盐指数、生化需氧量、氨氮、总磷、石油类
	大观河	篆塘	Ⅲ	＞Ⅴ	生化需氧量、氨氮、总磷
	王家堆渠	入湖口	Ⅳ	＞Ⅴ	溶解氧、生化需氧量、氨氮、总磷
	六甲宝象河	东张村	Ⅲ	＞Ⅴ	溶解氧、高锰酸盐指数、生化需氧量、氨氮、总磷
	五甲宝象河	曹家村	Ⅲ	＞Ⅴ	氨氮、总磷
	老宝象河	龙马村	Ⅲ	＞Ⅴ	溶解氧
	新宝象河	宝丰村	Ⅲ	＞Ⅴ	氨氮、总磷
	虾坝河	五甲村	Ⅲ	＞Ⅴ	溶解氧
	海河	入湖口	Ⅲ	＞Ⅴ	溶解氧、高锰酸盐指数、生化需氧量、氨氮、总磷
滇池	马料河	溪波村	Ⅲ	＞Ⅴ	高锰酸盐指数、生化需氧量、氨氮
	洛龙河	入湖口	Ⅲ	Ⅱ	
	胜利河	入湖口	Ⅲ	Ⅳ	溶解氧
	南冲河	入湖口	Ⅲ	Ⅳ	溶解氧
	淤泥河	入湖口	Ⅲ	＞Ⅴ	氨氮
	柴　河	入湖口	Ⅲ	＞Ⅴ	氨氮
	白鱼河	入湖口	Ⅲ	Ⅴ	生化需氧量
	茨港河	牛恋河	Ⅲ	＞Ⅴ	氨氮
	城河	昆阳码头	Ⅲ	＞Ⅴ	氨氮
	东大河	入湖口	Ⅲ	Ⅲ	
	古城河	马鱼滩	Ⅲ	＞Ⅴ	总磷
阳宗海	阳宗大河	入湖口	Ⅱ	Ⅴ	总磷、生化需氧量
洱海	弥苴河	江尾桥	Ⅱ	Ⅲ	生化需氧量
		下山口	Ⅱ	Ⅱ	
	永安江	桥下村	Ⅱ	Ⅳ	生化需氧量
		江尾东桥	Ⅱ	Ⅲ	溶解氧
	罗时江	沙坪桥	Ⅱ	Ⅳ	溶解氧
		莲河桥	Ⅱ	Ⅳ	溶解氧
	波罗江	入湖口	Ⅱ	Ⅳ	氨氮
	万花溪	喜州桥	Ⅱ	Ⅱ	
	白石溪	丰呈庄	Ⅱ	Ⅲ	生化需氧量
	白鹤溪	丰呈庄	Ⅱ	Ⅳ	总磷

续表

湖泊	主要入湖河流	监测断面名称	水域功能	水质类别	主要污染指标
抚仙湖	马料河	马料河	Ⅰ	Ⅴ	溶解氧、生化需氧量、氨氮
	隔河	隔 河	Ⅰ	Ⅳ	生化需氧量、石油类
	路居河	路居河	Ⅰ	＞Ⅴ	生化需氧量、总磷
星云湖	东西大河	东西大河	Ⅲ	＞Ⅴ	总磷
	大街河	大街河	Ⅲ	＞Ⅴ	生化需氧量、氨氮、总磷
	渔村河	渔村河	Ⅲ	Ⅴ	生化需氧量、氨氮、总磷
杞麓湖	红旗河	红旗河	Ⅲ	＞Ⅴ	生化需氧量
异龙湖	城河	3号闸	Ⅲ	＞Ⅴ	重铬酸盐值、溶解氧、生化需氧量、氨氮、总磷

（三）2008年第三季度九大高原湖泊流域污水处理厂运行情况

表2-40　2008年第三季度九大高原湖泊流域污水处理厂运行情况表

单位名称	设计处理能力（万吨/日）	处理量（万吨/季度）
昆明市第一污水处理厂	12	1910.6
昆明市第二污水处理厂	10	1946.04
昆明市第三污水处理厂	15	2592.93
昆明市第四污水处理厂	6	1141.63
昆明市第五污水处理厂	7.5	1689.77
昆明市第六污水处理厂	5	383.41
呈贡县污水处理厂	1.5	98.89
晋宁县污水处理厂	1.5	206.74
宜良县阳宗海污水处理厂	0.5	25.6
大理市污水处理厂	5.4	786.74
洱源县污水处理厂	0.5	23.89
大理市庆中污水处理厂	1	87.39
澄江县污水处理厂	1	59.43
澄江县禄冲污水处理厂	0.2	6.61
江川县污水处理厂	1	65.57
江川县小马沟污水处理站	0.1	5.79
通海县污水处理厂	1	46.34
永胜县污水处理厂	0.5	0
宁蒗彝族自治县泸沽湖污水处理站	0.1	6.725
石屏县污水处理厂	1	56.068
石屏县坝心污水处理厂	0.5	0

（四）2008年第三季度九大高原湖泊“十一五”目标责任书项目进展情况

表2-41　2008年第三季度九大高原湖泊“十一五”目标责任书项目进展情况表

项目名称	湖泊名称	项目数（个）	已完成（个）	在建（个）	前期工作（个）	动工（个）	开工率（%）	累计完成投资（万元）
九大高原湖泊“十一五”目标责任书	滇池	65	6	27	31	1	50.77	191 583.03
	阳宗海	△15	3	5	4	3	53.3	1 950
		*6	1	2	3		50	920.55
	洱海	30	1	18	11		63.3	70 191.85
	抚仙湖	24	2	11	10	1	54.2	4 527.47
	星云湖	17	5	7	5	0	70.6	31 092.83
	杞麓湖	15	1	4	9	1	33.3	13 348.62
	程海	10		7	3	0	70	2 818.2
	泸沽湖	11	1	6	2	2	63.64	2 530
	异龙湖	14	3	9	2		85.7	3 673.25
	合计	207	23	96	80	8	57.48	322 635.8

注：阳宗海项目栏中“△”表示昆明市部分；“*”表示玉溪市部分

（五）九大高原湖泊水污染防治工作情况

（1）强化执法监督，依法保护、治理湖泊。云南省环境监察总队和昆明市、玉溪市、红河哈尼族彝族自治州、大理白族自治州、丽江市环境监察机构紧紧围绕九大高原湖泊流域环境监察的重点，采取例行检查、突击检查、暗查等方式，加大对污水处理厂、国控省控企业、2008年重点项目和重点工作、新建项目等现场环境监察力度，出动环境监察人员1644人次，检查企业345家（含重点检查企业43家）、新建项目286个，查处环境违法企业14家（滇池12家，阳宗海2家），加强了对九大高原湖泊流域各类污染源、污染治理设施的监管。由于新增化学需氧量超标，玉溪市被环境保护部“区域限批”后，三个污水处理厂相应的管网工程建设进度较慢，各片区、标段开工率较低，整改速度有待加快。

（2）开展了饮用水水源及九大高原湖泊水质安全大检查。阳宗海水污染事件发生后，云南省人民政府及时下发了《云南省人民政府办公厅关于在全省开展环保大检查的通知》，云南省环境保护局下发了《云南省环保局关于开展全省饮用水源安全及九大高原湖泊水质安全大检查的通知》，要求各地举一反三，在全省范围，特别是云南省九大高原湖泊流域，对集中式饮用水水源地，九大高原湖泊流域主要排污单位，九大高原湖泊流域各类污水处理设施建设及运行、管理情况，全面开展检查，排查污染隐患，整治环境违法企业。

（六）其他

2008年，云南省环境保护局组织开展了2008年九大高原湖泊专项资金支持项目前期审查工作，促进了项目的开工实施，有力地提高了项目开工率；开展了九大高原湖泊“十一五”规划中期评估和九大高原湖泊水质分析工作，初步摸清了湖泊水质变化规律，为九大高原湖泊治理提供了科学依据；配合滇池水污染审计调查组开展了滇池治理审计工作；成立了滇池水污染防治专家督导组，开展了多项督导工作，将《滇池流域水污染防治规划（2006—2010 年）》相关责任和任务进行了分解；开展了九大高原湖泊水污染治理调研工作，特别是多次对滇池和大理洱海进行了调研，确定了下一步治理的重点项目和重点工作。玉溪市组织编制了《抚仙湖流域水环境保护与水污染防治规划》，该规划提出了清水产流机制，以湖泊水环境承载力为依据，采用“系统控源—清水产流机制修复—湖泊水体保育—流域强化管理”为主要内容的抚仙湖保护与综合防治的技术路线。

第三节　九大高原湖泊环境保护措施与行动

一、国家环境保护总局副局长王心芳检查滇池治理工作[①]

2002 年 7 月 28 日，国家环境保护总局副局长王心芳在检查滇池治理工作时强调，要从根本上改变滇池水质，必须提高城市污水处理能力，从源头上截断入湖污染源。

在听取了昆明市人民政府所做的滇池治理情况汇报后，王心芳副局长视察了昆明第一污水处理厂，在实地察看了滇池水质后，他对滇池治理目前所取得的阶段性成果给予了充分肯定。他认为，多年来云南省、昆明市治理滇池污染所采取的措施是有效的，尤其是 2001 年以来昆明市委、昆明市人民政府将滇池治理工作作为重中之重，集中力量，增加投入，进一步加大工业企业污染治理，实施城市污水处理工程，启动农村面源污染治理，全面开展 9 条入湖河道的整治，加大执法检查和查处力度，使滇池治理工作有了新的进展。他表示，看到滇池水质比以前有了好转，深感欣慰。

王心芳副局长指出，作为国家的治理重点，滇池污染治理虽然取得了一定的成绩，但也要认识到其长期性和艰巨性，工作中千万不可有丝毫松懈。要把截污和加大城市污水处理能力作为治理滇池的关键，不断总结、摸索经验，加快污水处理厂及配套管网的

---

① 云南省环境保护局：《国家环保总局副局长王心芳检查滇池治理工作》，http://sthjt.yn.gov.cn/zwxx/xxyw/xxywrdjj/200208/t20020806_780.html（2002-08-06）。

建设步伐；要下大的决心，采取非常规的措施，用大的力量，对城市污水进行处理，污水处理工艺要不断改进，以保证除磷除氮的效果。只有这样，源头上“干净”了，滇池水质才有可能根本好转。

二、公开接受社会监督，2004年起滇池治理进展全国公示①

2004年2月2日，云南省环境保护部门透露，根据国家环境保护总局的相关要求，从2004年度起，云南省相关环境保护部门对滇池流域及三峡库区上游云南段的治理进展情况将每年向全国人民公开公示，接受社会大众的监督，与三峡库区水污染防治相关的45个项目，还要公示资金的使用和落实情况。

根据国务院批复的重点流域、海域水污染防治计划的要求，河南、河北、安徽、山东、山西、江苏、浙江、辽宁、吉林、内蒙古、四川、云南、贵州、湖北、上海、北京、天津、重庆18个省、直辖市、自治区的流域治理情况必须公开公示。其中，云南省的滇池流域就被国家环境保护总局列入年度公示的范围。据了解，公开公示的内容包括滇池流域水污染防治工作总体情况、水质改善情况、污染物排放总量控制目标完成情况及污染防治项目完成情况等几个方面。

此外，由于上游区域水环境的治理情况是三峡库区水质良好的保证条件之一，因此国家发展和改革委员会、科技部、国土资源部、建设部等各相关部门还要求，涉及《三峡库区及其上游水污染防治规划》内容的治理项目，其资金的落实情况也要予以公布。另外，云南省列入《三峡库区及其上游水污染防治规划》的项目共有45个，总投资22.28亿元，涉及7个地州市的27个县。其中，污水处理项目9个，投资4.75亿元；垃圾处理项目23个，投资5.51亿元；生态保护项目13个，投资12.02元，现均处于可研阶段；在45个项目中，在建项目18个；正在进行初步设计的项目6个；正在进行可研的项目21个。这意味着从2004年开始，这45个项目除了工程进展情况以外，项目的资金使用和落实情况也将被置于完全透明的状态下。

三、滇池治理又进一步——枧槽河综合整治工程近日开工②

2004年4月，预计总投资2.6亿元的枧漕河综合整治工程又取得重大进展，预计

① 云南省环境保护局：《公开接受社会监督，2004年起滇池治理进展全国公示》，http://sthjt.yn.gov.cn/zwxx/xxyw/xxywrdjj/200402/t20040203_1231.html（2004-02-03）。

② 云南省环境保护局：《滇池治理又进一步——枧槽河综合整治工程近日开工》，http://sthjt.yn.gov.cn/zwxx/xxyw/xxywrdjj/200404/t20040430_1415.html（2004-04-30）。

2005年底全面竣工。据悉，涉及12平方千米范围的综合整治工程将直接服务枧槽河周围65.09万人，工程实施后的截流规模将达到5立方米/秒。至此，滇池北岸9条入湖河道的治理完成了4条。

据了解，枧槽河综合整治工程是昆明城市入滇池河道“清污分流”整治工程的重要组成部分，整治范围自老民航路与安石路交叉口至枧漕河河尾与官南路交叉处止，是一条长6.8千米的河道。工程计划占用国有河道81.788亩，占用国有道路41.353亩，征用其他土地159.78亩，将拆除房屋18564平方米，拆除围墙2633米，涉及官渡区的关上、小板桥、前卫、六甲四个乡镇。

在未来一年多的时间里，枧漕河综合整治工程将先后实施管道、工程、道路、桥涵、泵站、清水回补、景观绿化七个子项目。其中，景观绿化工程最为特别，计划从民小桥—枧槽河与明通河交汇处，沿枧槽河两岸原则上按照10米来控制绿化带，对不同地段的绿化加入不同的设计构思，使之风格各异又能有机融合，形成一道亮丽的风景线。

此外，枧漕河综合整治工程还包括管道工程，主要是沿枧槽河两岸埋设污水干线管道至第二污水处理厂，在海明河口设置三孔河道闸1座，在旱季将海明河水接入枧槽河截污管道；河道工程按照枧槽河百年一遇的设防标准，全线对枧槽河河道进行整治，分上、中、下三段。上段由民小桥至皇庭大酒店，将枧槽河河道局部截弯改直拓宽至16米。中段由皇庭大酒店至向化桥，将河堤在现状基础上加高20厘米。下段由向化桥至枧槽河与明通河交汇处，将原有河道拓宽至20米。道路工程将对枧槽河截污管道埋设需要开挖的城市道路进行修复设计，同时沿岸从皇庭大酒店至枧槽河与明通河交汇处新建宽度为5米的沥青混凝土柔性路面。清水回补工程主要以较为经济的方式确保枧槽河水体流动且保持一定的清洁度，拟从盘龙江引水回补明通河和枧槽河。

明通河和枧槽河两条入滇河道承载着昆明市1/5的污水，枧漕河综合整治工程开工后，滇池北岸九条入湖河道已有盘龙江、采莲河、明通河、枧槽河进行综合治理，另外5条入湖河道随后都将纳入北岸水环境综合整治工程接受治理。九条入湖河道的治理完成后，昆明市60%—70%的污水都可得到有效处理。

四、滇池治理驶入快车道——昆明加大加快滇池污染防治力度[①]

2004年8月6日，昆明市召开滇池污染防治工作会，在这次工作会上，昆明市人民政府出台了一系列过硬、过细的方法和措施。

---

① 云南省环境保护局：《滇池治理驶入快车道——昆明加大加快滇池污染防治力度》，http://sthjt.yn.gov.cn/zwxx/xxyw/xxywrdjj/200408/t20040811_1731.html（2004-08-11）。

（一）转变观念广泛筹集资金

2003年3月，国务院批准了《滇池流域水污染防治“十五”计划》，安排了五大类共45个计划项目，工程总投资77.99亿元，是滇池治理史上最全面、最系统的一个规划。2005年，所有项目开工需要25亿元资金，而2004年昆明市人民政府已筹集到的资金只有8亿元。为此，昆明市委、昆明市人民政府转变观念，创新思路，改变过去认为生态环境建设只有投入、没有产出的想法，把生态环境建设和发展经济结合起来，提出学习太湖经验，进行市场化运作。在滇池正常水位线100米以内，以生态建设为主；在滇池正常水位线100米以外进行低密度开发，以此来筹集治理资金。

2004年，昆明市已基本完成滇池投资有限责任公司组建工作，该公司将按照“政府引导、市场运作、企业经营”的思路，通过在2004年内出台新的自来水价格和出让污水处理特许经营权等多种渠道筹集资金，争取到2005年筹集资金5亿元。同时，昆明市还计划设立“滇池治理基金”，发动社会投入，共同治理滇池，并与银行积极协商，争取贷款。

（二）沿湖建设700个垃圾收集点

2004年，滇池流域有70万农业人口，耕地面积60万亩，较大牲畜10万头，大多数农村没有垃圾堆放点，随意丢弃，甚至直接倾倒进滇池，农村面源污染负荷占滇池污染负荷40%以上。尤其是沿湖15个乡（镇）、街道办事处，每年产生生活垃圾10万吨，市场垃圾4万吨，为此，昆明市人民政府要求，沿湖4县（区），15个乡（镇）、街道办事处的县（区）长、乡（镇）长和街道办事处主任，为责任区农村面源污染防治第一责任人。在15个乡（镇）、街道办事处设立滇池管理所，每个所编制3—4人。招聘管理员10—15人，负责辖区的河道保洁、农业废物清运及处理工作。并由各县（区）政府在沿湖15个乡（镇）、街道办事处建设农业固体废物处置场5座，每个自然村建设垃圾收集点1—3个，总数约700个，配备32辆专门的垃圾清运车。2005年彻底实现不让农村垃圾进滇池的目标。同时，滇池沿湖南4个县（区）水体保护区内的57家规模化畜禽养殖场将全部关闭。滇池沿湖周边2000米范围内禁止或限制使用农药和化肥。

（三）建设2000亩湖滨生态带

2004年，昆明市计划完成2000亩湖滨生态带建设。对具备招商引资条件的官渡区246亩、西山区107亩湖滨生态带，采用生态建设与适度开发相结合，通过市场化运作完成建设任务。对不具备招商引资条件的，采取调整产业结构，政府适当补助的方式，完成建设任务。对将鱼塘、菜地、花卉地改种芦苇、茭草、茭瓜、莲藕等湿地植物或水

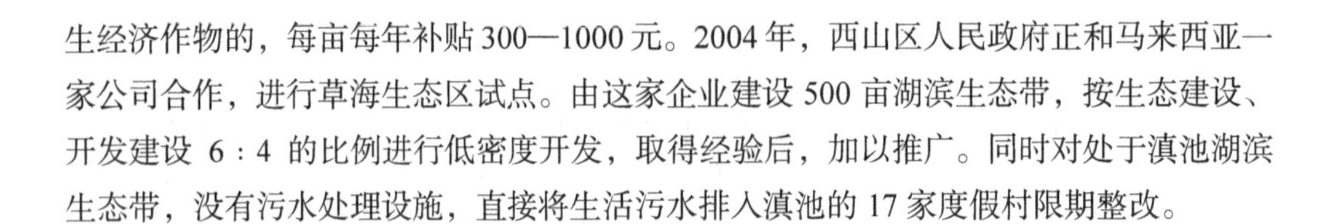
生经济作物的，每亩每年补贴 300—1000 元。2004 年，西山区人民政府正和马来西亚一家公司合作，进行草海生态区试点。由这家企业建设 500 亩湖滨生态带，按生态建设、开发建设 6∶4 的比例进行低密度开发，取得经验后，加以推广。同时对处于滇池湖滨生态带，没有污水处理设施，直接将生活污水排入滇池的 17 家度假村限期整改。

五、滇池治理责任人要抵押风险金①

2004 年 8 月，昆明市人民政府与滇池流域 7 县（区）政府及市级有关部门签订《滇池综合治理目标责任书（2004—2005）》，建立目标责任风险抵押金制度。

该制度规定昆明市滇池保护委员会主任及副主任由云南省人民政府进行考核和奖励，市级有关部门和县（区）滇池保护委员会责任人各抵押 3000 元，交市财政代储；沿湖 15 个乡镇（街道办事处）责任人各抵押 2000 元，交县财政代储。完成目标任务的责任人，退还抵押金，并按所交风险抵押金 3 倍奖励个人；未完成目标任务，抵押金上缴财政，并不予发放年终考核奖金。沿湖 4 县（区）政府完成任务后，各奖励 20 万元（乡镇责任单位由县、区政府奖励），五华、盘龙、嵩明县（区）政府和市级责任单位各奖励 10 万元。

六、呈贡县：滇池治理创优美环境②

2004 年，呈贡县因地制宜地把农村面源污染控制和创建环境优美乡镇活动有机结合起来，在治理滇池污染的同时改善了当地的人居环境。

在 2004 年汛期来临前，呈贡县有关乡镇对辖区内的主要入湖河道进行了清淤疏浚，同时加强了生态河道的建设。另外，呈贡县还大力加强滇池面山及水源保护区的绿化造林，2003 年，完成人工造林 3800 亩、封山育林 5000 亩、中幼林抚育 1000 亩，完成全民义务植树 60 万株，培育各类苗木 85 万株，还完善了天然林保护工程的基础设施，完成森林管护 19.5 万亩。呈贡县采取山底建坝、草坪固坡、箐沟植树等多种措施，积极治理荒山荒坡，控制了滇池面山水土流失。

为进一步改善滇池周边乡镇的环境，呈贡县决定在斗南、龙城和大渔 3 个乡镇设立滇池管理所，加强沿湖村镇垃圾清运和入湖河道监督检查工作。同时，呈贡县将在斗南

---

① 云南省环境保护局：《滇池治理责任人要抵押风险金》，http://sthjt.yn.gov.cn/zwxx/xxyw/xxywrdjj/200408/t20040820_1746.html（2004-08-20）。

② 云南省环境保护局：《呈贡：滇池治理创优美环境》，http://sthjt.yn.gov.cn/zwxx/xxyw/xxywrdjj/200409/t20040901_1789.html（2004-09-01）。

镇建1座农田固体废弃物处理场，在沿湖3个乡镇建垃圾收集点210个，确保每个自然村有垃圾收集点1—3个，2009年内将建成70个垃圾收集点。同时，呈贡县还将抓紧对斗南花卉市场、龙城蔬菜批发市场等市场的废弃物进行处理，防止废弃物对滇池形成污染。

七、2004年历时8年投资16亿世界银行滇池治污项目最终完成①

2004年9月14日，秋雨绵绵，昆明市北京路中段污水管网工程正在建设。至此，这个历时8年、总投资1.5亿美元的世界银行贷款云南环境项目，已经进入最后阶段，预计在2004年底完成。

据了解，1996年，昆明市成功地争取到世界银行1.5亿美元的贷款，实施以滇池污染治理为主体的云南环境项目。该项目由城市供水、排水、垃圾处置、农村面源污染治理等12个项目组成，概算批复总投资16.38亿元。1997年3月12日，项目正式开始实施，但由于各方面的原因，项目实施进展缓慢。2001年以来，昆明市委、昆明市人民政府加大了工作力度，项目建设有了突破性的进展，截至2004年8月底，完成投资13.99亿元，占项目总投资的85%。

2004年，昆明供水、环境监测、东郊和北郊污水处理厂、西郊排水管网、第一污水处理厂改扩建、晋宁县污水处理厂、呈贡县污水处理厂、石林垃圾处置项目均已完工，并投入运行或试运行，取得了较好的社会和经济效益。农村环境卫生示范项目除固体废物处置场的设备待安装外，其余已基本完成。正在实施的项目包括昆明城市中心区排水管网中的北京路管网及明通河泵站工程，垃圾中转站工程，整个世界银行项目预计2004年年底全面完工。

八、社会工程：滇池治理史上新突破②

2004年11月11日，云南大学与浙江大学合作承担的“滇池流域社会经济生态系统运行机制与居民行为方式对滇池污染的影响及对策研究”课题成果顺利通过了专家评审。

在评审会上，专家们对这项研究成果给出了很高的评价，认为该成果具有重要的创

---

① 连芳：《历时8年投资16亿世行滇池治污项目年底完成》，http://sthjt.yn.gov.cn/dwhz/dwhzgjjlhz/200409/t20040916_12604.html（2004-09-16）。

② 刘萍、郑劲松：《社会工程：滇池治理史上新突破》，http://sthjt.yn.gov.cn/zwxx/xxyw/xxywrdjj/200412/t20041203_2098.html（2004-12-03）。

新性和一定的可操作性，对做好滇池污染治理工作具有现实指导意义。该研究成果提出了要从社会转型的角度认识滇池污染的原因和寻求治理滇池污染的途径，提出了污染是人的行为和社会的行为造成的，因此应当从改变人的行为和社会的行为入手解决污染问题，也就是要从改变观念、体制、行为等方面寻求治理污染的途径。这种立论的方式同国际上流行的“深层生态学”有共同之处，不同的是，研究者把这一理论放在了小流域进行了实证研究。

滇池污染问题的实质是滇池流域的自然生态系统与处于该系统内的社会运行方式产生了不相容的状况，社会运行不当造成滇池污染程度超过了滇池自身的净化能力。优质的水体遭到污染后，丧失了生产、生活使用价值，滇池流域地区出现了水污染严重、水资源紧缺的水危机。

据李杰研究员介绍，课题组对2000年的各项数据进行了测算，发现水污染造成水资源紧缺导致工业产值损失、滇池淤积湖泊容积量减少；水污染造成的滇池渔业、旅游业损失及水环境质量下降导致的滇池海埂地价下跌等机会损失为12.5770亿元。而滇池流域内的产业向非生态化方向发展，大大降低了滇池流域自然系统的生态价值，与1985年相比，滇池流域自然系统的生态价值共减少了13.57亿元。为解决由于产业非生态化带来的水资源匮乏的污染问题，政府不得不投入大量资金。1988—2004年，政府已投入资金72.06亿元。

随着城市化的急剧扩张，昆明周边的农村不断被纳入城市范围，以往的城乡截然分离的管理模式，已经滞后于昆明的城市发展。在城市与周边农村的边缘地带，一些企业利用政府监管不到位的空子，违法排污，造成环境污染。而在滇池环境保护中存在的依法行政不到位问题，更是加重了滇池的污染。

同时，劳动力价格的上涨和化肥工业制成品价格下降，也直接导致以人畜粪便、生活垃圾为原料的传统农家肥料资源的利用被放弃了。有数据显示，目前滇池流域是我国化肥使用最多的地区之一。全流域的化肥使用量每年已达到3.9万吨，平均每公顷达981千克，比全国平均水平超出723千克。氮肥平均施用量为每公顷469千克，超过国际公认的安全施用量。滇池流域每亩灌溉用水量为650—800立方米，远高于我国2000年亩均500立方米的节水灌溉标准。据测算，仅2001年就有3744吨氮肥和1430吨磷肥随着地表径流和地下水流入滇池。而昆明市城市居民的消费水平快速上升和消费量迅猛增加，每年产生固体废弃物290万吨，废水1759万吨。

通过对近20年滇池流域社会的发展变迁的分析，课题组归纳出了滇池污染的6个主要社会原因：滇池流域的城市化以外延扩展方式推进；滇池流域的产业向非生态化方向发展；城市管理滞后于城市发展；滇池环境保护中存在依法行政不到位问题；滇池流域存在消费不当和环境意识落后问题；滇池环境保护中存在公众参与不足问题。

治理滇池必须注重社会转型问题，要以社会工程途径治理滇池的污染。

在21世纪的生态文明中，自然资本已经成为稀缺资源，世界发展的重心也从提高劳动生产率转向提高资源生产率。目前，滇池流域地区正进入工业化的初始阶段，它必须在完成工业化的同时，建立生态文明。因此，在充分认识与把握滇池流域的自然生态系统的结构、特性、容量的基础上，设计与规划滇池流域的社会经济发展战略，特别是规划滇池流域的城市化发展，建立环境与发展的综合决策及协调管理体制，势在必行。

2003年5月，云南省委、云南省人民政府在昆明城市规划与建设现场会上确定了建设现代新昆明的发展思路：通过促进昆明的城市化发展，带动云南省的现代化建设；把昆明市的城市建设与滇池污染的治理结合起来，在发展中治理污染；围绕滇池开展一湖四环（环湖公路、环湖截污、环湖生态、环湖新城）建设，至2020年昆明市的城区面积达到460平方千米，城市常驻人口达到450万人，城镇化率达到81%，全市GDP达到4860亿元，人均达到7340美元。建设现代新昆明的思路给滇池污染治理带来了前所未有的机遇，也是滇池治理史上的一个重大转折。

为此，课题组提出了树立以生态文明为核心的价值观，以社会变革促进滇池治理；以科学发展观为行动指南，加强城市能力建设；落实城市治理主体地位，促进城市管理从管制走向治理；建立经济发展和环境保护相协调的法治体系，探索循环经济发展之路；用环境文化化育城市精神，建立滇池治理的社会评价体系统的治理思路。同时，课题组还提出了9条具体措施：调整昆明市的城市功能；促进产业发展的生态化；强化行政管理职责与作用；努力推进公众参与进程；完善滇池环境保护的法律法规；加大对农村地区的投入；发展环境保护科技与环境保护产业；建立治理滇池污染的社会评价机制；成立滇池治理基金。

通过以上这些措施，可以实现滇池治理从末端治理到源头治理的转变。把滇池流域产业的生态化发展作为该流域的现代化发展战略，在社会经济发展中把环境消费纳入生产过程，把自然生态价值纳入国民生产总值的统计中，创建绿色GDP体系与绿色会计制度，大力发展绿色市场和绿色消费。同时制定滇池污染治理工程的社会评价机制与标准体系，不应仅仅把水质的改善作为滇池污染治理成效的标准，而应把这一标准扩大到社会层面，通过对滇池污染的治理，用环境文化教育化育城市精神，使现代新昆明充满人与滇池和谐相处的文化氛围。

九、加快滇池治理步伐

滇池是昆明的“母亲湖”，没有滇池就没有昆明。过去，滇池生态环境良好。随着城市规模的扩大，滇池生态系统受到严重破坏，成为我国污染最严重的湖泊之一。滇池污染使昆明成为污染型缺水城市。多年来，在治理滇池污染方面，昆明市做了不少工作，也取得了一定成绩，但由于种种原因，效果还不令人满意。2003年5月底，云南省委、云南省人民政府做出建设现代新昆明的重大战略决策，把治理滇池污染作为实施可持续发展战略、建设现代新昆明的头等大事来抓。经过昆明市上下的共同努力，滇池污染治理取得了阶段性成效，滇池水体总体保持稳定，综合营养状态波动趋于平稳，主要污染物稳中有降，基本控制了滇池水质恶化的势头。在实践中，着重抓了以下六个方面的工作：

（1）搞好点源污染治理，严格控制城市污水流入滇池。点源污染是滇池最直接、最主要的污染。为此，加大工程治理力度，实施环湖截污工程。西岸一期截污工程接近尾声，北岸水环境综合治理项目已完成前期工作，东岸、南岸截污项目方案正抓紧编制和报批；综合整治流入滇池河道，完成了采莲河整治和盘龙江上段截污工程，大清河、枧槽河、东风坝等工程正在抓紧建设。巩固“零点行动”成果，对沿湖近800家企业实行污染物排放许可制度，达标排放，限量排放。关、停、并、转了一批严重污染水环境的企业，支持沿湖企业发展循环经济，建成污水处理厂8座，建成中水处理站31座，在建15座，建成垃圾填埋场2座，城市垃圾基本实现无害化处理。继续禁磷限磷，控制生活污水中磷的排放。同时，大力开展疏浚淤泥、清除蓝藻、打捞水葫芦等工作，减轻内源污染负荷。

（2）加强湖滨生态湿地建设，努力恢复滇池生态系统。治理滇池污染的治本之策是改善生态环境，增强它的自净功能。湿地是滇池的“肺”，要把“肺”治好，必须恢复和扩大湿地。因此，要加强对湖滨生态湿地的保护和建设，2004年实施退塘（田）还湖3.3平方千米，示范建设湖滨生态湿地2000亩；2005年将加大力度，建设湖滨生态湿地14平方千米，力争用3—5年时间完成40平方千米的建设任务。在湖滨生态湿地建设中，注重科技示范，启动了滇池湖滨无耕作水稻种植、“食藻虫”等科技示范项目。学习借鉴杭州治理西湖的成功经验，启动草海“城市客厅”建设工作，力争用3—5年时间使草海水变清，两年内使草海周边环境明显改变，把草海建成昆明的“西湖”。

（3）改变农村生产生活方式，加大面源污染控制力度。面源污染是滇池重要的污染源。大力抓好滇池面源污染治理，引导农民改变生产方式，在滇池流域大力发展生态农业，禁止使用高毒、高残留的化学农药，减少了氮、磷元素向滇池的排放和渗漏。关闭沿湖畜牧养殖场20多个，减少了人畜粪便对滇池的污染。在沿湖15个乡镇（街道办事处）建立垃圾清运系统，设置了700多个垃圾集中堆放点，统一收集和处理生活垃圾。

（4）加快引水济昆工程建设，切实解决滇池流域水资源紧缺和水环境污染问题。昆明是一座缺水城市，滇池流域是一个贫水地区。实行跨流域引水济昆，是解决昆明城

市水资源供需矛盾、改善滇池水质的战略性措施。加快掌鸠河引水供水工程建设，确保2006年竣工。着眼于昆明城市未来发展的需要，认真抓紧研究制定外流域调水规划，开展了清水海、金沙江等引水工程的前期工作。与此同时，加强松华坝—滇池—螳螂川水资源联合调度，利用汛期松华坝泄洪来置换草海水体，改善滇池水环境。

（5）更新观念、创新体制，积极探索滇池治理的新办法。思路决定出路，认真贯彻落实全国重点流域水污染防治工作会议精神，学习借鉴无锡治理太湖的经验，改变过去那种认为生态治理只有投入没有产出的旧观念，在营造环境和土地升值上做文章，采用市场化方式，积极探索和建立新的治污投入机制，引导和支持国内外企业投资滇池治理。组建滇池投资有限责任公司，成立了滇池管理综合行政执法局，组建了滇池管理综合执法队伍，加大了滇池综合执法管理力度。

（6）加强宣传教育，广泛发动各方面力量参与滇池治理。治理滇池污染，必须依靠人民群众的力量。加大宣传力度，采取多种形式，深入开展环境保护知识宣传教育活动，宣传《云南省滇池保护条例》和相关法律法规，让广大干部群众进一步认识治理和保护滇池的重要性、紧迫性，增强环境保护意识、责任意识、法律意识、参与意识。

十、昆明市下决心完成滇池治理“十五”计划①

2005年8月27日，昆明市滇池治理工作会议决定将直面治理困难，突破治理难点，坚决完成滇池治理“十五”计划。

昆明市委、昆明市人民政府高度重视滇池污染治理工作。特别是2003年国务院批复《滇池流域水污染防治“十五”计划》以来，滇池污染治理取得了新的成效。截至2005年7月底，在“十五”计划中26个项目细分的45个子项目中，已完成16个，在建22个。其中，大清河、枧槽河整治和盘龙江上段截污工程已经完成，滇池西岸工程建设进度达72%；沿湖四县区启动了1700多亩的生态湿地建设，建设生态卫生旱厕1.8万个、垃圾收集间700个；先后组建了流域内7个县区滇池管理局和沿湖15个乡镇（街道办事处）滇池管理所，组建了河道保洁员队伍。

当前滇池污染治理工作中还存在着不少问题和难点，突出表现如下：一是有的县区、部门的干部对全力搞好滇池污染的重要性认识不足。二是滇池治理“十五”计划实施情况不理想。三是沿湖农村垃圾清运处置系统不完善，湿地建设进展缓慢。四是入湖河道监管工作薄弱。五是多元化融资的格局还没有形成，资金投入不足。六是监督检查不到位，执法力度有待加强。七是对滇池污染治理宣传教育力度不够。

---

① 云南省环境保护局：《昆明市下决心完成滇池治理“十五”计划》，http://sthjt.yn.gov.cn/zwxx/xxyw/xxywrdjj/200508/t20050829_2643.html（2005-08-29）。

为此，昆明市决定抓紧2005年后4个月的时间，从多方面突破难点，坚决完成滇池治理“十五”计划。昆明市加紧做好滇池北岸水环境综合治理；抓紧草海生态区建设，开工建设截污工程；切实搞好入湖河道整治，改善城市景观；加快湖滨生态湿地建设和农村面源污染控制步伐；加强滇池流域水源区保护，增加滇池洁净水量；加大市场化运作，多渠道筹措建设资金；实行依法治水，让滇池治理执法制度化、常态化；强化责任制，抓好督促检查和考核工作；大力开展宣传教育工作，广泛动员各方力量参与滇池保护和治理；精心组织，做好《滇池流域水污染防治“十一五”规划》编制。

十一、国家投资对滇池入湖河流水环境进行科技攻关①

2005 年 9 月 5 日，针对滇池入湖河流水环境治理的科技课题被列入国家“863”计划立项实施，科技部、云南省人民政府、昆明市人民政府对这一课题的经费资助将达 8780 万元。

这一课题具体由昆明滇池投资有限责任公司作为业主单位组织实施。课题拟用 3 年左右的时间，围绕滇池入湖河流水环境治理这一关键环节，选择流入滇池河流、大清河流域进行综合、成套的水环境治理技术与示范工程，实现将进入滇池的主要水污染物总量在 2000 年基础上削减 20%以上这个主要目标。为缓解滇池富营养化提供一批有效、安全和经济可行的先进集成技术。据昆明市滇池管理局提供的数据显示，进入滇池的 20 多条河流综合水质为劣 V 类，水质状况令人担忧。

这是继科技部于 2000 年将“滇池流域面源污染控制技术研究”课题和“滇池蓝藻水华控制技术研究”课题列入国家重大攻关课题立项实施并取得显著成效后，滇池治理又一项重大科技课题开始立项实施。

十二、云南省九大高原湖泊水污染综合防治领导小组第六次会议在大理召开②

2005 年 11 月 2 日，云南省九大高原湖泊水污染综合防治领导小组第六次会议在大理召开。会议由徐荣凯省长主持，云南省人民政府秘书长黄毅，云南省九大高原湖泊水

---

① 陈明昆、浦琼尤：《国家投巨资对滇池入湖河流水环境治理进行科技攻关》，http://sthjt.yn.gov.cn/zwxx/xxyw/xxywrdjj/200509/t20050906_2665.html（2005-09-06）。

② 云南省九大高原湖泊水污染综合防治领导小组办公室：《云南省九大高原湖泊水污染综合防治领导小组第六次会议在大理召开》，http://sthjt.yn. gov.cn/gyhp/jhdt/200512/t20051208_11602.html（2005-12-08）。

污染综合防治领导小组成员等参加会议。云南省九大高原湖泊水污染综合防治领导小组办公室、云南省环境监测中心站做了《九大高原湖泊水污染综合防治“十五”计划和目标责任书实施情况及下一步工作建议的汇报》和《2000—2005 年度九大高原湖泊水质变化分析报告》，昆明、大理白族自治州、玉溪、丽江、红河哈尼族彝族自治州五州（市）就湖泊保护治理工作向会议做了汇报。会议还讨论了《九大高原湖泊水污染防治“十一五”规划（讨论稿）》，对洱海治理工作进行了实地考察。

会议认为，“十五”以来，在中央的大力支持和云南省委、云南省人民政府的领导下，云南省九大高原湖泊领导小组成员单位各负其责、分工协作，各州（市）采取了一系列扎实有效的措施，加大治理力度，成效明显。九大高原湖泊主要污染物入湖总量开始得到控制，部分湖泊水质有所改善，九大高原湖泊流域工业污染物所占比重逐渐降低，城市生活污水处理能力明显提高。

随着经济社会发展和城市化进程的加快，面对越来越大的环境压力和依然严峻的九大高原湖泊水质形势，各部门要增强紧迫感、使命感和责任感，把科学发展观和十六届五中全会精神落实到《九大高原湖泊水污染综合防治“十一五”的规划》编制工作中。一是科学编制好《九大高原湖泊水污染防治“十一五”规划》，促进流域经济社会全面协调可持续发展。规划要积极、高标准、严要求地制定好目标，明确指导思想，突出重点，分类指导，落实责任，加强管理。二是进一步提高认识，加强领导，坚持一把手亲自抓。三是创新思路，建立和完善污水、垃圾处理设施建设运营的新机制，加快推进污染治理市场化改革步伐。四是扩大宣传，积极发动各方面力量抓好治理，建立和完善全社会共同参与机制。

“十一五”期间，要做到更加重视科学发展、协调发展；更加重视预防为主、综合治理；更加重视发挥市场机制作用、强化政府监管职能；更加重视规范企业和政府的行为；更加重视不欠新账，多还旧账。以科学发展观统领“十一五”九大高原湖泊水污染综合防治工作，增强信心，坚定决心，不断开创九大高原湖泊水污染防治工作新局面。

十三、云南省副省长高峰在云南省环境保护局检查时强调滇池治理力度要大、速度要快①

2005 年 12 月，云南省副省长高峰到云南省环境保护局检查时，详细询问了滇池等云南九大高原湖泊的治理情况，并强调滇池治理力度要更大，治理速度要更快。

---

① 郑劲松：《云南省副省长高峰在省环保局检查时强调滇池治理力度要大速度要快》，http://sthjt.yn.gov.cn/zwxx/xxyw/xxywrdjj/200512/t20051231_2848.html（2005-12-31）。

据云南省环境保护局介绍，2005年，滇池流域已有日处理1.5万吨污水处理厂8座，处理能力58.5万吨/日。环境保护部门对滇池流域306家企业的排污口进行了规范化整治，安装了130套污水处理设施运行监控仪，对新建项目严格执行了环境影响评价法，防止严重污染环境的项目进行建设；进行了入湖河道整治和农村面源污染综合治理工作；《滇池流域水污染防治“十五”计划》26个项目已完成3个，在建18个，已完成前期工作的有3个，开展前期工作有2个，开工率80.77%；监测表明：2005年，滇池草海为劣Ⅴ类，滇池外海为Ⅴ类。

高副省长要求要多种措施并举，层层落实责任制；要坚持开发中保护，保护中开发，在坚持科学发展观上有所突破。他认为环境保护是资源，是可持续发展的生产力，他希望国内外有知之士和全社会都共同参与到滇池治理中来；他要求滇池治理的力度要大，速度要更快。他认为环境保护部门当前就是两项主要工作：一是要认真做好《“十一五”环境保护工作规划》；二是加大以滇池为主的九大高原湖泊的治理力度。

十四、滇池治理多管齐下3500万元打造旱厕[1]

2005年，昆明市滇池治理多管齐下，使滇池治理工作取得了明显进展。

截至2005年，滇池沿湖15个乡镇已建立滇池管理所，形成“二级政府、三级管理、四级网络”的管理机制；与此同时，相关部门把好滇池流域建设项目审批关，对禁止建设项目和污染严重的项目，一律不予审批，防止滇池流域内新、改、扩建项目产生新的污染源。

在沿湖15个乡镇改造和新建垃圾收集池（间）360多个，配备了13辆清运车，招聘管理人员58名。采取“突出重点，先易后难；因地制宜，一户一厕；政策引导，资金支持”的原则，从2005年起，昆明市财政预算安排3500万元，以滇池流域各县（区）农村为重点，推广生态卫生旱厕，目前已建成4000余座。

积极开展生态农业建设项目，新建沼气池31 400多户，推广农村液化气6400多户（台），平衡施肥约60万亩；推广秸秆还田技术，有效降低农药、化肥对滇池的污染；在滇池流域5个县（区）治理水土流失面积236平方千米，完成造林1.8万多亩、退耕还林1万余亩、封山育林及幼林抚育6.8万亩。

沿湖县（区）实行河道管理目标责任制，在滇池主要入湖河道配备河道保洁员428名，开展河道日常保洁工作，打捞和清除河道、河岸垃圾。采取截污、清淤、绿化、清

① 王仪：《滇池治理多管齐下 3500万打造旱厕》，http://sthjt.yn.gov.cn/zwxx/xxyw/xxywrdjj/200506/t20050601_2484.html（2005-06-01）。

水回补措施，对9条主要入滇河道进行工程整治，目前采莲河、盘龙江上段截污整治工程已完工，正在开展明通河下段、枧槽河整治工程和大清河泵站改造工程，计划2005年内完工。

实施滇池污染治理世界银行贷款城市排水项目，配套排水管道80多千米，改扩建第一污水处理厂，建成了第五、六污水处理厂和呈贡县、晋宁县污水处理厂，有效削减了滇池的污染负荷。在实施草河底泥继续疏浚工程的基础上，结合日常工作，清除蓝藻近150万吨、打捞水葫芦60多万吨，改善了重点水域景观。同时，采取农作物品种调整、产业结构调整和市场化运作的新思路，开展滇池湖滨生态恢复工作，加快湖滨生态湿地建设步伐。

十五、昆明实行滇池治理责任风险金制7区县有关领导要交抵押金①

2006年3月21日，昆明市人民政府实行滇池治理目标责任风险抵押金制度。五华区和呈贡县等7个区县的县长、区长等，要各交纳3000元的风险抵押金。

风险抵押金的交纳范围：滇池综合治理目标责任单位责任人，包括市级滇池保护委员会责任单位正职和分管副职领导，滇池流域五华、盘龙、官渡、西山、呈贡、晋宁、嵩明7个县（区）的县（区）长和分管副县（区）长，滇池沿湖16个乡镇（街道办事处）的责任人。风险抵押金的交纳标准：市级滇池保护委员会责任单位正职和分管副职领导各交纳风险抵押金3000元；五华、盘龙、官渡、西山、呈贡、晋宁、嵩明7个县（区）的县（区）长和分管副县（区）长各交纳风险抵押金3000元；滇池沿湖16个乡镇（街道办事处）的责任人各交纳风险抵押金2000元。

滇池综合治理目标责任风险抵押金由昆明市滇池管理局负责收取，完备手续后缴入滇池治理目标责任风险抵押金专户，由昆明市财政专户管理；在每年的滇池综合治理目标责任书考核结束后，由市滇池管理局按照考核结果向昆明市人民政府提出本年度收取的风险抵押金处置意见，经昆明市人民政府同意后由市财政局办理各责任人风险抵押金的退还手续或是缴入同级财政的手续；滇池综合治理目标责任单位责任人如因工作变动等原因更换的，由责任单位向市滇池管理局提出申请，市滇池管理局提出处理意见报经昆明市人民政府同意后退还原责任人；任何单位和个人未经昆明市人民政府批准，不得动用目标责任风险抵押金。

① 云南省环境保护局：《昆明实行滇池治理责任风险金制 7 区县有关领导要交抵押金》，http://sthjt.yn.gov.cn/zwxx/xxyw/xxywrdjj/200603/t20060322_3028.html（2006-03-22）。

十六、昆明六个结合加大滇池治理力度[①]

2006 年 10 月，昆明市滇池保护委员会第六次全体会议召开，昆明市委、昆明市人民政府把治理好滇池作为实现人与自然和谐相处，构建和谐社会的重要内容，将以更加富有成效的措施切实加大滇池治理力度。

“十五”以来，特别是 2003 年实施现代新昆明建设重大战略以来，昆明市把滇池治理作为可持续发展的重要工作来抓，调整完善工作思路，将滇池污染治理与城市建设有机结合起来。坚持标本兼治、综合治理，在滇池流域经济快速增长、人口不断增加的情况下，滇池水体水质总体保持稳定，主要污染物含量稳中有降，基本遏制了滇池水质恶化的势头，治理已经取得阶段性成效。但是，滇池污染治理工作仍存在着许多困难和问题。

为此，昆明市委、昆明市人民政府强调，治理好滇池，是现代新昆明建设的一项重大任务；治理好滇池，是实现城市发展目标的重要举措。要坚持长远目标与当前任务相结合；坚持开发与保护治理相结合；坚持中央、云南省的支持与自身努力相结合；坚持发挥市级领导作用与调动基层积极性相结合；坚持政府推动与发动社会力量参与相结合；坚持全面推进与突出重点相结合。当前，要强化基础工作，尽快启动滇池北岸水环境综合整治工程，切实搞好入滇河道整治，加强点源污染治理力度，推进湖滨生态带建设，有效控制农村面源污染。要加强工作责任感和紧迫感，明确管理范围和工作职责，突出重点，集中力量，狠下功夫，力求滇池治理有新的进展。

十七、云南省人民政府召开《滇池流域水污染防治规划（2006—2010 年）》审定会议[②]

2006 年 12 月 16 日，云南省人民政府召开《滇池流域水污染防治规划（2006—2010 年）》审定会议。罗正富常务副省长出席会议并作重要讲话。云南省人民政府副秘书长杨洪波，云南省人民政府参事室副主任张忠璞，云南省九大高原湖泊水污染综合防治领导小组成员单位，昆明市人民政府及市级有关部门和单位负责同志参加会议。会议听取了昆明市关于《滇池流域水污染防治规划（2006—2010 年）》编制情况和云南省发展

---

① 郑劲松：《昆明六个结合加大滇池治理力度》，http://sthjt.yn.gov.cn/zwxx/xxyw/xxywrdjj/200610/t20061016_3613.html（2006-10-16）。

② 云南省九大高原湖泊水污染综合防治领导小组办公室：《云南省人民政府召开〈滇池流域水污染防治规划（2006—2010 年）〉审定会议》，http://sthjt. yn.gov.cn/gyhp/jhdt/200701/t20070112_11604.html（2007-01-12）。

和改革委员会关于《滇池流域水污染防治规划（2006—2010年）》审查意见的汇报。会议认为，从20世纪90年代初开展滇池水污染综合防治工作以来，在云南省委、省人民政府的领导下，经过各级、各有关部门的共同努力，扎实工作，狠抓落实，滇池水污染综合防治各项工作进展顺利，成效明显。

会议指出，滇池水污染综合防治工作是大事、急事，也是难事。滇池水污染综合防治事关新昆明城市建设，事关全省经济社会可持续发展，事关富裕文明开放和谐云南建设，事关云南省对外开放形象。滇池水污染综合防治工作不能再耽误，滇池水体水质不能再恶化，各级、各有关部门要进一步增强责任感、使命感和紧迫感，加大工作力度，加快治理进度，全面推进滇池水污染综合防治各项工作。同时，滇池水污染综合防治也不能急于求成，不可能一蹴而就，要着眼长远，科学规划。

会议要求，要认真做好《滇池流域水污染防治规划（2006—2010 年）》的修改完善和上报工作。规划要着眼长远，突出重点，分轻重缓急，分步实施，整体推进。近期要突出抓好环湖截污、清污分流和环湖湿地建设。原则上环湖公路以外近海区域，要坚持退田（塘）还湖，搞生态建设，加大湖滨带和湿地建设、修复力度。要坚持工程措施与生物措施、湖泊保护与流域治理、点源污染治理与面源污染治理相结合，工程治理、清污分流、水体置换综合考虑，多管齐下，综合治理；要认真做好向国务院汇报的准备工作，积极争取国家支持。由云南省发展和改革委员会商昆明市人民政府认真做好近期向国务院汇报滇池水污染综合防治情况的有关准备工作；要明确责任，协调配合。滇池水污染综合防治的主要责任在昆明市，昆明市市长是滇池水污染综合防治的第一责任人。省级有关部门要加强对滇池水污染综合防治工作的指导和监督，积极支持滇池污染治理。各级、各部门要形成联动机制，密切配合，通力合作，齐抓共管，共同做好滇池污染防治工作；要建立健全监督评估机制，努力提高规划的执行力。要加强滇池水污染综合防治基础数据的监测工作，进一步完善评估机制，确保监测数据和监测指标的统一性和准确性。要将水质监测和规划实施情况定期向社会公布，接受社会监督。

十八、云南省首次大规模调查滇池治理现状 湖滨湿地消失殆尽[①]

2006年9—12月，由云南省发展和改革委员会、环境保护局牵头，云南省经济贸易委员会、建设厅、农业厅、水利厅等部门共同组成调研组，对滇池水污染综合防治展开全面调查，发现滇池湖滨湿地几乎消失殆尽。这是云南省首次组织大规模调查滇池治理现状及存在问题。

① 云南省环境保护局：《我省首次大规模调查滇池治理现状湖滨湿地消失殆尽》，http://sthjt.yn.gov.cn/zwxx/xxyw/xxywrdjj/200702/t20070227_4030.html（2007-02-27）。

调研组第一次摸清滇池主要水系有 12 个，主要入湖河流 29 条全部被污染，监测的 19 条入湖河流，90%以上水质均为劣Ⅴ类。与 20 世纪 80 年代相比，入湖主要污染负荷总量仍呈大幅度上升趋势。

与此同时，昆明市建成的6个污水处理厂，设计处理能力为55.5万立方米/日，城市污水处理率理论值为 75%，但是，由于管网不配套、雨污混流，加之经费不落实，管理不到位，实际污水处理能力低于 50%。

调研组发现，滇池流域土地开发程度较高，土地后备资源严重不足。1992—2007 年，昆明市建成区面积扩大了近 3 倍，流域土地结构发生了较大的变化。其中，“十五”期间耕地减少了 15 万亩，建设用地增加了近 15 万亩。滇池湖滨带面积 6.39 万亩，其中 96%的土地已经被开发利用。

另外，在滇池流域众多的小企业、小作坊及畜禽养殖场（点）中，除官渡区七甲、土桥村等少数生猪养殖场集中区得到整治外，其余仍属治理和监管的盲区，农村面源污染控制仅处于试验示范阶段。

十九、云南省九大高原湖泊环境监管现场会议在大理召开①

2006 年 12 月 25—26 日，云南省九大高原湖泊环境监管现场会议在大理召开。大理白族自治州副州长李雄为会议致辞，云南省环境保护局局长王建华、副局长杨志强出席会议并作讲话。五州（市）湖泊水污染综合防治领导小组办公室、环境保护局，昆明滇池管理局、玉溪抚仙湖管理局、大理市洱海管理局、九大高原湖泊流域所在 17 个县、市、区环境保护局局长参加了会议。

会议期间，与会人员认真听取大理、玉溪有关单位湖泊综合整治和监管经验介绍，以及五州（市）关于 2006 年湖泊治理情况和 2007 年工作设想汇报，实地参观考察了洱源县李家营农村面源污染控制示范村建设、西湖环境综合整治、大理市喜洲镇周城集镇生活污水治理、大理镇白鹤溪综合治理以及洱海湖滨带建设情况。

会议指出，2007 年是实施“十一五”规划的重要一年。九大高原湖泊水污染综合防治工作要认真贯彻九大高原湖泊领导小组第七次会议精神，按照“把握三个层次、搞好三个结合、争取三个突破、实现三个转变”的要求，以科学发展观为指导，依靠科技进步，加强入湖污染物控制，强化湖泊环境监管，建立长效机制，改善湖泊生态环境，着力推动“十一五”期间九大高原湖泊水污染综合防治工作。

---

① 云南省九大高原湖泊水污染综合防治领导小组办公室：《云南省九大高原湖泊环境监管现场会议在大理召开》，http://sthjt.yn.gov.cn/gyhp/jhdt/ 200701/t20070112_11604.html（2007-01-12）。

会议要求，各地要认真学习洱海、抚仙湖保护治理的典型经验，把九大高原湖泊水污染防治工作推向新台阶。一是要进一步提高认识，加强领导，坚持不懈地做好九大高原湖泊水污染防治工作。二是要突出重点，全面推进，大幅削减入湖主要污染物总量。三是要完善机制体制，强化流域综合监管，形成多部门、多层次共同治水的局面。四是要做好重大项目前期准备工作，加大投入力度，确保“十一五”规划目标的实现。五是要强化宣传教育，充分调动全社会参与九大高原湖泊保护治理的积极性。为实现九大高原湖泊水污染防治目标、改善九大高原湖泊生态环境质量、构建湖区和谐社会做出新的贡献。

二十、以太湖蓝藻暴发引发水源危机为契机，玉溪市全面推进抚仙湖保护①

2007 年 6 月 13 日，玉溪市抚仙湖管理局召开中层以上干部会议，通报太湖蓝藻暴发事件，认真传达学习国务院太湖水污染防治座谈会会议精神，结合自身工作实际，要求全局干部职工扎实做好以下工作：一是抚仙湖湖滨生态恢复和建设，要进一步建立健全基础数据，编制完善实施方案。二是禁控区规划实施工作，要做出具体方案。三是要完成抚仙湖沿岸建筑设施拆除扫尾工作。四是抚仙湖入湖河道治理工作，列出重点治理河道，分期分批治理。五是建立信息管理系统和水环境监测系统。

太湖蓝藻暴发引发的水源危机给抚仙湖保护治理敲响了警钟，在关注太湖治理问题时，更应反思抚仙湖的保护方案与措施，通过推进《云南省抚仙湖保护条例》的贯彻落实，按照全面落实科学发展观、构建和谐社会的要求，正确处理经济发展与环境保护的关系，坚持不懈地推进全面、系统、科学的保护治理，确保抚仙湖Ⅰ类水质保护目标。

二十一、玉溪市召开抚仙湖保护工作现场会②

2007 年 8 月 3 日，玉溪市召开抚仙湖保护工作现场会，云南省副省长顾朝曦同志出席会议并做了重要讲话。云南省环境保护局、云南省九大高原湖泊水污染综合防治办公室领导列席会议。

---

① 云南省九大高原湖泊水污染综合防治领导小组办公室：《以太湖蓝藻暴发引发水源危机为契机玉溪市全面推进抚仙湖保护》，http://sthjt.yn.gov. cn/gyhp/jhdt/200707/t20070711_11609.html（2007-07-11）。

② 云南省九大高原湖泊水污染综合防治领导小组办公室：《玉溪市召开抚仙湖保护工作现场会》，http://sthjt.yn.gov. cn/gyhp/jhdt/200708/t20070814 _11613.html（2007-08-14）。

顾朝曦同志指出，提高认识，提高境界，让抚仙湖大放光彩。第一，提高认识。就是按照科学发展观要求，加强对抚仙湖的保护工作，玉溪市要全民总动员，进一步提高认识。要以《云南省抚仙湖保护条例》的实施为重点，广泛开展宣传教育，充分调动全市人民积极主动地为保护抚仙湖献计出力。第二，提高境界。就是玉溪市各级各部门领导干部要提高思想境界，确保抚仙湖Ⅰ类水质。按照生态立省要求，积极推进“七彩云南保护行动计划”。要以面源污染治理为重点，引导农民改变旧的生产生活方式，推进实施农民种地用化肥、农药习惯的革命性工程。抓好抚仙湖周围环境整治，生态环境建设。进一步做好湖泊周边环境保护、湿地建设、主要入湖河道整治等。各级干部要多调查、多研究、多思考、多交流，进一步解放思想，树立环境成本理念，学会经营环境。玉溪市要尽快制定抚仙湖保护总体规划，明确环境功能区划，统筹实施好水污染防治、旅游等专项规划。

云南省环境保护局副局长、云南省九大高原湖泊水污染综合防治办公室副主任杨志强同志强调：第一，玉溪市要和江川、华宁、澄江三个县高度重视抚仙湖的保护，始终把抚仙湖保护作为可持续发展的头等大事来抓，认真落实抚仙湖水污染防治规划，采取有力措施，不断加大投入，扎实推进抚仙湖保护工作，特别是在环湖周围环境整治方面为我们进一步加大湖泊的保护和防治提供了有益经验，取得了明显成效。第二，必须清醒地认识到，当前抚仙湖保护形势不容乐观。流域生态系统脆弱，沿岸旅游景点附近水域水质已下降到Ⅱ类甚至Ⅲ类，形势十分严峻，治理与保护任务艰巨。第三，要认真学习贯彻国务院太湖、巢湖、滇池治理工作座谈会，全国湖泊污染防治工作会和云南省人民政府滇池治理调研座谈会精神，下最大的决心、花最大的功夫、尽最大的努力把抚仙湖保护工作做好。第四，认真抓好抚仙湖水污染防治“十一五”规划项目的实施，确保规划目标的实现。抚仙湖流域水污染防治“十一五”规划和目标责任书是开展抚仙湖保护的基本依据，必须严格执行、全面实施。

玉溪市委书记孔祥庚同志表示，抚仙湖的保护要深入贯彻落实科学发展观，一是从2007年开始，玉溪市级财政每年拿出1亿元作为抚仙湖保护专项资金，不断加大抚仙湖保护的投入。二是要求市级财政部门在2007年8月底前，全额拨付市级抚仙湖水污染防治配套资金，确保“十一五”规划工程项目建设。三是抽调公安部门骨干力量，加强抚仙湖执法队伍建设，加大《云南省抚仙湖保护条例》执行力度。四是帽天山的保护要按照顾朝曦副省长的要求，澄江县要抓紧抓好开展科考科普基地建设。五是由玉溪市政府副市长陈志芬同志负责落实，2007年组织抚仙湖沿湖三县书记、县长外出考察，解放思想，寻求湖泊保护治理的新思路。

二十二、云南省九大高原湖泊水污染防治领导小组办公室召开九大高原湖泊水污染综合防治领导小组办公室主任会议[1]

2007年11月5—6日，云南省九大高原湖泊水污染综合防治领导小组办公室主任会议在昆明市阳宗海召开。会议提出，要深入贯彻落实国务院“三湖”治理座谈会议、全国湖泊污染防治工作会议和云南省人民政府滇池治理工作调研座谈会议精神，进一步推广学习洱海治理保护经验，全面推进九大高原湖泊水污染综合防治，迎接云南省九大高原湖泊水污染综合防治领导小组第八次会议的召开。云南省九大高原湖泊水污染综合防治办公室主任、云南省环境保护局局长王建华在会上指出，九大高原湖泊水环境的好坏是云南省生态环境好坏的重要标志。加强九大高原湖泊水污染治理是学习贯彻党的十七大精神、落实科学发展观、建设生态文明的重要举措，是全面建设小康社会的内在要求。他强调，要用党的十七大精神武装头脑、指导实践、推动工作，努力把九大高原湖泊水污染综合防治工作统一到党的十七大精神上来，把力量凝聚到实现九大高原湖泊治理各项任务上来，把九大高原湖泊治理作为云南省全面实施七彩云南保护行动的重中之重，以大幅度削减入湖污染物总量为重点，以改善湖泊水环境质量为目标，深化改革、创新思路，充分调动全社会参与九大高原湖泊保护治理的积极性，全面推进环湖截污、环湖生态、入湖河道整治、底泥疏浚、水源地保护、外流域引水六大工程建设，为实现九大高原湖泊水污染综合防治规划目标做出新贡献。

王建华指出，经过多年治理，九大高原湖泊水污染防治工作取得重要进展。一是省、州（市）、县、乡镇党政主要领导亲自部署治理工作、督促检查、解决问题，九大高原湖泊水污染防治工作得到进一步加强。二是通过逐级签订目标责任书，层层落实责任单位和责任人，九大高原湖泊治理目标责任制不断完善，多层级的责任体系基本形成，责任意识明显增强。三是以滇池北岸水环境综合治理工程为代表的一批重点项目建设有序推进，水污染防治能力逐步增强。四是工业源达标排放成果进一步巩固，对湖泊污染的负荷逐步减少。五是加大对城镇生活污水处理厂的运营管理，努力推进城市管网建设，城市污水处理设施逐渐发挥效益。六是生态恢复建设步伐不断加快，农村农业面源污染治理工程稳步推进。七是九大高原湖泊流域法制建设得到加强，环境监察由重点工业污染源逐步向城市污水处理厂、垃圾处理场、重点治理项目和新建项目扩展，监管能力得到进一步提高。八是基础科研工作加快推进，对污染治理支撑力度逐渐加强。通过采取以上措施，九大高原湖泊入湖污染负荷逐步得到控制，水质保持基本稳定。

---

① 云南省九大高原湖泊水污染综合防治领导小组办公室：《省“九湖办”召开九湖水污染综合防治领导小组办公室主任会议》，http://sthjt.yn.gov.cn/ zwxx/xxyw/xxywrdjj/200711/t20071113_4858.html（2007-11-13）。

王建华对今后九大高原湖泊污染治理工作提出要求：要把学习洱海治理经验作为改进作风，推动工作的重要动力，把学习的成果体现在各湖泊治理的新思路和新面貌上，使各湖泊治理取得新的进展；要深化改革，建立健全九大高原湖泊保护与治理的长效机制；要以工程治理措施和生态治理措施为重点，切实加大污染控制力度，大幅度削减主要入湖污染物总量；要以实施“三退三还”工程为重点，加快湖滨生态带建设；要按照污染负荷优先的原则，抓好项目前期工作，加快推进重大项目顺利实施；要完善制度，强化考核，加强湖泊环境监管，真正把防治工作落到实处；要注重遵循湖泊的自然规律，树立流域治理的理念，依靠科技进步，提高科学治湖的水平；要进一步加强湖泊环境宣传教育工作，形成强大的宣传舆论态势，不断提高全社会的环境法制观念和环境文明素养，为九大高原湖泊保护与治理创造良好氛围。

会议由云南省九大高原湖泊水污染综合防治小组办公室副主任、云南省环境保护局副局长杨志强通报了2006年至2007年上半年九大高原湖泊水污染综合防治目标责任书执行检查情况；大理白族自治州环境保护局沈兵副局长交流了洱海治理保护的经验。参加会议的有云南省九大高原湖泊水污染综合防治办公室主任、副主任，云南省九大高原湖泊领导小组成员单位处级联络员；五州（市）湖泊领导小组办公室主任，九大高原湖泊流域县（区）环境保护局长，昆明市滇池管理局、玉溪市抚仙湖管理局、大理市洱海管理局局长。

二十三、云南省审计厅完成阳宗海等八大高原湖泊水污染综合防治资金管理使用审计①

2007年9月26日至12月10日，云南省审计厅派出4个审计组对阳宗海、异龙湖、抚仙湖、星云湖、杞麓湖、洱海、程海、泸沽湖八大高原湖泊水污染综合防治资金管理使用情况进行了专项审计。

专项审计共投入审计人员34人/次，对八大高原湖泊所在州（市）、县（区）管理使用水污染综合防治项目资金和专项资金的环境保护局、林业局、农业局、水利局、建设局、财政局及其他有关部门和单位进行了审计调查，对具体项目进行了实地查看，审计调查的资金抽查面在70%以上。审计“十五”计划项目233个，计划投资238 105万元，截至2007年8月30日，已实施199个，完成投资项目162个，完成投资170 145万元；“十一五”规划项目142个（其中“十五”结转项目19个），规划投资256 601万元。到2007年8月31日，可研报告已批复17个，初步设计已批复14个，批准投资20 732万元，

---

① 云南省九大高原湖泊水污染综合防治领导小组办公室：《省审计厅完成阳宗海等八大高原湖泊水污染综合防治资金管理使用审计》，http://sthjt.yn. gov.cn/gyhp/jhdt/200803/t20080324_11616.html（2008-03-24）。

已实施项目 12 个，已完成项目 2 个，到位资金 10 689 万元。

审计组认为八湖“十五”计划项目基本完成，“十一五”规划项目正在逐步开展，资金管理和使用总体情况较好，项目实施效果逐步体现，湖泊水质基本保持稳定。但也不同程度存在挤占、挪用、滞留专项资金的问题；污水处理厂管网不配套，影响了污水处理厂投资效益的整体发挥；垃圾处理厂建设滞后，湖泊流域的生活垃圾对湖泊的污染压力依然很大；入湖河道的综合整治任务艰巨；提高各湖泊流域的森林覆盖率，加大农村、农业面源污染的防治还需要各级财政进一步加大投入；“十一五”规划项目的落实不够理想，各级有关部门需要进一步加大工作力度。

审计组建议要进一步理顺管理体制，充分发挥现有管理机构的作用；把规划项目资金分解到年度计划、落实到年度预算中，建立及时有效的反馈制度；进一步规范项目管理和会计核算，建立绩效评估制度；认真督促整改，提高资金使用效益；进一步加强环境保护宣传教育，强化管理和监测。

二十四、云南省经济贸易委员会大力发展工业循环经济 积极推进九大高原湖泊流域水污染综合防治①

2008 年 2 月 25 日，云南省九大高原湖泊水污染综合防治领导小组办公室强调要积极推进九大高原湖泊流域水污染综合防治。

2006 年 9 月以来，云南省经济贸易委员会按照九大高原湖泊流域水污染综合防治“十一五”规划和目标责任书的要求，开展了以发展工业循环经济和清洁生产为重点的九大高原湖泊流域水污染综合防治工作。

在《云南省“十一五”工业循环经济发展规划》中，根据国家颁发的产业政策要求，结合云南省及九大高原湖泊流域的实际，制定了化学工业、水泥行业产业结构调整办法，提高了高消耗、高排放产业落户九大高原湖泊流域的门槛。鼓励和支持九大高原湖泊流域企业积极开展技术进步与创新，采用先进适用技术改造落后技术工艺，降低排放，实现达标排放或零排放。2006 年，在技术进步与创新等方面的资金中，安排九大高原湖泊节约资源、保护环境项目 28 个，扶持资金共 3390 万元，有力地推动了节能减排工作；把推行清洁生产与九大高原湖泊综合治理工作相结合，以九大高原湖泊流域资源综合利用企业为突破口，实施清洁生产行动计划。一年多来，九大高原湖泊流域启动清洁生产审核企业 168 户。在落实九大高原湖泊水污染防治目标责任时，始终把工业节水作为一项重点内容来抓，安排了 4 个工业节水及污水减排的项目，启动了综合利用滇

① 云南省九大高原湖泊水污染综合防治领导小组办公室：《省经委大力发展工业循环经济 积极推进九湖流域水污染综合防治》，http://sthjt.yn.gov. cn/gyhp/jhdt/200803/t20080324_11616.html（2008-03-24）。

池淤泥掺烧发电的探索性研究。

通过在九大高原湖泊流域发展工业循环经济，开展工业企业清洁生产和资源综合利用，实施一系列先进适用资源节约技术的应用和改造，有效地提高了企业的资源综合利用水平，减少了企业对九大高原湖泊的污染。2006年至2007年9月，昆明、玉溪、红河哈尼族彝族自治州、大理白族自治州、丽江五州（市）通过资源综合利用认定的企业共有344户，其中分布在九大高原湖泊流域的有199户，综合利用固体废弃物870.7万吨，废旧物资回收241.8万吨，利用高炉尾气余热、余压发电8276.54万千瓦时。

二十五、滇池生态安全调查及评估第一次工作会议在昆明召开[①]

2008年3月18日，国家环境保护总局污染控制司工作人员王谦在昆明主持召开了滇池生态安全调查及评估课题第一次工作会议，云南省环境保护局、昆明市环境保护局有关处室领导出席了会议。项目技术总负责单位中国环境科学研究院，滇池生态安全调查及评估课题项目技术承担单位北京大学、云南省环境科学研究院、云南省环境监测中心站、昆明市环境科学研究院、昆明市环境监测站等14家单位24名专家参加了会议。国家环境保护总局污染控制司工作人员王谦同志介绍了项目的由来，听取了中国环境科学研究院王圣瑞博士对滇池生态安全调查及评估课题的介绍，研究了项目启动实施的有关问题。会议决定滇池生态安全调查及评估课题组长单位为云南省环境科学研究院，组长由贺彬院长担任；副组长单位为昆明市环境科学研究院和北京大学，副组长由郝玉昆院长、郭怀诚教授担任。原则同意实行课题组责任制，责权利挂钩，组长单位和副组长单位的责任、义务、经费由国家环境保护总局污染控制司等协商决定。滇池生态安全调查及评估课题的主要内容是制定滇池生态安全调查及评价技术方法；滇池流域的自然与社会经济因素的调查技术方法、滇池的水生态环境调查技术方法、滇池生态安全指标筛选与制定技术方法、滇池的生态安全监控与预警技术方法；开展滇池生态安全调查与评估；制订滇池生态监控预警与风险评估方案；制订滇池流域综合治理方案。同时，还研究了滇池生态安全调查及评估课题14家承担单位的任务分工、完成时限和要求。滇池生态安全调查及评估课题实行月份考核报告制度。环境保护部污染控制司和总课题组成立督查小组，跟踪检查各单位每月工作进展情况，并对提交的研究成果进行评价问效。

这次会议的召开标志着滇池生态安全调查及评估课题的正式启动实施。

① 云南省九大高原湖泊水污染综合防治领导小组办公室：《滇池生态安全调查及评估第一次工作会议在昆明召开》，http://sthjt.yn.gov.cn/gyhp/ jhdt/200803/t20080324_11618.html（2008-03-24）。

二十六、泸沽湖环境保护整治八大工程顺利完成①

2008年3月13日，云南省九大高原湖泊水污染综合防治领导小组办公室宣布泸沽湖环境保护整治八大工程顺利完成。云南省人民政府高度重视泸沽湖的保护工作，于2004年10月27日召开泸沽湖保护现场办公会，决定用3年的时间认真抓好泸沽湖环境保护与治理的八大工程，加大泸沽湖周边环境整治力度，保护泸沽湖流域生态环境，促进泸沽湖地区经济、社会、资源、环境可持续发展，保护摩梭文化世代传承。

3年来，丽江市委、丽江市人民政府按照云南省人民政府的要求，认真贯彻落实科学发展观，采取有力措施，加强领导，创新工作机制，多渠道筹集资金，如期完成了泸沽湖环境整治的八大工程。一是泸沽湖流域环境保护综合规划于2005年4月编制完成，2006年7月经云南省人民政府正式批准实施。二是实施截污和垃圾处理工程，泸沽湖污水处理厂及管网配套工程于2005年12月开工建设，2007年12月竣工，现已通过验收并投入使用；泸沽湖旅游区垃圾处理场于2007年2月初开工，2007年12月竣工，现已通过验收并投入使用。三是拆迁改造工程，2005年4月启动里格村民族旅游文化民居接待设施整体后移搬迁，2006年12月全面完成，落水摩梭民俗观光村恢复项目于2005年10月启动，现已实施完成，两村共拆除违规、违章建筑78户、3.15万平方米。四是实施沿湖生态环境整治工程，一期工程于2004年7月开工，二期工程于2006年1月启动，现已实施完成，建设湖滨带35.03公顷。五是环湖道路工程，于2004年11月动工建设，2005年5月竣工通车，建设道路10.4千米。六是竹地旅游服务中心工程（女儿国旅游小镇）建设工作，成立了泸沽湖创意产业发展有限公司，完成了《泸沽湖女儿国镇修建性详规》和摩梭乐园、演艺中心等重点项目建议书、可行性研究报告编制及评审，以及《泸沽湖创意产业开发方案》的研究论证，阿夏天堂项目正在建设之中。七是农村面源污染控制工程，项目于2005年实施，完成路面硬化560米、河堤治理300米、建设“三位一体”沼气池38口、修建卫生厕所1个。八是实施泸沽湖“禁磷”和“禁白”工程，宁蒗彝族自治县政府制订了泸沽湖“禁磷”“禁白”实施方案，2006年初开始实施，杜绝了在泸沽湖区域使用含磷洗涤用品和一次性塑料包装物。随着八大工程的完成，泸沽湖的保护治理重点将从环境整治为主转变为监管和保护为主。

2008年1月24日，丽江市委、市政府在泸沽湖召开环境整治总结表彰会，表彰了在实施泸沽湖治理八大工程中的2个先进集体和30个先进个人。通过实施八大工程，使泸沽湖环境保护、行政管理、规划建设工作得到了加强，环境保护意识有了较大提

① 云南省九大高原湖泊水污染综合防治领导小组办公室：《泸沽湖环境保护整治八大工程顺利完成》，http://sthjt.yn.gov.cn/gyhp/jhdt/200803/t2008 0324_11617.html（2008-03-24）。

高，泸沽湖水质稳定保持Ⅰ类标准，景区面貌有了较大变化，景区秩序得到初步规范，基础设施和投资环境有了较大改善，湖区群众的观念有了很大变化，为今后泸沽湖的保护与发展打下了坚实的基础。

二十七、滇池沿岸芦柴湾村上海埂村农业清洁生产与面源污染综合防治项目成效显著[①]

2008 年 3 月 18 日，由云南省环境保护局、农业厅主持，邀请云南省财政厅、云南大学、云南农业大学、云南省农业科学院、云南省环境监测中心站等单位的有关专家对滇池沿岸芦柴湾村、上海埂村农业清洁生产与面源污染综合防治项目进行了竣工验收。专家组认为，该项目以自然村为单位，针对村庄农业面源污染的特点，采取相应的技术和工程措施，从农业生产的源头防治农业面源污染，是滇池流域农业清洁生产和面源污染治理的有效方法。通过项目的实施，两个村基本建立了大棚—三室堆沤池、露地径流水治理、村庄污水处理、农业清洁生产和村庄保洁五大系统，农村垃圾、畜禽粪便、秸秆等污染物流失率明显减少，污水得到有效控制，总氮、总磷和化学需氧量明显削减，示范村村容村貌大大改观，村庄干净，田园整洁，产品质量显著提高，初步达到了家园清洁、水源清洁、田园清洁，为云南省九大高原湖泊流域农业面源污染治理提供了成功的示范。专家组一致通过项目验收，并希望在全面总结的基础上进行推广。

该项目为云南省九大高原湖泊治理专项资金支持，由云南省农业环境保护监测站、昆明市农业局共同组织实施。项目试点选择滇池沿岸的西山区海口镇芦柴湾村和晋宁县上蒜乡上海埂村，分别代表了设施农业和传统农业两种不同区域农业面源污染综合治理。在芦柴湾村，建设大棚—三池（蓄水池、粪水池、秸秆和粪便堆沤池）98 套，初步形成了雨水—蓄水—灌溉和秸秆及粪便—堆沤—耕地相结合的封闭循环系统，有效防止农业面源污染物的流失；通过建设村落污水、露地径流水沉淀池和湿地处理系统，有效削减污染物；通过安置杀虫灯、黄板诱杀器、熏蒸器、性诱器等灭虫设施，减少农药施用；实施测土配方施肥 270 亩，使用有机肥，减少化肥施用和流失。在上海埂村，建设双室堆沤池 36 个、畜禽粪便堆沤池 30 个、大棚—三室堆沤池 6 套，修建垃圾收集池 2 座，建设耕地径流水和村落污水收集处理系统 1 套，恢复湿地 9.2 亩，安装杀虫灯 24 盏，实施测土配方施肥 300 亩。

项目实施后，通过村落污水处理、秸秆及粪便处理还田、生物防治、测土配方平衡施肥等措施，削减了入湖污染物数量。经有关部门监测，芦柴湾村主要入湖污染物化学

---

① 云南省九大高原湖泊水污染综合防治领导小组办公室：《滇池沿岸芦柴湾村上海埂村农业清洁生产与面源污染综合防治项目成效显著》，http:// sthjt.yn.gov.cn/gyhp/jhdt/200803/t20080324_11619.html（2008-03-24）。

需氧量、总氮、总磷分别削减 42.78%、84.0%、88.4%；上海埂村主要入湖污染物化学需氧量、总氮、总磷分别削减 56.13%、86.4%、95.4%。与此同时，减少了投入、降低了成本，环境效益明显，并取得了一定的经济效益。

二十八、昆明市采取铁腕措施治理滇池流域水环境①

2008 年 3 月 31 日，昆明市召开滇池流域水环境综合治理工作会议，进一步贯彻落实国务院“三湖”水污染治理工作座谈会、云南省滇池水污染治理调研座谈会和中共昆明市委九届四次全会精神。会议要求铁腕治理滇池流域水环境。

（1）要把握规律，充分认识综合治理滇池流域水环境的重要性和紧迫性，本着对历史负责、对人民负责、对党和国家负责的态度，下更大的决心，以更高的标准，用更严的措施，铁腕治污，科学治水，综合治理，实现“湖外截污、湖内清淤、外域调水、生态修复”四大刚性目标。

（2）铁腕治污，坚持环境保护“七个优先”。一是在做出发展决策时，优先考虑环境影响。二是在编制发展规划时，优先编制环境保护规划。三是在新上投资项目时，优先进行环境保护评估。四是在调整经济结构时，优先发展清洁产业。五是在建设公共设施时，优先安排环境保护设施。六是在增加公共财政支出时，优先增加环境保护开支。七是在考核发展政绩时，优先考核环境保护指标。

（3）科学治水，实施治理“七大工程”。围绕“一湖三环”2 年闭合，城乡垃圾无害化处理 2 年突破，主城、环湖及 29 条入湖河道截污收集处理 3 年达标，牛栏江调水 4 年投入运营，滇池清淤和外流域调水 6 年基本实现的时间要求，启动倒逼机制，集中力量推进水环境治理“七大工程”，即环湖截污工程、城市洁净工程、农村面源治理工程、水源地保护工程、湖滨生态恢复工程、植树造林增绿工程、山体保护复绿工程。

（4）综合治理，创新管控“七大机制”。坚持科学规划、远近结合、标本兼治、综合治理，按照“治湖先治水，治水先治河，治河先治污，治污先治人，治人先治官”的思路，建立以利益导向为核心的一系列管理和控制机制，把滇池流域水环境治理纳入科学化、法治化、市场化的轨道。一是建立领导协调机制；二是建立优化产业机制；三是建立市场投入机制；四是建立科技支撑机制；五是建立政策扶持机制；六是建立公众监督机制；七是建立干部考核机制。

（5）严格完成工作目标。一是完成滇池相关规划项目的前期工作，确保项目开工

① 云南省九大高原湖泊水污染综合防治领导小组办公室：《昆明市采取铁腕措施治理滇池流域水环境》，http://sthjt.yn.gov.cn/gyhp/jhdt/200804/ t20080410_11620.html（2008-04-10）。

率超过 50%。二是滇池北岸水环境综合治理工程进入全面建设阶段，抓紧推进第七、三、五污水处理厂的新建、改扩建，实施第一、二、四污水处理厂脱磷除氮消毒处理装置建设工作。三是启动集镇污水收集管网及处理厂（站）建设。四是盘龙江、宝象河整治取得明显成效，启动实施玉带河—篆塘河等入湖河道整治，建设入湖河道水质监测及污染源监控系统。五是加快产业结构调整，淘汰落后产能，落实减排措施，滇池流域化学需氧量排放量较 2007 年削减 2%以上。六是强力推进以入湖河道整治、农村生产生活垃圾收集处置、减少农药化肥施用为重点的面源污染防治工作，加大湖滨生态带建设力度。

（6）明确责任，实行严格的问责制。严格按昆明市委、昆明市人民政府制订下发的《2008 年滇池流域水环境综合治理方案》，逐级落实责任，建立考核机制，实行严格的问责制，以保证 2008 年各项具体工作的落实，全力确保滇池流域水环境综合治理工作目标实现。

二十九、昆明市开展滇池流域河道义务清淤活动①

2008 年 4 月初，为认真抓好昆明市滇池流域水环境综合治理工作会精神的贯彻落实，昆明市组织滇池流域各县（区）政府织开展了入滇河道义务清淤保洁活动。

滇池主要入湖河道有 29 条，这些河道担负着泄洪、城镇排污、农业灌溉和生态景观等多种功能。随着城市化进程的加快和沿岸社会经济的快速发展，加之沿岸群众保护滇池的意识不强，大量垃圾、污水直接排入河道，导致河水又黑又臭，加重了滇池富营养化。在雨季到来之前，发动全社会广泛参与河道义务清淤保洁活动，最大限度地将滇池汇水区的污染物清除，将有效降低对滇池的污染。这次活动旨在通过动员社会各界集中参加全市性的大规模义务清淤保洁活动，激发全民、全社会保护环境、保护滇池的意识和参与度，唤起广大市民都来关爱滇池、保护入湖河道，共同做好滇池治理工作。在全社会营造“全民动员爱护环境、治理滇池建设新昆明”的良好氛围，形成“爱护河道人人有责，清洁河道从我做起”的自觉性，增强市民和社会各界爱河、护河的意识。

自 4 月 1 日活动开展以来，至 4 月 6 日，滇池流域各县（区）共 35 000 余人参加了入滇河道义务清淤保洁活动，清淤保洁河段总长约 155 千米，疏挖淤泥、清除垃圾、水葫芦共 91 800 立方米，清除杂草 6580 平方米。

① 云南省九大高原湖泊水污染综合防治领导小组办公室：《昆明市开展滇池流域河道义务清淤活动》，http://sthjt.yn.gov.cn/gyhp/jhdt/200804/t2008 0410_11620.html（2008-04-10）。

三十、云南省人民政府召开滇池环湖截污工程现场办公会①

2008 年 4 月 15 日，云南省人民政府在昆明市福保文化城召开滇池环湖截污工程现场办公会，深入贯彻落实国务院“三湖”水污染治理工作座谈会精神，检查督促滇池治理各项措施的落实，进一步明确责任，扎实推进滇池水污染治理各项工作的开展。云南省相关领导强调，滇池是昆明市的“母亲湖”，是昆明市生存和发展的摇篮，滇池水污染治理，不仅是一项最大的环境工程，也是一项最大的民心工程，必须始终将其作为现代新昆明建设的头等大事来抓。全省各级各部门，特别是昆明市要建立责任制，增强使命感，全面推进滇池治理重点工程的实施，力争用 10 年左右的时间，使滇池水环境质量明显好转。

4 月 15 日上午，时任云南省委副书记李纪恒、副省长和段琪等领导率省级有关部门负责人先后深入海埂公园公安码头旁、六甲办事处、呈贡新区洛龙河公园、福保文化城等地，实地调研检查滇池“水・藻”分离工程、呈贡新城排水管网、滇池湖滨生态建设情况，听取了环湖干渠截污和环湖生态总体规划方案汇报。

4 月 15 日下午，云南省人民政府召开滇池环湖截污工程现场办公会。会上，昆明市相关负责人汇报了滇池水污染综合防治情况和下一步的工作打算，省级有关部门负责人对滇池环湖截污提出了意见和建议。

云南省人民政府负责人在讲话中指出，昆明市委、昆明市人民政府抓住国务院加大“三湖”治理力度的机遇，加强领导和组织保障，积极向国家发展和改革委员会、国家环境保护总局、财政部等有关部委汇报，争取国家更大支持，加快推进各项工作进程。截至 2008 年 4 月，以滇池北岸水环境综合治理工程为核心的滇池治理重点工程进展顺利，《滇池流域水环境污染防治规划（2006—2010 年）》已经国务院常务会议研究通过，项目各前期工作正有序推进；滇池流域综合治理全面展开，执法监督力度不断加大，滇池保护治理工作取得新的成效。但从整体上看，滇池污染的形势仍然十分严峻，滇池水质仍然为劣Ⅴ类，未达到水环境功能阶段目标，水体富营养化程度仍在加重，滇池污染治理工作任重道远。

滇池是现代新昆明建设的关键，更是云南省的一张名片。滇池治理事关云南省经济社会可持续发展，事关云南省对外开放形象和生态文明建设。全省各级、各部门，特别是昆明市各级领导干部，一定要从树立和落实科学发展观、构建和谐社会、建设生态文明的战略高度来认识滇池治理问题，本着对人民负责、对历史负责的态度，坚定滇池治

① 云南省九大高原湖泊水污染综合防治领导小组办公室：《省政府召开滇池环湖截污工程现场办公会》，http://sthjt.yn.gov.cn/gyhp/jhdt/200804/ t20080428_11621.html（2008-04-28）。

理的信心和决心，把滇池治理作为现代新昆明建设的重要任务，求真务实，创新思路，采取有力措施，分解落实责任，认真组织实施滇池污染治理年度工作计划和中远期规划，力争在较短的时间内取得实质性进展。

要围绕重点工程建设，不折不扣地推进滇池治理各项工作。要按照规划确定的目标和重点，以污染物减排为核心，坚定不移地推进各项措施的落实。一是全力实施好环湖截污工程项目建设。要进一步加大工作力度，加快工程进度，全面推进干渠截污、河道截污、片区截污、集镇和村庄截污四个层次的截污管网系统建设，彻底截断污水直接排入滇池的渠道。二是加快环湖公路项目建设。要紧紧围绕“一湖三环”两年闭合工程的要求，抓紧推进其他规划路段的建设工作。三是加快实施“四退三还”的工作步伐。在广泛听取意见和多方论证的基础上，尽快确定方案，下更大的决心，采取更有力的措施，确保在 2010 年以前完成全部 32 平方千米“四退三还”任务，同时高度重视处理好群众利益问题，妥善安置好拆迁居民，争取群众广泛理解和大力支持。四是抓紧底泥疏浚及相关工作。

要进一步加强组织领导，建立滇池治理责任制，保障治理工作顺利推进。一要继续争取国家开发银行的信贷支持，拓宽投资融资渠道，切实用好、管好资金。二要建立领导责任制和领导责任追究制，按照行政问责制的要求，进一步强化昆明市作为滇池治理主体和实施主体的地位，量化和细化省、市有关部门和县（区）、乡（镇、办事处）、村（居委会）各级各部门在滇池治理整顿中的责任，一年一考核，对各级主要负责人实行行政问责。三要建立滇池治理信息公开制度，健全公众参与监督机制。四要创新体制机制，加快建设职能清晰、权责统一、运转协调、管理有效的治污管理机制，进一步完善滇池污染治理市场化运作机制，尽快建立与市场经济相适应的多元化投资主体和融资体系。

三十一、云南省九大高原湖泊水污染综合防治领导小组办公室召开 2008 年滇池水质分析及蓝藻水华监测预警会[①]

2008 年 4 月 24 日，云南省九大高原湖泊水污染综合防治领导小组办公室组织昆明市环境保护局、气象局、水利局等部门，并邀请中国科学院水生生物研究所、南京地理与湖泊研究所，云南省环境科学研究院、环境监测站、水文水资源局、农业气象与卫星遥感中心，昆明市环境监测中心等单位的专家在昆明召开滇池水质分析及蓝藻水华监测预警会商会。与会专家和领导在听取了昆明市环境监测中心、昆明市气象局、云南省水

① 云南省九大高原湖泊水污染综合防治领导小组办公室：《云南办召开 2008 年滇池水质分析及蓝藻水华监测预警会》，http://news.hexun.com/2008-04-30/105669354.html（2008-04-30）。

文水资源局昆明分局以及昆明市滇池管理局对滇池水质现状与2008年水质预测、2008年滇池流域前期气候和后期气候趋势预测、2008年滇池水量预测分析及调度运行方案、滇池蓝藻水华监测和防治等情况汇报，对2008年滇池水污染及蓝藻水华情势进行了分析会商和讨论。专家达成以下几个方面意见：

（1）2008年滇池水质总体保持稳定。主要污染指标除总氮外，均有不同程度下降，富营养化状况有所改善。2008年1—3月，滇池草海、外海水质总体为劣Ⅴ类，与2007年同期比较，草海、外海总氮有所上升，氨氮、总磷、高锰酸盐指数、叶绿素有所下降；草海、外海均为重度富营养化，水体综合营养状态指数分别为74.61和64.53，水体综合营养状态指数较2007年分别下降5.80%和5.55%。

（2）2008年入春以来，昆明出现持续高温、少雨、多光照天气，有利于蓝藻生长。据有关监测报告显示，滇池外海藻生物量较2007年同期略有增加，但由于风浪比2007年同期偏大，不利于蓝藻聚集，尚未形成明显蓝藻水华。2008年3月下旬至4月中旬，昆明累计降雨量仅6.0毫米，较历年同期偏少7成；日平均气温为17.6℃，较历年同期偏高2.8℃；日平均最高气温为23.8℃，较去年同期偏高1.3℃；平均日照时数大于10小时；逐日小时平均风速为3.5米/秒。

（3）滇池蓝藻水华形成条件尚无根本改变，在今后相当一段时间蓝藻水华发生无法避免。由于滇池水体中以铜绿微囊藻为优势群体的格局没有变化，支撑蓝藻生长的营养物质还很丰富，不会限制蓝藻的生长，影响蓝藻生长的气候条件总体上不会发生明显变化等因素，很长一段时间内滇池发生蓝藻水华现象将无法避免。

（4）2008年蓝藻水华发生时间较往年有所推迟。近几年蓝藻水华发生多在3—4月，由于2008年2月中旬气温特低，3月上旬气温较常年同期低，推迟了滇池水温的增加时间，也推迟了蓝藻进入快速增长期，因此2008年蓝藻水华发生的时间较2007年晚。2008年3月中下旬气温偏高与4月上旬气温回升较快，有利于滇池水温的增加，促进蓝藻快速生长，如果5月天气没有出现明显降温，预计会发生蓝藻水华。

（5）预计2008年蓝藻水华强度将维持在近年来的水平。2008年短时的气温异常现象，不足于长期影响蓝藻进入快速增长期。根据《2008年滇池流域气温等天气气候条件变化分析预测》资料，2008年主汛期（6—8月）降雨量为500—600毫米，9—10月降雨量为150—200毫米，呈降雨量偏少温度高的格局，有利于蓝藻的生长。虽然滇池水污染治理在不断提速，污水处理厂管理、河道管理不断增强，滇池保持高水位运行，但滇池入湖污染负荷依然很大，氮、磷等营养元素丰富，再加上蓝藻生长适宜的气候条件，滇池蓝藻水华发生的强度不可能减弱。

（6）预计2008年蓝藻水华持续时间将可能较2007年偏长。从滇池气候条件预测资料看，2008年雨季在10月上旬前后结束，较常年偏早，雨季的提早结束，一般会带来温度的增加，有利于蓝藻的生长，形成新的蓝藻生长高峰，发生蓝藻水华，延长蓝藻水华形成时间。

专家们建议：一是要尽快建立滇池水质分析及蓝藻水华监测预警会商制度，及时将滇池蓝藻的信息和有关情况向云南省、昆明市人民政府报告，统一发布有关滇池蓝藻的信息和防治情况。二是以中国昆明高原湖泊国际研究中心为平台，整合科技力量，深入开展滇池蓝藻水华清除与预警预报研究，科学指导滇池蓝藻水华的防治。三是昆明市要加强对滇池蓝藻水华的防治，加大机械除藻、人工打捞除藻力度，减少蓝藻水华带来的危害。四是进一步加强对污染源的控制，尽最大努力减少污水直接排入滇池，有效控制和削减入湖污染物。

三十二、水利部原部长出招治滇池治理污染源为主调水为辅[①]

2008 年 5 月 5 日，水利部原部长汪恕诚在“科学大讲坛”就中国水资源问题进行了一场酣畅淋漓的精彩演讲。对于滇池治理，汪恕诚主张标本兼治，既要支持调水补水，也要下决心对污染源进行治理。

汪恕诚说，一个湖泊污染了以后，一般有两种指导思想或者两套治理方案。一种方案认为应该是治本为主，治理的思路就是从源头抓起，治理污染源。污染源有 3 种：点源污染主要是城市污染；面源污染就是农田污染；还有一种是自己污染。治本的思路就是从源头抓起。另一个方案就是治标的办法。他说：“我个人比较欣赏治本，而且要下大功夫去治本，调水冲刷可以采取，但是不要把它作为最终解决的办法。”汪恕诚认为，治本的代价比较高。如果滇池流域的城市排污通过污染处理厂全部处理后往外排，实现零排放，而周边农地全部搞成暖棚，由国家给钱补偿搞滴灌，降雨的时候就不会把农药、化肥冲到湖泊里面去。他还说：“治理滇池治本要放在第一位，花多大的代价也要干下去。治标的事情也要办，我不反对办，云南省水利厅要支持调水，但是不要作为最终的治理依托。”

三十三、昆明市长张祖林要求 2008 年内截断宝象河流域重污染源[②]

2008 年 5 月 8 日，作为宝象河的“河长”，时任昆明市委副书记、市长张祖林对宝

① 云南省环境保护局：《水利部原部长出招治滇池治理污染源为主调水为辅》，http://sthjt.yn.gov.cn/zwxx/xxyw/xxywrdjj/200805/t20080512_5463.html（2008-05-12）。

② 云南省环境保护局：《张祖林：年内截断宝象河流域重污染源》，http://sthjt.yn.gov.cn/zwxx/xxyw/xxywrdjj/200805/t20080509_5458.html（2008-05-09）。

象河水环境综合治理情况进行实地考察。在经过实地调研后，张祖林要求，各级各部门要统一认识，打好治理宝象河水污染攻坚战。2008年内一律关停并转流域内重污染企业，截断重污染源头。

宝象河属昆明古六河之一，源于官渡区东南部老爷山，流经大板桥、大石坝、小石坝、小板桥，在宝丰村附近汇入滇池，是入滇的第二大河流。上游建有宝象河水库，是昆明主城区的供水水源之一。2008年5月8日，张祖林从宝象河源头到进入滇池出水口，将整条宝象河实地踏勘了一遍。每到一处踏勘点，他都用数码相机一一记录宝象河从源头的清澈逐渐变浊变臭的过程，并详细了解每一个河段存在的问题和治理方案。

据了解，宝象河水污染的主要原因是沿线部分工业企业污水未经处理直接排入宝象河，干海子以下河流污染严重，水质为劣Ⅴ类。由于缺乏排水管网或排水管网不配套，一方面造成污水直排河道污染水体；另一方面，第六污水处理厂进水量不足，无法达到设计规模，难以发挥应有的工程效益。同时，河底淤泥长期积累，污染水体，影响河道景观。此外，宝象河水库库区内现有3个村庄，所产生的污染对水源地保护存在潜在的威胁。

在随后召开的宝象河水环境综合治理现场会上，官渡区、经济开发区、空港经济区相关负责人汇报了对宝象河的治理情况。中国市政工程西南设计研究总院有限公司提出只有采取沿岸截污治污、河道清淤护堤、岸带生态修复、农村污染控制四大措施进行治理，才能实现“水清、水畅、岸绿”的目标，最终使沿岸村镇污水收集处置率在70%以上、污水处理厂出水水质达到国家一级A标准。

张祖林指出，滇池治理是全市人民关心的大事，经过多年的探索和治理，已有明确的治理思路。2008年，环湖截污、环湖生态、外流域引水等六大工程正在推进，滇池治理的进程不断加快。截污是滇池治理的根本措施，生态治理是必要措施。今后在做好滇池以及进入滇池河道截污的同时，要在全社会推广使用经过处理后的污水，也就是中水。尽量用中水绿化、美化和清洗道路。相关部门要抓紧中水回用管网的规划制定，做到中水就近使用。

张祖林要求，治理宝象河短期内要做好以下几个方面的工作。第一，宝象河流域的重化工企业、冶金企业在2008年内必须关停并转，所经流域内的经济开发区、官渡区2008年对这类企业实行零申报。第二，宝象河综合治理方案要考虑好近、中、远期规划。要突出重点，采取集中治理、分散治理污水处理的办法，争取在4年以内，使流入滇池宝象河的水控制在Ⅴ类，最好是Ⅳ类。第三，各级各部门要统一认识，认清形势，打响宝象河治理攻坚战，为整个滇池治理奠定基础。

三十四、云南省人民政府召开云南省九大高原湖泊水污染综合防治工作会议①

2008 年 5 月 22 日，云南省人民政府在玉溪市江川县召开云南省九大高原湖泊水污染综合防治工作会议，研究部署推进九大高原湖泊治理工作。云南省人民政府负责人强调，做好九大高原湖泊水污染综合防治任务光荣而艰巨，要以科学发展观为指导，以建设生态文明为目标，坚定信心，狠抓落实，力争“十一五”期间九大高原湖泊水污染综合防治工作取得更大成效，为推进生态大省建设再立新功。

自 2006 年以来，尤其是国务院召开“三湖”水污染治理座谈会以来，云南省委、省人民政府和各级党委、人民政府进一步加大工作力度，采取积极措施，有效推进了九大高原湖泊水污染综合防治工作。一是加大了滇池治理力度；二是洱海水质明显改善；三是抚仙湖、星云湖、杞麓湖和阳宗海“三湖一海”水污染治理取得重大进展；四是异龙湖水质有所改善；五是泸沽湖、程海水质保持基本稳定。但是在九大高原湖泊治理工作中还存在一些突出问题，形势仍然严峻。

云南省人民政府负责人要求，九大高原湖泊水污染综合防治进入了关键时期，一定要以党的十七大精神为指导，全面贯彻落实科学发展观，坚持“一湖一策”的原则，把九大高原湖泊治理作为云南省全面实施七彩云南保护行动的重中之重，以对历史高度负责、对人民高度负责、对子孙后代高度负责的态度，进一步增强责任感、使命感和紧迫感，把九大高原湖泊水污染防治摆到更加重要、更加突出、更加紧迫的位置，下最大的决心，花最大的功夫，尽最大的努力，狠抓九大高原湖泊水污染综合防治工作，力争以滇池为重点的九大高原湖泊水污染综合防治在较短时间内取得新的突破。

这次会议明确了“十一五”后三年九大高原湖泊治理工作的八大任务。一是抓好污染源控制，进一步完善水污染防治体系。二是抓好生态修复，进一步实施“三退三还”和湖滨带生态建设。三是抓好农村农业面源污染防治，进一步控制农村生活、生产和畜禽养殖污染。四是抓好入湖河道水环境综合整治，进一步控制入湖污染物。五是抓好湖泊内源治理，进一步削减内源污染。六是抓好水源区保护和外流域补水工程，为湖泊提供生态用水。七是抓好湖泊治理科学研究及成果推广，提高湖泊治理的科技支撑能力。八是抓好法制建设，依法治湖。

会议提出做好九大高原湖泊水污染综合防治工作，必须进一步加强组织领导，建立健全领导责任制和责任追究制；加强协调，加大统筹协调力度，加紧落实各项关键措

① 云南省九大高原湖泊水污染综合防治领导小组办公室：《省政府召开云南省九九大高原湖泊水污染综合防治工作会议》，http://sthjt.yn.gov.cn/ gyhp/jhdt/200806/t20080602_11624.html（2008-06-02）。

施，共同做好九大高原湖泊水污染防治工作；加强资金筹措，进一步加大湖泊治理的投入，为九大高原湖泊水污染综合治理提供坚强有力的保障；加强宣传教育，增强湖泊治理保护意识。

会议由副省长和段琪同志主持。和副省长要求5个州（市）和省级有关部门要把这次会议的精神宣传好、贯彻好、落实好。结合解放思想大讨论、大行动，把九大高原湖泊治理工作列入重要议事日程，周密部署，精心组织，学习先进，坚定信心，开创新局面，实现新突破。5个州（市）主要领导要亲自抓，分管领导具体抓，对湖泊水污染综合防治工作的政策、措施、项目要一项一项地进行任务分解，一项一项地明确责任，一项一项地抓出成效。围绕九大高原湖泊水污染综合防治的规划目标，要树立2008年是大干的一年，2009年是冲刺的一年，2010年是达标的一年的使命和责任，迅速行动起来，扎扎实实地推进各项工作。对5个州（市）和省级有关部门要按照云南省人民政府2008年出台的行政负责人问责制、服务承诺制、限时办结制、首问责任制的要求，认真监督、检查落实。

会议听取了云南省九大高原湖泊水污染综合防治领导小组办公室主任、云南省环境保护局局长王建华同志2006—2007年九大高原湖泊水污染综合防治情况的汇报。会上，昆明市、玉溪市、大理白族自治州、红河哈尼族彝族自治州、丽江市5个州（市）政府及云南省发展和改革委员会、财政厅主要领导也分别做了汇报。云南省人民政府对2006—2007年九大高原湖泊水污染防治工作先进单位进行了表彰奖励。2008年5月22日上午，与会代表实地考察了星云湖治理现场。

云南省委常委、常务副省长罗正富同志，云南省人民政府秘书长丁绍祥同志，云南省人民政府副秘书长杨洪波、黄立新、白建坤、叶燎原同志出席会议，云南省九大高原湖泊水污染综合防治领导小组成员单位及省直有关部门主要负责同志、五州（市）主要负责人和分管负责人、环境保护局局长、九大高原湖泊所在县（区）党委、政府主要负责同志等参加会议。

三十五、云南省环境保护局、云南省九大高原湖泊水污染综合防治办公室召开贯彻落实云南省九大高原湖泊水污染综合防治工作会议精神座谈会[①]

2008年5月23日上午，为了及时贯彻落实云南省九大高原湖泊水污染综合防治工

① 云南省九大高原湖泊水污染综合防治领导小组办公室：《省环保局 省九湖办召开贯彻落实云南省九大高原湖泊水污染综合防治工作会议精神座谈会》，http://sthjt.yn.gov.cn/gyhp/jhdt/200808/t20080814_11625.html（2008-08-14）。

作会议精神，云南省环境保护局、云南省九大高原湖泊水污染综合防治领导小组办公室立即召开了昆明市、玉溪市、大理白族自治州、红河哈尼族彝族自治州、丽江市五州（市）环境保护局，滇池、抚仙湖、洱海管理局负责同志参加的座谈会。座谈会强调，九大高原湖泊治理进入关键时期，云南省人民政府召开九大高原湖泊水污染综合防治工作会议意义十分重大，为进一步做好九大高原湖泊水污染综合防治工作指明了方向，明确了任务。作为湖泊治理的职能部门，环境保护部门要认真履行职责，深入贯彻会议精神，狠抓各项工作的落实，为九大高原湖泊水污染综合防治工作取得新突破做出更大努力。

会议提出，环境保护部门一定要树立危机意识、机遇意识、责任意识。党中央、国务院和云南省委、云南省人民政府高度重视湖泊治理保护。2008 年 2 月，国务院办公厅转发了国家环境保护总局等部门《关于加强重点湖泊水环境保护工作意见的通知》，加大了湖库水环境治理的力度。云南省委、云南省人民政府对滇池水污染治理进行了 8 次调研，云南省人民政府召开了 6 次专题会议，2008 年 5 月 22 日，云南省人民政府又召开了云南省九大高原湖泊水污染综合防治工作会议，云南省人民政府主要负责人强调了重点工作，明确提出了总体要求，充分体现了云南省委、云南省人民政府对以滇池为重点的九大高原湖泊治理工作的高度重视。但是，九大高原湖泊治理工作距上级的要求和人民群众的愿望有较大的差距，形势不容乐观，仍有 5 个湖泊处于Ⅴ类、劣Ⅴ类水平，规划重点治理项目前期工作滞后，治理投资和治污工程建设严重不足，治理项目开工率、完工率低，削减污染物的任务十分艰巨。5 个州（市）各级环境保护部门和湖泊管理局要进一步提高认识，以贯彻九大高原湖泊治理工作会议为契机，把学习贯彻云南省九大高原湖泊工作会议的精神作为首要任务，迅速掀起认真学习贯彻省九大高原湖泊工作会议精神的高潮，充分发挥统一规划、统一监管、统一发布环境信息的职能，为党委、政府当好参谋，制定湖泊治理实施方案，加强环境监督，狠抓落实。

对如何贯彻好会议精神，云南省环境保护副局长、云南省九大高原湖泊水污染综合防治领导小组办公室副主任杨志强同志做了具体部署：一是各地环境保护局要认真学习领会会议精神，并结合各自湖泊水污染治理的实际，将今后 3 年的重点任务、重点工作、具体措施、具体要求，制订出实施方案，向当地党委、人民政府做好会议精神的汇报。同时，要把“十一五”期间的重点工作、重点任务、治理保护目标层层分解，量化、细化到责任单位和责任人。二是在治理项目的实施上，要围绕“十一五”规划和目标责任书的要求，把削减污染物大的项目作为重点来抓，迅速推进。三是加强责任制的考核，实行年度目标管理，每年进行考核并公布考核结果，加大检查监督力度，督促九大高原湖泊治理各项工作的落实。四是按照建设项目管理的有关要求，坚持削减污染物大、前期工作落实、环境效益突出的原则，认真组织实施 2008 年九大高原湖泊治理重点工程和重点工作，编制2009年九大高原湖泊专项资金申报计划，重点保证“十一五”规划及目标责任书项目的实施。五是要把入湖污染物的削减与能耗减排结合起来，加强工业污染源、城市污水处理设施的监督管理，确保正常运行，提高污水处理效率，为污染减排做出贡献。六是要有高度的敏感性，切实抓好突发污染事故的应急处置。

会议要求，对重大项目开展情况、资金使用情况、目标责任书的执行情况实行严格的报告制度，以后每个季度向九大高原湖泊水污染综合防治领导小组办公室报告一次。8月份，九大高原湖泊水污染综合防治领导小组办公室要组织对贯彻云南省九大高原湖泊水污染综合防治工作会议落实情况、2008年的重点工作和重点任务开展情况进行逐项检查，向云南省人民政府做出报告。

三十六、国家开发银行携手云南政府治理昆明“母亲湖”①

2008年6月7日上午，国家开发银行与云南省人民政府签订《滇池污染治理战略合作协议》，国家开发银行云南省分行与昆明市人民政府签订《滇池污染治理项目合作协议》。由此，滇池的污染治理将获得强大的金融支撑和重要保障。

滇池是昆明市的“母亲湖”，截至2008年，水质总体为劣Ⅴ类。党中央、国务院高度重视滇池的污染治理，连续3个五年计划都将滇池纳入国家“三河三湖”重点污染治理范围。云南省委、云南省人民政府决定下最大的决心、花最大的力气、尽最大的努力，突出环湖截污、环湖生态、入湖河道治理、底泥疏浚、水源地保护、外流域引水六大工程，力争用10年左右时间实现滇池水质明显好转，逐步恢复滇池地区山清水秀的自然风貌，努力形成流域生态良性循环，人与自然和谐相处的宜居环境。据了解，滇池污染治理早就引起了国家开发银行的极大关注，从2003年起，国家开发银行就以优惠利率贷款积极支持滇池污染治理工作。截至2008年6月，国家开发银行对滇池治理项目累计发放贷款14.44亿元。同时，还提供了6450万元的技术援助贷款，支持了滇池治理项目前期的规划和研究工作。在当前加快滇池污染治理的关键时刻，国家开发行及其云南省分行分别与云南省人民政府、昆明市人民政府签订滇池污染治理合作协议，标志着双方在已取得成效的基础上，合作领域、质量及合作广度、深度上又有了新进展。此次签署的合作协议，明确了合作范围、融资合作方式、投融资顾问服务、合作机制、融资运作方式等具体事项。两份协议明确，国家开发银行将为滇池污染治理项目提供全方位的金融服务；昆明滇池投资有限责任公司作为滇池污染治理项目借款人，负责滇池污染治理项目的实施、资金筹集、资本运作、还贷账户管理及筹资参股建设项目等。依据协

① 蒋朝晖：《滇池治理将获得强大金融支撑 国家开发银行携手云南政府治理昆明“母亲湖”》，http://sthjt.yn.gov.cn/zwxx/xxyw/xxywrdjj/200806/t20080610_5587.html（2008-06-10）。

议，将充分发挥地方政府和开发性金融机构的优势，加强合作，形成合力，加快滇池污染治理相关工作，把滇池污染治理与滇中调水有机结合，促进滇池水环境得到根本改善，真正把治理滇池污染项目做成诚信项目、示范项目，实现双方共赢。据悉，云南省人民政府决定通过国家开发银行组建银团贷款，为滇池治理大项目的融资需求提供强大金融支撑。

云南省副省长和段琪与国家开发银行相关领导签署《滇池污染治理战略合作协议》；昆明市委副书记、市长张祖林与国家开发银行云南省分行行长邓廷铎签署《滇池污染治理项目合作协议》。签字仪式上，张祖林表示，将更加积极主动地做好项目前期工作，按要求落实项目贷款相关审批手续，确保重点治理项目的资本金和配套资金，并用好、管好资金。

三十七、云南加大九大高原湖泊流域环境执法力度　强化责任落实　加强联合监察[①]

2008 年，云南省采取强化责任落实、开展联合监察、严惩违法行为等多种措施，进一步加大九大高原湖泊流域环境执法力度，有效地推动了高原湖泊水污染综合防治工作顺利进行。

加强九大高原湖泊流域环境监察，是云南省以滇池为重点的九大高原湖泊（滇池、阳宗海、洱海、抚仙湖、星云湖、杞麓湖、程海、泸沽湖、异龙湖）水污染综合防治工作的重要举措。为切实增强环境监察实效，云南省环境保护局先后制定印发了《云南省 2008 年九大高原湖泊流域现场监察方案》《云南省环境监察总队关于调整九大高原湖泊流域国控省控企业名单的通知》，要求九大高原湖泊流域的昆明市、玉溪市、丽江市、大理白族自治州和红河哈尼族彝族自治州等 5 个州（市）环境保护局，自 2008 年 5 月起按 2008 年度调整后的国控、省控企业名单认真开展现场监察。按照责任范围和执法要求，5 个州（市）环境保护局进一步加大了对九大高原湖泊流域内 21 家城镇污水处理厂治理设施运转情况进行现场监察、对 41 家国控省控企业稳定达标排放情况进行现场检查、对 184 个责任书项目工程进度实施跟踪抽查的工作力度，在依法履职尽责的同时，采取果断措施，指导企业及时对九大湖泊流域存在的污染隐患进行有效排除。

云南省环境保护局在加强对九大高原湖泊流域环境执法进行日常指导监督、每季度定期通过网络向社会公布《九大高原湖泊流域环境监察报告》的同时，积极探索对跨省、州（市）、县湖泊流域进行环境监察部门联合执法的新途径。多次协调云南省环境

① 蒋朝晖：《云南加大九湖流域环境执法力度　强化责任落实　加强联合监察》，http://sthjt.yn.gov.cn/zwxx/xxyw/xxywrdjj/200809/t20080902_5922.html（2008-09-02）。

监察总队、四川省环境监察执法总队、丽江市环境保护局及环境监察支队、凉山彝族自治州环境保护局及环境监察支队、宁蒗彝族自治县环境保护局及环境监察大队、盐源县环境保护局及环境监察大队等单位领导和有关工作人员，对跨省的泸沽湖流域进行滇川两省联合现场监察，并形成了会议纪要，对泸沽湖景区联合监察情况、存在问题和下一步工作措施进行了具体明确；两省还建立了信息通报制度，规定各县级环境监察机构至少每两个月，市（州）环境监察机构至少每季度，两省环境监察机构至少每半年要交流一次信息。在对阳宗海流域进行的联合现场监察中，针对发现的问题，云南省环境保护局多次组织昆明市、玉溪市、澄江县、呈贡县、宜良县环境监察部门，现场共同研究切实可行的解决方案。同时，不断拓宽执法领域，把考核指标“城镇（旅游景区）污水截污率”和“城镇（旅游景区）污水处理率”纳入了年度审核。

2008 年上半年，云南省环境保护局还先后派出云南省环境监察总队 150 人次，对滇池、抚仙湖、洱海流域 44 家企业和项目进行了 2 次现场监察。对滇池、抚仙湖、洱海、阳宗海、异龙湖、杞麓湖、星云湖、程海流域内 23 家国控企业、11 家省控企业、5 家其他企业、6 个责任书项目进行了 1 次现场监察。对现场监察中发现的环境违法行为进行了严厉查处，对存在的污染隐患责令当地环境保护部门督促企业限期整改消除。

三十八、2008 年内制订滇池治理方案[①]

2008 年 9 月 10 日，环境保护部召开全国重点流域水污染防治工作会议，提出五大环境保护工作重点。周生贤部长提出，2008 年要重点研究制订并加快实施太湖、滇池流域水污染治理与富营养化综合控制技术及示范实施方案，将开展主要水污染物排放指标初始有偿使用和交易试点。环境保护部提出的工作重点如下：

（1）流域上下游各地要建立高层次的组织协调机制，形成协调配合、联防联控的局面。地方各级党委和政府主要负责人亲自抓、负总责，确保认识到位、责任到位、措施到位、投入到位。

（2）重点抓好已建成污水处理厂脱氮除磷工艺改造、在线监控设施和重点排污单位深度治理工程建设。加快推进城镇污水处理厂和其他国控重点污染企业在线监测系统联网工作，确保治理设施正常运行。要求各级政府加大治污项目资金投入，并鼓励和引导金融机构加大信贷支持，确保治污项目的顺利实施。

（3）环境保护部将督促重点流域各级地方政府加大落后产能淘汰力度，制定更严格的水污染物排放标准，积极开展主要水污染物排放指标初始有偿使用和交易试点，激

---

① 云南省环境保护局：《今年中国 5 大环保重点提出　年内制订滇池治理方案》，http://sthjt.yn.gov.cn/zwxx/xxyw/xxywrdjj/200809/t20080911_5969.html（2008-09-11）。

励企业开展污染减排，落实重点城市水污染物总量削减任务。

（4）集中攻克一批节能减排迫切需要解决的水污染防治关键技术。2008 年要重点研究制订并加快实施太湖、滇池流域水污染治理与富营养化综合控制技术及示范实施方案，继续开展重点湖库生态安全的总体评估。

（5）严格管理，防范事故。禁止在一级保护区内新（改、扩）建与供水设施及保护水源无关的建设项目，禁止在二级保护区内新（改、扩）建排放污染物的建设项目。加快饮用水水源地一级保护区内村镇的生活污水和垃圾无害化处理设施建设，水源地周边减少农药、化肥施用量，全面开展流域内城镇集中式饮用水水源地核查。

三十九、云南省人民政府召开滇池水污染防治专家督导组成立大会①

2008 年 9 月 8 日，云南省人民政府滇池水污染防治专家督导组成立大会在昆明市举行。云南省人民政府成立滇池水污染防治专家督导组，旨在加强对滇池水污染防治工作的指导、检查和监督，推进各项重点工作和重点工程顺利实施。督导组由云南省人民代表大会常委会原常务副主任牛绍尧任组长、原副主任高晓宇任副组长，成员分别来自云南省人大常委会、政协相关部门的老领导及科研院所、高校的专家。

云南省人民政府领导指出，随着《滇池水污染防治“十一五”规划》《滇池水污染防治中长期规划》《滇池水污染防治总体方案》等治理方案的出台，滇池治理的战略目标正在开始逐步实施，滇池治理已进入了十分关键时期。这次云南省人民政府成立专家督导组，是对进一步推进滇池治理，进一步抓好国家政策、措施工作的落实的一个重大举措；当前，必须下最大决心、花最大功夫、尽最大努力推进滇池治理工作，必须加强对治理工作的指导、检查和监督，以便有效地促进工作的落实。希望督导组各位专家认真履职，继续为推进滇池治理发挥作用，加强指导、检查和协调，多为治理好滇池出主意、想办法、献实招；要积极支持专家督导组的工作，不管是省级部门和单位、市级部门和单位，还是专门机构都要接受专家督导组的检查、指导、监督。

昆明市领导也在发言中指出，昆明市将高度重视并积极创造有利条件，全力支持专家督导组开展好工作，无条件、无阻力、无障碍为专家督导组提供服务。通过座谈会和书面汇报，组织实地视察、调研等形式，积极主动地向专家督导组汇报滇池污染治理工作的进展情况，主动请求专家督导组参与研究提出意见，增强滇池污染治理工作的科学性，将专家督导组提出的问题列为重点督办事项，重点交办、督办、催办、查办，保证

① 云南省九大高原湖泊水污染综合防治领导小组办公室：《省政府召开滇池水污染防治专家督导组成立大会》，http://sthjt.yn.gov.cn/gyhp/jhdt/ 200809/t20080912_11627.html（2008-09-12）。

件件有落实，明确责任，抓好落实工作。

滇池水污染防治专家督导组组长牛绍尧代表专家督导组发言：表示专家督导组成立后，首先要学习党中央、云南省委的指示精神和安排部署，学习滇池在具体实施当中的好经验、好做法，按照《云南省人民政府办公厅关于成立滇池水污染防治专家督导组的通知》对专家督导组提出的要求，积极认真地开展相关的督导工作，也希望得到大家的支持和指导，并准备在最近两天在认真学习的基础上，集中学习两天，认真领会、研究具体工作的开展。

四十、滇池治理引入首个大型基金　华禹水务初投200亿①

2008年9月26日，昆明市政府与华禹水务产业投资基金管理有限公司签订金融合作协议，这是昆明市引入滇池治理的首个大型产业基金。

昆明市委常委、常务副市长李文荣，市委常委、市委秘书长黄云波出席签字仪式，签字仪式由副市长王道兴主持。

从签字仪式上获悉，资金瓶颈已成为滇池治理的重大迫切问题。单是国务院批复的《滇池水污染防治“十一五”规划》，涉及项目65项，总投资就需要92亿余元。根据近期完成的滇池治理方案，2003—2020年，滇池治理投入将突破1000亿元人民币。

长期连续巨大的资金需求，单靠财政投入难以满足，搭建多元化投融资平台，已成为滇池治理当前和今后的核心工作。昆明市在排水公司基础上组建的滇池投资有限公司，就作为滇池污染治理的投融资平台。

据了解，华禹水务产业投资基金管理有限公司为封闭式契约型基金，首期募集规模为人民币200亿元，主要投向为西部地区的城市水务系统，华禹水务产业投资基金管理有限公司与成都、西安、重庆等10多个城市均有投资合作洽谈，重点面向重大水环境污染治理项目和水源建设项目。华禹水务产业投资基金管理有限公司负责人在2008年9月26日的签字仪式上表示，首选昆明合作，最主要的原因是昆明市委、昆明市人民政府对滇池治理工作的高度重视，给予华禹水务产业投资基金管理有限公司很大的合作信心。

在9月26日的签字仪式上，昆明市人民政府、华禹水务产业投资基金管理有限公司、中国证监会云南监管局、太平洋证券股份有限公司等签署了《关于引进华禹水务基金投资昆明、扩大金融合作的框架协议》；昆明市人民政府、华禹水务产业投资基金管理有限责任公司、昆明滇池投资有限责任公司签署了《投资合作意向协议书》。

昆明市人民政府负责人在华禹水务投资基金管理有限公司投资昆明框架协议签字仪

① 云南省环境保护局：《滇池治理引入首个大型基金　华禹水务初投200亿》，http://sthjt.yn.gov.cn/zwxx/xxyw/xxywrdjj/200809/t20080927_6021.html（2008-09-27）。

式上表示，要用战略眼光看待滇池治理的重要性，创新思维筹措滇池治理资金，用信心和恒心打造诚信政府，吸引资金投入滇池治理。

四十一、滇池、阳宗海沿岸公共空间禁摆摊[1]

2008 年 9 月 26 日，昆明市人民政府公布了将于 10 月 12 日起施行的《昆明市湖泊沿岸公共空间保护规定》，其中明确禁止 9 类行为，包括在滇池、阳宗海沿岸公共空间禁止堆放和倾倒土、石、尾矿、垃圾、废渣等固体废物，禁止排放未达到排放标准或超过规定控制总量的废水，禁止倾倒残油、废液等废物。

为维护湖泊生态环境，防治水害，昆明市人民政府明确规定昆明市湖泊沿岸公共空间是指本市行政区域内滇池、阳宗海沿岸公共空间。滇池沿岸公共空间是指滇池水体保护区以及水体保护界桩沿地表向外水平延伸 100 米的范围（水平延伸至山体 25 度以下区域）；阳宗海沿岸公共空间是指阳宗海水域及最高运行水位 1770.75 米（海防高程）水平距离 100 米内的范围（水平延伸至山体 25 度以下的区域）。明确规定市、县（区）人民政府应当采取有效措施切实保护湖泊流域公共空间，维护湖泊生态系统的完整性。

四十二、节能环境保护论坛东京热议 日企有意参与滇池治理[2]

2008 年 12 月初，由国家发展和改革委员会、商务部、中国驻日本大使馆与日本经济产业省、日中经济协会共同主办的第三届中日节能环境保护综合论坛在日本东京举行。昆明市副市长王道兴作为中日长贸中日节能技术合作分会访日代表团副团长，代表昆明市政府参加了论坛，并做了题为“滇池水环境治理现状与未来目标”的发言。滇池治理问题在论坛上引起参会各方的关注，日本环境保护企业和机构对参与滇池治理表现出强烈的意向。

中日节能环境保护综合论坛自 2006 年举办第一届以来，每年在中日两国轮流举办一次。节能环境保护领域已成为两国交流与合作的新亮点。

2008 年，中日两国政府、研究机构及企业的近 1000 名代表参加了本次论坛。中日双方在论坛上签署了 19 个合作协议，两国代表在节油节电、循环经济、海水淡化、汽车、发电能效等多个领域开展了研讨和交流。

---

① 庞继光、万静霏：《〈昆明市湖泊沿岸公共空间保护规定〉10 月 12 日起施行：滇池、阳宗海沿岸公共空间禁摆摊》，http://sthjt.yn.gov.cn/zwxx/xxyw/xxywrdjj/200809/t20080927_6021.html（2008-09-27）。

② 云南省环境保护局：《节能环保论坛东京热议 日企有意参与滇池治理》，http://sthjt.yn.gov.cn/zwxx/xxyw/xxywrdjj/200812/t20081202_6285.html（2008-12-02）。

在本次论坛进行主题发言的中国商务部副部长蒋耀平表示，在刚开始进行的第十一个五年计划中，中国对环境保护领域中的投资要达到 14 000 亿元（约合 2000 亿美元）。中日同为亚洲重要国家、世界能源消费大国，在能源环境领域拥有很多共同利益和合作优势。日本在污水处理、可再生能源等领域积累了丰富的管理经验，在世界上具有明显优势的环境保护先进技术，对中国有重要的借鉴意义。中国节能环境保护市场的巨大潜力，则为两国开展合作提供了广阔的空间，今后中国将在节能环境保护领域和日本携手并进。

在论坛期间，昆明市副市长王道兴关于滇池治理的发言受到了热烈欢迎。环境保护行业和各界人士都认为，滇池不仅是昆明市的滇池、云南省的滇池，也是中国的滇池，更是世界的滇池。除了宝贵的商机外，谁能在恢复滇池“四围香稻、万顷晴沙、九夏芙蓉、三春杨柳”的生态恢复工程中献策出力，谁就能在环境保护领域留下重要影响。

在论坛期间，王道兴副市长还与日本三井商社、川崎重工、日本产业技术促进协会、旭化成集团等企业和组织就环境保护、滇池治理领域的合作进行了会谈。在会后的联谊互动中，滇池仍是备受关注目的热点话题，许多参会代表还与王道兴热烈地交流环境保护领域的话题。

四十三、晋宁县 39 个生产生活污水收集处理设施夯实滇池治理基础①

昆明市晋宁县地处滇中，坐落在滇池西南岸，全县 9 个乡镇中有 6 个乡镇属于滇池汇水区域，辖区内滇池湖岸线全长 53 千米，水域面积 130.6 平方千米，占滇池总水域面积的 33%。全县 6 个乡镇汇入滇池的集水面积达 758 平方千米，占整个滇池汇水面积 2920 平方千米的 25.96%。晋宁县境内有 8 条全长 87.37 千米的流入滇池河道，8 条入湖河道两岸共有 220 个排口，包括 39 个生活污水口，56 个鱼塘排水沟，106 个农灌水沟，19 个生活污水、农业灌溉过剩水、雨水混合排口。经监测，除东大河水质为Ⅳ类外，其余 7 条河道水质均为劣Ⅴ类，整治工作异常繁重。按照昆明市“一湖两江”综合治理及“四全”（全面截污、全面绿化、全面禁养、全面整治）工作要求，2008 年全县对 8 条入滇河道进行全面整治。经过调查，经过多年的监管治理，河道两侧的工业废水基本已实现循环使用和达标排放，影响河道水质的主要原因是河道两侧大量的农村生产生活污水。经认真分析研究，晋宁县结合实际，将收集处理河道两侧生产生活污水确定为河道综合治理的主要措施。经与省、市环境保护部门及相关技术部门接洽、咨询，晋宁县

① 昆明市环境保护局：《晋宁县 39 个生产生活污水收集处理设施夯实滇池治理基础》，http://sthjt.yn.gov.cn/zwxx/xxyw/xxywzsdt/200812/t20081231_26741.html（2008-12-31）。

因地制宜地制订了村庄污水收集处理工作实施方案，设计了处理工艺和方法，用生态填料、湿地处理、土壤慢速渗透、农灌处理、自然处理等方式分别对污水进行综合整治。初期计划投资 1500 万元，在 8 条入滇河道沿线建设 39 个生产生活污水收集处理设施，对河道两侧的220 个排污口进行全面查污堵口、截污导流。经公开招投标，已确定了施工单位，各施工单位正按要求认真组织实施，计划于 2009 年 2 月 15 日前建成并投入运行。

第三章　云南环境保护专项整治史料

第一节　2004 年环境保护专项整治史料

一、云南省启动环境保护专项整治行动[1]

2004 年 4 月 20 日，国家环境保护总局、国家发展和改革委员会、监察部、国家工商总局、司法部、国家安全生产监督管理局六部委联合召开“全国整治违法排污企业保障群众健康环境保护专项行动”电视电话会议，动员和部署全国环境保护专项行动。会后，云南省及时召开了全省环境保护专项行动电视电话会议，传达和贯彻全国环境保护专项行动电视电话会议精神，制订了全省实施方案及宣传报道计划，开展了信息调度工作，启动全省环境保护专项整治行动。

云南省人民政府吴晓青副省长，云南省环境保护局、发展和改革委员会、经济贸易委员会、监察厅、工商局、司法厅、安全生产监督管理局七部门领导和昆明市人民政府及有关部门负责人，云南省和昆明市环境保护局约 100 人参加了全国环境保护专项整治行动电视电话会议云南分会场会议。2004 年 4 月 21 日，云南省人民政府决定由云南省环境保护局等七部门联合召开“全省环境保护专项整治行动电视电话会议”，会议开到县一级，云南省人民政府钱恒义副秘书长代表云南省人民政府做了动员讲话，就贯彻落实全国电视电话会议精神，全省开展环境保护专项整治行动做了部署。全省各州、市、

① 云南省环保专项整治行动联席会议办公室：《我省启动环保专项整治行动》，http://sthjt.yn.gov.cn/hjjc/hbzxxd/200407/t20040726_12349.html（2004-07-26）。

县政府主管领导和7个部门负责人及相关人员共1221人参加会议。会议还邀请了有关新闻媒体作宣传报道。

钱恒义副秘书长强调全省各级政府必须认清形势，从实践“三个代表”重要思想的高度，充分认识这次环境保护专项整治行动的重要性，从牢固树立和全面落实科学发展观的角度，充分认识整治违法排污企业保障群众健康的紧迫性和艰巨性，以高度的政治责任感和历史使命感，下大力气抓好这次环境保护专项整治行动，在环境保护工作中，体现“情为民所系，权为民所用，利为民所谋”，树立亲民、爱民、为民的政府形象。要明确目标，突出重点，务求环境保护专项整治行动取得实效。要加强领导，明确职责，完善措施，确保环境保护专项整治行动工作落到实处。

按照全国电视电话会议的部署要求，2004 年环境保护专项整治行动的重点是解决关系人民群众切身利益的突出环境问题，结合云南省实际，云南省开展环境保护专项整治行动的重点和具体要求如下：

（1）对 2003 年以来群众投诉反映的问题进行一次全面清理，确定整治对象，采取有力措施，集中整治；对长期得不到解决的“老大难”问题，要组织有关部门制订分年度计划，进行综合治理，实行挂牌督办，切实加以解决，解决情况要向群众反馈。玉溪市、西双版纳傣族自治州、文山壮族苗族自治州要重点解决饮用水水源污染问题。

（2）对 1998 年以来云南省的建设项目执行环境保护法律法规情况进行一次全面清理，严格依法处理违法违规行为。玉溪市市人民政府要按承诺，完成依法关闭淘汰全市钢铁企业中不符合国家产业政策的小高炉工作；大理白族自治州要认真清理查处亚麻加工企业的建设项目环境违法问题。

（3）严厉查处死灰复燃的污染企业。曲靖市、昆明市、红河哈尼族彝族自治州、丽江市等州（市）要按照云南省人民政府《关于清理整顿炼焦企业（项目）的紧急通知》要求，按照规定时限完成清理整顿任务；红河哈尼族彝族自治州要按照国家环境保护总局《关于对云南省个旧市沙甸冲坡哨工业片区恢复生产意见的函》要求，完成整治和监管工作；曲靖市要彻底清理土法炼锌污染环境问题。

（4）对企业排污情况进行全面检查，严查严办。对城市污水处理厂、垃圾处理场进行一次全面清理，对存在超标排污问题的，一律责令整改，并区别不同情况，采取相应处理措施。

（5）对各级政府制定的违反环境保护法律、法规的政策进行一次全面清理，一律纠正限制、阻碍环境保护执法，违规减免排污费的规定、办法和做法。

为了加强对环境保护专项整治行动的组织领导工作，云南省成立了由吴晓青副省长为组长，相关部门领导为成员的云南省环境保护专项整治行动领导小组，建立了联席会议制度，联席会议办公室设在云南省环境保护局。2004 年 4 月 26 日，云南省环境保护局等七部门共同制订了《云南省开展整治违法排污企业保障群众健康环境保护专项行动实施方案》。4月30日，云南省环境保护局组织完成了环境保护专项整治行动宣传报道方案的制订。按要求建立了全省环境保护专项整治行动信息调度制度，云南省环境监理所负责承担省信息调度工作。

二、云南省开展整治违法排污企业保障群众健康环境保护专项行动实施方案①

2004 年，为了贯彻以人为本，全面、协调、可持续的发展观，进一步改善环境质量，保障群众健康，组织开展全省整治违法排污企业保障群众健康环境保护专项行动，制订本实施方案。

（一）充分认识开展环境保护专项整治行动的重要意义

开展环境保护专项整治行动，切实解决影响人民群众身体健康的环境污染和生态破坏问题，保障人民群众的环境权益，是坚持以人为本，树立和落实科学发展观的具体体现。2004 年环境保护专项整治行动，是一次全国范围的环境保护执法大行动，其成效如何，关系到各级政府实践“三个代表”重要思想，牢固树立和全面落实科学发展观是否取得实效，关系到新一轮经济发展热潮中环境保护法律、法规、方针和政策能否得到贯彻落实等重大问题。全省各级政府及有关部门必须认清形势，从实践“三个代表”重要思想的高度，充分认识这次环境保护专项整治行动的重要性，从牢固树立和全面落实科学发展观的角度，充分认识整治违法排污企业保障群众健康的紧迫性和艰巨性，以高度的政治责任感和历史使命感，下大力气抓好这次环境保护专项整治行动，真正做到“情为民所系，权为民所用，利为民所谋”，树立亲民、爱民、为民的政府形象。

（二）指导思想和原则

以邓小平理论和“三个代表”重要思想为指导，以改善环境质量、保障群众健康为目标，以查处环境违法行为为重点，加大环境执法力度，加强部门联动和行政稽查，集中整治和严厉打击环境违法行为，努力遏制污染反弹，维护群众环境权益，促进产业结构调整，促进经济社会全面、协调、可持续发展。

（1）突出重点，严肃法纪。以人为本、以民为先，严厉打击危害群众环境利益的行为，依法处理违法责任人和追究主管部门、所在地政府责任，有效遏制污染反弹。

① 云南省环境保护局：《云南省开展整治违法排污企业保障群众健康环保专项行动实施方案》，http://sthjt.yn.gov.cn/hjjc/hbzxxd/200408/t20040809_12355.html（2004-08-09）。

（2）标本兼治，综合治理。充分应用法律、经济、行政、舆论手段，遏制污染破坏环境的利益驱动行为，创造良好的守法环境，促进企业建立环境行为的自我约束机制。

（3）典型引路，疏堵结合。积极推进清洁生产和循环经济，制定政策，树立典型，引导和激励企业走经济效益与环境效益“双赢”的道路。

（三）范围和重点

根据国家环境保护总局等六部委《关于开展整治违法排污企业保障群众健康环境保护专项行动的通知》要求，2004年环境保护专项整治行动的重点是解决关系人民群众切身利益，影响社会稳定的环境污染和生态破坏问题。《关于开展整治违法排污企业保障群众健康环境保护专项行动的通知》要求各级政府及有关部门要以改善环境质量，保障群众健康为目的，以查处违法排污企业为突破口，以加大环境执法力度为手段，在巩固2003年清理整顿行动的基础上，扩大清理范围，集中整治污水、废气和其他严重的违法行为。通过环境保护专项整治行动，切实解决群众反映强烈的环境问题，查处典型环境违法案件，清查违规建设项目，清理有悖于环境保护法律法规的“土政策”，努力遏制污染反弹的趋势，带动整个环境治理和生态保护工作，重点内容如下：

（1）群众反映强烈，影响社会稳定的环境污染和生态破坏问题。尤其是严重危害群众身心健康和正常生活的饮用水水源污染，居民区油烟、噪声扰民问题。

（2）九大高原湖泊流域、三峡上游区域、国道沿线等重点区域的违法排污问题。尤其是城市污水处理厂、垃圾处理场不正常运行问题，废弃危险化学品污染、“十五小”和“新五小”企业污染、农村畜禽养殖污染等问题。

（3）建设项目违反环境影响评价法的问题。尤其是钢铁、电解铝、水泥、电石、炼焦、铁合金和铬盐行业违规建设与结构性污染问题，以及在地方公路、矿山开发中突出的生态破坏和环境污染问题。

（4）地方人民政府出台的违反环境保护法律、法规的政策和规定。尤其是干扰、阻挠环境执法的“土政策”。

（四）主要做法及措施

环境保护专项整治行动是一项涉及面广、难度大的系统工程，各级政府及有关部门要严格按照国家的统一安排和部署，加强领导，明确责任，采取扎实有效的工作措施，努力工作，确保全省环境保护专项整治行动的顺利开展。

（1）健全组织，加强领导。各级政府要切实加强对环境保护专项整治行动的组织领导，主要领导亲自过问，并成立以政府主管领导为组长，各有关部门负责人参加的环境保护专项整治行动领导小组，建立联席会议制度，制订方案，周密部署，保障经费，狠抓落实，确保环境保护专项整治工作取得实效。各级环境保护、经济贸易委员会、监察、工商、司法等部门要建立联席会议制度，研究环境保护专项整治行动的重大问题，制订行动方案，督办重点案件，统一组织协调环境保护专项整治行动。云南省环境保护专项整治行动联席会议办公室设在云南省环境保护局。

（2）明确职责，协调配合。在环境保护专项整治行动中，环境保护部门负责对企业环境行为的统一监督管理，加大执法检查力度，及时发现和查处环境违法问题。经济主管部门（发展和改革委员会、经济贸易委员会）负责监督检查应淘汰的落后生产能力、工艺和产品，并依法提请同级人民政府予以取缔、关闭。工商行政管理部门负责协助执行政府对违法企业下达的取缔关闭决定，依法注销或吊销其营业执照，对无照经营的企业依法取缔。监察部门负责对各级政府及其组成部门的环境行为进行监察，对违反环境保护法律法规，造成严重后果的，依法追究行政责任；对下级人民政府出台的违反环境保护法律法规的政策、规定、办法和做法，依法予以纠正。司法行政部门负责组织环境保护法制的宣传与教育活动，为开展专项行动营造良好的法治环境，对群众维护环境权益的行为提供必要的法律帮助。安全生产监督管理部门要加强对企业安全生产的监管，促使企业完善安全生产条件，以防止或减少因安全事故引发的环境污染。各级政府要组织有关部门和单位，对决定取缔、关闭的违法企业采取停止供电、供水等强制措施。要切实加强部门联动，合力打击环境违法行为，凡涉及其他部门处理权限的案件，环境保护部门要在查清违法情节后分期分批向有关部门提出处理意见，有关部门要予以积极配合，不得推诿扯皮。各级环境保护部门对构成破坏环境资源保护罪的案件，要及时移送公安、检察机关。

（3）完善制度，落实责任。在环境保护专项整治行动中，要逐级建立各级政府负责的环境保护专项整治工作责任制。对工作不力甚至推而不动的单位，要通报批评，责令限期整改；对搞地方保护主义，包庇纵容环境违法行为的单位，要追究有关领导的责任。要加强对重点地区、重点环境污染问题的督查督办，确保各项措施落到实处。要普遍实行挂牌督办的办法，对突出的环境问题抓住不放，务求彻底解决。对严重危害群众身体健康、屡查屡犯的典型环境违法案件，要采取公开查处的办法，发挥群众监督作用，以点带面，推动专项整治行动的深入。

（4）广泛宣传，营造氛围。各地要制订宣传计划，充分利用各种新闻媒体，采取多种形式，广泛宣传党和国家保护环境、维护群众利益的决心和开展环境保护专项整治行动的重大意义，使之家喻户晓，人人皆知。要深入宣传环境保护法律法规，公布举报电话，公开曝光一批环境违法案件和违法企业“黑名单”，提高社会各阶层的环境法律意识，积极鼓励群众参与和支持专项行动，为环境保护专项整治行动创造良好的舆论氛围。

（5）建立与完善长效工作机制。一是各级政府要认真研究政府工作和干部任期综合考核指标体系，切实落实环境保护目标责任制。针对当地存在的突出结构性污染问题，制订调整产业结构、推进清洁生产和循环经济的计划、措施，分年度实施，从源头遏制环境污染。二是要建立与完善公众监督机制。聘请各级人大代表、政协委员为环境保护监督员，形成社会监督机制。完善政府环境信息公开制度，建立企业环境信息披露制度，保证环境保护执法的公开、公平、公正。要认真处理群众来信来访，建立有奖举报、环境保护局长接待日、行风评议等制度。三是要全面推行环境保护行政责任追究制度。已经建立环境保护行政责任追究制度的州（市）要认真检查落实，尚未建立的州（市）要结合本地实际情况，尽快制定并贯彻实施。

（五）时间安排

按照国家的统一部署，这次环境保护专项整治行动的时间安排如下：

（1）准备动员阶段（4月下旬至5月中旬）。各州、市人民政府根据本方案要求制订实施方案，成立环境保护专项整治行动领导小组及联席会议办公室，召开专门会议进行动员和部署，并将有关情况在2004年5月15日前报告云南省环境保护专项整治行动联席会议办公室。

（2）自查自纠阶段（5月下旬至6月中旬）。各州、市人民政府对辖区内严重危害群众身心健康和正常生活的饮用水水源污染，以及违反环境保护法律法规的“土政策”等问题进行自查自纠，提出整治措施，逐步加以解决。在此基础上确定挂牌督办名单，并于2004年6月20日前将阶段性工作总结和州（市）级重点挂牌督办名单上报省环境保护专项整治行动联席会议办公室。

（3）全面整治阶段（6月下旬至9月中旬）。2004年6月下旬至7月上旬，各地有关部门对清查出的重点环境问题进行集中整治，公开查处一批典型案件，并于7月20日前将本地典型环境违法案件的查处情况和基层政府“土政策”清理情况报告云南省环境保护专项整治行动联席会议办公室。

7月中下旬，云南省环境保护专项整治行动联席会议组成联合检查组，根据云南省人民政府对曲靖市、昆明市、红河哈尼族彝族自治州、丽江市清理整顿炼焦企业（项目）专项行动的有关要求，按照国家环境保护总局对个旧冲坡哨工业片区恢复生产的意见，结合玉溪市人民政府向云南省人民政府“关于依法关闭淘汰全市钢铁企业中不符合国家有关政策的小高炉”的承诺等问题进行现场检查。

8 月上旬至 9 月中旬，云南省接受全国环境保护专项整治行动联席会议联合检查组对重点挂牌督办问题的现场检查。

（4）总结提高阶段（9 月下旬至 11 月）。各州（市）政府组织一次“回头看”，认真总结环境保护行动取得的成效与不足，提出加强长效管理的措施，认真加以落实，并于 2004 年 10 月 31 日前将《2004 年环境保护专项整治行动工作总结》报云南省环境保护专项整治行动联席会议办公室。

三、关于做好开展整治违法排污企业保障群众健康环境保护专项行动宣传工作的通知①

2004 年 4 月 29 日，云南省环境保护局办公室印发了《关于做好开展整治违法排污企业保障群众健康环境保护专项行动宣传工作的通知》。

根据中央领导在2004年3月召开的中央人口资源环境座谈会上的指示要求，国家环境保护总局、国家发展和改革委员会、监察部、国家工商总局、司法部和国家安全生产监督管理局决定，于2004年4—11月在全国范围内继续开展整治违法排污企业保障群众健康环境保护专项行动。云南省人民政府高度重视，在 2004 年 4 月 21 日召开电视电话会议进行动员部署。云南省环境保护局会同云南省发展和改革委员会、经济贸易委员会、监察厅、工商局、司法厅和安全生产监督管理局按照国家六部委和云南省人民政府要求，及时制定并印发了实施方案。为做好此次专项行动的宣传工作，通知如下：

（1）各级环境保护部门要高度重视开展专项行动的宣传工作，制订宣传计划，确定宣传重点，将宣传活动作为 2004 年的一项重要工作抓紧抓好，营造良好的舆论氛围。

（2）大力宣传专项行动的重要性，宣传以人为本，全面、协调、可持续的科学发展观；宣传保护环境就是保护生产力，保护环境就是保护群众健康的观点；宣传整治违法排污企业的进展情况；宣传各地查处违法排污企业、促进产业结构调整的情况；宣传专项行动中环境保护执法者的感人事迹。

（3）加大对违法排污企业的曝光力度。各地要主动与新闻单位沟通、联系，及时通报对违法企业的查处情况，积极配合新闻单位曝光一批违法企业。对重点查处地区和企业，要邀请新闻单位采访报道，并提供便利条件。对不适合公开曝光的问题，可通过内参进行反映。

① 云南省环境保护局：《关于做好“开展整治违法排污企业保障群众健康环保专项行动”宣传工作的通知》，http://sthjt.yn.gov.cn/zwxx/zfwj/yhf/200408/t20040802_10289.html（2004-08-02）。

四、关于报送各地开展整治违法排污企业保障群众健康环境保护专项行动分阶段报告的通知[①]

2004 年 5 月 14 日，云南省环境保护局办公室印发《关于报送各地开展整治违法排污企业保障群众健康环境保护专项行动分阶段报告的通知》。

为全面深入地开展整治违法排污企业保障群众健康环境保护专项行动（以下简称“专项行动”），全国专项行动电视电话会议后，国家环境保护总局又召开了 2004 年全国环境监察工作会议，对专项行动进行了再动员、再部署，要求在专项行动期间要完成 4 个分阶段报告，具体要求通知如下：

（1）对各地所辖城市污水处理厂、垃圾处理厂及畜禽养殖业环境保护管理情况进行全面清查，内容包括污水处理厂是否正常运转，处理水质是否达标，水质在线监测和运行监控情况，垃圾是否按无害化处理，畜禽养殖业环境保护监管情况，三个行业是否按要求征收排污费情况。2004 年 5 月 25 日前形成专题报告报云南省环境保护专项整治行动联席会议办公室。

（2）对国家关注的钢铁、电解铝、水泥、电石、炼焦、铁合金和铬盐行业违规建设与结构性污染问题，认真进行清理和整治。2004 年 6 月 25 日前形成专题报告报云南省环境保护专项整治行动联席会议办公室。

（3）清理地方人民政府的违反环境保护法律法规的政策和规定，尤其是干扰、阻挠环境执法的“土政策”。2004 年 7 月 25 日前形成专题报告报云南省环境保护专项整治行动联席会议办公室。

（4）对 1998 年的建设项目进行一次全面清理，按国家的统一要求进行整改。2004 年 8 月 25 日前形成专题报告报云南省环境保护专项整治行动联席会议办公室。

五、云南省环境保护专项行动办公室对曲靖市整治违法排污企业环境保护专项行动进行检查[②]

2004 年 6 月 9—12 日，云南省环境保护专项行动办公室成员、云南省环境监理所所长方雄等一行 3 人，对曲靖市开展环境保护专项行动进展情况进行了检查，检查组首先

① 云南省环境保护局：《云环发［2004］289 号关于报送各地开展整治违法排污企业保障群众健康环保专项行动分阶段报告的通知》，http://sthjt.yn.gov.cn/zwxx/zfwj/yhf/200408/t20040802_10290.html（2004-08-02）。

② 云南省环保专项整治行动联席会议办公室：《省环保专项行动办公室对曲靖市整治违法排污企业环保专项行动进行检查》，http://sthjt.yn.gov.cn/hjjc/hbzxxd/200407/t20040726_12351.html（2004-07-26）。

听取了曲靖市环境保护局开展专项行动的工作情况汇报，并深入马龙、沾益、富源、陆良等县，先后到被取缔的土法炼焦、土法炼锌企业及筹建中的曲靖市危险废物处理中心、曲靖发电厂、陆良造纸厂、陆良红矾纳厂等企业和单位进行了检查。

曲靖市在2004年的专项行动中，由于政府重视，行动迅速，环境保护部门加大了统一监管力度，各部门密切配合，环境保护专项行动取得了阶段性成果。一是认真学习传达全国、全省整治违法排污企业专项行动电视电话会议精神，充分认识专项行动的重大意义，统一思想，确定工作重点：主要是群众反映强烈、影响社会稳定的环境污染和生态破坏问题，尤其是严重危害群众身心健康和正常生活的土法炼锌、土法炼焦和清理整顿小机焦等问题。二是加强领导，及时成立专项行动领导小组，制订了实施方案，明确工作责任。为确保环境保护专项行动的顺利开展，曲靖市成立了主管市长任组长，各有关部门领导为成员的领导小组，并设立了办公室，各县（市）区也成立了领导小组，5个产煤县（市）区的相关乡（镇）也成立了领导小组。曲靖市环境保护局按照科室职责进行任务分解，明确了整治目标。出台了《曲靖市人民政府关于取缔土法炼铅、炼锌、土法炼焦和清理整顿小机焦的通知》及有关实施意见，层层签订责任书，交纳风险抵押金；曲靖市人民政府安排20万元奖励资金，对此项工作进行考核奖惩。三是加强环境保护专项行动的宣传发动，营造良好工作氛围。曲靖市人民政府发布了通告，有关县（市）区积极采用宣传车、横幅、标语、电视电话等手段，对环境保护专项行动进行深入宣传，充分调动广大人民群众参与的积极性，在社会上营造起爱护环境、保护环境、建设环境的良好风气。四是部门联动，措施得力，合力取缔、清理。曲靖市环境保护局对辖区排污单位进行拉网式检查，摸清底数，会同经贸、煤炭、民政、公安、质监等部门共同行动，采用推土机推、炸毁设施等强制措施加以取缔，全市共取缔土法炼锌467户，生产能力9.64万吨；取缔土法炼焦872户，生产能力167.51万吨。五是加大对环境违法行为的查处力度。对没有依法执行环境影响评价制度已经投产的，依法责令停止生产或使用，在建的立即停建，限期补办环境保护手续，经审批同意后方能继续建设。对没有通过环境保护验收，擅自投入生产和使用或建成后环境保护设施不正常运行，污染物排放超标的，一律停产治理。六是加强对生活饮用水水源地、城市污水处理厂、垃圾处理场、畜禽养殖污染等监督检查；还对少数县区违反环境保护的“土政策”进行了清理。

检查组充分肯定了曲靖市在落实专项行动要求所做的大量有成效的工作，取得了阶段性的成果。同时也要求曲靖市各级环境保护部门，一是要进一步提高认识，在以后专项行动各阶段的工作中，随着工作的深入，克服畏难情绪，结合当地实际和整治工作重点，认真抓好落实。二是要巩固取缔成果，加强监管，防止死灰复燃。对取缔企业的出路问题，建议以曲靖市人民政府的名义，尽快向国家环境保护总局和云南省人民政府反映，在国家、云南省未有明确意见的情况下，不得擅自同意替代工艺。三是围绕国家环境保护总局在专项整治工作中确定的 4 个方面的重点工作，继续抓紧抓好，抓出成效。对那些违反环境保护要求的建设项目、违反国家产业政策的项目，环境保护部门要加强监管，要顶着压力，有鲜明的态度和意见，防止监管不力。四是要按时上报各阶段的检查进展情况报告。对国家和省里的各项要求要早布置、早安排，及时上报云南省环境保护专项行动领导小组。

六、云南省环境保护专项行动办公室对红河哈尼族彝族自治州、文山壮族苗族自治州进行环境保护专项整治行动现场检查[1]

2004 年 6 月 7—12 日，云南省环境保护局污染防治处、环境监理所、环境监测中心站组成环境保护专项整治行动检查小组，深入红河哈尼族彝族自治州个旧、河口、金平、元阳、红河、石屏等县（市）和文山壮族苗族自治州马关县，对云南省确定的环境保护专项整治行动重点地区和部分排污企业进行了现场检查。

检查组重点检查了红河哈尼族彝族自治州个旧市沙甸冲坡哨地区治理整顿炼铅企业，贯彻落实国家环境保护总局《关于对云南省个旧市沙甸冲坡哨工业片区恢复生产意见的函》的情况。听取了个旧市环境保护局开展环境保护专项整治行动情况的汇报，并现场检查了冲坡哨地区治理整顿状况。红河哈尼族彝族自治州人民政府、个旧市人民政府及有关部门高度重视冲坡哨地区炼铅企业污染治理整顿工作，从 2002 年底先后开展了两次大规模的停产整治。2004 年以来，按照国家环境保护总局的要求，进一步加强对该地区 21 家炼铅企业污染治理及环境监督管理，投入治理资金 1600 多万元综合治理工业冶炼窑炉。一是烟气治理，要求所有鼓风炉在原有收尘设施的基础上，增加一台备用布袋收尘器，解决了收尘设施检修时烟气未经处理而直接排的问题，杜绝事故性排放，确保鼓风炉烟气稳定达标排放。二是废渣治理，鼓风炉冶炼放渣方式由放干渣全部改为水碎渣，避免淌干渣时烟雾弥漫，污染环境的现象，水碎渣水封闭循环使用，严禁外排。三是新建占地 194 亩、库容量 1300 万立方米的堆渣场，解决了堆渣问题。四是实施绿化工程，投资近 50 万元在昆河公路冲坡哨过境段两侧建设总长度 4300 多米绿化带，在厂区空地荒山绿化造林近 1300 亩。五是个旧市人民政府投资 100 万元完成工业区内现有主道的扩宽改造，新修区域内主干道 2.1 千米，路面宽 12 米。

个旧市市长特批成立了沙甸环境保护管理机构，编制 3 人，充实了环境保护执法力量，并配备了交通工具。监察人员每天对冲坡哨冶炼厂进行巡查，发现问题及时处理。

---

① 云南省环保专项整治行动联系会议办公室：《省环保专项行动办公室对红河、文山州进行环保专项整治行动现场检查》，http://sthjt.yn.gov.cn/hjjc/hbzxxd/200407/t20040726_12352.html（2004-07-26）。

2004年4—6月，个旧市环境保护部门共出动40次、120人（次）对冲坡哨炼铅企业进行检查，检查企业环境保护设施运行、生产情况、水碎渣治理效果。2003年12月至2004年1月，冲坡哨地区所有的冶炼厂安装了污染治理设施运行监控仪，与个旧市环境保护局计算机系统连接，为便于管理和保证数据传输的准确通畅，还使用了接入网络的专线电话。现在沙甸冲坡哨工业片区烟雾弥漫的现象已得到遏制，环境状况明显好转。2004年4月，个旧市环境保护局完成了《个旧市沙甸冶炼工业区域环境评价》现状监测工作，制订了各企业的监测计划，为环境管理与环境污染的综合治理提供有效数据。

检查组充分肯定了红河哈尼族彝族自治州、个旧市在落实国家环境保护总局的要求所做的大量扎实有效的工作和取得的阶段性成果。同时要求红河哈尼族彝族自治州、个旧市环境保护部门，一是要抓紧冲坡哨地区21家炼铅企业污染治理监测验收。二是完善在线监控，做到省、州、市环境保护部门的联网。三是进一步加强对该地区的环境监督管理，确保实现长期稳定达标排放，改善环境质量。

检查组还对金平县金隆有限责任公司、河口国营坝洒农场橡胶厂、元阳糖厂、云南红河糖业有限责任公司、石屏县富屏糖业有限公司、石屏异龙水泥有限责任公司污染限期治理情况进行现场检查，未发现有违法行为。以上6家排污单位均属云南省实施工业污染源全面达标排放重点考核企业，在2004年12月30日前必须完成工业污染源的全面达标工作，检查组督促以上企业加快治理进度完善治理措施，确保按时完成全面达标工作。

在文山壮族苗族自治州的环境保护专项检查中，检查组主要对马关县共和选厂、龙都锡矿二选厂尾矿库和排污口现场检查，以暗访的形式进行，同时在尾矿库排污口采取水样监测。两家企业尾矿库运行正常，在检查龙都锡矿二选厂排污口时，尾矿废水色度较混浊、水量较大，经过对尾矿库的查看，属选矿污水在库中的沉淀时间不够。

七、云南省环境保护专项整治行动检查组检查红河哈尼族彝族自治州环境保护专项整治行动工作①

2004年7月13日，根据《云南省开展整治违法排污企业保障群众健康环境保护专项行动实施方案》的要求，云南省环境保护局、发展和改革委员会、监察厅、环境监理所、环境监测中心站等单位人员及云南人民广播电台、滇池晨报记者共11人组成云南省环境保护专项整治行动检查组，由云南省环境保护局党组成员、纪检组长李永清带队，对红河哈尼族彝族自治州开展整治违法排污企业保障群众健康环境保护专项行

① 云南省环保专项整治行动联席会议办公室：《省环保专项整治行动检查组检查红河州环保专项整治行动工作》，http://sthjt.yn.gov.cn/hjjc/hbzxxd/200408/t20040817_12357.html（2004-08-17）。

动情况进行了检查。

检查组听取了红河哈尼族彝族自治州人民政府关于开展环境保护专项整治行动工作的情况汇报，现场检查了个旧市冲坡哨工业片区炼铅企业污染治理情况，并向红河哈尼族彝族自治州政府及有关部门领导反馈了意见。

红河哈尼族彝族自治州各级党委、人民政府高度重视环境保护专项整治行动，环境保护部门加大了统一监管力度，各有关部门密切配合，环境保护专项整治行动进展顺利，取得了阶段性成果。一是领导重视，行动迅速。各级党委、人民政府认真组织学习全国、全省整治违法排污企业保障群众健康环境保护专项行动电视电话会议精神，及时布置开展了环境保护专项整治行动，成立了主管副州长任组长、各有关部门领导任副组长和成员的领导小组，在州环境保护局设立办公室，各县（市）也成立了相应的领导小组和办公室，统一领导指挥当地的环境保护专项整治行动。州环境保护、监察、安监等7个部门还联合制定下发了《红河哈尼族彝族自治州开展整治违法排污企业保障群众健康环境保护专项行动实施方案》，按照国家和省的要求，迅速在全州全面开展环境保护专项整治行动，全州环境保护专项整治行动做到有机构、有领导、有布置、有检查、有落实。建水、蒙自、泸西、屏边等县委、县人民政府、人大、政协高度重视，大力支持并参与环境保护专项行动，有力地打击了企业违法排污行为，使专项行动从一开局就收到了较好的效果。二是思想统一，认识提高。各级人民政府正视存在的问题，虽然"十五"以来，全州污染防治和生态保护工作在"九五"的基础上又取得了长足的进展，但环境形势依然严峻。全州部分区域、流域环境质量还没有得到有效改善，甚至还有恶化的趋势。州委、州人民政府要求各级人民政府及有关部门要从实践"三个代表"重要思想的高度，充分认识开展环境保护专项整治行动的重要性；从牢固树立和全面落实科学发展观的高度，充分认识整治违法排污企业保障群众健康的紧迫性和艰巨性，以高度的政治责任感和历史使命感，下大力气抓好环境保护专项整治行动。三是分工明确，责任到位。环境保护专项整治行动由州政府统一组织领导，州环境保护局牵头实施，州计委等7个成员单位参加，按照"责任明确、分工协作、部门联动、合力打击"的原则，将任务明确到单位，将责任落实到个人。四是重点突出，实效明显。全州在环境保护专项行动中，一方面全力推进面上的整治工作，严肃查处各种违法行为；另一方面，结合实际，突出重点，着力抓好以下5个方面的整治工作。

（1）认真贯彻落实国家环境保护总局《关于对个旧市沙甸冲坡哨工业片区恢复生产意见的函》和《云南省人民政府办公厅关于进一步加强个旧市沙甸区冲坡哨工业片区环境污染综合治理的通知》的精神，努力改善区域环境质量。红河哈尼族彝族自治州、个旧市两级党委、人民政府将冲坡哨工业片区环境污染综合整治工作纳入重要议事日程，抓规划的编制，抓现场检查，督促职能部门认真履职，给予经费支持，州人民政府从州级财政安排了 50 万元治理专项经费。加强对企业法人环境保护法律法规及政策的宣传教育，提高企业法人及管理、操作人员的环境保护意识，促使企业从原料、工艺等源头上控制污染，同时，在污染治理技术、环境保护设施维护及管理方面积极为企业做好指导服务。强化环境保护执法检查力度，加快企业治理步伐。自 2003 年底以来，州（市）市环境保护局和沙甸区环境保护办对冲坡哨工业片区排污企业做到月、周检查和日巡查，遏制了企业偷排、漏排的环境违法行为，促进了企业的污染治理。采取有效措施，强化监督管理，治理污染取得明显成效。截至 2004 年 7 月，已完成了片区 30 家排污企业的烟气、废渣、废水的治理及部分绿化工作，整个工业片区烟雾弥漫的现象已基本得到遏制；建成了统一的堆渣场，渣场占地 194 亩，库容 1300 万立方米，使用年限为 20 年；开展了冲坡哨工业片区现状环境影响评价工作和环境现状监测，为加快片区现状环境影响评价工作打下了基础；基本完成了片区 30 家企业的复产验收监测；对 21 家企业安装了污染治理设施运行监控系统，对排污企业实施了有效的监督管理；从 7 月 15 日开始，由州环境保护局组织对片区排污企业逐家进行检查验收，对验收不合格的，责令其限期整改或停产治理。

（2）认真清理整顿炼焦企业（项目）。按照云南省人民政府《关于清理整顿炼焦企业（项目）的紧急通知》要求，对现有的 6 家炼焦企业（项目）进行了清理，6 家炼焦企业（项目）环境保护审批手续齐全，现已建成投入试生产的项目，在环境保护方面均未出现污染事故。

（3）认真开展工业污染源全面达标排放工作。为确保全州 106 家被云南省人民政府列入全面达标排放重点考核企业按期完成全面达标排放任务，州政府成立了工业污染源全面达标排放工作领导小组，各县市人民政府也相应成立了领导机构，加强领导；专门召开会议，布置工作；州人民政府安排了 100 万元专款作为企业治污贷款贴息，落实经费；制订下发了《红河哈尼族彝族自治州工业污染源全面达标排放考核实施方案》，狠抓落实，全州全面达标排放工作进展顺利。全州 106 家重点考核企业，64 家完成了全面达标排放工作，其余的至 2004 年 6 月底已监测达标 3 家，试运行待验收监测 22 家，在建 9 家，未动工 7 家，自行停产 1 家。

（4）认真开展全州建设项目环境保护情况专项清查工作。按照云南省环境保护局要求，全州各级环境保护部门对全州 1998—2002 年省、州、县（市）级审批的 341 家［省 20 家、州 115 家、县（市）206 家］建设项目进行了清查，已验收项目 173 家［州 37 家，县（市）136 家］，已竣工但未申请验收的 113 家［省 4 家、州 55 家、县（市）54 家］，在建项目 26 家［省 9 家、州 10 家、县（市）7 家］，未建 29 家［省 6 家、州 14 家、县（市）9 家］。

（5）坚决取缔死灰复燃的小企业。2004 年 4 月中旬至 6 月底，泸西、开远两县

（市）组织了强有力的联合执法队伍，坚决取缔了辖区内死灰复燃的土法炼焦和土法炼锌企业。两县（市）出动执法人员 223 人，出动车辆 41 辆，装载机、推土机 5 台，共取缔土法炼锌马槽炉 44 条，土法炼焦炉 42 座。

检查组充分肯定了前阶段红河哈尼族彝族自治州开展环境保护专项整治行动取得的成绩，同时也指出了重点就检查冲坡哨工业片区污染治理情况发现的问题。一是堆渣场建设不够规范，存在对地下水污染影响问题，要完善渣场规范化建设。二是对废气的无组织排放还没有得到有效控制，需进一步采取有效措施。另外，对工业污染源全面达标排放工作需进一步加大力度、加快进度。针对存在的问题，检查组提出了以下三点意见：一是要进一步提高认识。中央实施宏观调控措施，开展专项资金审计、信贷清理，土地市场的清理整顿和清理整顿在建项目。做好环境保护专项整治行动工作，确保中央宏观经济调控工作得到落实。二是要树立和落实科学发展观，认真解决损害群众切身利益的问题，切实抓出成效。要加强对未达标企业的现场监督力度。三是要正确理解云南省委、云南省人民政府发展工业的决定，一定要走新型工业化道路，走可持续发展道路，大力推进清洁生产，推进循环经济。对冲坡哨工业片区，要搞好整体规划，按照国家环境保护总局和云南省人民政府的要求，走企业整合的路子，分步骤、分阶段实施企业整合。另外，要进一步加大绿化工作的力度。

八、云南省环境保护专项整治行动检查组检查文山壮族苗族自治州环境保护专项整治行动工作①

2004 年 7 月 14—15 日，根据《云南省开展整治违法排污企业保障群众健康环境保护专项行动实施方案》的要求，云南省环境保护局、发展和改革委员会、监察厅、环境监理所、环境监测中心站等单位人员及云南人民广播电台、滇池晨报记者共 10 人组成云南省环境保护专项整治行动检查组，由云南省环境保护局党组成员、纪检组长李永清带队，对文山壮族苗族自治州开展环境保护专项整治行动情况进行了检查。

检查组听取了文山壮族苗族自治州政府关于开展环境保护专项整治行动工作的情况汇报，重点检查了文山壮族苗族自治州城镇饮用水水源污染整治情况，现场察看了文山暮底河水库的建设进展情况，李组长代表检查组向文山壮族苗族自治州政府及有关部门领导反馈了意见。

从 2004 年 4 月 21 日以来，文山壮族苗族自治州认真贯彻国家六部委、云南省七厅（委、局）部署的“整治违法排污企业保障群众健康环境保护专项行动”精神，围绕解

① 云南省环保专项整治行动联席会议办公室：《省环保专项整治行动检查组检查文山州环保专项整治行动工作》，http://sthjt.yn.gov.cn/hjjc/hbzxxd/200408/t20040817_12358.html（2004-08-17）。

决城镇饮用水水源污染等重点问题，切实开展环境保护专项整治行动工作，取得了一定的成效。一是州及各县人民政府高度重视环境保护专项整治行动，纳入重要议事日程，组织有关部门学习全国、全省环境保护专项整治行动电视电话会议精神，健全了领导小组和工作机构，领导挂帅亲自抓，明确了各有关部门的职责，制订了工作方案，确定了具体的工作任务，做到了组织机构落实，任务清楚。二是措施有力，查处有力度，工作抓落实，卓有成效。认真抓环境影响评价制度的贯彻执行，对清查 1998—2002 年州（县）审批的 200 余个建设项目中发现的未办理环境影响评价手续的 4 个企业，责令停产整顿，并限期补办环境影响评价手续，对未执行环境保护政策的一批企业责令停产治理。及时查处群众反映强烈的环境问题，文山县环境保护局在环境保护专项整治行动中对居民区严重扰民的县城歌舞厅等社会噪声及油烟、废气等 56 起污染纠纷，立案进行了查处，及时消除了污染源。把选矿企业环境整治作为重点，对未建污染防治设施或环境保护设施运行不符合环境保护要求的 32 个企业实施了停产整顿，要求达标后才能恢复生产，截至 2004 年 7 月已有 16 个企业经监测达标。各有关部门组成联合执法组，取缔了污染和破坏矿产资源开发区、自然保护区、旅游景区及农村生态环境的个体选矿户 244 户，非法采石厂 40 个，土烧石灰窑 50 余个，捣毁厂房 447 间，撤除选矿用水管 12.5 万米，没收摇床 16 台，电机 3 台，拘留妨碍执法的业主 6 人，恢复堆矿用耕地 200 平方米。砚山等县环境保护局对擅自停止污染防治设施，直排废气烟尘的 10 家冶炼厂，实施了罚款处理，并责令立即开启治理设施。全州各县确定了 15 家挂牌督办企业，明确督办事项及时限要求。对全州 2 个城镇污水处理厂、8 个垃圾处置厂、21 个规模化畜禽养殖场污染情况进行了检查。三是加大对城镇饮用水水源地污染源整治力度。州环境保护局整治了文山县城上游水源地污染源，依法取缔和搬迁了位于文山县二水厂上游的稼依水库径流区内建设的 18 户小企业、文山县坝心乡所作底铁选厂、老回龙铁选厂、德厚选矿厂、文山县砒霜厂、文山亚麻厂等排污企业，依法查处了非法采砂户在文山县第二水厂上游天生桥河段采河砂污染河水的环境违法行为，取缔了个体采砂户 20 余户。西畴县结合县城地下水水源污染情况，对位于城区的县医院、妇幼保健院、疾控中心等 14 个排污单位下达了限期整治通知，要求加大治理力度，做到达标排放。四是重视城镇饮用水水源的开发建设和水厂的运行管理。对在建的饮用水水源项目，如文山暮底河水库的建设抓得很紧，速度快，质量好，2005 年可投入使用。已建成的文山壮族苗族自治州各饮用水处理厂运行很好，设施运转正常，水厂出水水质没有超标。

检查组指出了实地检查中发现的两个值得重视的问题。一是文山、麻栗坡、西畴县城饮用水水源取水点离县城较近，易由于生活面源污染而水源污染物的超标。二是对水源地污染的调查研究不够，水源污染的原因底数不清，分析不够，影响以后有针对性地采取措施，应尽快开展调研工作。针对存在的问题，检查组建议，一是要加大对文山壮族苗族自治州 20 家列为全省达标排放重点考核企业的整治力度，已竣工未验收的要抓紧监测，组织验收，不达标的企业要加强督促治理。二是要加强对饮用水水源水质的监控，州环境监测站要定期监控，增加监测频次。三是要加强对水源地的监管，要控制面源污染问题，协调处理好文山暮底河水库建设中资金不到位拖欠库区农民搬迁经费问题和水库库区的杂物清理问题，要加快西畴县城饮用水工程建设，尤其是抓紧做好前期工作。

九、云南省环境保护专项行动联合检查组对曲靖市整治违法排污企业环境保护专项行动进行检查①

2004 年 7 月 19—22 日，根据《云南省开展整治违法排污企业保障群众健康环境保护专项行动实施方案》和《云南省人民政府关于清理整顿炼焦企业（项目）的紧急通知》的有关要求，由云南省环境保护局高正文副局长带队，云南省环境保护局、司法厅、安全生产监督局、环境监理所、环境监测站及中国环境报、云南电视台记者共 13 人组成的环境保护专项行动联合检查组，对曲靖市开展环境保护专项整治行动情况进行了检查。

检查组先后听取了曲靖市人民政府、富源县人民政府和宣威市人民政府开展环境保护专项行动工作的情况汇报，并深入富源县 2 个土法炼焦点和宣威市 4 个乡镇 6 个土法炼锌取缔现场，对当地取缔土法炼焦、土法炼锌工作进行了检查。7 月 22 日，高副局长代表省联合检查组向曲靖市人民政府反馈了意见。

曲靖市各级党委、政府高度重视 2004 年的“整治违法排污企业保障群众健康”环境保护专项行动，环境保护部门加大了统一监管力度，各部门密切配合，工作成效显著，取得了阶段性成果。一是领导重视，行动及时。各级党委、人民政府认真学习传达全国、全省整治违法排污企业专项行动电视电话会议精神，及时布置开展了环境保护专项行动，曲靖市成立了主管市长任组长、各有关部门领导为成员的领导小组，并设立了办公室，各县（市）区及各相关乡（镇）也成立了领导小组，统一领导指挥当地的环境保护专项整治行动，并根据省、市有关要求，抽调了专门工作人员，配备专用工作车辆，划拨专款，为专项整治行动提供了有力的保障。二是广泛动员，加强专项行动的宣传发动。曲靖市政府和有关县（市）区积极采用宣传车、横幅、标语、电视、电话等手段，对专项行动进行深入宣传，充分调动广大人民群众参与的积极性，提高了业主依法生产经营和群众的环境意识，得到了群众的广泛支持和理解，在社会稳定方面起到了很

① 云南省环保专项整治行动联席会议办公室：《省环保专项行动联合检查组对曲靖市整治违法排污企业环保专项行动进行检查》，http://sthjt.yn.gov.cn/hjjc/hbzxxd/200408/t20040817_12356.html（2004-08-17）。

好的作用。三是措施得力，成绩显著。从环境保护专项行动开展以来，曲靖市人民政府出台了《曲靖市人民政府关于取缔土法炼铅、炼锌、土法炼焦和清理整顿小机焦的通知》及有关实施意见，制订了实施方案，层层签订责任书，交纳风险抵押金，对工作进行考核奖惩，各部门密切配合，环境保护、经贸、煤炭、民政、公安、质监等部门共同行动，采用推土机推、炸毁设施等强制措施加以取缔，在取缔过程中摸索出了煤炭调运管理中"停调、停票、停电"等创新措施，结合现代化联网视频监控手段，为合力取缔、清理提供了保障。截至2004年7月，曲靖市共取缔土法炼锌473户，生产能力9.64万吨；土法炼焦829户，生产能力167.51万吨；442户改良型炼锌炉全部停产，取缔工作取得明显成效。

检查组充分肯定了前阶段曲靖市在落实专项行动要求所做的大量有成效的工作，同时也指出了检查过程中发现的问题，一是认识不到位，一些地方和基层干部对取缔和整治工作持等待观望态度，存在畏难情绪，态度不够坚决。二是取缔不彻底，部分改良炼锌炉和改良炼焦生产及辅助设施尚未铲除，还具备基本的生产条件，极容易死灰复燃。三是取缔后的一些遗留问题客观上为清理整顿工作带来困难，宣威市改良型炼锌炉总投资近3亿元，停产后剩余锌矿和煤炭价值约1.75亿无法变现，同时涉及约2.5万人的从业，拖欠工资达1000多万元，另外取缔工作导致1.1亿元银行拖欠款和7000多万元的信用社欠债无法收回，这些问题的存在为污染反弹留下了隐患。四是冶炼废渣乱堆、乱放极易造成二次污染。针对曲靖市开展专项整治工作中存在的问题，检查组提出了以下建议：一是进一步深化认识，统一思想。地方各级党委、人民政府要树立科学发展观，正确处理好经济发展与环境保护的关系，充分认识取缔工作的重要意义，从"三个代表"的高度开展好这次专项行动。二是进一步加大宣传力度，增强威慑力。广泛开展专项整治行动及有关环境保护、矿产资源、工商等法律法规的宣传教育，让业主和群众明白哪些是鼓励的，哪些是限制的，哪些是禁止的，同时强化责任意识，树立依法生产经营的观念，充分发挥广大人民群众和新闻媒体的监督作用，严肃查处并公开曝光违法企业，以案说法，做好警世教育。三是强化法制观念，严格依法办事。地方各级行政机关要坚持依法行政，在各自职责范围和权限内，依照国家有关法规和产业政策的要求，认真按省、市的部署坚决取缔和清理整顿，对无证照生产和经营要坚决取缔，对不符合产业政策的要限制、禁止、淘汰，对违反环境保护及其他法规的要依法严肃查处。四是慎重决策，明确方向。地方政府要加强调研工作，积极探索"疏、堵"结合措施，明确取缔后的出路以及全市今后产业发展方向。五是转变观念，走新型工业化道路。要以清理整顿为契机，加快产业结构调整，提高科技含量，积极推广先进生产工艺，走资源浪费少、经济效应好、环境污染小、人力资源优势得到充分发挥的新型工业化道路，推进循环经济建设和可持续发展战略的实施。六是加大工作力度，确保环境保护专项整治各阶段工作的顺利完成。

第二节　2005 年环境保护专项整治史料

一、云南省环境保护局李现武局长就整治违法排污企业保障群众健康环境保护专项行动工作到玉溪调研[①]

2005 年 6 月 20 日，云南省环境保护局李现武局长一行到玉溪调研环境保护工作，并就 6 月 10 日国家 6 个部委和云南省 7 个部门召开两级电视电话会议精神《关于整治违法排污企业保障群众健康环境保护专项行动》的要求和落实情况进行全面调研。

玉溪市政府陈志芬副市长及市整治违法排污企业保障群众健康环境保护专项行动领导小组全体成员单位领导参加会议，并就环境保护专项行动整治工作情况进行了全面汇报。电视电话会后，玉溪市人民政府实际及时制订了《玉溪市 2005 年整治违法排污企业保障群众健康环境保护专项行动实施方案》，调整充实领导小组成员和办公室人员，保障专项行动扎实开展，并严格按照国家产业政策和市政府规定，2005 年 5 月底前关闭和拆除 9 座炼铁高炉，即红塔区云真钢铁有限公司 55 立方米高炉一座，峨山凡丹钢铁有限公司 220 立方米高炉一座，江川东山钢铁厂 58 立方米高炉一座，玉溪同安钢铁有限公司 260 立方米高炉 6 座，对达不到环境保护要求的企业进行停产整治。在整治违法排污企业保障群众健康环境保护专项行动中，玉溪市列入了 2005 年环境保护专项整治挂牌督办单位，市委、市人民政府高度重视，明确提出要以这次环境保护专项整治为契机，全面整治污染排放不达标，环境保护设备设施运行不正常和低标准达标问题，集中整治环境污染的突出问题，对多次整治，群众反映强烈，污染反弹的，特别是云南省人民政府明令的“四小”（小炼铁、小黄磷、小炼焦、小炼锌）企业，分清责任，分级立案，挂牌督办，依法严肃处理。会上，李局长对玉溪市环境保护工作给予充分肯定，要求严格按照环境保护专项行动要求扎扎实实开展工作，确保“人民群众喝上干净的水，呼吸上清新空气，吃上放心食物，在良好环境生产、生活”，构建社会主义和谐社会。李局长一行对玉溪环境保护专项行动工作给予关心和支持，并实地查看关停、拆除炼铁高炉现场。

① 云南省环保专项整治行动联席会议办公室：《云南省环保局李现武局长就整治违法排污企业　保障群众健康环保专项行动工作到玉溪调研》，http://sthjt.yn.gov.cn/hjjc/hbzxxd/200508/t20050801_12363.html（2005-08-01）。

二、德宏傣族景颇族自治州在整治违法排污企业保障群众健康环境保护专项行动中取得成效①

在2005年的环境保护专项行动中，德宏傣族景颇族自治州认真落实各项措施，成立了检查组，积极工作，重在抓落实见成效，切实解决影响群众健康的突出环境问题。通过检查企业、走访群众、听取汇报、召开座谈会等形式，对全州群众反映较突出的硅冶炼企业和水泥厂的烟尘污染问题，选矿企业尾矿污染问题，木材加工厂的噪声和废水污染问题，制药厂、造纸厂、啤酒厂的废水污染问题、潞西市城区娱乐噪声污染等问题进行了专项检查，共检查企业 20 家。检查组根据企业的情况提出了针对性的整改意见，并要求重点企业安装在线监控设备。具体情况如下：

（1）梁河县。通过检查，查明耀国硅厂的烟尘污染问题、勐养糖厂的废水污染问题的原因，并提出整治意见。对造成污染的拉矿车进行处理。

云南锡业集团梁河矿业有限责任公司、梁河县光坪锡业公司及部分个体车辆在拉运硫精矿的过程中，运输工具未采取任何防护措施，导致硫精矿洒落在公路沿线，继而给城乡道路、农田、鱼塘等都造成不同程度的污染。6月底—7月初，由梁河县环境保护监察大队、城市监察大队、环卫站等部门组成联合行动小组，对未严格整改的车辆进行了处罚。共处罚 4 起违规运输硫精矿的车辆，罚款 3000 余元，并责成企业业主出资3500元对城市道路进行全面清洗，保障城市道路环境的清洁。

（2）盈江县。整治了茂源木业加工厂生产过程中的振动、烟尘、污水、噪声污染等问题，并以此带动了全行业的环境整治工作。对5个硅厂的烟尘污染进行治理，解决了芒桑水泥厂拖欠排污费问题，并监督指导对槟榔江损失的渔业资源进行补偿。

德宏英茂糖业有限责任公司租赁的盈江县盏西糖业有限公司直接向槟榔江排放高浓度的酒精废醪液，造成污染事故，使槟榔江水生态环境受到影响。事故发生后，根据州委、州人民政府领导的指示，州环境保护局、盈江县人民政府及时成立了联合调查组，深入现场进行了走访调查，收集相关证据，采取应急措施，最大限度减少了污染事故的影响。在德宏傣族景颇族自治州环境保护局的监督指导下，在槟榔江投放3种以上人工饲养的鱼苗50万尾，对槟榔江损失的渔业资源进行补偿。通过两次鱼苗投放，槟榔江的鱼类资源有所恢复，生态环境得到了一定的补偿。各相关部门将加大监督和管理，确保不再发生类似的污染事故，同时做好禁渔期内禁捕鱼类资源的宣传教育工作，切实保护槟榔江鱼类的繁殖，使受害江段的鱼类资源尽快得到恢复，水生生物环境逐步恢

---

① 云南省环保专项整治行动联席会议办公室：《德宏州在整治违法排污企业保障群众健康环保专项行动中真抓实干取得初步成效》，http://sthjt.yn.gov.cn/hjjc/hbzxxd/200508/t20050819_12367.html（2005-08-19）。

复平衡。

（3）陇川县。检查中发现卓信硅厂、户撒硅厂治理设施运行不正常。

（4）瑞丽市。通过检查发现个别造纸厂、糖厂的污水直接排入瑞丽江中。

（5）畹町开发区。检查中发现长天硅业没有污染防治措施，南翔啤酒厂拖欠排污费。

（6）潞西市。通过检查，督促潞西市利发木业有限公司、永鑫硅厂、城郊水泥厂等老污染源实施搬迁计划。潞西市造纸厂正积极引进外资，建设 10 万吨竹浆生产项目，通过与潞西市造纸厂的重组整合，彻底解决黑液污染问题。

通过这次检查，德宏傣族景颇族自治州督促制订了一批重污染企业搬迁计划，加强污染防治设施运行检查，落实了环境影响评价制度。同时还与其他部门联合执法，切实解决了一些群众关心的环境保护问题，使整治违法排污企业保障群众健康环境保护专项行动取得初步成效。

三、云南省组织对部分地州自然保护区法律法规执行情况进行现场检查①

2005 年 8 月 22—29 日，云南省环境保护局和云南省监察厅联合组成检查组对云南省部分地区贯彻执行自然保护区法律法规情况进行了检查。检查组由云南省纪委派驻云南省环境保护局纪检组长李永清担任组长，云南省环境保护局自然保护处、云南省监察厅执法监察室、云南省环境保护局监理所的领导及相关人员组成。

检查组历时 8 天，采取听取汇报、查阅资料、现场检查相结合的形式，对怒江傈僳族自治州、大理白族自治州、楚雄彝族自治州 3 个州执行自然保护区法律法规的情况进行了检查。实地检查了高黎贡山、苍山洱海国家级自然保护区和楚雄紫溪山省级自然保护区。本次检查发现所检查的自然保护区杜绝了砍伐、开矿、挖沙等违反《中华人民共和国自然保护区条例》的资源开发活动。自然保护区内和涉及自然保护区的建设项目、生产经营活动，都进行了环境影响评价，符合自然保护区功能要求；自然保护区外围地带的项目建设，未损害自然保护区内的环境质量和生态功能。自然保护区内开展旅游活动，符合有关规定和自然保护区总体规划的要求，均经过有批准权的自然保护区行政主管部门的批准；自然保护区内的生产经营和开发建设项目未破坏保护区内的生态环境，其污染物排放符合国家和地方规定的污染物排放标准，设立自然保护区时，均履行了《中华人民共和国自然保护区条例》规定的申请、评审、批准、备案等程序；自然保护

① 云南省环保专项整治行动联合会议办公室：《我省组织对部份地州自然保护区法律法规执行情况进行现场检查》，http://sthjt.yn.gov.cn/hjjc/hbzxxd/200509/t20050907_12368.html（2005-09-07）。

区的规划与管理符合国家有关要求，不存在违反国务院规定，擅自调整自然保护区范围或功能区的问题。

经过检查发现以上自然保护区的保护工作管理规范，森林覆盖率较高，有较好的结构层次，有效地保护了当地的生态环境、资源和生物的多样性。同时，在检查中也发现在自然保护区的保护和管理工作中存在许多不容忽视的问题，主要有以下四个方面：

（1）保护与开发利用的矛盾日益突出。自然保护区多在边疆和少数民族地区，经济欠发达，当地居民对自然资源的依赖性较大。受自然保护区管理条例的限制，当地居民难以发展致富，而相应的补偿机制尚未建立，导致当地居民生活水平有下降趋势。

（2）环境保护部门对自然保护区的统一监督管理工作还未理顺。由于有些生态保护的规定不具体、职责权限交叉、体制和机构设置关系不顺等因素，对自然保护区的管理，产生了对“统一监督难实现，分工负责难协调”的状况。

（3）一区多头问题突出。普遍存在一个区域既是自然保护区，又是风景名胜区、森林公园等问题，形成条块分离、多头管理的格局，管理目标的冲突和利益上的矛盾导致政策规划多样、多变，建设管理混乱。

（4）自然保护区机构有待完善，人员编制及经费没有完全落实，基础设施严重滞后。

通过这次自然保护区专项执法检查，摸清了情况，有效地推动和促进了云南省及相关地区自然保护区保护和管理工作，为建立和完善政府领导下，环境保护部门统一监督管理，各有关部门分工负责的自然保护区管理体制奠定了坚实的基础。

四、云南省各地继续深入开展整治违法排污企业保障群众健康环境保护专项行动①

2005 年，云南省各地继续深入开展整治违法排污企业保障群众健康环境保护专项行动。自专项行动开展以来，云南省各地认真贯彻落实国家和云南省环境保护专项行动实施方案，并结合本地具体情况切实解决一些群众反映强烈的突出环境问题，整治了一批违法排污企业，把专项行动落在了实处。

昆明市、大理白族自治州、红河哈尼族彝族自治州和楚雄彝族自治州开展了纺织、印染行业的专项检查，共检查了辖区内的 27 家纺织、印染行业。全省各州（市）对辖区城市污水处理厂组织了专项检查，共检查 38 个污水处理厂。特别对挂牌督办的昆明市第六污水处理厂、瑞丽市城市污水处理厂进行检查，加紧制定整改措施。

① 云南省环保专项整治行动联席会议办公室：《我省各地继续深入开展整治违法排污企业保障群众健康环保专项行动》，http://sthjt.yn.gov.cn/hjjc/hbzxxd/200509/t20050916_12369.html（2005-09-16）。

丽江市华坪县做好对死灰复燃小企业的取缔工作，对 8 户改良焦企业进行了取缔关闭。加大城市噪声和城市大气污染治理力度，对县城 12 家娱乐场所进行了现场检查，并提出了相关要求。对居民反应强烈的 5 家餐饮业油烟污染问题，要求其对烟囱进行改造。在主管副县长带队下，华坪县环境保护局、土地局、煤管局等多个部门，分片区做调查，对各煤矿地污染问题，制订整改方案，要求各煤矿拿出资金，进行整治；对群众反映的合法、合理的要求，调查核实后，予以解决，使境内发生的多起群众与煤矿纠纷得到了妥善的解决，消除因环境纠纷而可能引发群体性事件的隐患，给人民一个满意的答复。

丽江市宁蒗彝族自治县环境保护局根据辖区内污染企业以采矿企业为主的实际，对 10 多家采矿企业进行了重点清理检查。根据国家的产业政策，结合各个企业的生产状况和污染物排放情况，对未设置环境保护设施、废气直接排放、破坏植被的宁蒗彝族自治县金江水泥厂，宁蒗彝族自治县环境保护局向县经济贸易委员会发出了停产关闭的建议函；对宁蒗彝族自治县永宁坪乡宏发煤矿、宁蒗彝族自治县阿明地煤矿、宁蒗彝族自治县嘉宁煤矿等 8 家煤矿企业（井）发出了限期办理环境保护手续的通知书。

文山壮族苗族自治州马关县继续深入打击矿山非法洗选矿户，对都龙镇贵州坡、野猫坟、南捞乡冷水沟矿区进行了逐点清理，共清理选矿户 17 户，拆除摇床 20 余张。并针对群众反映强烈的噪声扰民问题，县环境保护局对城区的千百度、润源等 18 家歌舞厅及酒吧进行了清理整治。

德宏傣族景颇族自治州潞西市环境保护局对群众多次投诉的回收地膜加工企业开展了专项整治行动。对辖区内回收地膜加工塑料管、塑料颗粒的小企业进行了一次专项检查。这些企业规模小、设备简陋、污染较严重，特别是废气和噪声污染对附近居民影响较大。在整治行动中，潞西市环境保护局共限期整改企业 4 家，限期搬迁企业 1 家，停产整顿企业 1 家，整顿取得较好的效果，投诉群众反映比较满意。

迪庆藏族自治州成立检查组在专项行动中查处了一批违规项目：水电建设项目香格里拉县（今香格里拉市，下同）岗曲河一级电站、二级电站、吉沙电站等不按环境影响报告书开工建设，随意加宽进场公路、弃土弃石直接排入河沟，生态破坏严重，对下游和周边群众生产生活造成极大影响。检查组出限期整改和行政处罚。对存在严重泥石流隐患的维西氧化锌厂选矿厂责令企业立即采取措施进行防范，并处以行政处罚。对维西西板栗园铜矿厂污水直排现象责其停产整顿、限期整改并处行政处罚。

各州（市）在此次行动中积极工作，认真解决群众投诉，对维护法律法规的严肃性、规范企业经营行为，维护广大人民群众的身心健康，推动地方经济快速健康发展起到了积极的作用。

按照云南省环境保护专项行动《实施方案》，云南省环境保护专项整治行动联席会议办公室组织开展了对怒江傈僳族自治州、大理白族自治州、楚雄彝族自治州等自然保护区专项执法检查，并及时上报抽查报告和自查报表。同时组织对泸西、弥勒、易门等重点县进行抽查。按国家要求及时上报了对全省污水处理厂和纺织、印染行业的专项检查报告。2005年9月中下旬，云南省七部门拟联合组织对昆明市、红河哈尼族彝族自治州、玉溪市、西双版纳傣族自治州、保山市、德宏傣族景颇族自治州进行检查。

五、云南省环境保护局组织对全省城市污水处理厂暨两家国家挂牌督办城市污水处理厂运行情况进行重点检查①

2005年9月，云南省环境保护局组织对全省城市污水处理厂暨两家国家挂牌督办城市污水处理厂运行情况进行重点检查。

自2005年环境保护专项行动开展以来，在云南省人民政府和云南省环境保护专项行动领导小组的统一领导部署下，云南省环境保护局及时按照国家环境保护总局等六部门《2005年整治违法排污企业保障群众健康环境保护专项行动工作方案》和《云南省2005年整治违法排污企业保障群众健康环境保护专项行动实施方案》要求，督促全省16个州（市）环境保护部门迅速开展了2005年环境保护专项行动各个阶段的专项检查，并在2004年专项行动的基础上，重点对城市污水处理厂进行了全面检查。截至2005年8月15日，云南省共出动环境监察人员1200多人次，对建成的38家污水处理厂进行了现场监察。

2005年9月5日，国家环境保护总局通报云南14家污水处理厂不正常运行后，云南省人民政府高度重视，吴晓青副省长当即批示："请云南省环境保护局速查并提出意见报云南省人民政府"。云南省环境保护局有关领导也做出批示，要求对全省污水处理厂进行全面检查，并将检查情况报云南省人民政府。为此，云南省环境保护局立即组织环境监察人员在对全省城市污水处理厂全面检查的基础上，重点对昆明第六污水处理厂和瑞丽污水处理厂进行了检查。同时，云南省环境保护专项行动领导小组组织云南省环境保护局等七部门于2005年9月19—25日对昆明市、红河哈尼族彝族自治州、玉溪市、保山市、德宏傣族景颇族自治州和西双版纳傣族自治州6个州（市）进行了抽查，重点对各地城市污水处理厂运行情况进行了检查，并再次深入国家挂牌督办的昆明第六污水处理厂和瑞丽污水处理厂进行实地检查，严格按国家要求督促整治和整改。

截至2005年10月，云南省共有38个城市生活污水处理厂，形成城市生活污水处理能力100.25万立方米/日，城市生活污水总排放量为39901万吨/年，占废水排放总量的

① 云南省环保专项整治行动联席会议办公室：《省环保局组织对全省城市污水处理厂暨2家国家挂牌督办城市污水处理厂运行情况进行重点检查》，http://sthjt.yn.gov.cn/hjjc/hbzxxd/200510/t20051024_12372.html（2005-10-24）。

51%，16 个州（市）中有 13 个州（市）已建或在建污水处理厂，3 个州（市）尚未建城市污水处理厂。38 个城市污水处理厂基本能正常运行，少数不能正常运行或停运。全省城市污水处理厂运行费用主要靠财政拨款，如昆明市主城区 6 个城市污水处理厂均为全额拨款事业单位，运行单位为昆明市滇池管理局所属昆明市排水公司，每年运行经费为 7000 万元，其中 6500 万元为财政划拨，500 万元为还贷资金。昆明市城市生活污水处理费为每吨 0.6 元。

云南省各级环境保护部门从 2002 年起逐步开展了对城市污水处理厂的环境监察工作，云南省环境保护局从 2002 年开始组织全省九大高原湖泊所在地环境保护部门对流域内 19 家城市污水处理厂进行了现场监察，并且要求九大高原湖泊所在 5 个州（市）环境保护部门坚持每月例行监察一次，每季度专题报告云南省环境保护局一次，保证了对重点流域污水处理厂运行情况的长期有效监督。全省环境保护部门在 2004 年专项行动的基础上，认真检查落实全省城市污水处理厂的运行情况，对存在问题的城市污水处理厂及时要求限期整改，同时环境保护部门还加强了城市污水处理厂安装在线监控、监测仪器的工作，云南省环境保护局两次发文要求各城市污水处理厂必须尽快安装化学需氧量在线自动监测仪，截至 2005 年 10 月 24 日，昆明市主城区 6 个城市污水处理厂均安装了在线监测装置。通过这些措施，强化了执法手段，有力保障了城市污水处理厂的正常运行和稳定达标排放。

云南省城市污水处理厂中存在的主要问题：一是城市排水管网建设不配套，直接导致建成的污水处理厂无法运行。例如，各地污水处理费收费偏低，地方财政困难，难以拨付污水处理厂管网等配套建设资金和运行经费。瑞丽市污水处理厂和丽江永胜县污水处理厂主体工程分别于 2003 年 5 月和 2004 年 7 月完工后，均因管网等配套建设资金滞后无法运行。二是少数运行的城市污水处理厂存在部分污染物不达标的情况，如昆明第六城市污水处理厂，进水水质不稳定，波动较大，导致部分污染物处理不达标，从 pH 监控设备监控的情况看，主要为悬浮物、粪大肠菌群超标，主要原因是截污管和截污口未按照设计要求建设，造成处理水量不能达到设计要求，另外，进水水质不稳定，波动较大，对达标排放也造成了一定的影响。

针对云南省城市污水处理厂存在的问题，尤其是国家挂牌督办的昆明第六污水处理厂和瑞丽市污水处理厂存在的主要问题，云南省环境保护专项行动领导小组和省级环境保护部门及时责成当地政府和有关部门研究制定了下一步整改措施，一是尽快将调查情况向当地政府及有关部门报告，建议尽快筹措拨付排水管网等配套建设资金，完成配套建设。二是加强对各城市污水处理厂的运行监管，要求各个城市污水处理厂必须限期安装化学需氧量在线监测装置，并与环境保护部门联网。三是针对部分污染因子超标的情况，云南省环境保护局要求各地环境保护部门进一步加大对城市污水处理厂，特别是九

大高原湖泊流域城市污水处理厂的监察力度，确保外排污水的达标排放。

六、云南省环境保护专项行动联合检查组对保山市整治违法排污企业保障群众健康环境保护专项行动进行检查①

2005 年 9 月 19—21 日，由云南省环境保护局邓家荣副局长带队，云南省环境保护局、发展和改革委员会、安全生产监督局、环境监理所、环境监测站及春城晚报记者共 13 人组成的环境保护专项整治行动联合检查组，对保山市开展环境保护专项整治行动进行检查。

检查组听取了保山市人民政府、隆阳区人民政府和龙陵县人民政府开展专项行动工作情况的汇报，并深入腾冲、龙陵等县，对 4 家延期达标考核企业及 1 家停产治理企业进行了检查，并向保山市人民政府反馈了意见。

保山市在 2005 年的专项行动中，由于政府重视、行动迅速，环境保护部门加大了统一监管力度，各部门密切配合，环境保护专项行动取得了阶段性成果。一是认真学习传达全国、全省整治违法排污企业专项行动电视电话会议精神，充分认识专项行动的重大意义，统一思想，确定工作重点：主要是群众反映强烈、影响社会稳定的环境污染和生态破坏问题。二是加强领导，及时成立专项行动领导小组，制订了实施方案，明确工作责任。为确保专项行动的顺利开展，保山市成立了主管市长任组长，各有关部门领导为成员的领导小组，并设立了办公室，各县（市）区也成立了领导小组。三是坚决纠正县（区）政府违反国家环境保护法律法规的政策措施。四是加大城市噪声和城市大气污染治理力度，对城市娱乐噪声、建筑噪声及工业噪声进行整治。五是开展县级以上集中式饮用水水源保护区的检查和整治，对北庙水库、河西水库等进行了检查。六是加强对隆阳区污水处理厂的监督管理确保设施正常运行。七是对列入省级考核的 11 家企业，责令限期治理。八是切实解决好人民群众反映突出的环境问题，对龙陵腊寨电站、昌宁建星纸业等进行检查。九是对昌宁等自然保护区矿山生态破坏行为进行了查处。十是严肃查处违纪违法案件，建立案件移送制度。通过以上措施，切实解决了一批影响群众健康的突出环境问题，查处了一批典型违法案件，保障了人民群众的环境权益，得到了人民群众的真心拥护。

检查组充分肯定了前段时间保山市在落实专项行动要求所做的大量有成效的工作，取得了阶段性的成果。但同时也存在一些问题，如环境保护专项整治行动宣传的力度、广度不够，对违法排污企业处罚的力度不够等。保山市在下一步的环境保护专项行动

① 云南省环保专项整治行动联席会议办公室：《省环保专项行动联合检查组对保山市整治违法排污企业保障群众健康环保专项行动进行检查》，http://sthjt.yn.gov.cn/hjjc/hbzxxd/200510/t20051025_12373.html（2005-10-25）。

中，需重点做好以下几个方面工作：（1）根据《云南省人民政府办公厅关于开展工业污染源全面达标排放工作的通知》及《云南省环境保护局关于对逾期未完成全面达标排放任务企业责令停产治理的通知》要求，保山市政府依法对腾冲县奕标水泥公司（原名腾冲县腾旭建材公司）下达停产治理通知，待治理达标并经环境保护部门验收合格后方可恢复生产。（2）要求保山市环境保护局督促 11 家限期达标排放企业加快治理进度，确保 2005 年 12 月 31 日的全面达标排放。（3）进一步加强保山市环境监察机构能力建设。（4）进一步完善部门联席会议制度，落实各部门的责任，切实加强部门联动，合力打击环境违法行为。（5）加强舆论监督和公众参与的力度，进一步营造全社会保护环境的良好氛围。（6）定期向省环境保护专项行动领导小组办公室上报工作进展情况及阶段工作报告，并提交环境保护专项行动 3 年工作总结，保障信息畅通。（7）加强领导，周密部署，狠抓落实，确保 2005 年保山市环境保护专项整治工作取得实效。

七、云南省环境保护专项行动联合检查组对德宏傣族景颇族自治州整治违法排污企业保障群众健康环境保护专项行动进行检查①

2005 年 9 月 21—24 日，云南省环境保护局、发展和改革委员会、安全生产监督局、环境监理所、环境监测站及春城晚报记者共 13 人组成的环境保护专项整治行动联合检查组，由云南省环境保护局邓家荣副局长带队，对德宏傣族景颇族自治州开展环境保护专项整治行动进行检查。

检查组听取了德宏傣族景颇族自治州人民政府、瑞丽市人民政府开展专项行动工作情况的汇报，重点检查了瑞丽市污水处理厂的建设进展情况，现场查看了潞西勐板河水库保护情况，实地检查了潞西市（今芒市）造纸厂污染治理情况，邓副局长代表检查组向德宏傣族景颇族自治州政府反馈了意见。

云南省检查组认为，在国家环境保护专项行动电视电话会议后，德宏傣族景颇族自治州人民政府高度重视，组织各有关单动召开了德宏傣族景颇族自治州环境保护专项行动会议，认真贯彻国家六部委、云南省七厅（局）部署的“整治违法排污企业保障群众健康环境保护专项行动”精神，围绕解决群众关心的各种污染问题，切实开展环境保护专项整治行动工作，取得了一定的成效。一是加强领导，成立了以副州长任组长，各有关部门领导为成员的领导小组，并设立了办公室，制订了实施方案，明确了各部门的职责。二是坚决纠正各县市政府违反国家环境保护法律法规的做法，对各级各部门下发的

①云南省环保专项整治行动联席会议办公室：《省环保专项行动联合检查组对德宏州整治违法排污企业保障群众健康环保专项行动进行检查》，http://sthjt.yn.gov.cn/hjjc/hbzxxd/200510/t20051025_12374.html（2005-10-25）。

各类文件及导向性政策进行清理，检查是否存在违反审批权限减、免、缓缴排污费，企事业单位违规不予处罚等违反国家产业政策，降低环境保护准入门槛的违规行为。三是加大城市噪声和大气污染治理力度，联合各相关部门组成噪声专项整治领导小组，抽调人员组成检查组对潞西市城区噪声展开专项整治。四是对污染企业进行严查，对潞西市风平闽林金属制品厂、梁河县桥头金属制品厂进行了查处并责令其强行关闭，五是严查水电工程建设中未落实环境保护措施就大规模施工建设的项目，责令其写书面检查并处以罚款。六是对重点污染企业实行挂牌督办，其中州环境保护局挂牌 4 家，各县市挂牌 15 家；同时联合各部门组成州检查组，对全州群众反映较突出的 30 余家企业进行了专题检查，提出整改意见，并要求重点企业安装在线监控设备。七是加强对制糖、造纸、水泥、电冶硅等重污染违法排污企业的有效监管，对盈江县芒桑水泥厂、畹町啤酒厂责令其限期补交所拖欠排污费，同时开展对放射源的监督管理，对全州 50 家涉源单位进行了检查。八是开展饮用水水源地检查和整治，彻底清查辖区内集中式饮用水水源保护区的划定情况和水质情况，查清了勐板河水电建设对潞西市饮用水水源地勐板河水库的污染问题，督促电站建立生活垃圾及废水处理池。九是着力解决群众关心及反复投诉的其他环境污染问题。十是开展广泛宣传，定期报送信息，在报刊、广播、电视媒体上开展多种形式的宣传活动，接受社会监督，为开展专项整治活动营造良好的舆论氛围。德宏傣族景颇族自治州通过以上专项清查整顿工作，部分企业偷排、漏排现象得到遏止，取缔关闭了一批违反国家产业政策的重污染企业，保障了人民群众的环境权益。

八、云南省环境保护专项行动联合检查组对昆明市整治违法排污企业保障群众健康环境保护专项行动进行检查[①]

2005 年 9 月 19—20 日，由云南省环境保护局高正文副局长为组长，云南省环境保护局、监察厅、工商局、环境监理所、环境监测站、云南日报记者站等单位人员，一行 12 人组成云南省环境保护专项整治行动联席会议联合检查组，对昆明市开展环境保护专项整治行动进行检查。

检查组听取了昆明市人民政府开展环境保护专项整治行动工作情况的汇报，并深入松华坝水库、兰龙潭、宜良等县（区），对昆明市第六城市污水处理厂、松华坝水源保护区、兰龙潭片区、宜良东山片区进行了检查，并向昆明市人民政府反馈了检查意见。

昆明市人民政府根据云南省环境保护专项整治行动领导小组的统一部署，成立相应

① 云南省环保专项整治行动联席会议办公室：《省环保专项行动联合检查组对昆明市整治违法排污企业保障群众健康环保专项行动进行检查》，http://sthjt.yn.gov.cn/hjjc/hbzxxd/200510/t20051025_12375.html（2005-10-25）。

领导小组，制订工作方案，进行了卓有成效的环境保护专项整治工作。一是松华坝水库水源保护区成绩显著。昆明市发布了《关于加强松华坝水源保护的通告》，从 2005 年 5 月 1 日起，对松华坝水源保护区实行交通管制，限制外来人员进入松华坝水源区，减少人为污染；5 月 30 日，又下发《关于进一步加强松华坝水源保护区管理和保护工作的意见》，进一步明确相关部门职责，加大了执法力度，采取一系列措施保证松华坝水源区的饮水安全。二是对云南省督办的兰龙潭片区石灰窑整治已取得成效，2005 年 8 月 16 日，昆明市组成综合执法组，对兰龙潭片区 29 座小石灰窑下发了立即停业和限期自行拆除土石灰窑的通知；9 月 17 日，昆明市环境保护局联合有关部门已对 29 座石灰窑进行了彻底拆除，彻底解决了兰龙潭片区石灰窑连片污染问题。三是国家环境保护总局在对第六污水处理厂不正常运行挂牌督办后，昆明市人民政府能及时分析查找原因，并针对提出的意见和查找到的原因进行整改，并提出了整改方案。四是宜良东山片区内的昆明神农汇丰公司正在按要求进行积极整改，准备通过“三废余热利用回收改造”项目，彻底解决公司的污染问题。

检查组结合云南省环境保护专项整治检查中存在的问题，对昆明市下一步环境保护专项行动提出需要重点做好的以下四个方面的工作。一是宜良县人民政府应按昆明市人民政府《关于宜良县东山片区污染问题整治意见的复函》的要求，依法对宜良县南北钢铁厂实施取缔，对昆明市弘力水泥有限公司、蓬莱水泥厂、永兴水泥厂污染达标反弹企业立即进行停产治理，在做到污染物达标排放后，方可恢复生产。按照云南省环境保护局《关于宜良县盘江水泥厂日产 1000 吨水泥熟料生产基地技改工作环境影响报告书的审批意见》要求，在宜良县盘江水泥厂扩建项目建成投产时，应同时关闭昆明市弘力水泥有限公司、蓬莱水泥厂、永兴水泥厂的立窑生产线，按宜良县水泥工业结构调整责任书要求，逐项进行落实。二是根据国务院《关于加强城市供水节水和水污染防治工作的通知》和国家挂牌督办的具体要求，加强对昆明第六污水处理厂处理设施和上游污染源的管理，严格监督污水处理厂的污水排放，尽快修复破损的截污管道，对超标问题要尽快制订具体整改方案，明确整改期限，投入必要资金建设深度处理设施，保障粪大肠杆菌的达标排放。三是长虫山兰龙潭片区石灰窑整治工作虽已取得成效，但应加紧被破坏土地的复垦和植被恢复以及植树，对山下的昆明正光油脂加工厂要督促其限期补办手续，并按相关法律法规进行处罚，要加强对该企业的管理，保证长期稳定达标；对片区附近的水泥企业以及附近的影响视觉和感观的排污企业，要督促其进行整改，凡不能做到达标的企业一律限期治理，属于淘汰工艺和落后工艺的企业一律给以取缔。四是对照转发的环境保护专项行动考核办法的要求，做好考核工作，建立长效机制，加强能力建设，保证信息畅通，做好工作总结。

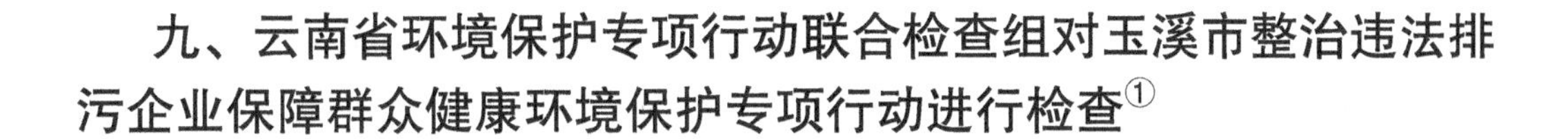

九、云南省环境保护专项行动联合检查组对玉溪市整治违法排污企业保障群众健康环境保护专项行动进行检查[①]

2005 年 9 月 20 日，由云南省纪委派驻云南省环境保护局纪检组长李永清同志带队，云南省环境保护局、经济贸易委员会、司法厅、环境监理所、环境监测中心站单位人员和中国环境报云南记者站共 13 人组成的环境保护专项整治行动联合检查组，对玉溪市开展环境保护专项整治行动进行检查。

检查组听取了玉溪市人民政府开展环境保护专项整治行动工作情况的汇报，并深入红塔区、峨山等县（区），对红塔区、峨山县、玉溪同安钢铁有限公司等已关闭的千家企业和在生产的冶炼企业进行了专项检查，并向玉溪市人民政府反馈了检查意见。

玉溪市人民政府根据云南省环境保护专项领导小组的统一部署，统一思想、提高认识、加强领导，成立了主管市长为组长、市级相关部门参加的领导小组和办公室，建立了联席会议制度，实行部门联动，结合玉溪实际制订了切实可行的工作方案，进行了卓有成效的环境保护专项整治工作。一是重点突出，加大对排污企业整治和查处力度，使玉溪“小冶炼”整治取得明显成效。玉溪市对国家和云南省挂牌督办的 29 家企业进行了列表整治，明确了整治时限和内容。截至 2005 年 9 月 20 日，已关闭玉溪市红塔区、峨山县、江川县等 4 家企业 9 座高炉。二是东风水库保护与综合整治效果明显。东风水库的水质曾一度下降到地表水环境质量标准Ⅳ类，经过近年来实施的一系列工程，从 2002 年水质有所好转，水质综合评价上升到Ⅲ类。三是 7 个污水处理厂运行管理和污水排放情况监督到位。四是“三湖一海”水污染综合治理是环境保护专项行动工作的重点工作，工作目标明确，措施有力，效果明显。投资 6.4 亿余元（市财政配套近 4.4 亿元），实施了 100 多项工程项目及非工程项目，使湖泊水质进一步恶化的趋势得到初步控制，抚仙湖水质保持在《地表水环境质量标准》（GB3838—2002）Ⅰ类，星云湖、杞麓湖水质大于Ⅴ类，阳宗海水质恢复到Ⅱ类。五是工作范围广、力度大。筛选出市级督办企业 68 家（含国家、云南省督办的 29 家），并公布《关于下发玉溪市 2005 年整治违法排污企业保障群众健康环境保护专项行动挂牌督办企业名单的通知》，任务分配到各县（区）、各部门。六是玉溪市发了四期专项行动工作简报，根据国家的考核要求，工作扎实有效。

对前阶段玉溪市抓环境保护专项行动工作的成效和取得的成果，检查组给予了充分肯定，但同时也指出了在检查中发现的一些不足，要求玉溪市结合云南省环境保护专项

① 云南省环保专项整治行动联席会议办公室：《省环保专项行动联合检查组对玉溪市整治违法排污企业保障群众健康环保专项行动进行检查》，http://sthjt.yn.gov.cn/hjjc/hbzxxd/200510/t20051025_12377.html（2005-10-25）。

整治活动在下一步工作中重点做好以下八点工作：一是抓住重点，确保实效。对国家和云南省挂牌督办的 29 家企业应进一步加大整治工作力度，确保按期完成整治任务。二是峨山县甸中镇饮用和农业灌溉水源污染整治不够彻底。根据云南省环境保护局、云南省国土资源厅联发的《关于对峨山峨山县甸中镇饮用和农灌水污染处理意见的通知》要求，玉溪市环境保护局建议红塔区人民政府责令红塔区洛河乡上厂村洒米寨洗选厂、双龙洗选厂限期补办环境保护手续，建议峨山县人民政府责令甸中镇石虎大平地洗选厂停止生产。三是继续加大“三湖一海”水污染综合治理力度。四是对云南澄江锦业工贸有限责任公司（原云南澄江磷肥厂）依法限期治理，确保稳定达标排放。五是依法行政，严格项目审批。对新上的项目必须按照国家产业政策办理，严格执法。对于现有手续不全的企业，市、县（区）两级政府应尽快研究拿出处理办法，凡是下过停产决定的企业必须按规定办，坚决关停。六是通过环境保护专项行动，建立健全环境保护专项行动的部门联动的长效机制，加强部门之间的协同配合，进一步严厉打击环境违法行为，对违法企业依法查处，确保执法到位，使环境保护专项行动和监督执法长期取得实效。七是对照国家环境保护专项行动考评办法，完成好各阶段的总结报告和信息、报表、简报的上报工作，并做好环境保护专项行动和 3 年环境保护专项行动的工作总结，按时上报。八是进一步加强市、县（区）两级执法能力标准化建设，提高执法水平。

十、云南省环境保护专项行动联合检查组对红河哈尼族彝族自治州整治违法排污企业保障群众健康环境保护专项行动进行检查①

2005 年 9 月 21—23 日，由云南省环境保护局高正文副局长为组长，云南省环境保护局、监察厅、工商局、环境监理所、环境监测站、云南日报记者站等单位人员为组员，一行 12 人组成云南省环境保护专项整治行动联席会议联合检查组，对红河哈尼族彝族自治州开展环境保护专项整治行动进行检查。

检查组听取了红河哈尼族彝族自治州政府开展环境保护专项整治行动工作情况的汇报，并深入个旧市、蒙自等县（市），对冲坡哨工业片区、重点饮用水水源区、元阳县重点污染源综合治理项目进行了重点检查，并向红河哈尼族彝族自治州政府反馈了检查意见。

红河哈尼族彝族自治州政府在这次专项行动中，高度重视，清理整顿行动认识到位，各部门密切配合，措施得力、成效明显。一是州委、州人民政府对环境保护工作、这次清理整顿工作高度重视，精心组织，迅速部署，认真贯彻执行通知要求。州人民政

① 云南省环保专项整治行动联席会议办公室：《省环保专项行动联合检查组对红河州整治违法排污企业保障群众健康环保专项行动进行检查》，http://sthjt.yn.gov.cn/hjjc/hbzxxd/200510/t20051025_12376.html（2005-10-25）。

府成立了“整治违法排污企业保障群众健康环境保护专项行动”协调领导小组，负责安排、协调、检查、指导全州的清理整顿行动；及时印发了《红河哈尼族彝族自治州2005年整治违法排污企业保障群众健康环境保护专项行动实施方案》；州环境保护局、计委、经济贸易委员会、监察局、工商局、司法局、安全生产监督局七部门紧密配合，相互支持、上下协调、共同努力，确保了清理整顿行动的成功。二是重点突出，整治工作有新突破。（1）冲坡哨工业片区环境污染综合治理有新成效。根据《国家环境保护总局关于对个旧市沙甸区冲坡哨工业片区恢复生产意见的函》和《云南省人民政府办公厅关于进一步加强个旧市沙甸区冲坡哨工业片区环境污染综合治理的通知》精神，州人民政府采取强有力的措施加强对该片区环境污染综合治理，严格组织实施《个旧市沙甸工业开发区环境综合治理总体规划》，强化监督管理。截至2005年9月，已完成了片区排污企业的烟气、废渣、废水的治理及部分绿化工作，烟气布袋收尘设施和水冲渣设施运行良好，烟雾弥漫的现象已得到有效遏制。（2）重点饮用水水源地专项整治有新进展。组织开展蒙自县五里冲水源地径流区清理整顿工作；依法取缔泸西板桥河水库水源保护区缓冲区内发现的两家采石（沙）场；对开远南洞水源保护区内未办理任何手续，洗涤污水直接排入南洞河，严重污染水源的玻璃纤维生产企业，责令其停止生产，并给予经济处罚，限期搬出了保护区，有效保护了全州重点饮用水水源地。（3）城市污水处理厂建设营运有新起色。全州共有城市污水处理厂5个，纳污管网配套，处理设施运转正常稳定，处理能力基本达到设计能力，在建的蒙自县污水处理厂和开远市污水处理厂进展顺利。（4）重点污染源监管水平有新提高。切实加强对2004年延期未完成全面达标考核的云南东风氮肥厂、云南省巡检司发电厂及被责令停产治理企业元阳县晨光淀粉有限公司、元阳县源野实业有限公司等重点考核企业的监督检查。截至2005年10月，元阳县源野实业有限公司已完成达标并通过考核验收，恢复生产。其他企业也在加快治理进度。

检查组结合在环境保护专项整治检查工作发现的问题，对红河哈尼族彝族自治州提出了下一步的工作要求和建议：一是严格依法行政，保障群众健康。各级行政机关要继续增强责任感，加强监管，解决环境保护执法过程中不作为和执法不到位的问题。各级地方党委、人民政府和相关部门要加强监管积极支持，对违法排污企业依法严肃处理，按照“四个不放过”的要求，采取各种有效措施严查环境违法行为。对发现问题的云南锡业股份有限公司等排污企业要加大监管力度，提出解决措施和要求，督促其稳定达标排放。二是加快治理进度，完成整治要求。加强资金筹措能力，扩大资金筹措渠道，精心安排，加快进度，确保小龙潭电厂4号机组的脱硫工程在2005年底前完成。同时小龙潭电厂要增强企业责任感，积极开展清洁生产审核工作，2005年内完成解化集团脱硫工程的建设。三是以清理整顿行动为契机，进一步加大保护力度，确保饮用水水源安全。要积极开展编制水源地保护规划，尽快划定水源保护区，处理好旅游与饮用水水源地保护的关系，坚决查处保护区内违法违规建设企业。保证饮用水水源安全。四是加强监管，促进矿业可持续发展。红河哈尼族彝族自治州矿产资源丰富，在矿业发展中要统筹规划，科学划定禁采区，同时加强环境保护执法，严格生态保护制度；加大矿业企业的环境影响评价力度，积极探索生态补偿机制。促进矿业可持续发展。五是齐抓共管发展循环经济。开远市是云南省循环经济试点，要大力推进此项工作，同时做好经验总结，用以指导其他行业的工作开展。六是关注环境保护，建设生态城市。七是重视经验成果的总结，迎接环境保护专项行动考核。2005 年的专项行动已进入后期，各地要进一步加紧整改，根据国家和省的有关要求和考核规定，进行对照检查，尽快完成、完善各项工作，认真总结2005年和3年来开展环境保护专项行动的成功经验，发现工作中存在的问题，提出今后的对策措施，迎接环境保护专项行动考核。八是进一步加强执法队伍建设，提高环境执法能力。环境监察队伍建设已列入 2005 年环境保护专项行动考核内容，红河哈尼族彝族自治州政府要保证基层环境保护部门的执法队伍装备，进一步加强环境保护执法队伍能力建设。

十一、云南省环境保护专项行动联合检查组对西双版纳傣族自治州整治违法排污企业保障群众健康环境保护专项行动进行检查①

2005 年 9 月 21—24 日，由云南省纪委派驻云南省环境保护局纪检组长李永清同志带队，云南省环境保护局、经济贸易委员会、司法厅、环境监理所、环境监测中心站、中国环境报及云南记者站单位人员共 13 人组成的环境保护专项整治行动联合检查组，对西双版纳傣族自治州开展环境保护专项整治行动进行检查。

检查组听取了西双版纳傣族自治州政府开展环境保护专项整治行动工作情况的汇报，并深入新山矿业洪钢分公司、勐远水泥厂、普利司通公司等进行了重点检查，检查组肯定了西双版纳做法和效果，并向西双版纳傣族自治州政府反馈了检查意见。

西双版纳傣族自治州人民政府在环境保护专项行动中的主要做法：一是领导重视，指导思想明确，建立机构，制订方案，宣传发动面广。西双版纳傣族自治州高度重视 2005 年环境保护专项整治行动，成立了以主管副州长为组长，州政府及其他有关部门参加的环境保护专项行动领导小组及办公室，建立了联席会议制度，实行部门联动。以切实解决影响人民群众身体健康的环境污染和生态破坏问题为根本出发点和落脚点，坚持以人为本，树立和落实科学发展观。结合州实际，制订切实可行的专项行动实施方

① 云南省环保专项整治行动联席会议办公室：《省环保专项行动联合检查组对西双版纳州整治违法排污企业保障群众健康环保专项行动进行检查》，http://sthjt.yn.gov.cn/hjjc/hbzxxd/200510/t20051025_12378.html（2005-10-25）。

案，重点对制胶、制糖、冶炼等进行专项整治，同时，加大公众和舆论监督力度，充分利用新闻媒体广泛宣传发动，向社会公布举报电话，完善公众监督机制。二是整治力度大，措施有力，成效明显。

检查组在肯定西双版纳傣族自治州人民政府在环境保护专项治理工作的成绩，同时也指出了存在的问题，并对西双版纳傣族自治州人民政府提出了下一步环境保护专项整治工作的要求和建议：一是西双版纳独特的地理位置和极为丰富的生物多样性，是生态环境敏感区，保护好这里的生态环境、热带雨林及丰富的动植物资源，对中国乃至世界具有重大意义。州委、州人民政府要站在全局和战略的高度，站在可持续发展和贯彻落实科学发展观的高度，妥善处理好发展和保护的关系，调整好产业结构，变资源优势为经济优势，对现有工业进一步实行合理布局，走新型工业化道路，实现跨越式发展。二是对 3 家重点企业具体处理方案和措施。（1）对新山矿业洪钢分公司处理方案。（2）对勐远水泥厂已实施了停产治理，待技改完成，治理验收合格后方可投入生产。（3）对普利司通公司要加大治理力度，力争 2005 年全面完成达标考核，州、县环境保护部门要加大协调、指导、服务工作力度。三是通过环境保护专项行动，建立健全环境保护专项行动的部门联动的长效机制，加强部门之间的协作配合，进一步严厉打击环境违法行为，对违法企业依法查处，确保执法到位，使环境保护专项行动和监督执法长期取得实效。四是按国家和省的部署要求，加大工作力度，完成好相关考核的阶段性工作。五是按国家环境保护专项行动考评办法，完成好各个阶段的总结报告和信息、报表、简报的上报工作。并做好 2005 年环境保护专项行动和 3 年环境保护专项行动的工作总结，按时上报。六是进一步加强州、县（市）两级执法能力标准化建设，提高执法水平。

十二、云南 2005 年整治违法排污企业保障群众健康行动检查工作完成①

2005 年 9 月 25 日，为期一周的“云南省 2005 年整治违法排污企业保障群众健康环境保护专项行动”检查工作全面完成。

这次环境保护专项行动是为了“让人民群众喝上干净的水，呼吸上新鲜的空气，吃上放心的粮食，在良好环境中生产、生活”。国家环境保护总局、国家发展和改革委员会、监察部、国家工商行政管理总局、司法部、国家安全生产监督管理总局，共同制定了《深入开展整治违法排污企业保障群众健康环境保护专项行动工作方案》和《全国整

① 杨昕、张帜然：《云南 2005 年整治违法排污企业保障群众健康行动》，http://news.sina.com.cn/c/2005-09-26/10487037669s.shtml（2005-09-26）。

治违法排污企业保障群众健康环境保护专项行动考核办法》，云南省环境保护局、发展和改革委员会、经济贸易委员会、监察局、工商局、司法局、安全生产监督管理局，在2005年6月联合印发了《云南省2005年整治违法排污企业保障群众健康环境保护专项行动实施方案》，经过准备动员、自查摸底以及全面整治阶段进入总结考核阶段。

9月19日，由云南省环境保护专项整治行动联席会议成员单位组成联合检查组，对保山市、德宏傣族景颇族自治州、昆明市、红河哈尼族彝族自治州、玉溪市、西双版纳傣族自治州开展整治违法排污企业保障群众健康环境保护专项行动的情况进行检查。云南省环境保护专项整治行动联合检查组兵分三路，由云南省环境保护局邓家荣副局长带队，云南省发展和改革委员会和云南省安全生产监督管理局参加的第一检查组对保山市、德宏傣族景颇族自治州进行了检查。检查组重点检查了两地的全面达标排放延期考核和责令停产治理企业情况，以及云南省人民政府明令的“四小”企业清理情况等内容，结果令人满意。

十三、云南省环境保护局组织对全省2005年整治违法排污企业保障群众健康环境保护专项行动工作情况进行考核[①]

2005年11月29日，云南省环境保护局组织在昆明召开了2005年全省开展整治违法排污企业保障群众健康环境保护专项行动考核会议。参加会议的有云南省环境保护局污控处、监理所以及各州（市）环境保护局分管领导和相关业务科室人员近70余人。

会上，16个州（市）环境保护局分为4个小组，每个小组由组长单位牵头、相关州（市）人员以及云南省环境保护局的各两名联络员组成，进行交叉考核。考核严格按照《全国整治违法排污企业保障群众健康环境保护专项行动考核办法》的要求，并结合云南省实际，依据考核评分细则，逐条进行认真考核。考核采取首先听取被考核单位的介绍，查看资料并提有关问题的方式，逐一对云南省的16个州（市）进行了考核。每个小组都汇报了对有关州（市）的考核情况，指出了各地存在的一些问题和不足。

最后，邓家荣巡视员代表云南省环境保护局做了总结发言，他充分肯定了全省各级环境保护部门在2005年的环境保护专项行动中领导重视、认识到位、行动迅速、措施得力，有力地打击了各种环境违法行为，保障了群众的健康和权益，取得了明显成效。通过2005年的环境保护专项行动，各级环境保护部门加大了环境整治工作力度，加强了对重污染行业、重点地区重点污染源以及城市噪声和大气污染的治理；加强了对城市污水处理厂运行情况的监管；清查了一批违法违规建设项目；清理了少数基层政府存在

① 云南省环保专项整治行动联席会议办公室：《云南省环保局组织对全省2005年整治违法排污企业保障群众健康环保专项行动工作情况进行考核》，http://sthjt.yn.gov.cn/hjjc/hbzxxd/200512/t20051212_12380.html（2005-12-12）。

的一些违反环境保护法律法规的“土政策”；认真开展了对饮用水水源地、自然保护区的检查；各地还集中整治、逐一解决了一批群众反复投诉的环境问题。各级环境监察机构不辞辛劳、严格执法，认真履行职责，加强对各类污染问题的监督检查，并认真做好各类材料、信息的上传下达，保证国家和省对各地工作进展情况的及时掌握。邓家荣巡视员也客观地指出了各地在专项行动中存在的不足，如督办案件立案少，编写的信息简报少等。要求各地认真总结 2005 年环境保护专项行动经验，建立起有效的长效管理机制，圆满完成 2005 年的整治违法排污企业保障群众健康环境保护专项行动各项工作任务。

第三节　2006 年环境保护专项整治史料

一、云南省召开整治违法排污企业保障群众健康环境保护专项行动电视电话会议，启动 2006 年环境保护专项行动①

2006 年 5 月 31 日，国家环境保护总局、国家发展和改革委员会、监察部、国家工商总局、司法部等七部门联合召开了“全国整治违法排污企业保障群众健康环境保护专项行动”电视电话会议，国家环境保护总局周生贤局长代表国家七部门传达了温家宝总理关于开展环境保护专项行动的指示，动员和部署全国环境保护专项行动，就全面落实《国务院关于落实科学发展观加强环境保护的决定》和第六次全国环境保护大会的精神，开展好 2006 年的环境保护专项行动提出了具体要求，其他部门的领导也对环境保护专项行动提出了明确要求。

云南省人民政府高峰副省长，云南省环境保护局、发展和改革委员会、经济贸易委员会、监察厅、工商局、司法厅等八部门领导和昆明市政府及有关部门负责人，以及云南省和昆明市环境保护局 120 多人参加了全国环境保护专项整治行动电视电话会议昆明分会场会议。全省各州（市）、县（区）各级各部门领导和环境保护监察人员 1200 多人参加了全国电视电话会议云南各州（市）分会场会议。会后，云南省召开了全省环境保护专项行动电视电话会议，高峰副省长作了动员讲话，就贯彻落实全国电视电话会议精神，全省开展环境保护专项整治行动做了部署和安排。会议还邀请了有关新闻媒体作宣传报道。

① 云南省环保专项整治行动联席会议办公室：《我省召开整治违法排污企业保障群众健康环保专项行动电视电话会议，启动 2006 年环保专项行动》，http://sthjt.yn.gov.cn/hjjc/hbzxxd/200607/t20060711_12381.html（2006-06-01）。

高峰副省长强调，开展整治违法排污企业保障群众健康环境保护专项行动，切实解决影响人民群众健康的环境污染和生态问题，保障人民群众的环境权益，是落实科学发展观的具体体现，是构建社会主义和谐社会的客观需要，是贯彻《国务院关于落实科学发展观加强环境保护的决定》，建设环境友好型社会的内在要求。并就开展好这次环境保护专项行动提出了三点要求：一是加强组织领导，落实工作责任。二是突出工作重点，加大执法力度。三是强化公众监督，完善长效机制。2005年云南省开展环境保护专项行动的重点：一是要集中整治威胁饮用水安全的污染和隐患，按照有关法律、法规，取缔生活饮用水地表水源一级保护区内的所有污水排放口，清除区内所有违规的码头、垃圾堆放场、畜禽养殖场、人工水产养殖设施，严格控制网箱养殖活动。要继续组织开展环境安全大检查，进一步查清环境污染危险源，对饮用水水源有重大污染事故隐患的排污企业进行集中整治；对直接导致饮用水水源地水质超标的排污企业必须停产整治；对严重威胁环境安全的，要依法关闭。要做到定期向社会公布饮用水水源地水质状况，向社会公布一级保护区内被取缔的排污企业名称、位置，向社会公布影响饮用水水源地停产整治的企业及法人代表名单。二是要集中整治重污染行业工业园区的环境违法问题。要严肃查处工业园区内环境违法企业、违法建设和新建项目，对阻挠干扰环境保护部门现场执法检查、降低或取消排污费等一系列违反国家环境保护法律法规的错误做法，要严肃追究有关领导和部门的行政责任。三是要集中整治建设项目环境违法问题。要组织各州（市）对建设项目环境保护法律法规执行情况进行交叉检查，对未经环境保护审批合格的违法违规建设项目依法查处，并将处理结果向社会公告；对未按规定申请环境保护验收，长期以试生产名义违法排污的企业，一律停产整治；对监管失职或者违规审批环境违法建设项目的国家机关及其工作人员要依法依规追究行政责任。四是要集中整治公路沿线环境污染问题。重点整治国道、省道公路沿线产生大气污染的工业企业，责令限期整治，对屡查屡犯的企业一律实行停产治理，并要追究企业负责人的行政责任。

高峰副省长要求，各级人民政府及有关部门要严格按照国家的统一安排和部署，结合实际，加强领导，精心组织，明确责任，确保全省环境保护专项行动的顺利开展。各有关部门要严格履行各自的监管职能，切实加大监管力度，落实工作责任。经济主管部门（发展和改革委员会、经济贸易委员会）负责监督检查淘汰落后生产能力、工艺和产品；监察机关要依法依纪追究违反环境保护法律法规的政府及部门的行政责任；司法机关要加大环境保护法制宣传和法律服务、援助力度；工商部门要及时注销、吊销被依法关闭企业的营业执照；安全生产监督管理部门要加强企业安全生产的监管和危险化学品监管；电力监管机构要监督电力企业按照政府决定对违法排污企业采取停电、限电措施。各部门要继续加强协调配合，不断完善定期协商、联合办案制度和环境违法案件移交、移送、移办制度，切实形成政府统一领导、部门联合运行、公众广泛参与，共同解决突出的环境问题。要逐步健全国家监察、地方监管、单位负责的环境监管体制，建立法律、经济、行政手段相结合的综合治理机制；要充分发挥“12369”环境保护热线作用，畅通投诉渠道，积极鼓励群众举报环境违法问题，营造社会广泛参与和监督的良好氛围。通过开展整治违法排污企业保障群众健康环境保护专项行动，要着力解决危害人民群众健康的突出环境问题，真正让人民群众喝上干净的水、呼吸上清洁的空气、吃上放心的食物，有一个良好的生产生活环境。

会后，省里着手成立由高峰副省长为组长，云南省环境保护局、发展和改革委员会、经济贸易委员会、监察厅、工商局、司法厅等八部门领导为成员的云南省环境保护专项整治行动领导小组，建立联席会议制度，联席会议办公室设在云南省环境保护局。云南省环境保护局等8个部门紧急行动，传达和贯彻全国环境保护专项行动电视电话会议精神，研究制订《云南省 2006 年整治违法排污企业保障群众健康环境保护专项行动实施方案》，启动全省环境保护专项整治行动。按要求建立全省环境保护专项整治行动信息调度制度，云南省环境监察总队负责承担省信息调度工作。

二、云南省2006年整治违法排污企业保障群众健康环境保护专项行动实施方案①

2006年6月18日，为贯彻《国务院关于落实科学发展观加强环境保护的决定》，根据国家环境保护总局等七部门《关于开展整治违法排污企业保障群众健康环境保护专项行动的通知》要求，结合云南省实际，云南省环境保护局办公室印发《云南省 2006 年整治违法排污企业保障群众健康环境保护专项行动实施方案》。

（一）指导思想

以邓小平理论和“三个代表”重要思想为指导，牢固树立和落实科学发展观，认真贯彻落实第六次全国环境保护大会的部署和要求，进一步加大环境执法力度，切实保证群众饮用水水源安全，解决威胁群众健康的突出环境问题，努力遏制污染事故的发生，保障群众环境权益，维护社会和谐与稳定。

（二）整治重点和具体要求

（1）集中整治威胁饮用水水源安全的污染和隐患。各州（市）要在2005年饮用水

---

① 云南省环境保护局：《云南省 2006 年整治违法排污企业保障群众健康环保专项行动实施方案》，http://sthjt.yn.gov.cn/zwxx/zfwj/yhf/200606/t20060620_10371.html（2006-06-20）。

水源保护区专项检查的基础上，对生活饮用水地表水源一级保护区内的环境违法问题进行集中整治，严格执行《中华人民共和国水污染防治法》等环境保护法律法规，取缔一级保护区的所有污水排放口，清除区内所有违规的码头，垃圾堆放场、畜禽养殖场，严禁网箱养殖活动。对全省各地集中式饮用水水源地进行全面检查，对不能满足集中式饮用地水质要求的临沧博尚水库、安宁车木河水库、文山盘龙河、昆明松华坝水库、云龙水库等水源地要制订整改方案，加大整治力度，保证达到水质要求。

要在开展环境安全大检查的基础上，进一步查清对饮用水水源水质安全构成威胁的污染源，集中整治饮用水水源地周边存在重大污染事故隐患的排污企业。重点整治六大水系及河流、湖泊、水库沿岸企业的环境安全隐患，尤其是出境跨界河流沿岸污染企业，如文山马关南北河、沘江、南盘江、金沙江、九大高原湖泊等流域沿岸的排污企业，要求其在 2006 年 7 月 31 日前制订切实可行的整改计划，并督促落实。对直接导致饮用水水源地水质超标的排污企业，必须停产整治，对严重威胁环境安全的，要依法关闭。

（2）集中整治工业集中区和工业园区的环境违法问题。各州（市）要对辖区内工业集中区域和工业园区的排污企业在建设和管理过程中的环境违法问题进行一次全面清理，重点整治化工、冶金、选矿、制药、制糖、造纸、酿造、废旧物质加工等企业集中的工业区，如宣威海岱镇泽麦河流域工业集中区、个旧鸡街黑神庙坡工业片区、曲靖煤化工基地、禄丰工业区等工业片区的环境保护违法问题。要坚决纠正各地工业园区建设和管理过程中，降低环境保护准入门槛，阻挠干扰环境保护执法、降低或取消排污费等一系列违反环境保护法律法规的行为。要对工业区集中区和工业园区未履行环境影响评价审批程序即擅自开工建设或者擅自投产的企业，责令停止建设或停止生产；对建有污水处理厂但不能达标排放的工业园区内的企业实行限期治理，逾期未完成治理任务的，要责令其停产整治或依法关闭；属于违反国家产业政策明令淘汰的落后工艺和设备，一律按规定淘汰；对私设排污管线或者污染防治设施未经环境保护部门验收的企业，一经发现立即停产整治；对未按规定安装在线污染自动监控设施的重点工业污染源，以及未按规定设立排污口标志的企业，要限期整改；对故意超标排放、弄虚作假和屡查屡犯或者造成重大环境污染事故的违法企业，依照有关法律法规的规定从严处罚，同时要追究企业责任人的责任。对达标无望的企业，要依照有关规定彻底关闭。

（3）集中整治建设项目环境违法问题。各州（市）要在本辖区范围内，组织对 2003 年《中华人民共和国环境影响评价法》实施以来的建设项目，重点是化工、冶金、选矿、造纸、火电、水电、公路等行业的建设项目，及时发现和解决建设项目在环境影响评价审批、环境保护监管和验收过程中存在的问题。对未经环境保护审批合格的违法违规建设项目依法查处，并将处理结果向社会公告。对未按规定申请环境保护验收，长期以试生产名义违法排污的企业，一律停产治理，并按国家环境保护法律法规给予处罚，如云南富源矿厂炼钢连铸工程、云南华云实业总公司矿渣微粉生产线等企业违反环境保护法律、法规规范。

（4）集中整治公路沿线环境污染的问题。各州（市）要对本辖区内主要公路沿线的环境污染问题进行集中整治，重点是国道、省道和旅游道路沿线影响景观和有碍观瞻的污染企业的排污问题。对在检查中发现有对公路沿线产生污染的违法排污企业，要责令其整改，对屡查屡犯的企业一律实行停产治理，从重处罚并追究有关责任人的责任。各级环境保护部门要严格控制对公路沿线新建项目的环境保护审批。

（5）集中检查各地及重点企业突发环境事件应急预案的制定和落实情况。在 2006 年 8 月 31 日前，各级政府和环境保护部门要按照国家和省有关规定制定并报批、颁布《突发环境事件应急预案》。要检查持有省级排污许可证企业和化工、冶金、选矿、制糖、造纸、印染、制革等重污染企业及各地重点企业突发环境事件应急预案的制定情况。要检查各企业应急预案是否有针对性，是否有突发环境事件的应急措施和设施，是否已履行必要的审批手续。要对各重点企业环境安全大检查和环境风险排查整改落实情况进行全面检查，如云南祥云飞龙有限责任公司、陆良化工实业有限公司、云南金鼎锌业有限公司等企业应急预案和风险防范措施的落实情况。

（三）挂牌督办事项

经省环境保护专项行动领导小组研究，对以下问题和企业实行省级挂牌督办：（1）2005 年环境保护专项行动省级挂牌督办的玉溪市小冶炼污染整治、宜良东山片区污染扰民等问题的复查。（2）临沧博尚水库、安宁车木河水库饮用水水源地污染源违法排污整治问题。（3）文山马关南北河流域选矿企业违法排污整治问题。（4）宣威海岱镇泽麦河流域工业集中区违法排污企业整治问题。（5）鸡石高速公路边个旧鸡街黑神庙坡工业片区、昆石高速公路边澄江锦业工贸有限责任公司等企业违法排污整治问题。（6）云南富源矿厂炼钢连铸工程、云南华云实业总公司矿渣微粉生产线等企业的限期环境保护竣工验收问题。

以上挂牌督办事项所涉及的州（市），要加大督促检查和整治工作力度，务求实效，限期完成整治任务；各州（市）也要根据本辖区实际，提出符合要求的挂牌督办企业和问题。

（四）主要措施

（1）切实加强组织领导。云南省人民政府成立由云南省环境保护局、发展和改革委员会、经济贸易委员会、监察厅、工商局、司法厅等八部门领导参加的环境保护专项行动领导小组（名单另发）。建立厅际联席会议制度，制订实施方案，督办重点案件，统一组织协调全省环境保护专项行动。各级人民政府负责本辖区专项行动的组织实施，要加强对环境保护专项行动的领导，将环境保护专项行动纳入重要议事日程，并成立以政府主管领导为组长，各有关部门负责人参加的环境保护专项行动领导小组，建立联席会议制度，逐级制订方案，周密部署，保障经费，狠抓落实，确保环境保护专项整治工作取得实效。

（2）完善制度，加强部门联动。各级人民政府要在2005年专项行动的基础上，进一步完善部门联席会议制度，环境违法案件移交、移送和通报制度，落实各部门的监管职能，切实加大监管力度，合力打击环境违法行为。经济主管部门（发展和改革委员会、经济贸易委员会）负责监督检查应淘汰的落后生产能力、工艺和产品；工商行政管理部门负责协助执行政府对违法企业下达的取缔关闭决定，依法注销或吊销其营业执照，对无照经营的依法取缔；监察部门要依法依纪追究违反环境保护法律法规的公职人员的行政责任，对下级人民政府出台的违反环境保护法律法规的政策、规定、办法和做法，依法予以纠正；司法行政部门负责组织环境保护法制的宣传与教育活动，为开展专项行动营造良好的法治环境，对群众维护环境权益的行为提供必要的法律帮助；安全生产监督管理部门要加强危险化学品安全监管；电力监督部门通过依法采取对违法企业的停电、限电等措施，积极配合环境保护专项行动的开展。

（3）切实加强督办力度。各级人民政府要围绕专项行动的工作重点，确定一批影响较大的环境违法案件，由政府牵头挂牌督办。挂牌督办案件要有明确的目标责任、解决时限、责任单位、督办部门、督办程序及奖励措施，及时向社会公布查处情况，组织新闻媒体跟踪报道，并报上一级环境保护专项行动领导小组备案。对2005年以来督办的重点环境污染问题整改措施不落实的，由上一级政府挂牌督办。对挂牌督办问题逾期不完成的，应追究责任单位主要领导责任。云南省环境保护专项行动领导小组要组织对各地环境保护专项行动开展情况进行督查。

（4）切实加大责任追究力度。各有关部门要将贯彻执行《环境保护违法违纪行为处分暂行规定》作为专项行动的重要内容认真组织实施。在查处环境违法案件的同时，对包庇、袒护违法排污企业、在环境保护方面行政不作为、监管不到位的政府、部门公务员、国有企业负责人等进行行政责任追究，公开处理责任人，坚决纠正损害群众环境权益的不正之风。

（5）切实加大公众监督力度。各级人民政府要将专项行动纳入2006年宣传工作要点，制订和实施专项行动的宣传计划，组织全省性新闻媒体宣传报道，制订新闻报道计划，深度报道环境安全特别是饮用水水源环境安全形势，披露重点环境安全隐患和部分工业企业的违法排污问题。定期在新闻媒体上公布环境保护专项整治行动的进展情况和查处的环境违法案件。各地要充分利用电视、广播、报纸、互联网、展览等各种媒体形式，加大环境保护法律法规的宣传力度，促进全民环境保护意识的增强；畅通

“12369”环境保护举报热线，引导群众广泛参与环境保护专项整治行动。

（6）加强动态报告工作。各州（市）要按照国家环境保护总局《关于报送 2006 年环境保护专项整治行动情况》要求，确定专人负责环境保护专项整治行动信息管理工作，并通过国家环境保护总局“环境保护专项行动信息管理系统”报送专项行动进展情况。各州（市）每周向省环境保护专项行动领导小组办公室上报一次工作进展情况，省环境保护专项行动领导小组办公室每旬要编发一期工作简报并向全国环境保护专项整治行动联席会议办公室上报，同时按期上报阶段报告。重要情况和工作中遇到的难点随时报告，重点环境污染问题和查处的典型案件要及时上报。

（五）时间安排和实施步骤

（1）动员部署阶段（5—6 月）。各州（市）人民政府要根据本实施方案的要求，结合实际情况，确定本地区整治重点，制定实施细则，各地专项行动领导小组名单和实施细则以及阶段情况于 2006 年 6 月 25 日前报送云南省环境保护专项行动领导小组办公室（云南省环境保护局环境监察总队）。

（2）集中检查和整治阶段（6—9 月）。各州（市）人民政府组织有关部门对本实施方案确定的 5 个重点问题进行检查和集中整治。各州（市）环境保护专项行动领导小组将挂牌督办名单于 2006 年 6 月 30 日前报云南省环境保护专项行动领导小组办公室。各地饮用水水源保护区环境违法问题整治情况、工业集中区和工业园区环境违法问题整治情况、违反环境保护制度建设项目整治情况请分别于 2006 年 7 月 10 日、8 月 10 日、9 月 10 日前报云南省环境保护专项行动领导小组办公室；公路沿线违法排污企业整治情况及各地、各重点企业突发环境事件应急预案制定情况请于 2006 年 10 月 15 日前报云南省环境保护专项行动领导小组办公室。

（3）总结阶段（10 月）。各州（市）要认真总结环境保护行动取得的成效与不足，提出加强长效管理的措施，提交《2006 年环境保护专项整治行动工作总结》，于 2006 年 11 月 10 日前报云南省环境保护专项行动领导小组办公室。

三、昆明市东川区大菜园饮用水源地整治工作圆满完成[①]

2006 年上半年，昆明市东川区大菜园饮用水水源地整治工作圆满完成。大菜园是东川城市主要饮用水水源地，为保护东川城区水源，加快大菜园水源地环境治理，国家对深沟流域 8852.62 亩荒山河滩进行征收，规划种植林木，构筑水利工程，对全流域进

---

① 云南省环保专项整治行动联席会议办公室：《昆明市东川区大菜园饮用水源地整治工作圆满完成》，http://sthjt.yn.gov.cn/hjjc/hbzxxd/200608/t20060811_12387.html（2006-08-11）。

行治理，经过 20 多年的治理，大菜园已建成深沟森林公园。自 2005 年以来，部分村民在村民所有的土地上违章建盖房屋从事经营和居住，致使大菜园水源地片区内生态环境被严重破坏，水源被污染，直接威胁到东川城区人民生命安全。为确保东川城市饮用水水源不被污染，东川区人民政府决定成立了水源保护地清理整治领导小组，并召集区环境保护局等所有成员单位召开了动员大会，制订切实可行的实施方案，并分 3 个阶段对大菜园水源保护地违章建筑物进行集中清理整治。

第一阶段，摸底调查。区环境保护局分别对 29 家违章建筑物进行基本情况调查，并制作违章建筑物平面图 29 份，拍摄相关图片 60 余张，经过调查，该地餐馆经营 23 家，看守田地建房 2 家，居住 3 家，工程未建筑完工 1 家。共建房屋 2674.46 平方米，搭建简易棚 2402.12 平方米，其中占用国有土地违章建筑物 9 家，占用国有土地和集体土地违章建筑 13 家，占用集体土地违章建筑 7 家，都未办土地使用证及规划许可证。

第二阶段，宣传动员。2006 年 5 月 10—31 日为自行拆除时间，在此期间发放宣传材料 12 000 份，播放相关法律、法规宣传录音 7 场，制作宣传牌两块 6 份。5 月 15—18 日，组织 29 家违章建筑业主进行了为期 3 天的环境保护知识、相关法律、法规培训，环境保护部门、水务部门、司法局等到会授课。至 5 月 30 日，29 家违章建筑自行拆除 28 家，仅有 1 户未自行拆除。

第三阶段，强行拆除。结合 2006 年环境保护专项行动，6 月 1 日起大菜园水源地清理整治领导小组组织各工作人员 300 余人对逾期未拆除和拆除不完全的违章建筑物进行全部拆除，并邀请区人大代表和政协委员到现场监督。截至 6 月 8 日，共拆除违章建筑面积 5076.58 平方米，现在已经完成了垃圾清运工作，交由区城建局做大菜园水源保护地新的规划和新的设计。

这次大菜园水源保护地整治行动拔掉了水源地的钉子，有力地打击了违法、违规排污的企业，树立了全区人民的环境保护意识，提高了环境保护部门的良好形象，为整治违法排污企业保障群众身体健康专项行动工作迈出了新的一步，为下一步其他地区水源地保护整治工作奠定了良好的基础。

四、曲靖市环境保护专项行动成效明显①

2006 年，按照国家七部委和云南省八部门关于环境保护专项行动有关文件精神要求，曲靖市环境保护专项行动领导小组结合曲靖市实际，有重点、有计划的分阶段对全市环境问题进行了集中排查和初步整治，环境保护专项行动成效明显。全市共出动人员

① 云南省环保专项整治行动联席会议办公室：《曲靖市环保专项行动成效明显》，http://sthjt.yn.gov.cn/hjjc/hbzxxd/200608/t20060830_12388.html（2006-08-30）。

1070人次，检查企业400家，立案企业15家，已结案企业9家，具体情况如下：

（1）认真排查，确定挂牌督办企业。按照曲靖市环境保护专项行动领导小组的统一部署和要求，通过各县（市）区环境保护专项行动领导小组的排查，全市共确定挂牌督办企业60家，其中，市、县共同挂牌企业5家，县级挂牌54家，省、市、县共同挂牌企业一家，挂牌督办企业均按照国家、省的要求明确了督办单位、责任单位、解决措施要点、解决时限、是否和监察机关共同挂牌督办等。目前市、县两级环境保护专项行动领导小组正在督促各挂牌督办企业按照解决措施要求进行落实。

（2）对饮用水水源地的检查。通过排查，全市共有 16 个集中式地表水饮用水水源，其中，有5个饮用水水源存在不同程度的环境风险：独木水库、偏桥水库、响水河水库、花山水库和龙王庙水库。针对饮用水水源的环境风险均为流域内的工业企业的实际情况，各县（市）区环境保护局均对辖区内有关企业加强了监督管理力度。麒麟区对有关企业提出严格要求，独木水库流内的各企业除加强管理、减少排污外，还必须制定应急预案；沾益县要求花山水库上游的两个炼焦厂增建防止废水污染的事故池；师宗县与水电、林业、土地等部门联合对在径流区内私挖乱采、开垦荒地的行为进行了制止和取缔；马龙县环境保护专项领导小组取缔了辖区内死灰复燃的“土法炼锌”违法排污单位。

（3）对工业园区的检查。按照国家、省开展环境保护专项行动的统一部署，各（县）市区对辖区内的工业园区、工业基地、工业片区进行了拉网式排查，通过排查，全市经过有关部门审批的工业园区6个：马龙县2个、陆良县1个、麒麟区2个、宣威市1个，通过检查未发现有违法排污企业。

下一步曲靖市环境保护专项行动领导小组将按照国家、省的要求继续做好环境保护专项行动工作。

五、楚雄彝族自治州禄丰县城区环境综合整治工作取得初步成效①

2006年4月起，楚雄彝族自治州禄丰县结合实际，紧紧围绕群众反映强烈的县城城区环境污染问题，开展环境综合整治行动，取得了初步成效。

在环境综合整治工作中，部门间分工明确，责任到人，各尽其职，密切配合，充分发挥各部门的作用：县环境保护局抓住工业企业的环境污染治理这一重点，要求重点排污单位必须成立企业污染整治工作领导小组，由企业主要领导任组长，重点问题要制订整治方案，在措施、目标上做出承诺，同时在工作实际开展过程中加大舆论宣传力度，

① 云南省环保专项整治行动联席会议办公室：《楚雄州禄丰县城区环境综合整治工作取得初步成效》，http://sthjt.yn.gov.cn/hjjc/hbzxxd/200609/t20060912_12391.html（2006-09-12）。

联合广电部门开办了城区环境综合整治专栏，对县城周边 3 家重点企业的环境整治行动进行了专题报道。县建设部门按期完成了受污染严重村民的分期分批搬迁规划和工业大道建设规划，组织人员对城区建筑工地进行了全面检查，采取与施工方签订文明施工协议、收取文明施工保证金等措施来规范施工行为，控制建筑施工场地扬尘和噪声污染，环卫、园林绿化部门出动 300 余人（次）对以城区道路泼洒的渣土、粉尘进行清扫，清运垃圾 200 余吨。县交通局加大对入城物料运输车辆的执法检查，在城区张贴公告，向驾驶员发放公告，并对拥有 10 辆以上车辆的运输企业上门宣传，发放整治公告，处罚违规车辆。县公安部门加强社会生活噪声管理，在 110 设立了举报平台，并组织部分城区警力对重点社会噪声源进行巡查劝诫。县工商局在企业办证、年检过程中严把环境保护准入关，4 月以来先后清理出未进行环境影响评价和逾期未通过验收的企业 16 家，督促到环境保护部门补办相关手续，同时加强对城区广告管理，配合环境保护部门对饮食业油烟污染问题进行了整治。县文体局加强对娱乐场所的监督管理，多次组织对城区娱乐场所进行了检查，并在审批及验证工作中强化对经营场所环境保护措施及审批手续的审查，工作中强化与公安、环境保护、工商等部门的沟通，坚持“一手抓繁荣、一手抓管理”，做到活而不乱，进一步规范文化市场秩序。县卫生局按照自己的职能，先后组织专项检查 4 次，建立医疗机构医疗废物管理档案 27 个，与 4 所县级医院和 3 所民营医院签订医疗废物管理整治工作目标责任书 22 份，发出整改意见书 25 份，落实整改措施 43 条，通过检查落实，各医疗单位进一步加强了医疗废物管理，建立健全了各项规章制度。各企业也针对自身存在的污染问题，采取各种措施，投入了大量资金，改建、新建、完善治污设施。

通过以上措施的落实，县城周边各排污企业“三废”排放控制水平得到进一步提高，城区地面扬尘得到有效治理，环境污染的势头得到控制。

六、云南省环境保护局对临沧市博尚水库饮用水源地开展专项检查[①]

2006 年 9 月 11—13 日，由云南省环境保护局局长王建华带队，云南省环境保护局科技处、云南省环境监察总队人员参加组成的检查组，对临沧市博尚水库饮用水水源地水质超标因素开展专项检查。

检查组在听取临沧市环境保护局对饮用水水源保护专项执法检查工作情况的汇报的基础上，深入临沧市博尚水库水源地现场，按照国家环境保护总局《饮用水水源保护专

① 云南省环保专项整治行动联席会议办公室：《云南省环保局对临沧市博尚水库饮用水源地开展专项检查》，http://sthjt.yn.gov.cn/hjjc/hbzxxd/200609/t20060920_12392.html（2006-09-20）。

项执法检查工作方案》要求，进行检查。

博尚水库是临沧市翔临城区备用饮用水水源，截至2006年9月，主要功能是饮用和农灌，中山水库是翔临城区的饮用水水源。博尚水库坐落于博尚小集镇东面，始建于1958年，于1966年、1980年，先后两次进行扩建，1997年6月至2000年6月，连续3年实施除险加固工程。博尚水库汇水面积86平方千米，水面高程1725米，库容为0.239亿立方米，水面面积17.25平方千米，最高水位24.8米，年进水量0.653亿立方米。博尚水库源头有5条河流汇入，水库周边居住着村民，有1000余户农户，9000多人。水库水源水质超标主要是总磷和食油类，主要污染来自库区周围炼油厂、农民生活污水、生活垃圾及博尚中心医院少量医疗污水。2005年博尚水库为Ⅳ类水质标准，达不到水库功能区划Ⅱ类水要求。

通过检查，检查组针对在检查中发现的问题，向临沧市和临翔区两级政府提出四个要求：（1）2006年，库区周围炼油厂污水必须达标排放，否则停产整治，并建议安装在线监测装置，努力改善水库水质。（2）博尚镇中心医院医疗垃圾和污水要进行处理，并考虑搬迁事宜。（3）由有关部门牵头对库区生活垃圾进行清理，可考虑博尚镇的生活污水截污工程。（4）长远措施是纳入南汀河的综合整治。

七、玉溪市新平县扎实推进环境保护专项行动工作①

2006年，玉溪市新平县扎实推进环境保护专项行动工作。新平县在环境保护专项行动中，切实把人民群众的环境权益放在首位，按照上级的要求，结合实际，紧紧围绕群众反映强烈的环境污染问题，严厉打击环境违法行为，维护社会和谐稳定。截至2006年10月，已进行环境现场检查121次，出动环境执法人员443人次，环境保护专项行动取得了阶段性成果。

（1）对全县保护饮用水水源进行排查和整治。新平县环境保护局组织人员对全县12个乡镇的集镇、村、组465个饮用水水源地进行了全面检查，查清了全县各饮用水水源基本状况，现各饮用水水源径流区域内无工业企业，也没有畜禽、水产养殖排污单位。

（2）对工业园（集中）区的环境违法问题进行整治。2006年4月以来，新平县环境保护局组织人员对大开门片区和戛洒江流域片区的排污企业在建设和管理过程中的环境违法问题进行检查，对环境违法的仙福公司等3家企业，县人民政府下达了限期整改通知书，同时派出环境监察人员驻厂蹲点，认真督促整改，狠抓落实。截至2006年10

① 云南省环保专项整治行动联席会议办公室：《玉溪市新平县扎实推进环保专项行动工作》，http://sthjt.yn.gov.cn/hjjc/hbzxxd/200610/t20061010_12394.html（2006-10-10）。

月，仙福公司环境污染综合整治已全面展开，并取得阶段性成果；鲁奎山水泥有限责任公司立窑除尘项目已完成改造，并投入使用。

（3）对建设项目进行集中整治。新平县组织相关部门对 2003 年《中华人民共和国环境影响评价法》实施以来采选矿、水电等行业的新建设项目进行清查，对新平天源矿业开发有限公司等 4 家企业存在的违反环境影响评价制度的行为进行处罚，责令企业限期改正，限期补办环境影响评价手续，并处罚款。同时对列入 2006 年验收计划的扬武镇选铁矿厂等 8 个建设项目，限期完成验收。

（4）对重点排污企业实施县级挂牌督办。新平县人民政府在严格执行省市级挂牌督办环境问题的同时，把云南玉溪仙福钢铁（集团）有限公司等 3 家限期治理项目的重点排污企业以及县级在线监控系统平台和工业企业污染治理设施运行在线监控实施工作进行挂牌督办。

下一阶段，新平县将继续扎实有效地开展好环境保护专项行动，巩固已取得的工作成效，努力完成好环境保护专项行动各项任务。

八、云南省解决两个省级挂牌督办问题并取得初步成效①

2006 年 10 月 10 日，云南省环境保护专项行整治动联席会议办公室透漏，云南省省级挂牌督办的昆明宜良县东山片区污染扰民和红河哈尼族彝族自治州个旧市黑神庙坡工业片区企业违法排污的问题已基本解决，整治工作取得了初步成效。

宜良县东山片区共有 5 家企业，环境污染主要为大气和噪声污染。其污染原因是东山片区环境容量少，而开发企业多，工业布局不合理；汇东桥至北古城镇老国道路况较差形成的扬尘污染。针对主要的污染原因，采取了如下措施：（1）宜良县环境保护部门督促和引导企业进行了专项治理。（2）昆明神农汇丰化肥有限责任公司实施了“三废余热回收工程”“氮肥生产污水零排放工程”和 20 吨、25 吨锅炉改造任务，2006 年 8 月昆明神农汇丰化肥有限责任公司的氨味、噪声、粉尘及废水等污染物排放总量比 2005 年排放量削减了 80%。（3）昆明市弘力水泥有限公司、宜良永兴水泥厂和宜良县蓬莱水泥厂分别对机立窑尾气实施了玻纤大布袋除尘设施的改造，2006 年 9 月 19 日，3 家水泥厂机立窑尾气玻纤大布袋除尘治理项目已通过市、县两级环境保护部门的验收。（4）宜良钢铁厂已被依法关闭取缔。（5）对汇东桥至北古城镇老国道线进行了大修，已于 2006 年 5 月工程完工，道路扬尘污染问题得到了彻底解决。

个旧市鸡街黑神庙坡工业片区共有 12 家企业，环境污染主要是 12 家企业烟气无

① 云南省环保专项行整治动联席会议办公室：《云南省解决两个省级挂牌督办问题并取得初步成效》，http://sthjt.yn.gov.cn/hjjc/hbzxxd/200610/t20061025_12395.html（2006-10-25）。

组织排放和水淬渣效果不好产生大气污染。2006 年 8 月 9 日，个旧市人民政府对片区做出停产整顿的决定；8 月 18 日，市环境保护局对 12 家冶炼企业（煤铅 11 家、炼铜 1 家）下达限期改正通知书，并要求其 8 月 25 日前停产整改完毕。通过州和市环境保护部门组成的检查小组对个旧黑神庙坡工业片区的检查，检查组对各企业提出了具体的要求：一是每台鼓风炉增加一组布袋收尘，达到一开一备。二是鼓风炉放渣口预留放渣前床，控制原料中的砷硫含量小于 4‰。三是厂区原料重新清理，定点堆放。四是完成大气排污口的规范化整治，并安装标志牌。截至 2006 年 10 月，黑神庙坡工业片区各企业污染防治设施运行正常，全部企业已完成监测工作，等待环境保护部门的考核验收。

九、云南省环境保护专项行动领导小组召开联席会议，研究部署环境保护专项行动下一阶段工作①

2006 年 10 月 27 日，云南省 2006 年整治违法排污企业保障群众健康环境保护专项行动领导小组召开了联席会议，云南省环境保护局、发展和改革委员会、经济贸易委员会、监察厅、工商局、司法厅等领导和代表及有关新闻媒体的记者参加了会议。会议经省环境保护专项行动领导小组组长高峰副省长委托省环境保护专项行动领导小组副组长、云南省环境保护局局长王建华主持，会议主要内容：一是通报全省 2006 年环境保护专项行动开展情况；二是研究部署对部分州（市）开展环境保护专项行动工作情况进行检查。

会上，云南省环境保护专项行动领导小组办公室主任、云南省环境保护局杨志强副局长通报了全省 2006 年环境保护专项行动开展情况。全国环境保护专项行动电视电话会后，按照国家《关于开展整治违法排污企业保障群众健康环境保护专项行动的通知》要求，云南省积极行动，迅速贯彻落实，成立领导机构，制订工作方案，突出 5 个方面的工作重点，确定 6 个省级挂牌事项，认真组织实施。截至 2006 年 10 月 10 日，全省共出动环境执法人员 18 494 人次，检查企业 6516 家，立案查处企业 267 家，已结案 169 家，完成了 3 个阶段性报告，14 期工作简报、12 期专项报表及阶段工作总结的上报工作，省级组织了 10 个饮用水水源地的现场监察。云南省人民政府和云南省环境保护局等相关部门领导多次深入重点地区和重点企业对环境保护专项行动开展情况进行检查，有力地促进了全省"环境保护专项行动"的开展。

王建华局长对部分州（市）开展环境保护专项行动情况的检查作了部署。11 月上旬，

① 云南省环保专项行整治动联席会议办公室：《云南省环保专项行动领导小组召开联席会议，研究部署环保专项行动下一阶段工作》，http://sthjt.yn.gov.cn/hjjc/hbzxxd/200611/t20061101_12396.html（2006-11-01）。

省环境保护专项行动领导小组分组对昆明市、曲靖市、玉溪市、红河哈尼族彝族自治州、文山壮族苗族自治州、楚雄彝族自治州、大理白族自治州、临沧市 8 个州（市）开展环境保护专项行动情况及辖区内省、州（市）挂牌督办项目和重点企业开展检查。

参加会议的各部门领导和代表就会议的两项内容发表了意见，充分肯定了前一阶段工作所取得的成绩，表示要积极配合做好下一阶段工作，使环境保护专项行动取得新的成效。

王建华局长作了总结讲话，他认为 2006 年云南省环境保护专项行动开展已取得初步成效，前一阶段环境保护专项行动工作得到了当地政府和群众的大力支持，一些省级挂牌督办企业，如红河哈尼族彝族自治州个旧市鸡街黑神庙坡工业片区企业违法排污整治等问题已基本得到解决。但是也存在一些问题，有些政府对开展环境保护专项行动工作重视不够；有的州（市）对各级挂牌督办项目存在整治不力，督促不够，没有认真对待；部门在专项行动整治合力还没有形成，配合不够，对违法企业查处不力。他要求环境保护专项行动领导小组各成员单位从贯彻党的十六届六中全会精神构建社会主义和谐社会的高度重视 2006 年的环境保护专项行动，认清形势，认真解决云南省存在的突出的环境问题。

王建华局长强调，为了开展好环境保护专项行动，有必要对各州（市）开展环境保护专项行动情况进行检查，确定解决一些威胁群众环境安全的问题，严格执行有关法律、法规，严肃查处有关违法责任人，检查的重点。一是各州（市）贯彻执行国家、省环境保护专项行动电视电话会议和第六次全国环境保护大会精神的落实情况。二是各州（市）对省、市级挂牌督办企业整治的实效完成情况。三是各州（市）环境保护专项行动的实效。四是对全省环境保护专项行动中顶风作案的违法企业和对行政不作为、腐败等行为严肃查处。同时要求未列入省检查的其他 8 个州（市）也要各自组织检查，并上报检查情况报告。

十、云南省环境保护局王建华局长检查水富金明化工有限责任公司环境保护工作情况①

2006 年 11 月 8—9 日，云南省环境保护局王建华局长率云南省环境监察总队、云南省建设项目环境审核中心负责人，对昭通市水富县金明化工有限责任公司环境保护工作情况进行了检查。通过听取水富金明公司对生产工艺和环境保护设施运行情况的介绍，并深入生产现场进行检查，王建华局长对该公司环境保护工作给予了肯定，并建议公司争创环境友好企业。

① 云南省环保专项行整治动联席会议办公室：《云南省环保局王建华局长检查水富金明化工有限责任公司环保工作情况》，http://sthjt.yn.gov.cn/hjjc/hbzxxd/200611/t20061117_12398.html（2006-11-17）。

水富金明化工有限责任公司是水富县2005年的重点招商项目，规划年产电石24万吨，总投资约2.5亿元，其中年产12万吨的一期工程于2005年3月建设，9月投入试运行。该公司坚持技术领先、环境保护领先，不断依靠技术创新解决环境保护问题。经生产运行，状态良好，生产装置符合国家产业准入条件。

（1）该公司生产工艺先进。该工程采用内燃式电石炉，符合国家电石行业准入条件，采用了行业内较先进的13顶工艺、电气、自控等新技术。一是采用了8项新工艺技术，提高了电石行业的工艺控制能力，改变了完全靠经验控制的方式。采用原料分级处理，既有利于原料的采购管理，又减少原料的破损；采用回转烘干燥原料，热效力高、运行平衡，检修工作量小；采用碳素料动态称量，提高精确度，节约了碳素料；电炉采用静态称料，实现精确的炉前配料，提高了生产的稳定性；实现单根电极的独立进料，使电极控制准确，提高电石生产的可控性；对加料管实行空气密封，杜绝炉气对石灰的粉化，既减少炉气粉尘，又节约石灰原料；采用集中供气系统减少了空压设备，利于生产平衡运行优化电炉几何参数，提高了单台电炉产量。二是电气采用了3项行业的新技术。三是自动控制采用了两项新技术。

（2）该公司环境保护技术成熟可靠。该公司重视环境保护投入，投入大量资金共安装了23台（套）除尘设备。对3条电石炉生产线产生的烟气采用旋风和布袋除尘器；对出炉口烟气采用布袋除尘器；对配料系统、加料系统的散尘，采用集中收集后进入布袋除尘器进行治理；对电石炉的散烟，采用加罩收集后再进入布袋除尘器进行除尘；对干燥系统输送、筛分、干燥等环节产生的散尘，采用多点收尘，集中除尘。经省环境监测中心站对烟（粉）尘进行监测，除尘效果达到相关要求。

十一、文山壮族苗族自治州2006年环境保护专项整治工作取得明显成效[①]

2006年11月29日，云南省环境保护专项整治行动联席会议办公室表示，文山壮族苗族自治州 2006 年环境保护专项整治工作取得明显成效。文山壮族苗族自治州根据国家、省环境保护专项行动方案，把集中整治威胁饮用水水源安全的污染和隐患、工业集中区和工业园区环境违法、建设项目环境违法、公路沿线环境污染、制定和落实环境突发事件应急预案等问题作为环境保护专项行动的重点，充分发挥各部门的作用，加强部门联动，环境保护专项行动取得明显成效。州发展和改革委员会坚持通过科学发展解决环境问题，大力推进产业结构调整增长方式转变，努力减少结构性环境污染，组织开展了环

① 云南省环保专项整治行动联席会议办公室：《突出工作重点，加强各部门联动文山州 2006 年环保专项整治工作取得明显成效》，http://sthjt.yn.gov.cn/hjjc/hbzxxd/200612/t20061201_12399.html（2006-12-01）。

境保护、节能、节水、节地、资源综合利用等“十一五”专项规划和围绕建设节约型社会开展了节材、工业废物综合利用等 6 个工作方案。严格项目环境管理对新建设项目，凡是不符合国家产业政策和发展规划、不符合环境排放控制标准的，不予批准立项建设。州经济贸易委员会切实加大做好全州违法排污企业的整治工作，一是按照国家的产业政策，对全州铁合金企业分批申报市场准入。二是对立项未建的 5 台矿热电炉，企业承诺不在建设的材料已上报州经济贸易委员会，并向省经济贸易委员会上报了不在建设的意见，对淘汰类的 6 台工艺设备进行拆除，拆除的有关材料已上报省经济贸易委员会，并按照国家产业政策，逐步淘汰 5000 千伏安及以下铁合金矿热电炉。三是积极有关部门对州级挂牌督办的事项开展工作。州监察局积极联合环境保护部门办理环境违法案件，并组织环境保护、监察部门干部认真学习环境保护违纪处分规定，纠正环境保护执法中的行政不作为或乱作为的违纪行为。州工商局严格执行国家产业政策，对国家禁止建设的企业，一律不予登记，积极协助当地政府执行对违法企业下达的取缔关闭决定依法吊销或注销企业的营业执照，对当地政府挂牌督办的突出问题，组织力量予以支持配合。州司法局切实抓好环境保护法律法规的宣传教育，指导各级部门公务人员加强环境保护法律的学习，以增强广大干部群众的环境保护意识。州安全生产监督管理局积极开展安全生产隐患整治工作，防止生产安全事故引发环境污染，为保障文山饮用水水源地水质安全，联合环境保护、国土资源等部门对文山盘龙河上游的小选厂、冶炼厂开展了清理整治，取缔了一批违法采石、采砂企业，并对文山县砒霜厂搬迁后遗留下的废渣进行无害化处理，保障了盘龙河上游的水质安全，同时将安全生产许可与环境保护专项整治工作结合起来，在审批办理安全生产许可证过程中，对各选矿厂尾矿库，露天采场排土场未进行环境影响评价，未取得环境部门排污许可的，一律不予办理安全生产许可证，从源头上杜绝了违法排污行为的发生。

全州开展联合执法 70 余次，出动环境执法人员 3083 人次，检查县城集中式饮用水水源地 11 个、工业集中区 5 个、企业 69 户，州内 4 条干线公路及文山至各县公路沿线企业 45 户，全州各类排污企业 1242 厂（次），清理建设项目 200 个，有 85 个重点企业制定了突发环境事件应急预案，其中经环境保护部门审查的应急预案占总编制数的 80%；依法取缔矿区内违法排污和破坏生态环境的洗选厂 58 户，对 68 户违法企业下达了限期改正通知书，责令 26 户违法企业停产整治，对 45 户企业实施了罚款处罚，停建了 6 个违法建设项目，责令 14 个建设项目限期补办环境影响评价审批手续，对马关南北河流域选矿企业违法排污整治、麻栗坡县硅冶炼污染整治和南温河片区采选矿企业违法排污整治、文山县盘龙河（城区段）上游工业污染源整治、丘北县普者黑上游渔业养殖污染整治等四项环境污染整治问题实施州级挂牌督办事项，严厉打击了环境违法行为，促进了区域环境质量的改善。

十二、云南省环境保护专项行动领导小组研究部署环境保护专项行动总结工作①

2006 年 11 月 29 日，云南省 2006 年整治违法排污企业保障群众健康环境保护专项行动领导小组召开了第三次联席会议，云南省环境保护局、发展和改革委员会、经济贸易委员会、监察厅、工商局、司法厅等领导和代表参加了会议。会议由省环境保护专项行动领导小组办公室主任、云南省环境保护局杨志强副局长主持，会议主要内容：一是听取省环境保护专项行动领导小组各检查组汇报环境保护专项行动检查情况；二是研究部署环境保护专项行动总结工作。

会上，云南省环境保护专项行动领导小组检查组分别汇报了对文山壮族苗族自治州、红河哈尼族彝族自治州、昆明市、楚雄彝族自治州、大理白族自治州、临沧市、曲靖市、玉溪市的检查情况，参加会议的各部门领导和代表就检查组的检查情况发表了意见，充分肯定了环境保护专项行动工作所取得的成绩，表示要积极配合做好环境保护专项行动收尾总结工作，使环境保护专项行动有结果见成效。

杨志强副局长作了会议总结，他指出这次省环境保护专项行动检查组的检查，得到了云南省环境保护专项行动领导小组各成员单位的大力支持，从检查情况看，各组都认真细致，基本了解了各州（市）环境保护专项行动的开展情况，发现了一些问题，检查组检查取得了预期的效果。2006 年云南省各州（市）都按照要求部署开展了环境保护专项行动，工作得到了当地政府和群众的大力支持，卓有成效，取得了进展，特别是省级挂牌督办的 6 个事项取得了新进展，一些群众反映强烈的环境污染问题已基本得到解决。但是也存在一些问题，全省环境保护专项行动发展不平衡，有的州（市）对开展环境保护专项行动工作重视不够；有的州（市）对挂牌督办事项不够重视，存在整治不力，督促不够，没有认真对待，有的污染企业每次挂牌督办都在其中，挂牌督办的问题仍然没有得到彻底解决。

杨志强副局长对各检查组在环境保护专项行动检查中发现的问题和环境保护专项行动总结工作提出了四点要求：一是请各检查组对检查情况写出书面总结。二是对在检查中发现的问题，请云南省环境保护局污控处、法规处、省环境监察总队再进行督办，要求限期完成，对选址不合理停产整改和整改进展缓慢的企业限期完成整改。三是省环境监察总队在检查的基础上起草 2006 年环境保护专项行动工作总结。四是法规处适时组织召开一次新闻发布会，通报 2006 年环境保护专项行动有关情况；五是请各领导小组成员要继续关注和支持环境保护专项行动。

① 云南省环保专项整治行动联席会议办公室：《云南省环保专项行动领导小组研究部署环保专项行动总结工作》，http://sthjt.yn.gov.cn/hjjc/hbzxxd/200612/t20061213_12400.html（2006-12-13）。

第四节　2007年环境保护专项整治史料

一、云南省环境保护专项行动领导小组召开联席会议讨论研究2007年环境保护专项行动工作实施方案①

2007年5月10日，云南省2007年环境保护专项行动领导小组在云南省环境保护局召开了第一次联席会议，讨论研究全省2007年环境保护专项行动工作方案。会议由云南省环境保护专项行动领导小组办公室主任、云南省环境保护局杨志强副局长主持，云南省环境保护局、发展和改革委员会、经济贸易委员会、监察厅、工商局、司法厅等八个部门的领导或代表和云南省环境保护局有关处室、直属单位相关领导共17人参加了会议。

会上，领导小组各成员单位围绕着国家2007年环境保护专项行动工作方案，结合云南省实际就全省2007年环境保护专项行动工作方案展开了讨论。经过讨论，在国家整治重点的基础上，增加了公路沿线及风景旅游区周边突出环境问题，同时，明确了省级挂牌督办事项，并提出了具体整治要求：一是对不能满足集中式饮用水质要求的水源地要制订整改方案，加大整治力度，保证达到水质要求，切实保障群众饮水安全。二是对重点河流、湖泊、水库沿岸的污染企业要求其在2007年8月15日前制订切实可行的整改计划，并完善应急措施。三是对工业园区内的各种环境违法问题，该纠正的一律予以纠正，该停产的必须停止生产，该停产整治坚决停产整治，该追究刑事责任一定要追究刑事责任。四是对各地土法炼铅、土法炼锌、土法炼焦反弹问题和造纸及纸制品加工企业要进行全面检查清理，凡属于淘汰的企业一律淘汰。五是对省级挂牌事项所涉及的州（市），要加大督促检查和整治工作力度，务求实效，限期完成整治任务；六是要加大宣传报道和典型案件曝光力度。

2007年，云南省已成立了全省环境保护专项行动领导小组，2007年环境保护专项行动领导小组成员和环境保护专项行动信息调度联系人名单已于5月31日上报国家环境保护总局。6月6日已向全省各州（市）下发了《关于报送2007年环境保护专项行动有关信息的通知》。

① 云南省环保专项整治行动联席会议办公室：《云南省环保专项行动领导小组召开联席会议讨论研究2007年环保专项行动工作实施方案》，http://sthjt.yn.gov.cn/hjjc/hbzxxd/200706/t20070611_12403.html（2007-06-11）。

二、西双版纳傣族自治州全面开展环境保护专项行动，成效显著[①]

2007年7月19日，据云南省环境保护专项整治行动联席会议办公室透漏，为深入贯彻落实省、州《2007年环境保护专项行动实施方案》，西双版纳傣族自治州环境保护专项行动领导小组办公室积极开展环境保护专项行动，全面对重点行业、挂牌企业、群众反映强烈的环境污染问题和污染隐患进行检查。

一是对矿山采选企业开展专项检查。在“全国环境保护专项行动电视电话会议”后，州、县（市）环境监察执法人员及时对矿山采选企业就弃土场及尾矿库等问题开展了专项检查。检查中发现，有的企业没有建设拦渣坝，有的弃土场建设与环境影响报告书书中的选址不一致，有的尾矿砂未堆放在弃土场内，针对少数企业存在的问题，环境执法人员对企业提出了整改要求和下发了限期治理通知书。二是对企业试生产期间的环境保护工作实施督查。2007年6月1日，州、县（市）环境保护局对建峰水泥有限公司粉磨站等3家试生产公司进行了检查，对存在问题的企业提出了污水处理必须达标排放的要求。三是对州级挂牌企业进行了现场监察。2007年6月6—7日，州环境保护局相关人员对英华胶厂等4家胶厂的废水处理设施建设、运行、废气治理进行了现场监察，景洪分公司胶厂预计于2007年11月建设投产，现场检查中要求该公司严格执行“三同时”制度，做到“三废”达标排放；英华胶厂污染治理设施运行正常；湘旺、龙腾胶厂两厂正在加工泥杂胶，各种污染治理设施在运行。四是专项整治群众反映强烈的环境污染问题。2007年6月6日，按照州委、州人民政府领导的指示，州、市两级环境监察执法人员对“孔雀湖、白象湖水质发臭”问题进行调查，调查发现白象湖、孔雀湖水质已受到了严重的污染，水质较差，主要原因是湖泊的补水不足，湖水流动性差；湖边餐饮废水、养鱼、农村面源等因素污染了水体。针对影响水质因素，执法人员提出了具体的治理措施。五是开展对汛期污染源隐患排查。6月26日州环境保护局局长带领州环境监察人员到各县检查工作，对群众信访案件进行了调查，对回康岭铅锌矿等两个矿厂生产和尾矿库的安全情况进行了检查，对存在污染隐患的企业要求在雨季要做好尾矿库的管理工作，发现隐患及时排除，避免污染事故发生。六是严格执法，保障“环境保护专项行动”顺利开展。为进一步落实七彩云南西双版纳保护行动，州环境保护局领导带领州、市、县环境监察执法人员对东风农场大型胶厂等11家企业进行检查，对存在污染隐患的企业提出了整改要求，对曼余铁矿污染环境影响群众生产一事做出罚款处罚，缴纳超标排污费，停产整顿，并对直接影响的单位或个人赔偿损失。

---

① 云南省环保专项整治行动联席会议办公室：《西双版纳州全面开展环保专项行动，成效显著》，http://sthjt.yn.gov.cn/hjjc/hbzxxd/200707/t20070723_12407.html（2007-07-23）。

三、云南省环境监察总队对“土法炼锌”和“土法炼焦”情况开展专项检查[①]

2007年7月，根据《云南省2007年整治违法排污企业保障群众健康环境保护专项行动实施方案》总体部署，云南省环境监察总队组织人员对重点地区的“土法炼锌”和“土法炼焦”（简称“两土”）的反弹问题进行专项检查。

由于云贵两省交界部分地区“两土”情况出现反弹，引起了党中央、国务院领导的高度重视，国家环境保护总局近期将对该地区取缔“两土”情况进行督查督办。为防止“两土”污染向云南省转移，摸清“两土”情况在云南省是否有反弹情况，云南省环境监察总队及时向所涉及的州（市）下发了《关于开展“两土”排查工作的通知》，并组织昆明等六州（市）环境监察部门及时对辖区内曾经发生过“两土”情况的地区进行实地排查。通过检查，大理、丽江两个州（市）“两土”情况没有反弹；昆明、曲靖、红河、昭通4个州（市）“两土”情况有反弹。4个州（市）共现场拆除土法炼锌炉115座，土法炼焦炉1座，已要求限期拆除土法炼锌炉21座。云南省环境保护局已专门就此事形成重要信息专报报告云南省委、云南省人民政府。

2007年7月9日，云南省环境监察总队组织人员到镇雄县对当地“两土”反弹的取缔工作进行督察。镇雄县土法炼锌，2006年有零星出现过，当地政府已进行了取缔，2007年春节后，“两土”问题又死灰复燃，主要分布在贵州毕节地区毕节青场的火冲沟与镇雄泼机交界处，波及12个乡镇，多数建于交通不便、信息不畅与隐蔽性极强的山箐沟中。省环境监察总队7月11—12日到现场督察时，在镇雄县以古镇以角沟一带、泼机镇火冲沟发现有46座炉子已恢复，其中2座正在生产。省环境监察总队责成镇雄县政府予以关停，并要求立即开展取缔工作，防止再次反弹。同时，经省环境监察总队协调，昭通市与毕节地区环境保护部门初步建立了联合执法，互通信息的工作机制；并准备在辖区实行防止“两土”反弹责任制和责任追究等长效机制，彻底解决“两土”死灰复燃的问题。7月13—16日，镇雄县组织相关部门共295人，挖掘机1台，联合贵州赫章县相关部门，再次对土法炼锌反弹的泼机镇等6个乡镇进行全面取缔，共取缔反弹土法炼锌炉89座。

2007年7月12—13日，云南省环境监察总队派人到沾益县双河村进行了现场检查，该村共有土法炼锌窑12座，其中有6座已拆除了部分设备，有6座还在生产，已建议由云南省环境保护局商请曲靖市政府责成沾益县政府对该企业予以挂牌督办，责令其于2007年8月5日前该村12座土法炼锌窑全部予以拆除。逾期不拆除，云南省环境保护局将对该县实行“区域限批”。

---

① 云南省环保专项整治行动联席会议办公室：《云南省环境监察总队对“两土”情况开展专项检查》，http://sthjt.yn.gov.cn/hjjc/hbzxxd/200707/t20070730_12408.html（2007-07-30）。

四、红河哈尼族彝族自治州个旧市环境保护局全面开展整治违法排污企业环境保护专项行动[①]

2007 年 6 月 5 日，为全面开展好全市整治违法排污企业环境保护专项行动，个旧市环境保护局组织鸡街、大屯、沙甸、锡城、老厂、卡房等镇（区）主管环境保护工作的领导、环境保护办全体工作人员及重点企业环境保护处主要领导召开会议，安排布置 2007 年整治违法排污企业环境保护专项行动。会议提出整治违法排污企业环境保护专项行动的工作重点：一是清查工业园区企业环境保护违法行为。严肃查处擅自建设项目、违法排污、闲置环境保护实施等行为。二是加强饮用水水源地保护。严禁在饮用水水源地保护区建设项目，切实保障群众饮水安全。三是彻底清理、纠正阻碍环境执法的“土政策”。对不符合国家产业政策或市场准入条件、严重污染环境的企业，要依法坚决予以关闭。

会议要求：对污染治理不达标的企业必须关停、不符合产业政策的项目必须停止建设、手续不全的项目不允许投入试生产、鼓风炉烟尘和水萃渣治理后效果仍不好的，停产限期治理，直至达到要求、建设项目检查中发现与申报不符的，必须责令停止建设；对湿法提铟企业、红河边 3 个木薯加工厂的水污染治理情况、卡房大沟和大屯五号引洪沟、化工企业进行重点检查；对违法排污的企业停产整改、擅自建设的小选厂进行关停。

6 月 5—8 日，个旧市环境保护局组成 3 个检查组对全市违法排污企业进行了集中检查。对全市所有工业企业进行了现场检查，检查中认真做好现场监察记录和询问笔录，做好现场拍照和摄像等取证工作，对发现的问题提出了限期整改要求。这次检查，全市共出动环境保护执法人员 84 人次，环境监察车 10 辆，下发限期整改通知书 36 份，行政处罚预先告知书（包括听证告知书）1 份，转交市人民法院强制执行行政处罚 3 件。通过对违法排污企业开展集中检查，有力打击了环境违法行为，解决了一些重点环境问题。同时督促企业加强环境管理，确保稳定达标排放。

五、文山壮族苗族自治州对冶炼、采选矿及污染严重企业开展环境保护专项整治工作[②]

2007 年 7 月 26 至 8 月 6 日，文山壮族苗族自治州环境保护局组织马关、麻栗坡两县环境保护部门对辖区内的铁合金冶炼、采选矿、污染严重及生产工艺落后企业进行了专

① 云南省环保专项整治行动联席会议办公室：《红河州个旧市环保局全面开展整治违法排污企业环保专项行动效果明显》，http://sthjt.yn.gov.cn/hjjc/hbzxxd/200708/t20070809_12409.html（2007-08-09）。

② 云南省环保专项整治行动联系会议办公室：《文山州对冶炼、采选矿及污染严重企业开展环保专项整治，取得实效》，http://sthjt.yn.gov.cn/hjjc/hbzxxd/200708/t20070821_12410.html（2007-08-21）。

项检查，对企业存在的环境违法行为进行了严厉查处，专项整治工作取得实效。

（1）马关县环境保护局在环境保护专项行动整治期间，结合《文山壮族苗族自治州2007年主要污染物减排项目工程监察方案》要求，会同县发展和改革委员会、经济商务、国土、工商等部门组成联合执法检查组对辖区内的国家明令淘汰的高耗能、高污染的落后生产工艺、设备的企业进行彻底清理排查。通过开展环境保护专项行动整治工作，有效促进了全县污染减排和环境保护专项行动工作的深入开展。此次排查中，共出动环境执法人员20余人，车辆4台。对落后生产工艺、污染严重的4个石灰窑、16个小瓦窑、11个砖厂实施了关闭；对采用不符合国家产业政策的马关县健康农场金属硅冶炼厂和云南华联马关润源电冶有限公司各两台工业硅电炉下发了停产通知书。

（2）麻栗坡县环境保护局对区域内采选矿企业及铁合金企业进行了专项整治。对检查中发现的麻栗坡县益嘉矿业有限公司、云南中全共和资源有限公司麻栗坡分公司尾矿库运行不正常，致使盘龙河水水质受到了严重污染，已责令其停产整改；对麻栗坡县鸿源硅厂、中信硅厂、联营铁合金厂、利源硅厂4家企业，污染设施不正常运转，在生产过程中排放的粉尘未经处理就外排，造成大气污染的环境违法行为做出限期治理，并处罚款2万元的行政处罚决定。

按照云南省环境保护局《关于报送2007年环境保护专项行动有关信息的通知》要求，于2007年7月15日前报送重点行业专项整治工作阶段性报告，按时完成重点行业专项整治工作阶段性报告的州（市）有普洱市、楚雄彝族自治州、文山壮族苗族自治州、临沧市、德宏傣族景颇族自治州。

六、楚雄彝族自治州环境保护局严肃查处违法排污企业，切实解决群众反映突出的环境问题[①]

2007年，楚雄彝族自治州环境保护局严肃查处违法排污企业，切实解决群众反映突出的环境问题。楚雄彝族自治州环境保护局严格按照国家和省环境保护专项行动的要求，认真开展2007年环境保护专项行动，严肃查处违法排污企业，切实解决群众反映突出的环境问题，并对查处企业实施州级挂牌督办。对群众反映的楚雄源泰矿业有限公司姚安分厂排放污水污染附近村民饮用水取水河流的违法行为进行了州级挂牌督办，该分厂自2007年3月份以来，楚雄彝族自治州姚安、牟定、大姚三县交界处石者河周边群众的相继反映：姚安适中乡三木村委会附近的楚雄源泰矿业有限公司姚安分厂排放污水，严重污染河流，导致周边群众用水困难，请求环境保护部门调查处理。此事引起了州

① 云南省环保专项整治行动联席会议办公室：《楚雄州环保局严肃查处违法排污企业，切实解决群众反映突出的环境问题》，http://sthjt.yn.gov.cn/hjjc/hbzxxd/200709/t20070907_12411.html（2007-09-07）。

委、人大、政府、政协的关注，同时要求环境保护部门查清污染源，严肃处理。楚雄彝族自治州环境保护局受理后，按要求迅速组织人员，由州环境保护局局长带队，深入现场进行调查。经查，楚雄源泰矿业有限公司姚安分厂于 2006 年开始建设，技改年产 300 吨阴极铜，年产 400 吨粗镉，1000 吨活性氧化锌项目，在项目建设前，该分厂虽然进行了环境影响评价和审批手续，但该分厂在建设中未认真执行环境影响报告书及审批意见提出的生产料液必须是封闭循环，严禁渗漏，生产废水、厂区污水实行全封闭循环，落实废水防渗工程，若废水外排，必须处理达标排放，原料堆场和废渣转运场必须建成“三防”堆场等要求。并且在未向环境保护部门申请试生产，在废水未能做到全封闭循环、原料场和渣场没有完全建成的情况下，就联动试生产，废、污水超标外排，使分厂下游石者河受到重金属和氨氮污染。楚雄彝族自治州环境保护局对该分厂做了现场监察记录、现场摄像照相、调查笔录，并对生产废水及石者河水进行取样分析，在掌握了该分厂违法排污事实后，对楚雄源泰矿业有限公司姚安分厂进行了严肃处理：一是责令停止生产。二是对废水收集池里的废水采取措施进行处理，严禁外排。三是认真落实环境影响报告书中提出的各项环境保护措施，“三防”原料场和废渣场转运场必须由有资质的单位进行设计、施工，并进行环境影响评价后评价。四是根据《危险废物经营许可证管理办法》的规定，必须进行危险废物经营能力评估，根据评估结论，向云南省环境保护局申请办理《危险废物经营许可证》，否则不得投入试生产。五是对该企业进行3万元的处罚。六是将该企业作为 2007 年环境保护专项行动州级挂牌督办件加以督办。

截至2007年8月，该企业已按环境保护部门的处理意见全面停止生产，正在进行整改，处罚也执行完毕，州环境保护局将进一步跟踪检查，使环境保护设施落实到位，确保下游水环境安全，让群众喝上干净水。

七、红河哈尼族彝族自治州对各县、市开展环境保护专项行动情况进行集中检查①

2007年9月，为进一步推进红河哈尼族彝族自治州“2007年环境保护专项行动”的顺利开展，红河哈尼族彝族自治州人民政府“2007 年整治违法排污企业，保障群众健康环境保护专项行动”领导小组分3个专项行动检查组，对全州13个县（市）环境保护专项行动开展情况进行了集中检查。

此次检查的重点是各县（市）在环境保护专项行动中对挂牌督办和省、州两级政府通报环境污染问题的整改落实情况。一是检查了中小化工企业、造纸企业等企业，并对

① 云南省环保专项整治行动联席会议办公室：《红河州对各县、市开展环保专项行动情况进行集中检查》，http://sthjt.yn.gov.cn/hjjc/hbzxxd/200709/t20070925_12413.html（2007-09-25）。

这些企业的环境影响评价情况、环境保护设施设备运行、污染物排放、在线监控设备建设及运行、建设项目环境影响评价制度和环境保护制度执行情况进行了检查。二是对城镇集中式饮用水水源地保护情况、城市污水处理厂、垃圾处理场等污染物集中处理设施运行情况进行了重点检查。检查组在听取企业情况汇报后深入厂矿企业实地检查，检查组一致认为，为使环境保护专项整治工作取得实效，各县（市）按照国家和省确定的 2007 年环境保护专项整治工作重点，县（市）人民政府专门成立了环境保护专项行动联席会议领导小组，制订了整治违法排污企业保障群众健康环境保护专项行动实施方案，重点开展了对建设项目违法建设问题、重点企业挂牌督办事项的整改、公路沿线环境污染整治、饮用水水源污染隐患排查、企业环境违法问题整治等方面的环境保护专项整治；联席会议领导小组成员单位在认真搞好环境保护工作的同时，积极发挥各职能部门的优势，通过扎实的工作和严格的监察督办，全州的环境保护专项行动取得了明显成效，重点企业排污工作得到明显改进。

对检查中发现的问题，检查组进行了及时的查处和解决。例如，在河口县，对云南科维生物产业有限公司河口酒精厂在试生产过程中存在的违法排污现象，检查组当场责令其停产整顿，整改完成经环境保护部门检查合格后方可生产，并敦促河口县环境保护局对其进行复查。其他县（市）在检查中发现的环境违法行为和问题也得到了及时妥当的处理和解决，整个督促检查行动取得了良好的效果。最后检查组提出，各县市要充分认识环境保护专项行动在全州经济社会又好又快发展中的地位和作用，长期不懈地抓好环境保护专项行动，巩固长期以来在环境保护专项行动开展工作中取得的成果。

八、文山壮族苗族自治州对挂牌企业及群众反映强烈的污染问题开展专项检查①

2007 年，文山壮族苗族自治州环境保护专项行动领导小组要求各县根据区域实际情况，对重点行业、挂牌企业、群众反映强烈的污染问题和环境污染隐患，组织开展专项检查。

（1）马关县开展专项行动治理南北河。马关县环境保护局针对部分小洗矿户搬迁到南北河沿岸进行非法洗矿，污染南北河水质的情况进行专项整治。整治期间先后共出动环境监察执法人员 33 人，环境监察车辆 6 辆次，取缔非法小洗矿点 10 户，拆除非法搭建工棚 33 间，捣毁非法小洗矿摇床 3 张，切断洗矿引水管道 7.2 千米，驱散非法洗矿人员 30 余人，及时消除了南北河污染进一步加剧的隐患。

---

① 云南省环保专项整治行动联席会议办公室：《文山州对挂牌企业及群众反映强烈的污染问题开展专项检查》，http://sthjt.yn.gov.cn/hjjc/hbzxxd/200709/t20070930_12414.html（2007-09-30）。

（2）文山县认真查处污染纠纷问题。根据群众投诉，2007 年 9 月，文山县环境保护局环境监察执法人员，分别对马塘工业园区脱硫焙烧厂、高末马厂金龙砖厂、红新砖厂、新俐砖厂、三鑫砖厂排放二氧化硫造成周边部分农作物受污染情况进行实地调查，根据现场调查的证据资料，在确认其污染事实的前提下，依照相关环境保护法律法规，按照相关程序，责成厂方赔偿受损农户经济损失 13 万余元，依法维护了人民群众的环境权益。

（3）广南县环境保护局督促工业企业开展污染治理，加大资金投入，促进节能减排。云南木利锑业有限公司、广南那丹锑矿分别投入100万元、80余万元，对冶炼焙烧烟气进行脱硫处理，截至2007年9月脱硫设施已完成建设并经环境保护部门检查合格后投入试运行。八达冠桂糖业有限公司投入130万元改造过滤布车间，截至2008年9月设备已到位，2008 年榨季前可完成建设并可投入试运行。通过对冶炼企业脱硫设施的安装和制糖业滤布车间及冷却水循环利用的改造，将有效地促进广南县“十一五”期间污染物排放总量控制指标任务的完成。

（4）西畴县环境保护局加大对环境污染隐患的整治力度，确保环境安全。西畴县环境保护局共出动 40 余人次，对区域内的工矿企业进行了现场检查，重点对被责令整治的文山润熔冶炼有限公司、西畴县新马街恒发选矿厂、西畴县曼龙沟金矿进行了专项检查。通过检查，文山润熔冶炼有限公司除尘设施已基本安装调试完毕，截至2007年9月处于试运行阶段，收尘效果良好；西畴县新马街恒发选矿厂已按要求落实了各项整改措施；西畴县曼龙沟金矿正按要求开展整治工作。

九、保山市开展工业园区和工业集中区专项整治，成效明显[①]

2007 年 10 月，保山市环境保护专项行动领导小组严格按照国家和省环境保护专项行动实施方案的要求，认真对全市工业园区和工业集中区集中开展专项整治。此次检查共出动检查人员 78 人次，检查工业园区和工业集中区 7 个，企业 26 家。

此次对工业园区和工业集中区开展专项整治，主要采取县、区检查细督查的方式，重点对保山市、腾冲县工业园区和工业集中区开展检查和督查。检查组采取听汇报、查阅资料、现场检查、反馈意见等方式对工业园区和工业集中区进行了专项检查，共检查了7个工业园区和工业集中区内的造纸、硅冶炼、选矿等重点企业26家。通过检查，规范了环境监察人员的执法程序，依法严肃查处了违法企业：一是纠正了县级环境执法人员到重点企业进行现场监察时，要报请当地监察局批准的行为，进一步加大了环境执法

① 云南省环保专项整治行动联席会议办公室：《保山市开展工业园区和工业集中区专项整治，成效明显》，http://sthjt.yn.gov.cn/hjjc/hbzxxd/200710/t20071011_12416.html（2007-10-11）。

人员对重点企业的监管。二是对未批先建、环境保护设施运行不正常等环境违法行为依法进行了严肃查处，对盛吉硅有限责任公司、巨鑫硅有限责任公司、保山康发钢铁有限公司、中外合资保山飞龙公司瓦窑核桃坪选矿厂违法排污问题严格依法进行了罚款、限期整改等处罚，同时作为市级挂牌督办企业。三是对不符合环境保护要求的企业提出了限期整改，对龙陵兴鑫硅冶炼厂、顺康硅冶炼有限责任公司、昌宁贞元硅冶炼公司1号、2号炉的除尘设施不符合环境保护要求下达了限期整改通知。四是对不符合环境影响评价要求的企业提出了重新规划和停止建设的处罚，对中外合资保山飞龙公司瓦窑核桃坪选矿厂的尾矿库不符合环境保护要求提出了重新规划建设的要求，对隆阳区鑫光矿业有限公司责令停止建设；五是对环境违法企业进行了严肃查处，对保山顺和硅业有限公司环境违法问题依法下达了限期整改通知并处罚款。

截至2007年10月，盛吉硅有限责任公司、巨鑫硅有限责任公司已落实了限期整改要求，其他企业的整改措施也将按照市专项行动领导小组下达的限期整改要求落实到位。

第五节 2008年环境保护专项整治史料

一、云南省召开电视电话会议启动2008年环境保护专项行动[①]

2008年7月10日，环境保护部、国家发展和改革委员会、监察部、司法部、建设部、国家工商总局、国家安全生产监督管理总局等八部委联合召开了“2008年全国整治违法排污企业保障群众健康环境保护专项行动”电视电话会议。环境保护部周生贤部长宣读了中央领导的重要批示，对环境保护专项行动作了动员部署，并对完成主要污染物减排目标工作顺利实施和开展好2008年的环境保护专项行动提出了具体要求。会上，辽宁、广东、云南等省人民政府领导作交流发言，环境保护部、国家发展和改革委员会和监察部做了专题发言。

云南省人民政府顾朝曦副省长，云南省环境保护局、发展和改革委员会、经济贸易委员会、监察厅、司法厅、建设厅、工商局、安全监管局、昆明电监办九部门领导，以及云南省环境保护局和新闻媒体等130人参加了全国电视电话会议昆明分会场会议。全

① 云南省环保专项行动联席会议办公室：《我省召开电视电话会议启动2008年环保专项行动》，http://sthjt.yn.gov.cn/hjjc/hbzxxd/200807/t20080728_12420.html（2008-07-28）。

省 145 个州（市）、县（区）均设分会场，各州（市）、县（区）政府和各相关部门 4380 人参加了全国电视电话会议。国家电视电话会议结束后，云南省继续召开了全省环境保护专项行动电视电话会议，顾朝曦副省长作了动员讲话，就贯彻落实全国电视电话会议精神、结合国家下达云南省主要污染物减排任务，全省开展环境保护专项整治行动做了部署和安排，并就贯彻落实电视电话会议精神提出了四点意见：一是总结经验，发扬成绩，不断巩固环境保护专项行动新成果。二是查找问题，大力纠正，不断解决专项行动中遇到的新问题。三是抓住机遇，攻坚克难，不断取得环境保护专项行动新突破。四是解放思想，真抓实干，不断推进环境保护专项行动新发展。云南省 16 个州（市）在云南省环境保护专项行动电视电话会议后，组织召开了州（市）环境保护专项行动会议。

顾朝曦副省长强调，云南省各级有关部门要积极行动起来，认真贯彻会议精神，切实把云南省 2008 年整治违法排污企业保障群众健康环境保护专项行动抓出成效，并就开展好这次环境保护专项行动提出了五点要求：一要加强组织领导，密切分工协作。二要加强监督指导，严格考核检查。三要加强挂牌督办，完善案件管理；四要加强综合整治，落实责任追究。五要加强舆论宣传，接受公众监督。同时明确了云南省开展环境保护专项行动的重点：一是集中开展环境保护专项行动后督察工作，不断巩固专项整治成效。二是集中开展对城镇污水处理厂、垃圾填埋场、火电厂、钢铁厂和化工厂的专项检查，着力促进污染减排。三是集中开展对滇池、洱海等九大高原湖泊流域污染企业的综合整治，保证重点湖泊休养生息。

顾朝曦副省长要求，各级政府要继续按照国务院的要求，将深入开展环境保护专项行动纳入重要议事日程，进一步加强组织领导，完善工作制度，制订具体实施方案，有序推进和落实各项重点工作。各部门要发挥好各自的作用，进一步加强协调配合，坚持定期协商、联合办案和环境违法案件移交、移送、移办等制度。各地可根据实际情况，扩大领导小组成员单位，综合各部门监管职能，合力治理环境污染问题。各级环境保护部门要按照各阶段的工作要求，采取普查与抽查相结合、定期检查与不定期检查相结合、明察与暗访相结合等多种形式，切实保障环境保护专项行动取得实效。要运用法律、经济、行政手段，加大环境违法惩治力度，对不依法行使职权的政府及部门负责人、有关人员，要依法依纪追究责任；要积极组织新闻媒体跟踪报道，充分利用电视、广播、报纸、互联网等媒体，加大对环境保护法律法规的宣传力度，建立公众监督机制，营造公众参与和监督的良好氛围；要进一步加强环境保护信访工作，充分发挥“12369”环境保护热线作用，畅通投诉渠道。全省各级有关部门要认真按照云南省 2008 年环境保护专项行动实施方案和专项行动领导小组的要求，采取强有力的措施和手段落实好专项行动各项任务，切实把 2008 年环境保护专项行动抓紧抓好抓出成效！

为构建富裕民主文明开放和谐云南贡献力量。

二、云南及时制订印发《云南省 2008 年整治违法排污企业保障群众健康环境保护专项行动实施方案》①

2008 年 7 月 15 日，云南省环境保护局、发展和改革委员会、经济贸易委员会、监察厅、司法厅、建设厅、工商局等九部门，联合制订并向全省印发了《云南省 2008 年整治违法排污企业保障群众健康环境保护专项行动实施方案》。

该实施方案结合云南省开展环境保护专项行动工作实际，明确环境保护专项行动后督察、污染减排和重点湖泊流域污染集中整治为云南省 2008 年专项行动整治的 3 项重点任务，将 7 个事项列为省级挂牌进行督办。该实施方案对 2008 年环境保护专项行动进行了统一部署，一是 2008 年 7 月为全省动员阶段。各地要成立环境保护专项行动领导小组，并将领导小组成员名单和实施方案于 7 月 30 日前报送云南省环境保护专项行动领导小组办公室。二是 8 月、9 月为集中检查和整治阶段。对县级以上地表水饮用水水源地、污水处理厂和垃圾填埋场、滇池和洱海等九大高原湖泊流域存在的环境问题进行集中整治，并分别于 8 月 15 日、9 月 15 日、9 月 30 日前将整治情况报送云南省环境保护专项行动领导小组办公室。三是 10 月为环境保护专项行动工作总结阶段。各地环境保护专项行动领导小组于 10 月 30 日前向省环境保护专项行动领导小组办公室报送《2008 年环境保护专项行动工作总结》。

云南省于 2008 年 7 月 7 日成立了以和段琪副省长为环境保护专项行动领导小组组长，云南省环境保护局局长王建华、云南省人民政府副秘书长叶燎原为副组长，云南省环境保护局等九部门领导为成员的专项行动领导小组。领导小组办公室设在云南省环境保护局，由云南省环境保护局副局长杨志强兼任办公室主任，全省上下已布置开展了环境保护专项行动工作。

三、云南省环境保护局对全省环境安全隐患开展百日督查专项行动检查②

2008 年，根据《国务院办公厅关于开展安全生产百日督查专项行动的通知》、环

① 云南省环保专项行动联席会议办公室：《云南及时制定印发〈云南省 2008 年整治违法排污企业保障群众健康环保专项行动实施方案〉》，http://sthjt.yn.gov.cn/hjjc/hbzxxd/200807/t20080728_12421.html（2008-07-28）。

② 云南省环保专项行动联席会议办公室：《云南省环保局对全省环境安全隐患开展百日督查专项行动检查》，http://sthjt.yn.gov.cn/hjjc/hbzxxd/200808/t20080815_12423.html（2008-08-15）。

境保护部办公厅《关于印发 2008 年环境安全隐患百日督查专项行动方案的通知》以及《云南省人民政府办公厅关于开展安全生产百日督查专项行动的实施意见》的部署和要求，云南省环境保护局及时印发《云南省 2008 年环境安全隐患百日督察专项行动方案》。并组织全省积极开展环境安全隐患百日督查专项行动检查工作。截至 2008 年 7 月 31 日，云南省共出动环境执法人员 17 713 人次，检查企业 2793 家、饮用水水源地 225 个、尾矿库 1557 个。专项行动共排查出环境安全隐患 77 项，已整改的 69 项，正在整改的 8 项。通过整治，依法取缔、关闭企业 146 家，责令停止生产、限期治理 80 家，责令限期整改 43 家，对 94 家违法排污企业处以罚款 348.1 万元。云南省未发生重特大环境安全事故，确保了全省环境安全。主要做法如下：第一，提高认识，加强组织领导。按照国务院、环境保护部和云南省人民政府的要求，云南省环境保护局及时成立了以分管副局长为组长、相关处室负责人为成员的百日督查专项行动领导小组，领导小组办公室设在省环境监察总队，办公室主任由总队长兼任，负责组织指导、督促排查治理及督查行动的具体实施。第二，明确重点，科学制订专项行动方案。第三，精心组织，认真开展隐患排查与治理。一是重点关注出国境河流污染问题，突出抓好集中饮用水水源地、危险化学品企业、矿山采选企业的隐患排查，严防重特大事故。二是强化源头管理，环境保护审批进一步明确环境安全要求。三是综合督查与专项督查相结合，加大督察工作力度。四是制定措施，及时整改。针对排查中发现的 77 项环境安全隐患，涉及州、市、县（区）环境保护部门在处理处罚的同时，要求企业在规定时间内制定切实可行措施，加以整改，并严格督促落实到位，截至 2008 年 8 月已整改的有 69 项，正在整改的有 8 项，有效防止了重特大污染事故的发生。五是组织应急演习，提高环境保护队伍应急能力。

云南省环境保护局针对全省存在的问题提出了下一步工作打算。一是继续深入开展环境安全隐患排查工作，建立健全事故应急预防机制。二是积极营造齐抓共管的监管格局。

四、云南省对环境保护部暂停玉溪市新增化学需氧量排放审批整改情况进行现场督察[①]

2008 年 7 月 7 日，环境保护部、发展和改革委员会、统计局、监察部四部委向社会公布了 2007 年度各省（市、自治区）和五大电力集团公司主要污染物总量减排考核结果。由于玉溪市城市污水处理厂建成后两年内实际处理水量低于设计能力的 60%，澄江县和江川县污水处理厂不能正常运行，城市污水处理收费政策落实不到位，环境保护部

① 云南省环保专项行动联席会议办公室：《云南省对环保部暂停玉溪市新增化学需氧量排放审批整改情况进行现场督察》，http://sthjt.yn.gov.cn/hjjc/hbzxxd/200809/t20080905_12426.html（2008-09-05）。

决定，自公布之日起到玉溪市城市污水处理厂整改完成并经环境保护部验收通过之前，暂停审批玉溪市新增化学需氧量排放的建设项目。按照云南省环境保护局领导要求，2008年7月25—29日，云南省环境监察总队对区域限批涉及的玉溪市供排水有限公司水质净化厂（以下简称中心城市污水处理厂）、澄江污水处理厂、江川污水处理厂整改情况进行了现场督察。

环境保护部这一决定公布后，玉溪市人民政府高度重视，2008年7月8日，玉溪市人民政府研究部署了3个城市污水处理厂建设与管理整治工作，成立领导机构，明确责任。7月10日，玉溪市人民政府下发《玉溪市加强城市污水处理厂建设与管理专项整治方案》，中心城市污水处理厂日处理5万吨二期主体工程要在2008年12月底完成60%的工程量，确保2009年9月前主体工程全面完工并投入试运行；澄江县、江川县城污水处理厂管网配套工程必须在2008年12月底前全面完工；中心城区、江川、澄江3个污水处理厂要严格加强运行管理，严格执行管理运行规程，对不完善的运行设施要抓紧配置到位，确保正常运行、稳定达标；加强对自来水价格形成、污水处理收费机制研究，认真贯彻落实国家城市污水处理收费政策。按照玉溪市人民政府的整改要求，澄江县政府、江川县政府也相继出台相关的整改方案和措施。截至2008年7月底，中心城市污水处理厂处理设施运行正常，污水处理量4.77万吨/日。二期5万吨/日已开始桩基工程，预计8月15日完成。澄江县污水处理厂污水处理设施运行正常，污水处理量8000吨/日，2008年5月监测结果各污染物均达标排放。澄江县建设局按照市政府文件要求制订了《澄江县县城污水处理厂配套管网工程建设整改方案》，并按照整改方案组织实施建设。龙街镇片区已基本完成DN800钢筋混凝土管500米的埋设工作。江川县供排水公司污水处理厂污水处理设施运行正常，近期污水处理量8000吨/日。江川县人民政府按照市政府文件要求制订了《江川县县城污水处理厂配套管网工程建设整改方案》，并按照整改方案组织实施建设，该厂拟建配套管网工程计划埋设平口水泥管道13.48千米。该项目可行性研究报告已报县发展和改革委员会申请立项，正在开展施工图设计及其他前期工作。大街河上段东西两边从法院至江通二级路1562米（DN1000）平口水泥管工程已开挖基础890多米，埋设DN1000平口水泥管720米。其余片区管网尚未开工建设。

五、科学筹划、抓紧抓实，全力推进环境保护专项整治工作[①]

2008年8月25日，云南省环境保护专项行动联席会议办公室提出要科学筹划、抓紧抓实，全力推进环境保护专项整治工作。云南省认真贯彻落实国家“2008年全国整

① 云南省环保专项行动联席会议办公室：《科学筹划　抓紧抓实　全力推进环保专项整治工作》，http://sthjt.yn.gov.cn/hjjc/hbzxxd/200809/t20080905_12427.html（2008-09-05）。

治违法排污企业保障群众健康环境保护专项行动电视电话会议”精神，积极采取各种措施，深入开展环境保护专项行动，全力推进整治工作。

（1）加强领导，科学筹划环境保护专项行动。国家“2008年全国整治违法排污企业保障群众健康环境保护专项行动”电视电话会议结束后，云南省人民政府立即召开了“2008年全省整治违法排污企业保障群众健康环境保护专项行动”电视电话会议，对2008年全省环境保护专项行动进行了部署。成立了以分管副省长为组长，云南省环境保护局、发展和改革委员会、经济贸易委员会、监察厅、司法厅、建设厅、工商局等九部门领导为成员的环境保护专项行动领导小组，编制印发了《云南省2008年整治违法排污企业保障群众健康环境保护专项行动实施方案》。各州（市）及时成立了相应机构，并结合本地实际，编制印发了2008年环境保护专项行动实施方案。

（2）严格排查，确保饮用水水源水质安全。保山市依据《保山中心城市集中式饮用水水源地环境保护规划》，取缔了集中式饮用水水源地排污口，在龙陵县集中式饮用水水源地设置了界桩、护栏和警示牌；红河哈尼族彝族自治州对辖区内 30 个集中式饮用水水源地的排污口进行了全面清理，保证集中式饮用水水源地水质基本达到饮用水功能要求；文山壮族苗族自治州对辖区内36个重点集中式饮用水水源地周边污染源进行了排查和整治，有效改善了饮用水水源地环境质量；普洱市采取专项检查与突击检查相结合的方式，出动184人次对集中式饮用水水源地进行调查摸底，及时发现、处理集中式饮用水水源保护区内新建、扩建项目和违法排污企业，排除影响人民群众健康的环境污染和环境安全隐患。

（3）突出重点，着力抓好挂牌督办事项落实。云南省环境保护局杨志强副局长亲自带队对昆明、玉溪、红河3个州（市）17家化工企业进行了专项督查；省环境监察总队派出3组8人对2008年6个省级挂牌督办事项进行了现场督查；临沧市重点抓了2006年以来省、市挂牌的31件督办事项；迪庆藏族自治州出动187人次，重点对香格里拉县的龙潭河、桑那水库，维西县头道河、二道河水源地，德钦县水磨河水源地，开发区老虎箐水源地进行了后督察。

六、昭通市彝良县依法强制关闭9家非法洗选企业[1]

2008年8月份以来，昭通市彝良县认真贯彻落实国家、省、市关于整治违法排污企业保障群众健康环境保护专项行动有关要求，结合实际情况，成立了由县环境保护局、发展和改革局、经贸局、监察局、司法局、工商局、国土资源局、水利局、煤炭工业局、交通

① 云南省环保专项行动联席会议办公室：《昭通市彝良县依法强制关闭9家非法洗选企业》，http://sthjt.yn.gov.cn/hjjc/hbzxxd/200809/t20080908_12428.html（2008-09-08）。

局等12个部门组成的环境保护专项行动领导小组，对重点督查案件、集中式饮用水水源地内企业、洛泽河流域企业、工业园区、有危险化学品及放射源的企业单位、垃圾处理场等重点敏感区域进行了集中调查与整治，强力打击环境违法行为，取得了阶段性成果。

彝良县重点针对辖区内洗（选）煤、化工、冶炼、矿石采选等企业生产管理不规范、无污染治理设施或污染治理设施不正常运行、污染治理不达标及偷排漏排等问题进行了集中整治。其间，共出动环境监察人员100人次，检查企业60家，依法强制关闭了9家非法洗选排污企业，保障了集中式饮用水水源安全。

七、云南文山壮族苗族自治州对辖区采矿企业开展安全隐患排查①

2008年8月初，为确保汛期、残奥会期间的环境安全，按照2008年环境保护专项行动的统一部署，文山壮族苗族自治州环境保护专项行动领导小组办公室组织专项督查组深入文山县、砚山县、西畴县的部分厂矿企业开展环境安全隐患排查和后督察，现场检查了企业的污染防治设施的建设和使用情况、存在有安全隐患企业的整改情况，对2家违法违规企业进行了处理，对1家积极整改的企业给予了表扬。

（1）“文山鸿福”非法选矿，被关闭取缔。文山县鸿福工贸有限公司在文山县喜古小寨村附近有1个采石场，该公司在采石生产中发现石场附近的地表层内有铁矿，在未办理任何手续，未经任何部门批准，未经环境影响评价和审批的情况下，擅自于2008年6月在文山县集中式饮用水水源保护区上游喜古小寨祭牛坡违法开采洗选铁矿，建有洗选槽6台，利用1个天然凹地做尾矿库，该尾矿库未经任何部门审批，未采取任何环境保护、安全措施。由于该地区属于典型的喀斯特地貌，存在漏库的环境安全隐患，一旦发生污染事故，将对下游暮底河水库造成影响，危及文山县城的饮用水安全。同时，该公司无序开采，对周边植被破坏非常严重，易造成水土流失，虽暂未对暮底河水库造成污染，但如不及时制止，任其发展，必将带来重大环境安全隐患。为此，根据相关环境保护法律法规规定，督查组责成文山县环境保护局对该公司下达了停止建设通知书，要求一个星期内拆除生产设备，逐步恢复生态原貌，在尾矿库周边开挖排洪沟，防止洪水进入凹塘发生环境安全事故。同时，州环境保护局及时将此情况通报了文山县人民政府，提出了关闭非法选矿点的环境监察建议。现该非法采选矿点生产设备已拆除，文山县人民政府已决定对其实施关闭取缔。

（2）“砚山安邦”整改不力，被停产治理。砚山县安邦矿业公司天生桥选厂位于

① 云南省环保专项行动联席会议办公室：《云南文山州为确保汛期、残奥会期间环境安全对辖区采矿企业开展安全隐患排查》，http://sthjt.yn.gov.cn/hjjc/hbzxxd/200809/t20080927_12429.html（2008-09-27）。

砚山县盘龙乡三合村民委新寨村，2008 年 5 月 5 日至 24 日，国务院金属非金属矿山等重点行业安全生产百日督查专项行动组在文山壮族苗族自治州督查时，查出该公司尾矿库存在重大环境安全隐患，文山壮族苗族自治州人民政府下发了《文山壮族苗族自治州人民政府办公室关于对国务院百日安全督察组查出的事故隐患进行督办的通知》要求进行整改，并限期于 2008 年 8 月 30 日整改完毕。督查组在对该矿厂的整改情况进行督察时发现，该厂除在尾矿库周边开挖了一条 300 米长的排洪沟外，其余要求整改的事项基本未动，而且又非法扩建了 1 个日处理 200 吨尾矿的浮选车间和 1 个容量为 30 万立方米的尾矿库，准备重新利用尾矿进行复选。

根据该厂安全隐患不但未消除反而加重的现状，砚山县人民政府及安监、环境保护部门，对该厂实施了停产治理，要求必须按照要求完成整改并必须经环境保护、安监等职能部门验收，否则将对该厂实施关闭。

（3）西畴县铎业铜钨选矿厂积极整改，给予通报表扬。西畴县铎业铜钨选矿厂位于西畴县新马街乡马街村民委丫口田村，以选铜、锌、锡、钨等矿石为主，生产规模 100 吨/日，技改后于 2008 年 3 月正式投入生产。在该县组织开展环境保护专项行动集中检查中，排查出该厂尾矿库由于防洪设施不完善，存在环境安全隐患。针对存在的问题和县环境保护局提出的整改要求，该厂高度重视，为彻底排除环境安全隐患，确保下游群众生命财产安全，放弃短期效益，积极主动停产整改，建设和完善各项环境保护设施。从 2008 年 7 月底以来，该厂积极采取有效措施进行排险处置，修建完善了排洪设施，实施清库作业，投资 60 余万元开挖建设 1 米 × 0.8 米防洪沟 800 余米，建拦水坝 1 座，清除尾矿渣 20 000 立方米。截至 2008 年 9 月尾矿库整改已基本完成，各项整改事项落实较好，该厂积极的整改态度为全县开展环境安全隐患整治工作起到了积极的带头作用，州环境保护局将该厂的做法通过“环境保护信息”通报全州予以肯定和表扬。

八、文山壮族苗族自治州委把环境保护专项行动作为“大接访”的一项重要内容①

2008 年 9 月 3—4 日，文山壮族苗族自治州委书记李培带领州委、州人民政府及相关部门的领导对天保硅冶炼厂等企业及周边村寨进行接访、调研，并检查了麻栗坡县部分冶炼企业。针对检查中发现的部分冶炼企业存在的环境违法、违规行为，李培书记指出：“企业要切实履行法定的义务，承担应尽的社会责任，不仅要抓好经济效益，还要注重社会责任；环境保护部门既要加强对企业的服务，又要加强对企业排污行为的依法

① 云南省环保专项行动联席会议办公室：《文山州委把环保专项行动作为“大接访”的一项重要内容》，http://sthjt.yn.gov.cn/hjjc/hbzxxd/200809/t20080927_12430.html（2008-09-27）。

监管；政府对不履行法定义务、多次违法排污又屡教不改的企业要坚决实施关闭”。为落实李培书记的指示，陪同调研的州专项行动领导小组副组长、州环境保护局局长王兴明，麻栗坡县委常委、常务副县长张传德，采取州县联合、约见座谈的形式，于 2008 年 9 月 5 日邀约麻栗坡县冶炼企业的法人代表召开座谈会，州县环境保护局局长、分管领导及相关科室、队、站的负责人和县政府相关人员参加了座谈会。会上，通报了 2008 年环境保护专项行动的指导思想、工作目标、重点任务和工作要求，宣传了企业应尽的环境保护法律义务和责任，以州级挂牌督办的麻栗坡县窑上片区违法排污企业整治事项为重点，对麻栗坡县冶炼企业当前存在的环境违法违规问题进行了认真分析，对整改的事项及措施进行了研究，并与企业法人代表达成共识：一是因历史原因遗留下来的手续不全的企业，于 2008 年 12 月底前完备相关手续。二是州、县环境保护部门要履职到位、加强监管，今后凡发现违法排污的企业，依法从严从重处罚。会上，各企业法人代表纷纷表示，这次会议既严肃又宽松、既民主又务实，不仅增强了企业法人代表的环境保护法律法规意识，而且为企业下一步完善环境保护手续、落实污染治理提供了具体的指导和服务，亲和了监管部门和企业的关系，使企业感受到了政府及相关部门对企业发展的关心和支持，从而提高了企业守法排污的自觉性，为整治违法排污企业，推进环境保护专项行动积累了经验。

九、西双版纳傣族自治州积极开展环境保护专项行动集中整治工作①

2008 年 9 月，根据《西双版纳傣族自治州 2008 年环境保护专项行动方案》工作部署，结合前一阶段环境保护专项行动检查情况，西双版纳傣族自治州加大了针对性的检查工作力度，多部门联合行动抓落实，促整改，坚决依法严肃查处环境违法行为，切实保障人民群众环境权益。

2008 年 9 月 18 日，由西双版纳傣族自治州 2008 年整治违法排污企业保障群众健康环境保护专项行动领导小组组长杨沙副州长带队，州、景洪市、勐海县环境保护局及勐海县环境保护专项行动成员单位参加的检查组对景洪锰合金厂、华兴铁合金有限责任公司、合兴废铁处理厂、曼戈播轮胎炼油厂、勐海雄泰铁合金冶炼有限公司 5 家排污企业开展现场监察。检查组一行认真听取厂方生产情况和环境保护工作方面的汇报，仔细查看现场。

另外，州、市、县环境保护部门将进一步加大对该区域环境监管力度，结合整治违法排污企业保障群众健康环境保护专项行动工作，建立重点污染企业监管长效机制，提

① 云南省环保专项行动联席会议办公室：《西双版纳州积极开展环保专项行动集中整治工作》，http://sthjt.yn.gov.cn/hjjc/hbzxxd/200810/t20081023_12431.html（2008-10-23）。

高环境监察频次，州环境保护局对重点污染企业每季度监察一次，县（市）环境保护局对重点污染企业每月监察一次，及时发现存在的问题并督促限期整改，确保污染防治措施到位、污染治理设施稳定、正常运转。同时，加强环境监测工作，做到重点污染企业每年进行两次监督性监测，监督企业达标排放。

2008 年 9 月 23 日，西双版纳傣族自治州环境保护局胡绍云局长带领州、景洪市环境监察人员，对华兴铁合金有限责任公司、合兴废铁处理厂、云南天然橡胶产业股份有限公司景洪制胶厂进行现场监察。

2008 年 9 月 22—24 日，景洪市委与州政府组织环境保护、建设、工商等部门联合集中查处了一批市民多次投诉反映的环境违法现象，如纳昆康小区餐饮油烟和噪声扰民问题、多个市区建筑工地建筑噪声和粉尘污染问题等，及时纠正了各种违法行为，维护了景洪市市民应有的环境权益，促进环境质量的不断改善。

2008 年 9 月 22—25 日，勐腊县环境保护、国土、安监等环境保护专项行动成员单位再次联合深入开展对易武镇、瑶区乡区域 6 家矿山企业尾矿库环境安全隐患排查与整治工作，重点对尾矿库、废石堆放场等进行专项检查。在检查中发现较为突出的问题：勐腊县新山矿业开发有限责任公司采矿区部分弃土和路面污泥在雨水冲刷下，流入下游水域及生产废水在回用时顺溢洪沟直接排放，致使下游布龙河水体浑浊。

针对以上情况，执法人员现场下达了相关文书，并做出限期整改要求。对下一步工作，联合检查组要求各矿山采选企业要加大矿山环境安全的巡查力度，对存在各种环境安全隐患的要做到早发现、早纠正、早解决，各企业必须建立健全环境安全隐患治理和重大危险源监控制度，加强对突发环境事件预警、预防和应急工作。要建立健全环境安全责任体系和环境安全长效机制，有效遏制重大突发环境事件的发生，进而促进区域环境安全形势的持续稳定发展。

另外，勐腊县环境保护局还加强了对国控和挂牌企业督办工作。对中云勐腊糖业有限责任公司和勐捧糖业有限责任公司，下达了污染减排通知，对其污染减排实施方案提出了具体要求，并限期上报县政府和州、县环境保护局。对州级挂牌督办企业——宝莲华有限责任公司、勐远大展水泥有限责任公司、云胶勐腊分公司，进行污染治理工作督查，对这些企业下达了整改要求，并按要求做好现场监察工作。

十、红河哈尼族彝族自治州开展饮用水源地集中检查回头看[①]

2008 年，红河哈尼族彝族自治州部分县（市）在第一阶段饮用水水源地集中调查

① 云南省环保专项行动联席会议办公室：《红河州开展饮用水源地集中检查回头看》，http://sthjt.yn.gov.cn/hjjc/hbzxxd/200810/t20081023_12432.html（2008-10-23）。

基础上，开展对饮用水水源地基础环境调查、评估及水环境安全检查回头看，取得实效。

蒙自县组织开展集中式饮用水水源地基础环境调查及评估。为切实保障州府蒙自饮用水水源环境安全，2008 年 8 月 26 日至 9 月 12 日，该县组织开展了集中式饮用水水源地基础环境调查及评估工作。对水源所在地水环境、环境管理制度执行等情况进行了精心的调查，建立并完善了县集中式饮用水水源地基础环境信息数据库，科学地评估饮用水水源地基础环境状况，为饮用水水源地污染防治管理工作提供理论基础支持。

个旧市组织对饮用水水源地基础环境调查及评估。2008 年 9 月，个旧市对辖区内白云—花果山水库、牛坝荒—石门坎水库、兴龙水库等饮用水水源地开展基础环境调查工作。截至 2008 年 10 月，调查工作已完成，此次调查工作将为个旧市经济又好又快发展提供全面准确的水源地基础环境信息，切实保障饮用水安全，让全市人民群众喝上放心水。

弥勒县（今弥勒市）开展对集中式饮用水水源环境安全大检查。2008 年 10 月，由县环境保护局牵头，县水务局、县安监局、县国土局、县建设局等部门组成了 3 个专项行动检查组，对辖区内的集中式饮用水水源地环境安全进行了大检查。检查组制定了县城集中式饮用水水源保护区检查表、乡镇饮用水水源地检查表、重点流域洗矿企业检查表等，明确了检查重点、内容，共检查了 3 个县城集中式饮用水水源地、15 个乡镇饮用水水源地。通过检查，对存在的问题一一提出了整改措施，从而消除全县的集中式饮用水水源地及主要流域企业的环境安全隐患。

石屏县认真开展对饮用水水源地排污口清查。2008 年 10 月，石屏县环境保护局对饮用水水源地高冲水库进行了专项行动执法检查，在检查中发现了水库面山大量人工种植大杨梅和保护区内有正在种植庄稼的耕地，其施用农药、化肥等对水库存在污染隐患，对此，检查人员要求管理所加强管理，做好群众宣传工作，或实施禁耕和禁止使用农药，确保群众饮水安全。

十一、西双版纳傣族自治州开展环境保护专项执法检查取得实效[①]

2008 年 10 月，西双版纳傣族自治州各县（市）环境保护专项行动领导小组组织对辖区内企业开展环境保护专项检查，取得实效。

西双版纳傣族自治州环境保护局等相关部门组织对景洪市开展专项检查。一是由州

① 云南省环保专项行动联席会议办公室：《西双版纳州开展环保专项执法检查取得实效》，http://sthjt.yn.gov.cn/hjjc/hbzxxd/200812/t20081211_12433.html（2008-12-11）。

环境监察支队与市监察大队联合对景洪市集中饮用水水源地开展专项执法检查。检查组重点检查了景洪市自来水厂取水口周边的企业，对检查中发现的环境隐患，及时提出整改意见，并要求被检查单位加强环境管理，严禁污水排入河流影响市取水口水质。二是州环境保护、安全监管局，工商，消防等部门对景洪市人民政府下达关闭搬迁的企业进行了现场监督落实，同时要求搬迁的云南沧江机械修造厂氨水站妥善处置剩余的 60 余吨氨水。三是景洪市人民政府加大对景洪城烟控区内的专项检查，在电力部门的参与下，对违法企业停止供电，切实维护了景洪市群众的环境保护权益。

勐海县由县人民政府牵头各成员单位参加组成的联合检查组，对县辖区内集中式饮用水水源地，各类重点污染企业、工业集中区、近年来新建、改建、扩建项目及重点环境保护信访案件进行全面检查。开展此次环境保护专项行动是该县历年来参加部门和人数最多的一次联合检查行动，执法检查组以现场检查为主，对危害群众健康的环境违法行为进行了彻底整治，群众反映强烈的信访问题得到了有效解决。此次检查，全县共出动车辆 16 辆次，参加检查人数 150 余人次，检查各类排污企业 10 家，查处环境信访投诉 5 件，提出整改意见 57 条，环境保护专项执法检查取得了实效。

勐腊县认真组织实施环境保护专项检查工作，到 2008 年 10 月中旬，全县共出动环境保护执法人员 360 人次，检查了 122 家企业，提出整改意见 48 份。检查涉及水泥，制糖等 10 个行业，通过检查，有效打击了违法排污企业，解决了一批群众关注的环境热点问题。

十二、昭通市开展 2008 年环境保护专项行动成效明显

2008 年 11 月 6 日，据云南省环境保护专项行动联席会议办公室透露，昭通市人民政府组织开展 2008 年环境保护专项行动工作已基本结束，在按照云南省环境保护专项行动领导小组的统一部署，结合实际，明确了昭通市专项行动工作的重点：一是以巩固整治成效为目标，集中开展 2005 年以来省市挂牌督办企业后督察工作。二是以促进主要污染物为目标，集中开展对城镇污水处理厂、垃圾填埋场等重点行业的专项检查。三是以休养生息为目标，集中开展重点流域污染企业的专项整治。四是对群众反映强烈，污染严重的企业实施挂牌督办。通过整治，各项工作取得了成效。

据统计，从 2008 年开展环境保护专项行动工作以来，昭通市累计出动检查人员 3000 余人次，检查企业 763 家，编发专项行动工作简报 38 期，各县区专项行动工作简报 33 期，报送专项行动相关材料 126 份，报表 56 份。督察省、市 2005 年以来挂牌督办企业 6 家，督察县级挂牌督办企业 23 家，其中，永善县金沙矿业有限责任公司日处理 300 吨铅锌原矿选厂，未落实环境影响评价要求，已按要求停产；云南侨通包印刷有限

公司原用燃煤锅炉已按要求拆除；彝良互援纸业有限责任公司已按要求关停。检查城镇集中式饮用水水源地 20 个；对巧家、威信、大关、镇雄、绥江、水富等 6 个县垃圾处理场进行全面检查。对污水处理厂实行了每周一次现场检查；对 2008 年已确定需要开工建设的永善、绥江、水富、威信 4 个县的污水处理厂前期准备工作实施督办。依法取缔了违法企业 2 家；关停结构减排企业 9 家；督促 8 家企业完成工程减排；对 5 家违法排污企业进行了立案查处累计处罚金额 20 余万元；对 39 家未完善环境保护相关手续的企业下发了限期改正通知，其中，已补办了 38 家，1 家正在办理中；对环境保护设施不完善的 62 家企业进行限期整改，其中 41 家已整改完毕投入运营，正在整改的 21 家；接待群众各类信访案件 103 件，其中，已处理结案 100 件，3 件正在办理中，处理率达 97%以上。

十三、保山市认真开展环境保护专项大检查工作①

2008 年 10 月 16 日至 11 月 14 日，保山市委、保山市人民政府对全市开展环境保护专项大检查。环境保护专项大检查主要是对建设项目环境违法问题、尾矿库环境安全隐患问题、集中式饮用水水源地环境保护工作落实情况、城市生活污水处理厂及垃圾填埋场的管理和长期违法排污、污染严重、群众反映强烈的违法企业情况等五方面进行检查。

此次环境保护专项大检查工作对促进保山市提高环境保护意识、有效打击环境违法行为，推进节能减排工作，化解环境安全风险等方面产生积极的作用。在检查中发现了存在的 5 个问题：一是建设项目执行环境影响评价制度还有差距。二是部分企业尾矿库没有经过资质设计，运行管理不规范，且库容与生产能力不相匹配，少数企业存在偷排现象。三是集中式饮用水水源地保护工作有待深入。四是 4 个县的城市生活污水处理厂没有开工建设，全市城镇生活污水处理率低。五是一些老工业企业经济效益差、工艺设备落后、污染物排放量大、治理水平低，减排和达标排放难度大。

检查组针对存在的 5 个问题提出了如下要求：一是进一步提高对环境保护工作重要性的认识，要把抓好环境保护工作作为落实科学发展观，构建和谐社会和深入贯彻十七大精神的一项重要内容和基础工作。二是加强对糖厂的执法监督，督促其酒精废醪液有机肥综合利用省级重点减排工程项目按期完工。三是按照保护规划，制订实施方案，解决现存的农业面源对饮用水水源构成的安全隐患问题。四是切实加强对尾矿库环境安全监管，落实各项整改措施。五是实施好城镇生活污水集中治理及污染减排工作。六是进一步加大对挂牌督办企业，尤其是整治工程未完成企业的监督力度。七是进一步加强环境治理力度，严格环境执法，从产业政策、金融信贷等方面采取有效措施，加大对违法企业的查处。

① 云南省环境保护专项行动联席会议办公室：《保山市认真开展环保专项大检查工作》，http://sthjt.yn.gov.cn/hjjc/hbzxxd/200812/t20081211_12435.html（2008-12-11）。

第四章　云南环境保护法规条例

第一节　环境保护法规条例

一、云南省建设项目环境保护管理规定[①]

2001 年 10 月 16 日，云南省人民政府第 58 次常务会议通过了《云南省建设项目环境保护管理规定》，并于 10 月 22 日对外发布。该规定自 2002 年 1 月 1 日起施行。具体内容如下：

第一条　为了加强建设项目环境保护管理，有效控制环境污染和生态破坏，根据国务院发布的《建设项目环境保护管理条例》（以下简称《条例》）的规定，结合云南省实际，制定本规定。

第二条　在云南省行政区域内建设对环境有影响的建设项目，应当遵守《条例》和本规定。

第三条　本规定所称的建设项目，是指列入国家《建设项目环境保护分类管理名录》，对环境有影响而实行环境影响评价制度的下列新建、改建、扩建、迁建项目：

（一）流域开发、经济技术开发区、高新技术产业开发区、旅游经济开发区、工业园区等区域性开发类建设项目。

（二）放射性设施类建设项目。

（三）农业种植、林木种植、牲畜饲养、淡水养殖等农林牧渔类建设项目。

① 云南省人民政府：《云南省建设项目环境保护管理规定》，《云南政报》2001 年第 21 期。

（四）露天开采、煤炭采选、金属矿采选、非金属矿采选等采掘类建设项目。

（五）食品加工及制造、烟草加工、纺织、皮革、造纸、印刷业、炼焦、化学原料及化学制品制造、医药制造、化学纤维制造、橡胶制品、塑料制品、非金属矿物制品、金属冶炼及压延加工、机械制造等制造类建设项目。

（六）电力、煤气、水生产供应类建设项目。

（七）城市道路、城市旧区改造、固体废物集中填埋、城市污水集中处理等城市建设类建设项目。

（八）地质勘查、水利工程类建设项目。

（九）公路建设、铁路建设、民航工程、港口、码头、水运枢纽等交通运输和仓储、电信类建设项目。

（十）批零、餐饮类建设项目。

（十一）房地产开发类建设项目。

（十二）城市园林及城市绿化、学校、旅馆、旅游景区开发、缆车索道建设、娱乐服务、展览馆、影剧院等社会服务业类建设项目。

（十三）医院、疗养院、卫生站、体育场、体育馆等卫生体育类建设项目。

（十四）广播电影电视类建设项目。

（十五）国家环境保护部门确定的其他对环境有影响的建设项目。

第四条　县级以上环境保护部门对建设项目的环境保护实施统一监督和分级审批管理。

省环境保护部门负责审批下列建设项目环境影响报告书、环境影响报告表或者环境影响登记表：

（一）省人民政府及其有关部门负责审批的建设项目。

（二）总投资5000万元以上不满2亿元的工业建设项目和总投资1亿元以上不满2亿元的非工业建设项目。

（三）跨地、州、市行政区域的建设项目。

（四）国家环境保护部门确定由省环境保护部门负责环境影响评价审批的建设项目。

地、州、市环境保护部门负责审批下列建设项目环境影响报告书、环境影响报告表或者环境影响登记表：

（一）州市人民政府、地区行政公署及其有关部门负责审批的总投资不满 5000 万元的工业建设项目和总投资不满1亿元的非工业建设项目。

（二）县、市、区人民政府及其有关部门负责审批的总投资200万元以上不满5000万元的工业建设项目和总投资500万元以上不满1亿元的非工业建设项目。

（三）跨县、市、区行政区域的建设项目。

（四）省环境保护部门确定由地、州、市环境保护部门负责环境影响评价审批的建设项目。

县、市、区人民政府及其有关部门负责审批的总投资不满 200 万元的工业建设项目和总投资不满 500 万元的非工业建设项目，其环境影响报告书、环境影响报告表或者环境影响登记表，由县、市、区环境保护部门负责审批。

上级环境保护部门负责审批的建设项目环境影响报告书、环境影响报告表或者环境影响登记表，必要时可以委托下一级环境保护部门审批。

第五条　建设项目的选址应当符合环境保护规划的要求。

在建设项目初步选址或者项目建议书阶段，建设单位和其主管部门应当听取环境保护部门的意见；对可能造成重大环境影响的建设项目，环境保护部门应当参与初步选址。

第六条　建设单位应当在建设项目可行性研究阶段报批环境影响报告书、环境影响报告表或者环境影响登记表，但是，铁路、交通等建设项目，经有审批权的环境保护部门同意，可以在初步设计完成前报批；不需要进行可行性研究的，应当在建设项目开工前报批，其中需要在开工前办理营业执照的，应当在办理营业执照前报批。

第七条　编制环境影响报告书或者环境影响报告表的建设项目环境保护设计篇章，建设单位应当在设计阶段报有审批权的环境保护部门备案。其中需要进行设计审查的，环境保护部门应当参与审查。

第八条　县级以上计划、经贸、建设、工商、国土资源等行政主管部门，应当将环境保护部门对环境影响报告书、环境影响报告表或者环境影响登记表的审批意见作为办理建设项目审批或者备案审查事项的前置条件。

第九条　建设单位和施工单位应当对在施工过程中产生的污水、废气、粉尘、废弃物、噪声、振动等污染及对自然生态环境的破坏，采取相应的防治措施，及时修复受到破坏的环境。

第十条　建设单位委托的建设项目工程监理事项，应当包括环境污染治理设施及生态破坏防治工程的内容。

第十一条　建设项目竣工后，建设单位应当向有审批权的环境保护部门申请环境保护设施竣工验收。

需要进行试生产的，建设单位应当在试生产前报有审批权的环境保护部门同意后方可进行试生产。

有审批权的环境保护部门应当自收到试生产报告之日起 30 日内，作出审批决定并书面通知建设单位。

第十二条　建设项目需要配套建设的环境保护设施属于排污许可证管理范围的，应当经验收合格并领取排污许可证后，该建设项目方可正式投入生产或者使用。

第十三条　违反《条例》第二十四条及本规定第六条规定的，由有审批权的环境保护部门责令限期补办手续；逾期不补办手续，擅自开工建设的，责令停止建设、生产或者使用，可以依照下列规定给予罚款：

（一）建设项目投资额不满100万元的，处1000元以上1万元以下的罚款。

（二）建设项目投资额在100万元以上不满1000万元的，处5000元以上5万元以下的罚款。

（三）建设项目投资额在1000万元以上不满1亿元的，处3万元以上8万元以下的罚款。

（四）建设项目投资额在1亿元以上的，处5万元以上10万元以下的罚款。

第十四条　违反《条例》第二十六条及本规定第十一条第一款、第二款规定的，由有审批权的环境保护部门责令限期改正；逾期不改正的，责令停止试生产，可以依照下列规定给予罚款：

（一）建设项目投资额不满100万元的，处1000元以上5000元以下的罚款。

（二）建设项目投资额在100万元以上不满1000万元的，处3000元以上1万元以下的罚款。

（三）建设项目投资额在1000万元以上不满1亿元的，处5000元以上3万元以下的罚款。

（四）建设项目投资额在1亿元以上的，处2万元以上5万元以下的罚款。

第十五条　违反本规定第十二条规定的，由有审批权的环境保护部门责令限期改正；逾期不改正的，责令停止建设、生产或者使用，可以处5000元以上3万元以下的罚款。

第十六条　环境保护部门的工作人员在建设项目环境保护管理工作中徇私舞弊、滥用职权、玩忽职守，构成犯罪的，依法追究刑事责任；尚不构成犯罪的，依法给予行政处分。

第十七条　本规定自2002年1月1日起施行。

二、云南省环境保护条例[①]

2004年6月29日，云南省第十届人民代表大会常务委员会第十次会议将20世纪90

① 云南省人民代表大会常务委员会：《云南省环境保护条例》，http://db.ynrd.gov.cn:9107/lawlib/lawdetail.shtml?id=664031s4f0a242c79c9825e5a88e4902（2004-06-29）。

年代起沿用的《云南省环境保护条例》进行了修正。具体内容如下：

第一章　总则

第一条　为保护和改善生活环境与生态环境，防治污染和其他公害，合理利用和保护各种自然资源，保障人体健康，促进云南省环境保护与国民经济协调发展，根据《中华人民共和国环境保护法》，结合云南省实际，制定本条例。

第二条　本条例所称环境，是指影响人类生存和发展的各种天然的和经过人工改造的自然因素的总体，包括大气、水、湖泊、土地、矿藏、森林、草原、野生生物、自然遗迹、人文遗迹、自然保护区、风景名胜区、城市和乡村等。

第三条　云南省行政区域内的一切单位和个人，必须遵守本条例。

第四条　保护和改善环境是各级人民政府的职责，各级人民政府必须制定保护生态环境、防治环境污染和其他公害的对策与综合措施，并付诸实施。

第五条　一切单位和个人都有保护环境的义务，有责任采取必要措施保护生态环境，防治环境污染和其他公害，遵守当地人民政府保护环境的有关规定，并有权对污染和破坏环境的单位和个人进行检举和控告。

第六条　全省环境保护工作要坚持全面规划，合理布局，预防为主，防治结合，综合治理和污染者付费的原则。

第七条　各级人民政府和有关部门，应当切实将环境保护目标和措施纳入国民经济和社会发展中长期规划和年度计划，并将保护环境的费用纳入各级人民政府和部门的预算，确保其实施。

第八条　各级人民政府应鼓励环境保护科学技术的研究和开发，依靠科技进步，推广无污染、少污染、低消耗、综合利用率高、污染物排放少的新技术、新工艺、新设备，广泛开展环境保护的国际合作和科技交流。

第九条　各级环境保护、工交、农林、水利、科技等行政主管部门应当加强对环境保护科学技术的研究和开发的组织领导，推广环境保护实用技术，制定环境保护科学技术研究的发展规划和计划。

各级教育行政主管部门应当把环境保护宣传教育列入教育规划和教学计划。高等学校、中等专业学校应当按有关规定，设置环境保护专业或者课程。

各级文化、新闻出版、广播电视行政主管部门应当加强对环境保护的宣传和监督。

第十条　对保护和改善环境做出有显著成绩的单位和个人，由人民政府给予奖励。

第二章　环境管理机构和职责

第十一条　云南省人民政府环境保护行政主管部门对全省环境保护工作实施统一监督管理。

自治州、市、县人民政府和地区行政公署的环境行政主管部门，对本行政区域内的环境保护工作实施统一监督管理。

乡、镇人民政府应当有专人管理环境保护工作。

第十二条　省环境保护行政主管部门的主要职责是：

（一）对全省环境保护工作实施统一监督管理。

（二）监督、检查国家环境保护法律、法规在我省的贯彻执行情况。

（三）拟定地方环境保护法规、规章、政策和标准。

（四）编制我省环境保护的中长期规划、年度计划，并负责协调、指导和监督实施。

（五）归口管理全省自然保护工作，统筹全省自然保护区的区划、规划和组织协调工作，负责向省人民政府提出申报建立国家级和省级自然保护区的审批意见，监督重大经济活动引起的生态环境变化，对自然资源的保护和合理利用，实施统一监督管理，会同有关部门制定、实施生态环境考核指标和考核办法。

（六）负责本行政区域内的环境污染监督管理及其他公害的防治工作。

（七）组织全省环境监测，科学研究，宣传教育及监理工作。

（八）调查处理重大环境污染事故，协调跨地区污染纠纷。

（九）按规定受理环境保护行政复议案件。

（十）其他法律、法规规定应当履行的职责。

第十三条　各州、市、县（区）人民政府、地区行政公署环境保护行政主管部门的主要职责是：

（一）对本行政区域内环境保护工作实施统一监督管理。

（二）监督检查环境保护法律、法规、规章和标准的贯彻执行，负责本行政区域内的环境监理工作。

（三）编制本行政区域内的环境保护中长期规划和计划。

（四）负责本行政区域内的环境污染监督管理及其他公害的防治工作。

（五）对本行政区域内的自然保护工作实施统一监督管理。

（六）组织开展环境监测和环境保护宣传教育工作。

（七）调查处理本行政区域内环境污染、生态破坏事故和环境纠纷。

（八）受理单位或者个人对污染与破坏环境行为的检举和控告。

（九）按规定受理环境保护行政复议案件。

第十四条　各级公安、渔政、交通、铁道、民航等管理部门，依照有关法律的规定对环境污染防治实施监督管理。

县级以上人民政府的土地、矿产、林业、农业、水利行政主管部门，依照有关法律的规定对资源的保护实施监督管理。

第十五条　各企业、事业单位可根据本单位的环境保护工作实际情况，自行决定设立管理机构及人员配备。

第三章　环境监督管理

第十六条　各级人民政府对本行政区域内的环境质量负责，根据当地实际情况，制定本行政区域内的环境保护目标，实行目标责任制。环境保护目标责任制的执行情况作为考核政府政绩的重要内容；各级政府每年向同级人民代表大会或常务委员会报告当地环境质量状况和改善环境质量已采取的措施。接受人民代表大会及其常务委员会的监督检查。

第十七条　城市人民政府应当开展城市环境综合整治工作，按照城市性质、环境条件和功能分区，合理调整产业结构和建设布局，严格控制废水、废气、固体废弃物、噪声对城市环境的污染，努力改善和提高城市环境质量。

城市环境综合整治定量考核工作由云南省环境保护行政主管部门会同云南省城乡建设行政主管部门负责，每年公布考核结果。

第十八条　省人民政府根据本省需要，对国家环境质量标准中未作规定的项目，可以制定云南省地方环境质量标准并报国务院环境保护行政主管部门备案。

对国家污染物排放标准中未作规定的项目，可以制定云南省污染物排放标准；对国家污染物排放标准中已作规定的项目，可以制定严于国家污染物排放标准的云南省污染物排放标准，并报国务院环境保护行政主管部门备案。

在本省行政区域内排放污染物的，执行云南省污染物排放标准。云南省污染物排放标准未作规定的项目，执行国家污染物排放标准。

第十九条　云南省环境保护行政主管部门会同有关部门组织环境监测网络。环境监测实行资质审查制度。

县级以上环境保护行政主管部门所属的环境监测机构的监测数据是环境保护监督管理和行政执法的依据。

各行业主管部门和企业事业单位的环境监测机构，经环境监测资质考核合格，分别负责本部门和本单位的环境监测工作。受县级以上环境保护行政主管部门委托，其监测数据经济贸易委员会托部门核查后具有本条第二款效力。

第二十条　在污染物的监测数据发生争议时，由自治州、省辖市、地区行政公署环境保护行政主管部门的监测站进行技术仲裁。仲裁不服的，由云南省环境监测中心站进行技术终结裁定。

第二十一条　省、省辖市、自治州人民政府和地区行政公署环境保护行政主管部门定期发布环境状况公报。

第二十二条　在县级以上环境保护行政主管部门的环境监理机构中设立环境监理员，对污染源实行现场监督。

第二十三条　县级以上环境保护行政主管部门，有权对本行政区域内一切破坏生态、污染环境和产生其他公害的单位和个人进行现场检查。被检查的单位和个人必须如实反映情况，提供以下资料：

（一）污染物排放情况。

（二）防治污染设施的操作、运行和管理情况。

（三）监测仪器、设备的型号和规格以及校验情况，所采用的监测分析方法和监测记录。

（四）建设项目防治污染的设施与主体工程同时设计、同时施工、同时投产使用的情况。

（五）限期治理的执行情况。

（六）污染事故情况以及有关记录。

（七）与污染有关的生产工艺，原材料使用方面的资料。

（八）其他与污染防治有关的情况和资料。

现场检查人员必须出示证件，并为被检查的单位和个人保守技术秘密和业务秘密。

第二十四条　跨行政区域的生态破坏、环境污染和其他公害的防治工作，由有关的地方人民政府或地区行政公署协商解决，协商不成的，由上一级人民政府协调解决，做出决定。

第四章　保护和改善环境

第二十五条　对自然资源的开发利用，实行“谁开发谁保护，谁破坏谁恢复，谁利用谁补偿”的原则和“开发利用与保护增殖并重”的方针，造成自然环境破坏的单位和个人负有补偿整治的责任。

第二十六条　开发利用自然资源的建设项目，以及建设对自然环境有影响的设施，必须执行环境影响评价制度。对生态环境造成影响和破坏的，由开发建设的单位或个人给予补偿和恢复。

第二十七条　在生活居住区、文教区、疗养区、饮用水水源区、自然保护区、名胜古迹和风景游览区，不得建设污染环境的工业生产设施；建设其他设施，其污染物排放不得超过规定的排放标准，已建成的设施，其污染物排放超过规定排放标准的要限期治理。

第二十八条　切实保护一切水体不受污染和破坏，保持和恢复水质的良好状态，保

护的重点是滇池、洱海、泸沽湖、抚仙湖、星云湖、杞麓湖、异龙湖、阳宗海、程海和南盘江、金沙江水系。

禁止围湖造田，过量放水，防止破坏湖泊生态环境。

第二十九条　加强饮用水水源的保护，合理开发利用地下水资源，禁止过量开采。

未经处理达标的有毒有害的工业废水不得向水体排放；禁止向水体倾倒固体废弃物。

防止地下水污染，严禁将有毒有害的废水、工业废弃物直接向溶洞排放或采取渗漏方式排放、倾倒。

第三十条　保护农业生态环境，发展生态农业，防治农业环境的污染和破坏。

合理施用化肥、农药，防止破坏土壤和污染农作物。不准生产、销售和使用国家禁止的高毒高残留农药；推广综合防治和生物防治措施，减轻农药对农作物和水体的污染。

禁止在陡坡地开荒种地；已经开垦不宜耕种的陡坡地，由县（市）人民政府作出规划，逐步退耕还林还草。

禁止将有毒有害废水直接排入农田。农作物灌溉用水，应当符合农田灌溉水质标准。

第三十一条　加强对生物多样性的保护和合理利用，逐步建立野生珍稀物种及优良家禽、家畜、作物、药物良种保护和繁育中心。

保护珍贵和稀有的野生动物、野生植物，保护益虫益鸟。严禁猎捕、出售国家和本省列入保护对象的野生动物，严禁采挖、出售国家和本省列入保护对象的野生植物。

第三十二条　县级以上人民政府对珍贵稀有野生动物、野生植物的集中分布区域，重要的水源涵养区域，具有重大科学文化价值的地质构造、著名溶洞、重要化石产地和冰川、火山、温泉等自然遗迹，人文遗迹，古树名木，应划定为自然保护区或者自然保护点，采取措施加以保护。

严格保护西双版纳等地的热带雨林。

第五章　防治环境污染和其他公害

第三十三条　向环境排放污染物的企业事业单位，必须建立健全环境保护责任制度，制订污染防治考核指标，采取有效措施，防治有毒有害污染物对环境的污染和危害。

禁止违反国家规定向环境排放、倾倒剧毒废液、废气、固体废物以及废弃的放射性物质。

第三十四条　对污染物实行集中控制和治理。污染严重的行业逐步实行集中的专业化生产，并对排放的污染物进行集中处置，防止扩散和产生环境危害。

第三十五条　实行排污许可证制度。向环境排放污染物的企业事业单位，必须依照国家规定，向所在地环境保护行政主管部门申报登记，申报登记后领取排污许可证，排放污染物的种类、数量、浓度等需作重大改变时，应在改变的十五天前重新申报登记。

排污单位必须严格按照排污许可证的规定排放污染物，禁止无证排放。

第三十六条　一切建设项目，必须执行先评价，后建设的环境影响评价制度，办理环境影响报告书（表）经审查批准后，方可定点、设计和施工，严格防止对环境的污染和破坏。

第三十七条　一切建设项目，必须执行防治环境污染及其他公害的设施与主体工程同时设计、同时施工、同时投产使用的制度。

凡改建、扩建和进行技术改造的工程，必须对原有的污染源同时进行治理。在施工阶段，环境保护行政主管部门应对污染防治设施的施工情况进行检查。项目建成后，其污染的排放必须达到国家或者省规定的污染物排放标准。

第三十八条　建设项目可行性研究阶段编制的环境影响报告书（表），必须遵守国家有关建设项目环境保护管理规定，经项目主管部门预审，并依照规定程序报有审批权的环境保护行政主管部门审查批准，未经审查批准的，有关部门不得办理设计任务书的审批手续。

第三十九条　建设项目防治环境污染的设施必须经审批环境影响报告书（表）的环境保护行政主管部门竣工验收合格后，方可投入生产或者使用。

防治环境污染的设施不得擅自拆除或者闲置，确有必要拆除或者闲置的，必须征得所在地环境保护行政主管部门同意。

第四十条　排放污染物超过国家或者本省规定的污染物排放标准的企业事业单位，按照国家规定缴纳超标准排污费，并负责治理。

水污染防治法另有规定的，依照水污染防治法的规定执行。

征收排污费实行“统一领导，分级管理”的原则。中央、省属企业事业单位的排污费，由省环境保护行政主管部门负责征收和管理；自治州、省辖市、地区行政公署属排污单位的排污费由同级环境保护行政主管部门负责征收和管理；三资企业的排污费由审批项目的环境保护行政主管部门负责征收和管理。

排污费、超标准排污费，由环境保护行政主管部门负责征收，实行省、地（自治州、省辖市）、县三级财政预算管理，专款专用，不得挪作他用，并根据国家和省有关规定的范围使用。

第四十一条　加强城镇噪声和振动的管理。各种产生振动、噪声的设备和机动车辆，要安置防振、消声装置，使其达到规定的标准；一时难以达到标准的，只能在规定的区域和时间内进行行驶、搅拌、振动、灌注等作业。

第四十二条　各级人民政府要加强对城乡集体、个体企业的环境管理。城乡集体、个体企业，根据当地自然条件和环境特点，发展无污染或污染少的生产项目。

排放污染物的城乡集体、个体企业，必须到当地环境保护行政主管部门办理排污申报手续。

第四十三条　一切单位和个人从事对环境造成严重污染的电镀、制革、造纸制浆、漂染、有色金属冶炼、土硫黄、土炼焦以及噪声振动等严重扰民的工业项目，经县级以上环境保护行政主管部门会同有关部门审查批准后，方可在环境条件允许的情况下建设投产，但必须有防治污染设施，各项污染物的排放要达到国家或者本省规定的标准。

第四十四条　对从事矿业开采的一切单位和个人，由县级以上环境保护行政主管部门征收生态环境补偿费，用于生态环境的恢复和保护，具体办法由省人民政府制定。

第四十五条　加强对放射性源环境的监督管理，防治放射性环境污染。

凡产生放射性废物和废放射源的单位和个人，必须向省环境保护委员会申报登记，并统一由省放射性监理所集中管理和处置，按规定交纳费用。

第四十六条　鼓励企业积极开展资源综合利用，实行"谁投资，谁受益"的原则，按照国家有关规定，产品享受减免所得税和调节税的优惠政策。

第四十七条　各级人民政府支持、鼓励环境保护产业和绿化、美化环境的产业发展。

第四十八条　在本省生产、销售的环境保护产品、装备要符合国家和本省规定的环境保护产品、装备质量标准。

第四十九条　对造成环境严重污染的企业事业单位实行限期治理。

中央或者省人民政府管辖的企业、事业单位的限期治理，由省人民政府决定；自治州、省辖市人民政府、地区行政公署管辖的企业事业单位的限期治理，由自治州、省辖市人民政府、地区行政公署决定；县级或县级以下人民政府管辖的企业事业单位的限期治理，由县级人民政府决定。

被限期治理的企业事业单位必须如期完成治理任务。同级环境保护行政主管部门负责检查和验收。

第五十条　因发生事故或者其他突发性事件，造成或可能造成污染事故的单位，必须立即采取措施处理，及时通报可能受到污染危害的单位和个人，并向当地环境保护行政主管部门和有关部门报告，接受调查处理。

环境保护行政主管部门接到污染事故报告后，应当及时会同有关部门调查处理，并立即向当地人民政府报告，人民政府要及时采取有效措施，解除或者减轻危害。

第五十一条　加强经济开发区、高新技术开发区、科技开发区、旅游度假区、边境口岸的环境管理，具体管理办法由省人民政府制定。

第五十二条　从本省行政区域外引进技术和设备的单位，必须遵守国家和本省的环境法律、法规和政策，不得损害本省的环境权益和放宽环境保护规定。禁止将国内外列入危险特性清单中的有毒、有害废物和垃圾转移到本省处置，严格防止转移污染。

第六章　法律责任

第五十三条　建设项目环境影响报告书（表）未经审批，擅自施工的，环境保护行政主管部门除责令停止施工补办审批手续外，对建设单位及其法人代表处以罚款。

第五十四条　违反本条例规定的有下列行为之一，由县级以上环境保护行政主管部门或者其他依法行使环境监督管理权的部门视不同情节，给予警告或者处以罚款：

（一）拒绝环境保护行政主管部门现场检查或者在被检查时弄虚作假的。

（二）拒报、谎报和不按时申报污染物排放事项，或者违反许可证规定超量排放污染物的。

（三）不按国家规定缴纳超标准排污费的。

（四）违反国家规定，引进不符合我国和本省环境保护规定要求的技术和设备，或者将产生严重污染的生产设备转移给没有污染防治能力的单位和个人使用的。

（五）建设项目的防治污染设施没有建成或者没有达到国家规定要求，投入生产或者使用的；擅自拆除或者闲置防治污染设施的。

（六）未经环境保护行政主管部门批准，擅自从事对环境有影响的生产经营活动的。

（七）违反有关规定排放、倾倒剧毒废液、废气、固体废物以及废弃的放射性物质，擅自从事对环境影响的生产经营活动的。

（八）造成环境污染事故或者在事故发生后，不及时通知、报告或者不采取有效处理措施的。

（九）生产、运输、销售、使用国家禁止的高毒高残留农药造成污染的。

（十）破坏自然环境和农业生态环境，造成严重后果的。

（十一）擅自生产、销售不符合环境保护质量标准的环境保护产品、装备的。

（十二）利用渗坑、渗井、裂隙、溶洞排放、倾倒污染物或者采用稀释等方法排放未经处理的污染物的。

（十三）其他严重污染环境或者破坏环境的。

第五十五条　对逾期未完成限期治理任务的企业事业单位，除依照国家规定加倍征收超标准排污费外，还可根据所造成的危害后果处以罚款，或者责令停业、关闭。

前款规定的罚款由环境保护行政主管部门决定，责令停业、关闭，由作出限期治

理决定的人民政府决定；责令中央直接管辖的企业事业单位停业、关闭，须报国务院批准。

第五十六条　违反本条例规定，造成土地、森林、草原、水、矿产、渔业、野生植物、野生动物等资源破坏的，依照有关法律的规定承担法律责任。

第五十七条　缴纳排污水费、超标准排污费、生态环境补偿费或被行政处罚的单位和个人，不免除消除污染、排除危害和赔偿损失的责任。

第五十八条　县级环境保护行政主管部门可处以一万元以下罚款；自治州、省辖市、地区环境保护行政主管部门可处以五万元以下罚款；省环境保护行政主管部门可处以二十万元以下罚款；超过罚款限额的，报上一级环境保护行政主管部门批准。罚款全部上缴国库。

第五十九条　当事人对行政处罚决定不服的，可以在接到处罚通知之日起十五日以内，向作出处罚决定机关的上一级机关申请复议；对复议决定不服的，可以在接到复议决定之日起十五日内，向人民法院起诉。当事人也可以在接到处罚通知之日起十五日内，直接向人民法院起诉。当事人逾期不申请复议，也不向人民法院起诉，又不履行处罚决定的，由作出处罚决定的机关申请人民法院强制执行。

第六十条　违反本条例规定，造成重大环境污染事故，导致公私财产重大损失或者人员伤亡，构成犯罪的，对有关直接责任人员依法追究刑事责任。

第六十一条　环境保护监督管理人员滥用职权、玩忽职守、徇私舞弊的，由其所在单位或者上级主管机关给予行政处分，构成犯罪的，依法追究刑事责任。

第七章　附则

第六十二条　本条例的解释，属于条文本身需要进一步明确界限的，由云南省人民代表大会常务委员会负责；属于条例应用方面的问题，由云南省人民政府环境保护行政主管部门负责。

第六十三条　本条例自公布之日起施行，《云南省环境保护暂行条例》同时废止。

三、云南省西双版纳傣族自治州环境保护条例①

2005 年 3 月 26 日，云南省西双版纳傣族自治州第十届人民代表大会第五次会议通过了《云南省西双版纳傣族自治州环境保护条例》，此条例在 2005 年 5 月 27 日云南省第十届人民代表大会常务委员会第十六次会议上得到批准。具体内容如下：

---

① 云南省人民代表大会常务委员会：《云南省西双版纳傣族自治州环境保护条例》，http://db.ynrd.gov.cn:9107/lawlib/lawdetail.shtml?id=cbae6ee976ca4a0d8b97cf12319d5b71（2005-05-27）。

第一章　总则

第一条　为保护和改善生活环境与生态环境，合理开发利用自然资源，防治污染和其他公害，保障人体健康，促进经济和社会可持续发展，根据《中华人民共和国民族区域自治法》、《中华人民共和国环境保护法》等法律、法规，结合自治州实际，制定本条例。

第二条　自治州辖区内的一切单位和个人，必须遵守本条例。

第三条　自治州、县（市）人民政府以建设生态州为目标，编制环境保护规划，并纳入国民经济和社会发展计划。

自治州、县（市）人民政府应当设立环境保护专项资金，纳入财政预算，用于环境保护工作。

第四条　各级人民政府鼓励发展循环经济和环境保护产业，对开展清洁生产、资源综合利用的单位和个人实行优惠政策。

第五条　自治州、县（市）环境保护行政主管部门对本辖区内的环境保护工作实施统一监督管理。

农业、林业、水利、国土资源、建设、工商、旅游、交通、海事和公安等有关部门，依照有关法律的规定对资源的保护和环境污染防治实施监督管理。

司法、教育、文化、新闻、出版、广播、电视等有关部门应当加强环境保护的宣传教育工作。

第六条　每年6月的第一周为环境保护活动周。

第七条　各级人民政府应当保护和弘扬各民族保护环境的优良传统习俗和文化。

各级人民政府鼓励外商、私营企业和个人投资环境保护建设项目以及开展其他环境保护活动。

第八条　各级人民政府对保护和改善环境做出显著成绩的单位和个人，给予表彰和奖励。

第二章　环境监督管理

第九条　各级人民政府实行行政首长环境保护目标责任制；并实行年度检查、任期考核和奖惩制度。

第十条　自治州、县（市）环境保护行政主管部门应当会同有关部门建立生态环境监测网络。

自治州环境保护行政主管部门每年定期向社会发布环境状况公报。

第十一条　自治州、县（市）环境保护行政主管部门建立环境保护投诉制度，公布投诉电话，设立举报信箱。

第十二条　规划及建设项目实行环境保护申报登记和审批备案制度。

县（市）环境保护行政主管部门对本辖区内的规划及建设项目实行登记。项目建设单位应当向县（市）环境保护行政主管部门如实申报登记材料。

县（市）环境保护行政主管部门审批的环境影响评价报告书、报告表、登记表应当报自治州环境保护行政主管部门备案。

新建橡胶加工、矿产采选和冶炼等对环境影响较大的项目，其环境影响评价报告书、报告表必须报自治州环境保护行政主管部门审批。

第十三条　应当编制环境影响评价报告书、报告表的建设项目，在进行环境影响评价过程中，必须征求建设项目所在地利害关系人的意见，并作为环境影响评价和项目审批的条件之一。

第三章　保护和改善环境

第十四条　各级人民政府应当加强对热带雨林生态系统的保护。建立生物走廊带、野生珍稀物种繁育基地，实行流域与区域综合治理、封山育林和植树造林。

第十五条　各级人民政府应当对居住在国家和省级自然保护区核心区以及重点生态公益林区的原有居民进行迁出；对不能迁出的应当划定生产、生活区域。

禁止在所划定生产、生活区域以外的国家和省级自然保护区核心区以及重点生态公益林区种植砂仁等经济作物或者从事其它（他）经营活动。

第十六条　在旅游景区（景点）、主要旅游公路沿线和城市的面山进行开发建设或者经营活动的单位和个人，应当采取有效措施，防止对环境的污染和破坏。

禁止在旅游景区（景点）保护范围内从事采石、挖沙、烧山、取土、开垦等破坏自然景观的活动。

第十七条　各级人民政府鼓励发展本地优良特色物种。

推广非本地生物物种或者区域性连片种植经济林木 20 公顷以上的，应当进行环境影响评价。

第十八条　各级人民政府应当加强对水生生物资源的保护，并对江河流域实行分段管理责任制。

禁止以炸鱼、毒鱼、电鱼或者其他方式危害水生生物及其生存环境的活动。

第十九条　自治州辖区内澜沧江流域水系和水库的水质按照本州水功能区划确定的标准进行保护。

加强对生活饮用水水源和村寨水井周围环境的保护，禁止在生活饮用水水源保护区和村寨水井周围进行任何破坏环境和污染水体的活动。

第二十条　各级人民政府应当加强农村环境的保护与建设，实施村寨和庭院绿化工程。逐步建立和完善农村公共卫生设施、实行垃圾集中堆放处置和牲畜厩养。

第二十一条　禁止砍伐和破坏下列林木：

（一）寺庙、佛塔、村寨和村寨旧址周围的。

（二）濛山或者祭祀的。

因建设确需砍伐前款所规定的林木，必须报经县（市）人民政府批准。

第二十二条　县（市）城镇新区、集镇规划区新建设项目的绿地率不得低于百分之三十五；旧城改造建设、集镇改扩建项目的绿地率不得低于百分之三十。

第四章　防治环境污染和其他公害

第二十三条　县（市）人民政府应当根据城镇总体规划，建设城镇生活污水集中处理设施，使城镇生活污水达到国家规定的排放标准。

禁止向孔雀湖、白象湖等湖泊或者澜沧江、南腊河、补角河、会岗河、南海河、流沙河等流经城区河段，直接排放未经处理的生活污水或者倾倒固体废物。

第二十四条　在自治州水域内航行、停泊、作业的船舶或者浮动设施，不得向水体排放废油、残油、油水混合物或者倾倒垃圾、固体废物及其他有毒、有害物质。

景洪港、关累等沿江码头必须配备含油废水、粪便和垃圾的处理设施。

第二十五条　居民聚居区、重点旅游景区（景点）和主要旅游公路两侧 1000 米范围内不得新建橡胶加工厂，原建的橡胶加工厂应当搬迁。

在旅游公路沿线和城镇运输泥杂胶的，必须采取密封等防护措施，避免和减少恶臭气体的逸散。

第二十六条　县（市）人民政府所在地的城市建成区、重点旅游集镇、旅游景区（景点）禁止使用燃煤。已使用燃煤的单位和个人，应当改用清洁能源。

第二十七条　各级人民政府应当加强本行政区域内造成环境污染的塑料制品的监督管理。

县（市）人民政府所在地的城市建成区、重点旅游集镇、旅游景区（景点）禁止销售和使用不可降解塑料袋等塑料制品。

销售和使用不可降解地膜的单位和个人，按照谁污染、谁治理，谁使用、谁回收的原则，实行集中回收，统一处理。

第二十八条　县（市）人民政府所在地的城市建成区、重点旅游集镇，应当实行生活垃圾集中处理。旅游车、出租车、公共车等公共交通工具必须配备垃圾袋（桶）。

禁止在非指定地点堆放、弃置或焚烧垃圾。

第二十九条　县（市）人民政府所在地的城区主要街道，禁止设置直接面向人行道的空调散热装置。确需设置的，其高度不得低于 2.5 米，空调冷凝水的排放也不得影响行人。

第五章　法律责任

第三十条　违反本条例规定，有下列行为之一的，由环境保护行政主管部门给予行政处罚：

（一）违反第十二条第二款规定的，给予警告，可以并处一百元以上一千元以下罚款。

（二）违反第十二条第四款规定的，责令停止违法行为，并依照国家有关法律、法规规定处罚。

（三）违反第十七条第二款规定的，责令停止违法行为，限期补办有关手续，并处一千元以上五千元以下罚款。

（四）违反第十九条第二款规定的，责令停止违法行为，并处一千元以上一万元以下罚款。

（五）违反第二十六条、第二十九条规定的，责令改正，可以并处五百元以上五千元以下罚款。

第三十一条　违反本条例第十五条第二款规定，由林业行政主管部门或者自然保护区管理部门责令停止违法行为，并依照有关法律、法规规定处罚。

第三十二条　违反本条例规定，有下列行为之一的，由建设行政主管部门给予行政处罚：

（一）违反第十六条第二款规定的，责令停止违法行为，并处五百元以上二千元以下罚款。

（二）违反第二十三条第二款、第二十八条第二款规定的，责令停止违法行为，并处二百元以上二千元以下罚款。

（三）违反第二十七条第二款规定的，给予警告，没收违禁物品，可以并处五十元以上二百元以下罚款。

第三十三条　违反本条例第十八条第二款规定，由渔业行政主管部门依照有关法律、法规规定处罚。

第三十四条　违反本条例第二十一条规定，由林业行政主管部门给予警告，责令停止违法行为，并处五百元以上五千元以下罚款。

第三十五条　违反本条例第二十四条第一款规定，属地方海事管辖的船舶、浮动设施，由地方海事行政主管部门依照国家有关法律、法规的规定处罚；属澜沧江国际运输船舶的，由国家海事行政主管部门依照有关法律、法规的规定处罚。

第三十六条　当事人对行政处罚决定不服的，可以依照《中华人民共和国行政复议法》、《中华人民共和国行政诉讼法》的规定办理。

第三十七条　自治州环境保护行政主管部门和其他有关行政部门的工作人员，在环境保护工作中，滥用职权、玩忽职守、徇私舞弊的，由其所在单位或者上级行政主管部门给予行政处分；构成犯罪的，依法追究刑事责任。

第六章　附则

第三十八条　本条例由自治州人民代表大会常务委员会负责解释。

第三十九条　本条例由自治州人民代表大会通过，报经云南省人民代表大会常务委员会批准后公布施行。

四、云南省清洁生产促进条例①

2006 年 5 月 25 日，《云南省清洁生产促进条例》由云南省第十届人民代表大会常务委员会第二十二次会议于审议通过，自 2006 年 9 月 1 日起施行。具体内容如下：

第一条　为了推行清洁生产，提高资源利用效率，减少和避免污染物的产生，保护和改善环境，保障人体健康，促进经济与社会可持续发展，根据《中华人民共和国清洁生产促进法》等法律、法规，结合本省实际，制定本条例。

第二条　本条例所称清洁生产，是指不断采取改进设计、使用清洁的能源和原料、采用先进的工艺技术与设备、改善管理、综合利用等措施，从源头削减污染，提高资源利用效率，减少或者避免生产、服务和产品使用过程中污染物的产生和排放，以减轻或者消除对人类健康和环境的危害。

第三条　本省行政区域内从事生产和服务活动的单位以及从事相关管理活动的部门，依照本条例规定，组织、实施清洁生产。

第四条　推行清洁生产应当坚持政府引导、企业实施、政策扶持、市场运作、公众参与、持续开展、依法监督的原则，应当与发展循环经济、调整经济结构、促进企业技术进步和强化环境监督管理相结合。

第五条　县级以上人民政府应当加强对清洁生产工作的领导，将清洁生产纳入国民经济和社会发展规划以及环境保护、资源利用、产业发展和区域开发等专项规划，根据国家和省的产业政策、技术开发和推广政策，制定有利于实施清洁生产的政策措施，引导从事生产和服务活动的单位按照清洁生产的要求实施清洁生产。

县级以上人民政府和有关部门应当建立和完善清洁生产激励机制，对在清洁生产工

① 云南省人民代表大会常务委员会：《云南省清洁生产促进条例》，http://db.ynrd.gov.on:9107/lawlib/lawdetail.shtml?id=72768a04028747a9a4daad2a46180d8a（2006-05-25）。

作中做出显著成绩的单位和个人给予表彰奖励。

第六条　县级以上工业经济行政主管部门负责组织、协调本行政区域内的清洁生产促进工作。

县级以上环境保护、发展和改革、财政、科学技术、建设、税务、教育、商务、农业、国土资源、水利、旅游、卫生、质量技术监督、食品药品监督等行政主管部门，按照各自职责，负责有关清洁生产的指导、监督等工作。

第七条　省工业经济行政主管部门会同环境保护等有关行政主管部门编制地方清洁生产指南和技术指标体系，建立清洁生产合格单位验收制度，对验收合格的颁发清洁生产合格单位证书，并向社会公布。

第八条　县级以上人民政府有关行政主管部门应当加强清洁生产的宣传工作，对企业管理人员和技术人员进行清洁生产知识及技能的培训。

有关高等院校、职业技术学校等，应当根据教育行政主管部门关于清洁生产技术、管理的有关课程设置规定和教学计划，安排教育教学工作。

第九条　各级人民政府应当采取措施引导、鼓励公众购买和使用节能、节水、废物再生利用等有利于环境与资源保护的产品。政府采购机构应当优先采购该类产品。

第十条　各级财政应当加大对清洁生产的支持力度。对从事清洁生产研究、示范和培训，实施清洁生产的重点技术改造项目和削减污染物排放协议中载明的技术改造项目，财政部门应当在有关专项资金中予以扶持。

在中小企业发展基金中，应当根据需要安排适当数额用于支持中小企业实施清洁生产。

申报中央补助地方清洁生产专项资金的项目，经省工业经济行政主管部门会同省发展和改革行政主管部门提出意见后，由省财政部门按照国家有关规定上报。

鼓励和吸引社会资金及银行贷款投入清洁生产。

第十一条　县级以上工业经济等行政主管部门应当加强对清洁生产中介服务机构的指导监督，督促其规范执业、诚信服务。

政府有关行政主管部门应当鼓励和支持建立清洁生产信息系统和中介服务机构。

第十二条　县级以上农业、建设、旅游等有关行政主管部门和行业协会应当会同工业经济行政主管部门制定行业清洁生产推行规划及相关政策，指导和推动行业清洁生产。

第十三条　县级以上科学技术及有关行政主管部门应当指导、支持清洁生产技术和有利于环境与资源保护的产品研究、开发及清洁生产技术的示范和推广工作；对具有推广价值的清洁生产科技项目，应当优先列入重点科技发展计划给予支持。

第十四条　县级以上财政、环境保护行政主管部门根据排污费征收使用的有关管理办法，应当将征收的排污费用于支持企业的清洁生产。

第十五条　县级以上财政、税务等行政主管部门应当按照国家有关规定，对实施清洁生产的企业，落实相关产品的优惠政策。

第十六条　从事生产和服务活动的单位应当将清洁生产纳入单位发展规划和日常管理，制定清洁生产实施计划，明确清洁生产目标，增加投入，调整产品结构，加强管理，减少资源消耗，减少或者避免污染物的产生和排放，持续开展清洁生产。

第十七条　从事生产和服务活动的单位实施清洁生产审核分为自愿性审核和强制性审核。

自愿性清洁生产审核，由县级以上工业经济行政主管部门会同同级环境保护行政主管部门指导实施。

强制性清洁生产审核，由县级以上环境保护行政主管部门会同同级工业经济行政主管部门及相关部门监督实施。

第十八条　对污染物排放超过国家和地方排放标准，或者污染物排放总量超过地方人民政府核定的排放总量控制指标的污染严重企业和使用有毒有害原料进行生产或者在生产中排放有毒有害物质的从事生产和服务活动的单位，应当定期实施强制性清洁生产审核，并向社会公布审核结果。

未列入强制性清洁生产审核的企业实施自愿性清洁生产审核。

实施清洁生产审核的程序依照国家和本省的有关规定执行。

第十九条　新建、改建和扩建对环境有影响的项目，在项目申报时应当包括清洁生产的内容，在环境影响报告书（表）中应当包括清洁生产的专题（栏），清洁生产措施应当在工程项目的设计、施工、验收、投产或者使用过程中予以落实。

新建、改建、扩建及其他技术改造工程，不得引进、采用国家公布淘汰的生产技术、工艺、设备或者产品。

任何单位和个人不得转让国家公布淘汰的生产技术、工艺、设备或者产品。

第二十条　县级以上人民政府有关行政主管部门及高等院校、科研机构、企业应当广泛开展国际合作与交流，争取外资开展清洁生产，引进国外先进清洁生产技术和设备。

第二十一条　违反本条例第十八条第一款规定，不实施强制性清洁生产审核的，由县级以上环境保护行政主管部门责令改正，给予警告；逾期不改的，处1万元以上10万元以下罚款。

第二十二条　违反本条例第十九条第一款规定，清洁生产措施没有落实即投入生产或者使用的，由批准该建设项目环境影响报告书（表）的环境保护行政主管部门责令停止生产或者使用，可以并处1万元以上10万元以下罚款。

违反本条例第十九条第二款、第三款规定的，由县级以上工业经济行政主管部门责令改正，处1万元以上10万元以下罚款；有关部门不得发给生产许可证，企业不得享受优惠政策和资金扶持。

第二十三条　清洁生产监督管理人员和其他有关国家工作人员玩忽职守、滥用职权、徇私舞弊的，依法给予行政处分；构成犯罪的，依法追究刑事责任。

第二十四条　本条例自2006年9月1日起施行。

五、云南省无线电电磁环境保护条例①

2008年3月28日，《云南省无线电电磁环境保护条例》由云南省第十一届人民代表大会常务委员会第二次会议审议通过，自2008年6月1日起施行。具体内容如下：

第一章　总则

第一条　为了保护无线电电磁环境，有效利用无线电频谱资源，保障电磁频谱空间安全，根据《中华人民共和国无线电管理条例》等有关法律、法规，结合本省实际，制定本条例。

第二条　本省行政区域内无线电电磁环境的保护，适用本条例。

军队的无线电电磁环境保护按照有关规定执行。

本条例所称无线电电磁环境，是指存在于给定场所的所有无线电电磁现象的总和。

第三条　无线电电磁环境保护坚持统一规划、分级保护、预防为主、综合治理的原则。

第四条　依法取得的无线电频率和依法设置、使用的无线电台（站），其电磁环境受法律保护，任何单位和个人不得干扰、破坏。

无线电频率、台（站）的使用单位和个人有保护无线电电磁环境的义务。

第五条　县级以上人民政府应当加强对无线电电磁环境保护工作的领导，统筹规划，制定政策和措施，促进无线电事业的可持续发展。

第六条　省、州（市）无线电管理机构和县级人民政府负责无线电管理工作的机构主管无线电电磁环境保护工作。

其他有关部门按照各自的职责，做好无线电电磁环境保护的相关工作。

第七条　县级以上人民政府对在无线电电磁环境保护工作中作出显著成绩的单位和个人应当给予表彰、奖励。

① 云南省人民代表大会常务委员会：《云南省无线电电磁环境保护条例》，http://china.findlaw.cn/fagui/p_1/ 329775.html（2008-06-01）。

第二章　职责

第八条　省无线电管理机构负责制定全省无线电电磁环境保护制度，审查保护规划和保护区划定方案，协调跨行政区域及边境地区的有关保护工作。

省无线电管理机构应当与军队无线电管理机构建立联席会议制度，定期研究、协调无线电电磁环境保护的有关事宜。

第九条　州（市）无线电管理机构负责制定无线电电磁环境保护的具体措施，组织编制和实施保护规划，划定保护区，依法查处违法行为。

县级人民政府负责无线电管理工作的机构，负责实施无线电电磁环境保护规划，开展监督检查工作。

第十条　省和州（市）无线电监测机构负责无线电电磁环境的监测、评估和电磁兼容分析工作。

第三章　预防

第十一条　省无线电管理机构应当将无线电电磁环境保护规划纳入全省无线电事业发展规划，并组织实施。

州（市）无线电管理机构组织编制无线电电磁环境保护规划，报本级人民政府批准后实施。

州（市）人民政府应当将无线电电磁环境保护规划纳入本级城乡建设总体规划。

编制无线电电磁环境保护规划应当听取有关部门和单位的意见。

第十二条　州（市）无线电管理机构根据无线电电磁环境保护规划和国家标准、行业标准划定保护区，并征求发展改革、规划（建设）、环境保护等行政主管部门的意见，报本级人民政府批准后予以公告。

第十三条　州（市）无线电管理机构编制的保护规划和划定保护区的具体方案，在报本级人民政府批准前应当经省无线电管理机构审查同意。

第十四条　无线电电磁环境保护区划分为三级：

（一）一级保护区：是指关系公共安全的重要设施的电磁环境保护区域，包括民用航空地面无线电台（站）、安全业务台（站）等区域。

（二）二级保护区：是指对无线电电磁环境保护有特殊要求的重要区域，包括铁路、航运调度台（站）和大型卫星地球站、对空情报雷达站、射电天文台、无线电监测和测向台（站）等区域。

（三）三级保护区：是指无线电业务运用集中的区域，包括公用通信网、专用通信网等台（站）集中的区域。

无线电台（站）不符合无线电电磁环境保护规划和无线电频率规划的、未依法取得无线电频率许可和无线电台（站）许可的，不得列为保护区。

第十五条　一、二级保护区内，确需设置保护台（站）以外的其他无线电台（站）的，应当进行无线电电磁环境测试和电磁兼容分析。无线电管理机构作出是否许可决定前，应当组织专家论证；涉及重大公共利益的，应当召开听证会。

三级保护区内禁止新设雷达、大功率微波及发射功率大于 100瓦（W）的无线电台（站），申请新设其他无线电台（站）应当提交电磁兼容分析报告。

第十六条　在保护区以外的其他区域，申请设置发射功率在 100瓦（W）以上的无线电台（站），应当进行无线电电磁环境测试、电磁兼容分析。

第十七条　在一、二级保护区范围内不得新建、使用对无线电台（站）造成影响的下列设施设备：

（一）高压输电线及变电站。

（二）工业、科学和医疗等辐射无线电波的非无线电设备。

（三）建筑物、金属栅栏、架空金属缆线等设施。

第十八条　在一、二级保护区范围内新建电气化铁路、二级以上公路等国家重大建设项目，造成保护区内无线电台（站）搬迁的，建设单位应当按照国家有关规定给予补偿。补偿费用应当列入其项目可行性研究和初步设计方案。

第十九条　在保护区内设置、使用无线电台（站）的单位，对保护区及其周边地区发生的可能影响保护区电磁环境的行为，应当主动与有关单位协调并向无线电管理机构报告；不能达成一致意见的，无线电管理机构应当及时协调处理。

第二十条　不得擅自使用无线电移动通信干扰设备，确需使用的，应当报省保密部门审核同意，所用设备经无线电管理机构测试合格，办理临时设台（站）许可手续后，按照设台（站）许可确定的发射频率、功率、时间、地点使用，并指定专人管理。

第二十一条　无线电管理机构审批无线电专用通信网，应当遵循节约频率资源、有利于无线电电磁环境保护的原则，并召开专家论证会进行必要性和可行性论证。

第二十二条　机场、码头、铁路、高等级公路以及高压输电线、变电站、高频炉等涉及无线电电磁环境保护的重大建设项目的选址，应当在立项前进行无线电电磁环境测试和电磁兼容分析。不符合电磁环境保护规划的，建设单位应当变更选址方案；无法实现电磁兼容的，建设单位应当与有关单位协商解决或者变更选址方案。

建设（规划）行政主管部门在审查超限高层建筑工程规划设计方案时，对可能影响无线电台（站）电磁环境的，应当征求无线电管理机构的意见。

第二十三条　研制、生产和维修无线电发射设备时，应当采取有效措施抑制电波辐射。

不得销售不符合国家技术标准、无型号核准证的无线电发射设备；不得在维修中改变已核准的无线电发射设备的技术指标。

第二十四条　销售微功率（短距离）无线电发射设备、公众移动通信终端以外的无线电发射设备，销售商应当如实填写由省无线电管理机构制作的《无线电发射设备销售、使用登记卡》，并在每季度末将登记卡送当地无线电管理机构备案。

第二十五条　禁止对微功率（短距离）设备加装射频功率放大器和外接天线或者改用其他发射天线。

禁止生产、销售、使用发射频率、发射功率不符合国家标准的无绳电话。

第二十六条　省无线电管理机构对供需矛盾突出的无线电频段，应当采用招标、拍卖等市场运作的方式分配无线电频率资源。

第二十七条　无线电管理机构应当建立无线电电磁环境监测和评估制度，定期向社会公布无线电电磁环境状况。

无线电监测机构应当对无线电电磁环境进行监测、评估，对无线电发射设备定期进行分类检测，出具监测、检测报告，为无线电电磁环境保护提供技术依据。

第四章　治理

第二十八条　无线电管理机构、发展改革、建设（规划）、环境保护等行政主管部门应当加强协调与配合，做好宣传工作，采取措施，综合治理，改善电磁环境状况。

第二十九条　无线电台（站）设置数量较多、覆盖面广的行业和系统，应当建立健全内部管理制度和措施，加强对本行业、本系统电磁环境保护工作的管理、指导、监督。

第三十条　设置、使用无线电台（站）的单位应当对其使用的无线电发射设备进行定期检测维护，并将检测维护情况报当地无线电管理机构备案。

设置、使用无线电台（站）的单位，其设备的技术指标不符合国家标准或者达不到相关电磁环境保护要求的，应当及时整改，整改达不到要求的应当停止使用，并办理报停、报废手续。

第三十一条　辐射无线电波的非无线电设施、设备对无线电台（站）产生有害干扰的，其所有人或者使用人应当及时采取措施消除干扰或者停止使用。

用于防治无线电电磁辐射污染的设施、设备应当保持正常运行，不得擅自拆除或者停止使用。

第三十二条　禁止对航空通信和水上通信等涉及公共安全的无线电频率造成有害干扰。

第三十三条　无线电管理机构应当会同有关部门制定无线电干扰事件应急预案，报本级人民政府批准后执行。

设置使用发射功率大于 100 瓦（W）的无线电台（站）的单位应当制定无线电干扰事件应急预案，并向当地无线电管理机构备案。

第三十四条　无线电频率受到有害干扰时，用户有权向无线电管理机构投诉。

造成无线电干扰的单位和个人，应当及时采取有效措施消除干扰，并将处理情况报告无线电管理机构。

第三十五条　无线电管理机构在收到干扰投诉后，应当在 5 日内进行干扰排查，并将排查情况告知投诉人。在干扰排除前，无线电管理机构可以采取反干扰措施。

对航空导航等涉及人民生命财产安全的无线电台（站）造成干扰的，无线电管理机构应当立即进行排查。

无线电管理机构应当对干扰的原因、性质、程度、范围和后果等进行调查，并依法处理。

第三十六条　无线电管理机构对无线电发射设备和辐射无线电波的非无线电设施、设备的使用情况进行检查时，被检查的单位和个人应当予以配合，如实陈述情况，提供相关资料和数据。

第三十七条　无线电管理机构对无线电电磁环境保护工作进行监督检查时，有权采取下列措施：

（一）现场检查、勘验、检测和测试。

（二）询问当事人和证人，制作调查笔录。

（三）查阅有关资料。

（四）实施必要的技术性措施，制止非法无线电发射。

（五）经无线电管理机构负责人批准，封存或者暂扣相关设施、设备。

（六）法律、法规规定的其他措施。

采取前款第（五）项措施，对封存或者暂扣的设施、设备，应当在 30 日内作出处理。

第五章　法律责任

第三十八条　违反本条例第十七条规定的，由无线电管理机构责令限期改正，可以并处 1 万元以上 10 万元以下罚款；逾期不改正的，无线电管理机构可以依法申请人民法院强制执行。

第三十九条　违反本条例第二十条规定的，由无线电管理机构封存或者没收设备，可以并处 1000 元以上 1 万元以下罚款。

第四十条　违反本条例第二十三条第二款规定，维修无线电发射设备时，擅自改变已核准的技术指标的，由无线电管理机构责令改正，可以处 500 元以上 1000 元以下罚款。

第四十一条　违反本条例第二十五条规定的，由无线电管理机构责令改正；拒不改正的，没收相关设备，可以并处 200 元以上 1000 元以下罚款。

第四十二条　违反本条例第三十一条第二款规定的，由无线电管理机构责令限期改正，可以处 1000 元以上 1 万元以下罚款。

第四十三条　违反本条例第三十二条规定的，由无线电管理机构拆除设施、设备，并处 1 万元以上 10 万元以下罚款；构成犯罪的，依法追究刑事责任。

第四十四条　国家工作人员在无线电电磁环境保护工作中玩忽职守、滥用职权、徇私舞弊、收受贿赂的，依法给予处分；构成犯罪的，依法追究刑事责任。

第六章　附则

第四十五条　本条例自 2008 年 6 月 1 日起施行。

第二节　水环境保护法规条例

一、云南省曲靖独木水库保护条例[①]

2003 年 7 月 31 日，《云南省曲靖独木水库保护条例》由云南省第十届人民代表大会常务委员会第四次会议审议通过，自 2004 年 1 月 1 日起施行。具体内容如下：

第一条　为了加强独木水库的保护和管理，保障曲靖城市生活、生产用水安全，根据《中华人民共和国水法》《中华人民共和国水污染防治法》等有关法律、法规，结合当地实际，制定本条例。

第二条　水库径流区 196 平方千米及水库配套工程和输水工程为水库保护区范围。保护区范围涉及麒麟区东山镇独木、新村、卑舍、水井村民委员会辖区，富源县墨红镇墨红、普冲、玉麦村民委员会辖区，罗平县马街镇荷叶村民委员会辖区。

第三条　水库保护区范围划分为一、二、三级。

一级保护区范围为水库 2008 米高程以下的库区。

二级保护区范围为富源布都—墨红—世衣公路以南，除一级保护区之外的水库径流区及水库配套工程和输水工程。

① 云南省人民代表大会常务委员会：《云南省曲靖独木水库保护条例》，http://db.ynrd.gov.cn:9107/lawlib/lawdetail.shtml?id=9dcdaddbac7c4949bc5cc074c804b946（2003-07-31）。

三级保护区范围为富源布都—墨红—世衣公路以北的水库径流区。

第四条　水库保护管理遵循科学规划、合理利用、防治污染、保护水源、促进可持续发展的原则。

第五条　曲靖市人民政府负责独木水库水源保护工作，根据曲靖市城市总体规划，将独木水库水源保护纳入国民经济和社会发展规划，加大对水库保护区的经济扶持力度，促进水源保护和管理工作。

对在水库保护工作中作出突出贡献的单位或者个人，给予表彰和奖励。

第六条　曲靖市麒麟区、富源县、罗平县人民政府应当在水库保护区有计划地实行退耕还林还草，植树种草，加强水源涵养林建设，保护自然植被，防治水土流失，改善生态环境，提高水体自净能力。

水库保护区内的有关单位，应当建设污水处理设施，妥善处理生产、生活垃圾等污染物。

第七条　任何单位和个人对破坏水库设施和污染水库水质等行为有权制止和举报。

第八条　曲靖市人民政府设立独木水库管理机构。独木水库管理机构履行下列职责：

（一）宣传贯彻国家有关法律、法规和本条例。

（二）协调、督促各有关部门和县（区）依法保护水库。

（三）组织拟定水库的保护、开发利用规划，综合整治方案及保护管理配套办法，报曲靖市人民政府批准后，负责监督实施。

（四）在水库保护区内依法集中行使市政府有关职能部门对水库保护管理的部分行政处罚权，其实施方案由曲靖市人民政府拟定，报省人民政府批准。

（五）参与水库径流区内开发和污染治理项目的审批，并对实施项目进行监督。

（六）法律、法规规定的其他有关职责。

第九条　在库区设立公安派出机构，维护治安。

第十条　曲靖市人民政府各有关行政主管部门，按照各自的职责和权限，做好水库保护管理工作。

第十一条　水库保护区的水质按照国家《地表水环境质量标准》（GB 3838—2002）的Ⅱ类标准和国家《生活饮用水卫生标准》（GB 5749—85）的生活饮用水水源卫生标准执行。

水库径流区的污水排放按照国家有关标准中的一级标准执行。

建立水库水质监测制度，依法进行水质监测，定期公布。

第十二条　在一级保护区与二级保护区的界线上埋设界桩，禁止移动和破坏界桩。

违反前款规定的，由水库公安机构责令恢复原状，并可处以 500 元以下的罚款。

第十三条　在水库一级保护区内禁止下列行为：

（一）建设除水利或者供水工程以外的项目。

（二）排放废水、废液，堆放或者倾倒土、煤、矸石、尾矿、废渣等。

（三）未经批准开船作业。

（四）开垦种植、养殖，宰杀畜禽及丢弃死畜禽，堆放畜肥，倾倒垃圾。

（五）游泳、洗刷车辆、衣物及其他可能污染水体的活动。

（六）毒鱼、炸鱼、电鱼、偷盗捕鱼。

违反前款第（一）至（五）项规定的，由水库管理机构责令停止违法行为，限期整改。对其中违反第（一）至（三）项规定的，可对单位处以10000元以上50000元以下的罚款，对个人处以1000元以下的罚款；违反第（四）、（五）项规定的，可处以200元以下的罚款。违反第（六）项规定的，由水库公安机构责令停止违法行为，可没收渔网等工具，并可处以1000元以下的罚款。

第十四条　在水库二级保护区内禁止下列行为：

（一）新建、改建、扩建对水库水源产生污染的项目。

（二）废水超标排放和水污染物超总量排放。

（三）排放有毒气体、放射性物质，设立有毒、有害化学品仓库和堆栈。

（四）土法炼焦、炼锌等。

（五）施用高残留、剧毒的农药。

（六）非法开采煤炭及其他矿产资源。

（七）开采灰份高于40%、全硫高于3%的煤层及其他硫化物矿产资源。

（八）毁林开垦、烧山、取土、采砂石、铲草皮、挖树根。

（九）未经水库管理机构同意的机动车辆从水库大坝上通行。

违反前款规定的，由水库管理机构责令停止违法行为，限期整改。对其中违反第（一）至（五）项规定的，可对单位处以2000元以上50000元以下的罚款，对个人处以200元以上1000元以下的罚款；违反第（六）、（七）项规定的，没收违法所得，可处以违法所得1倍以上5倍以下的罚款；违反第（八）项规定的，处以每平方米10元以下的罚款；违反第（九）项规定的，处以200元以下的罚款，造成损失的，依法承担赔偿责任。

第十五条　在水库三级保护区内不得新建、改建、扩建对水质有严重污染的建设项目。

违反前款规定的，由水库管理机构责令停止建设，并按有关法律、法规处罚。

第十六条　严禁破坏、盗窃、侵占水库保护区内的大坝、水电厂、桥闸、输水渠道、水文、测量、通信、交通等设施。

违反前款规定的，由水库公安机构依法处理。

第十七条　对水库保护区内的污染源实施主要污染物排放总量控制，对有关企业实施该主要污染物排放量的核定制度。实施方案由曲靖市人民政府拟定，报省人民政府批准后实施。违反前款规定的，由曲靖市环境保护行政主管部门报同级人民政府批准责令其限期治理，对治理达不到要求的按企业隶属关系，分别由省、市、县（区）、乡（镇）人民政府批准关闭、取缔或者搬迁。

对超标准、超总量排放污染物的单位，由水库管理机构责令停止违法行为，限期整改，并可以根据所造成的危害和损失，对单位处以 10000 元以上 50000 元以下的罚款，对单位负责人处以 200 元以上 1000 元以下的罚款。

第十八条　在水库保护区内的排污单位，应当实行水处理封闭循环；对无法封闭循环而必须排放的废水，必须符合本条例第十一条第二款和污染物排放总量控制的规定，并向环境保护行政主管部门申请取得排污许可证后方可排放。

第十九条　在水库保护区的建设项目必须执行环境影响评价制度和水资源论证制度。建设项目中防治水污染的设施，必须与主体工程同时设计，同时施工，同时投产使用。防治水污染的设施必须经过环境保护行政主管部门验收，不合格的，建设项目不得投入生产或者使用。

违反前款规定的，由水库管理机构依照有关法律、法规进行处罚。

第二十条　妨碍水库管理机构的防洪、蓄水、供水及发电等正常工作和执法人员依法执行公务的，侮辱、殴打执法人员的，对制止人、举报人进行打击报复的，由监察或者公安机关依法进行处理。

第二十一条　有关部门执法人员和水库管理工作人员玩忽职守、滥用职权、徇私舞弊的，由其所在单位或者有关行政部门给予行政处分；构成犯罪的，依法追究刑事责任。

第二十二条　本条例自 2004 年 1 月 1 日起施行。

二、云南省昭通渔洞水库保护条例[①]

2005 年 9 月 26 日，云南省第十届人民代表大会常务委员会第十八次会议通过《云南省昭通渔洞水库保护条例》，自 2006 年 1 月 1 日起施行。具体内容如下：

第一条　为了加强渔洞水库的保护和管理，防治水体污染、水土流失和水库淤积，保障人民生活、生产用水安全，根据《中华人民共和国水法》、《中华人民共和国水污

① 云南省人民代表大会常务委员会：《云南省昭通渔洞水库保护条例》，http://db.ynrd.gov.cn:9107/lawlib/lawdetail.shtml?id=49a286fec4b743db8912afa7059c41c0（2005-09-26）。

染防治法》等有关法律法规，结合当地实际，制定本条例。

第二条　在水库保护区从事活动的单位和个人，应当遵守本条例。

第三条　水库保护坚持以人为本、科学规划、合理利用、综合防治和可持续发展的原则。

第四条　任何单位和个人都有保护水库和节约用水的义务，并有权对污染水库水体、破坏水土资源和水库设施等行为进行制止和举报。

第五条　水库正常蓄水位为黄海高程 1985 米。

水库 709 平方千米径流区和水库枢纽工程、输水干渠为水库保护区。水库保护区划分为一级和二级保护区。

一级保护区为水库、水库枢纽工程和水库正常蓄水位沿地表外延 100 米范围内。

二级保护区为除一级保护区以外的径流区，以及输水干渠两侧各 3 米范围内。

在一级保护区的界线上应当设置界桩。

第六条　水库水质按照国家《地表水环境质量标准》的Ⅱ类标准和国家《生活饮用水卫生标准》的生活饮用水水源卫生标准执行。

第七条　昭通市人民政府负责水库的保护工作，将水库保护纳入国民经济和社会发展规划，建立水库保护投入机制和生态补偿机制，加大对径流区的扶持力度，加强基础设施建设，改善人民群众的生产、生活条件。

昭通市人民政府对在水库保护工作中作出突出贡献的单位和个人，给予表彰和奖励。

第八条　昭通市人民政府有关部门，昭阳区、鲁甸县、永善县人民政府及其有关部门，应当加大径流区环境保护和生态建设力度，防治水污染和水土流失；有计划地实行退耕还林还草；营造水源涵养林，保护自然植被；实施国土整治和地质灾害防治；推进沼气池、节能灶和以煤代柴、以电代柴等农村替代能源建设；指导科学施用化肥、农药，妥善处理生产生活污水和垃圾，推广旱厕，防治面源污染。

第九条　昭通市人民政府渔洞水库管理机构履行下列职责：

（一）宣传贯彻有关法律、法规。

（二）拟定水库保护区的保护开发利用规划、综合整治方案及保护管理配套办法，报昭通市人民政府批准后，负责监督实施。

（三）协调有关部门和县（区）依法保护水库。

（四）参与水库保护区内开发和污染治理项目的审批，并对项目的实施进行监督。

（五）负责水库、枢纽工程和输水干渠管理，制定年度蓄水、供水计划及水库工程运行调度方案和防洪预案。

（六）做好供水服务，确保用水安全。

（七）依法建立水库水质监测制度，定期公布监测结果；发现重点污染物排放总量超过控制指标应及时向有关部门通报，并采取治理措施。

（八）在一级保护区内依法集中行使昭通市人民政府有关职能部门对水库保护管理的部分行政处罚权，其实施方案由昭通市人民政府拟定，报省人民政府批准。

（九）昭通市人民政府交办的其他事项。

第十条　在一级保护区设立公安派出机构，维护治安。

第十一条　昭阳区、鲁甸县、永善县人民政府负责对辖区内二级保护区的管理，由水行政主管部门负责日常管理工作。

龙树河沿岸乡镇指定专职管理人员，负责辖区内河流水质保护的相关工作。

第十二条　使用水库供水的单位和个人都应当按规定缴纳水费。

水库水费和水资源费留成中应当提取一定比例用于径流区的保护与发展。

第十三条　一级保护区内禁止下列行为：

（一）新建、改建、扩建环境保护和供水工程以外的建筑物。

（二）向水体排放粪便、污水、废水、废液，倾倒固体废弃物。

（三）在水体洗刷车辆、器具，洗涤衣物，游泳。

（四）爆破、打井、葬埋、采砂石、取土。

（五）未经批准的开船作业。

（六）垦荒、放牧、猎捕、规模养殖和屠宰畜禽，丢弃畜禽尸体。

（七）销售、使用剧毒、高残留农药及含磷洗涤用品。

（八）移动和破坏界桩。

（九）毒鱼、炸鱼、电鱼、钓鱼、网箱养鱼及未经批准的捕鱼；向水体投放对水质有害的鱼苗。

（十）毁林、毁草、挖树根。

（十一）在水库正常蓄水位以下及水库正常蓄水位沿地表外延 50 米范围内耕种；在水库正常蓄水位沿地表外延 50 米至 100 米范围内的二十五度以上陡坡地开垦种植农作物。

（十二）其他可能污染水体或者导致水土流失、水库淤积的行为。

第十四条　在水库二级保护区内禁止下列行为：

（一）新建、改建、扩建对水源产生严重污染的项目。

（二）直接向河道、渠道、水沟排放粪便、污水、废水、废液，倾倒固体废弃物及丢弃畜禽尸体，清洗有毒器具。

（三）销售、使用剧毒、高残留农药及含磷洗涤用品。

（四）在输水干渠两侧各 3 米范围内和龙树河河道两岸各 10 米范围内修建建筑物，

爆破、打井、葬埋、采砂石、取土，堆放农药、化肥和固体废弃物。

（五）毁林、毁草、挖树根。

（六）在二十五度以上陡坡地开垦种植农作物。

第十五条　水库正常蓄水位沿地表外延 50 米范围内应当植树种草，建立生态屏障；已耕种的，应当退耕还林。

在一级保护区内的住户应当逐步迁出。对迁出居住的住户，应当给予补偿，并妥善安置，具体实施方案由昭通市人民政府制定。

第十六条　禁止破坏水库大坝，禁止盗窃、侵占、破坏水库保护区范围内供水、电力、监测、通信等设施。

第十七条　龙树河源头大海子至水库库尾 62 千米的河道两岸各 10 米范围内以及沿河的集镇、水库库边的村寨为径流区的重点治理区域。在此区域内，应当建立垃圾无害化处置和污水处理设施，引导径流区群众修建和改造畜圈、厕所，防止对水源造成污染。

第十八条　在径流区的建设项目必须执行环境影响评价制度和水资源论证制度。建设项目中防治水污染的设施，必须与主体工程同时设计，同时施工，同时投产使用。防治水污染的设施必须经过环境保护行政主管部门验收，经验收不合格的建设项目不得投入生产或者使用。

第十九条　违反第十三条规定的，由水库管理机构责令停止违法行为，限期整改。对其中违反第（一）至（七）、（十二）项规定的，可对单位处 1 万元以上 5 万元以下的罚款，对个人处 1000 元以下的罚款；违反第（八）项规定的，责令恢复原状，可处 200 元以下的罚款；违反第（九）项规定的，可没收渔网等工具，并可处 200 元以下的罚款；违反第（十）项规定的，责令补种毁坏株数、面积或者种植面积 1 至 3 倍的树木、草地，可处毁坏林木、草地价值 1 倍至 5 倍的罚款；违反第（十一）项规定的，可按非法种植土地面积处以每平方米 1 至 2 元的罚款。

第二十条　违反第十四条规定的，由所在县区人民政府有关主管部门责令停止违法行为，限期整改。对其中违反第（一）至（四）项规定的，可对单位处 2000 元以上 5 万元以下的罚款，对个人处 1000 元以下的罚款；违反第（五）项规定的，责令补种毁坏株数、面积 1 至 3 倍的树木、草地，可处毁坏林木、草地价值 1 倍至 5 倍的罚款；违反第（六）项规定的，可按非法开垦种植的陡坡地面积处以每平方米 1 至 2 元的罚款。

第二十一条　违反第十六条规定的，由公安机关依法处理，构成犯罪的依法追究刑事责任。

第二十二条　违反第十八条规定，建设单位未依法报批建设项目环境影响评价文件，擅自开工建设的，由有权审批该项目环境影响评价文件的环境保护行政主管部门责

令停止建设，限期补办手续；逾期不补办手续的，可以处 5 万元以上 20 万元以下的罚款，对建设单位直接负责的主管人员和其他直接责任人员，依法给予行政处分。

违反第十八条规定，建设项目的水污染防治设施没有建成或者验收不合格即投入生产、使用的，由批准该建设项目的环境影响报告书的环境保护部门责令停止生产或者使用，可以并处 10 万元以下的罚款。

第二十三条　阻碍水库防洪、蓄水、供水及发电等正常工作和执法人员依法执行公务的，侮辱、殴打执法人员的，由公安机关依法处理。

第二十四条　国家工作人员在水库保护管理中玩忽职守、滥用职权、徇私舞弊的，依法给予行政处分；构成犯罪的，依法追究刑事责任。

第二十五条　本条例自 2006 年 1 月 1 日起施行。

三、云南省程海保护条例①

2006 年 9 月 28 日，云南省第十届人民代表大会常务委员会第二十四次会议审议通过了《云南省程海保护条例》，自 2007 年 1 月 1 日起施行。具体内容如下：

第一条　为了加强程海的保护、管理和合理开发利用，防治水体污染，根据《中华人民共和国水法》、《中华人民共和国水污染防治法》等有关法律、法规，结合当地实际，制定本条例。

第二条　在程海保护区范围内从事活动的单位和个人，应当遵守本条例。

第三条　程海的保护、开发和利用，应当坚持保护为主、科学规划、统一管理、合理利用、综合防治的原则，实现生态效益、经济效益和社会效益的统一。

第四条　任何单位和个人都有保护程海的义务，并有权对污染水体、破坏生态环境和保护设施等行为进行制止和举报。

第五条　程海最高运行水位为 1501 米（黄海高程，下同），最低控制水位 1499.2 米。

程海水环境质量，在保持天然偏碱性特征的同时，按照国家《地表水环境质量标准》规定的Ⅲ类水以上标准执行。

补入程海的水资源，其水质应当达到国家规定的Ⅲ类以上标准。

第六条　程海保护区范围分为一级保护区、二级保护区。

一级保护区范围为程海水体及程海最高运行水位 1501 米水位线外延水平距离 30 米内。在一级保护区的界线上设置界桩。

二级保护区范围为一级保护区以外的程海径流区。

---

① 云南省人民代表大会常务委员会：《云南省程海保护条例》，http://db.ynrd.gov.cn:9107/lawlib/lawdetail.shtml?id=267bcd1748b14ad88b5fbf817274b573（2006-09-28）。

第七条　永胜县人民政府负责程海的保护和管理工作，将程海保护纳入当地国民经济和社会发展规划。在程海保护区范围内科学推广生物防治措施和工程保护措施，加快生态农业建设，改善生态环境，提高人民群众的生产、生活水平。对在保护工作中作出突出贡献的单位和个人，给予表彰和奖励。

永胜县人民政府所属水务、环境保护、农业、林业、国土、交通等各有关行政主管部门，应当按照各自的职责，依据相关的法律、法规和本条例做好对程海的保护和管理工作。防治水污染和水土流失；有计划地实行退耕还林还草；封山育林，营造水源涵养林，保护植被，建立生态屏障；推进沼气池、节能灶等农村替代能源建设；推广使用农家肥，科学施用化肥、农药；改造畜圈、厕所，防治面源污染。

程海镇等有关乡镇人民政府应当切实落实保护区范围内的生态环境保护措施。

第八条　永胜县人民政府程海管理机构，负责程海的保护和管理的具体工作，其主要职责是：

（一）宣传贯彻执行国家有关法律、法规、规章及本条例。

（二）会同有关部门编制、实施程海保护和开发利用规划。

（三）会同有关部门监督、检查、落实程海生态环境保护和水污染防治措施。

（四）在一级保护区内依法集中行使永胜县人民政府有关职能部门对程海保护的部分行政处罚权。

（五）确定封湖禁渔区域、期限。

（六）永胜县人民政府交办的其他事项。

第九条　设在一级保护区的公安派出机构，负责维护一级保护区范围内的社会治安。

第十条　在程海最高运行水位1501米水位线外延水平距离30米内，对已有的住户由永胜县人民政府制定补偿安置实施方案，逐步迁出；对已建成的永久性建筑设施应当经程海管理机构审查，审查结果及处理意见报永胜县人民政府批准执行。

第十一条　在程海保护区范围内，禁止下列行为：

（一）破坏、移动界桩或者设置的其他标志。

（二）破坏森林资源、植被或者开垦荒地。

（三）直接排放或者利用溶洞、渗井、渗坑、裂隙排放、倾倒含有汞、铅、镉、砷、铬、氰化物、黄磷等有毒有害物质的废水、废渣。

（四）在湖泊、入湖河道滩地和岸坡堆放、贮存废弃物和其他污染物。

（五）生产、销售、使用高毒高残留农药和含磷洗涤用品。

（六）其他破坏程海生态环境的行为。

第十二条　在一级保护区范围内，禁止下列行为：

（一）侵占滩地建房、围湖造田等缩小湖面的行为。

（二）挖沙、采石、取土、爆破，弃置沙石、淤泥和其他废弃物。

（三）新建、改建、扩建除环境保护和供水工程以外的建筑物。

（四）从事网箱、围网、围湖养殖活动。

（五）猎捕野生水禽、鸟类等栖息动物。

（六）炸鱼、毒鱼、电力捕鱼或者使用禁用的渔具、捕捞方式进行捕捞。

（七）在禁渔区域、禁渔期捕鱼。

（八）倾倒、填埋垃圾及丢弃畜禽尸体等废弃物。

（九）采捞水草。

第十三条　沿湖生产、加工企业和服务行业所产生的废水应当进行水污染物处理，实行达标排放，处理后水体水质仍低于国家《地表水环境质量标准》规定的Ⅲ类水标准的，严禁流入程海水体。

第十四条　程海船舶实行集中审批、总量控制。禁止使用燃油机动船从事捕鱼、航运、旅游。

第十五条　在程海从事渔业捕捞的单位和个人，应当申请捕捞许可证，按照批准的作业类型、区域、时限、渔具、网具和捕捞限额的规定进行作业，并依法缴纳渔业资源增殖保护费。

捕捞许可证不得涂改、伪造、变造，不得买卖、出租和以其他形式转让。

第十六条　直接从程海取水的单位和个人，应当依法办理取水许可证，缴纳水资源费，并在取水口安置拦鱼设施。

在保护区范围养殖螺旋藻的企业以及将程海水资源作为企业生产原料的，应当按照水利工程供水交纳水费。其水费标准由永胜县人民政府制定，报省人民政府价格行政主管部门批准。

水资源费和水费留成主要用于程海水资源的节约、保护和管理，专款专用。

第十七条　鼓励公民、法人和其他组织在程海保护区范围内合法从事符合规划的林业、种植业，提高程海保护区范围内的森林覆盖率。

第十八条　鼓励国内外投资者对程海依法进行科学研究和合理开发。永胜县人民政府应当为投资者创造良好的投资环境，做好协调服务工作。

第十九条　违反本条例第十一条规定的，由永胜县人民政府程海管理机构或者有关行政主管部门依照下列规定处罚：

（一）违反第一、三、四、五项规定的，责令停止违法行为，限期采取补救措施，没收销售的产品，可以并处 1000 元以上 2 万元以下罚款。

（二）违反第二项规定的，责令停止违法行为，限期恢复森林植被；毁坏林木的，并处毁坏林木价值 1 倍以上 3 倍以下罚款；造成林地破坏的，处以非法开垦、破坏林地面积每平方米 10 元的罚款。

第二十条　违反本条例第十二条规定的，由永胜县人民政府程海管理机构依照下列规定处罚：

（一）违反第一、三项规定的，责令停止违法行为，依法限期拆除违章建筑物，造成损失的，责令采取补救措施，可以并处 5000 元以上 1 万元以下罚款。

（二）违反第二项规定的，责令停止违法行为，限期采取补救措施，可以并处 1000 元以下罚款；构成犯罪的，依法追究刑事责任。

（三）违反第四项规定的，没收网具及其设施，情节严重的，可以并处 1000 元以上 2000 元以下罚款。

（四）违反第五项规定的，没收猎获物和猎捕工具，情节严重的，可以并处 3000 元以下罚款。

（五）违反第六、七项规定的，没收渔获物和违法所得，可以并处 2 万元以下罚款；情节严重的，没收渔具和船只，吊销捕捞许可证；构成犯罪的，依法追究刑事责任。

（六）违反第八、九项规定的，予以警告，情节严重的，处 1000 元以下罚款。

第二十一条　违反本条例第十三条规定的，由永胜县人民政府责令停止违法行为，限期停产整改，可以并处 2 万元以上 5 万元以下罚款。

第二十二条　违反本条例第十四条规定的，由永胜县人民政府程海管理机构没收其船只、渔具，可以并处 1000 元以上 5000 元以下罚款。

第二十三条　违反本条例第十五条规定的，由永胜县人民政府程海管理机构没收渔获物和违法所得，可以并处 1000 元以上 5000 元以下罚款；情节严重的，没收渔具、船只和吊销捕捞许可证。

第二十四条　行政执法机关和行政执法人员依法履行程海保护职责受法律保护。

阻碍执法人员依法执行公务的，侮辱、殴打执法人员的，由公安机关依法处理。

第二十五条　行政执法机关和行政执法人员在程海管理工作中有玩忽职守、索贿受贿、徇私枉法、故意违法实施行政处罚或者贪污、挪用、截留、私分罚没收入、水资源费、水费和实施行政许可所收取的费用等违法行为的，由其所在单位或者主管机关依法给予行政处分；构成犯罪的，依法追究刑事责任。

第二十六条　本条例自 2007 年 1 月 1 日起施行。1995 年 5 月 31 日云南省第八届人民代表大会常务委员会第十三次会议通过的《云南省程海管理条例》同时废止。

四、云南省抚仙湖保护条例①

2007 年 5 月 23 日，云南省第十届人民代表大会常务委员会第二十九次会议通过《云南省抚仙湖保护条例》，2007 年 5 月 23 日云南省人民代表大会常务委员会公告第 57 号公布，自 2007 年 9 月 1 日起施行。具体内容如下：

第一章　总则

第一条　为了加强抚仙湖的保护和管理，防治污染，改善生态环境，促进经济和社会可持续发展，根据《中华人民共和国水法》、《中华人民共和国环境保护法》、《中华人民共和国水污染防治法》等有关法律、法规，结合抚仙湖实际，制定本条例。

第二条　在抚仙湖保护范围内活动的单位和个人，应当遵守本条例。

第三条　抚仙湖保护范围按照功能和保护要求，划分为下列两个区域：

（一）一级保护区，包括水域和湖滨带。水域是指抚仙湖最高蓄水位以下的区域，湖滨带是指最高蓄水位沿地表向外水平延伸 100 米的范围。

（二）二级保护区，是指一级保护区以外集水区以内的范围。

第四条　抚仙湖最高蓄水位为 1722.50 米（黄海高程，下同），最低运行水位 1720.80 米。

抚仙湖水质按照国家《地表水环境质量标准》（GB3838—2002）规定的Ⅰ类水标准保护。

第五条　抚仙湖的保护和管理工作遵循科学规划、统一管理、综合防治、全面保护、可持续发展的原则。

第六条　玉溪市人民政府统一负责抚仙湖保护工作，将抚仙湖保护工作纳入国民经济和社会发展规划，建立长期稳定的保护投入运行机制和生态补偿机制。

澄江、江川、华宁县人民政府负责本行政区域内抚仙湖保护工作。

沿湖各镇人民政府负责辖区内抚仙湖保护工作，并应当指定专职管理人员负责日常管理和保护工作。

玉溪市和澄江、江川、华宁县（以下简称市、县）人民政府有关行政主管部门应当按照各自职责，做好抚仙湖的保护工作。

第七条　任何单位和个人都有保护抚仙湖的义务，并有权对污染水体、乱建乱占等违法行为进行制止和举报。

市、县人民政府应当对在抚仙湖保护工作中做出显著成绩的单位和个人给予表彰和

① 云南省人民代表大会常务委员会：《云南省抚仙湖保护条例》，https://www.lawxp.com/Statute/s471055.html（2007-05-23）。

奖励。

第二章　管理机构和职责

第八条　玉溪市人民政府设立抚仙湖管理机构，对抚仙湖实施统一管理，履行下列主要职责：

（一）宣传和贯彻执行有关法律、法规。

（二）组织编制抚仙湖保护和开发利用总体规划，报市人民政府批准后督促实施。

（三）制定抚仙湖保护管理的具体措施，报市人民政府批准。

（四）对澄江、江川、华宁县抚仙湖管理机构实施业务领导，协调、督促市、县有关部门依法履行抚仙湖保护职责。

（五）在抚仙湖一级保护区依法查处重大或者跨县行政区域的违法行为，集中行使水政、环境保护、渔政、水运及海事等部门的部分行政处罚权，其实施方案由玉溪市人民政府拟定，报省人民政府批准。

（六）制定抚仙湖水量年度调度计划和年度取水总量控制计划，管理海口节制闸和隔河调节闸；在抚仙湖一级保护区实施取水许可制度，发放取水许可证，征收水资源费。

（七）制定抚仙湖渔业发展规划、捕捞控制计划；规定捕捞方式和网具规格。

（八）组织抚仙湖保护、治理、开发、利用的科学研究。

（九）会同环境保护主管部门建立抚仙湖水质监测、预警制度。

第九条　澄江、江川、华宁县人民政府分别设立抚仙湖管理机构，负责本行政区域内抚仙湖的保护和管理工作，履行以下主要职责：

（一）宣传和贯彻执行有关法律、法规。

（二）实施抚仙湖保护和开发利用规划。

（三）在抚仙湖一级保护区内依法集中行使水政、环境保护、渔政、水运和海事等部分行政处罚权，其实施方案由澄江、江川、华宁县人民政府分别拟定，报玉溪市人民政府批准。

（四）对抚仙湖水资源、水产资源的保护与开发，水域、滩地的利用以及改变水质的活动进行管理。

（五）登记、检验渔业船舶，实施捕捞许可制度，发放捕捞许可证、垂钓证，征收渔业资源增殖保护费。

（六）发放非机动船入湖许可证，负责水上安全管理工作。

（七）对抚仙湖一级保护区的环境卫生实施监督管理。

（八）指导、协调、督促和检查沿湖各镇和县有关部门依法履行保护职责。

第十条　市、县抚仙湖保护和管理经费纳入同级财政预算。征收的水资源费、渔业资源增殖保护费依法上缴同级财政。

第三章　环境与资源保护

第十一条　抚仙湖保护范围内的各级人民政府及其有关部门应当加强对抚仙湖的水资源、水产资源、国土资源、森林资源、野生动植物以及周边的自然景观、文化遗产、自然遗产、名木古树和渔沟、渔洞的保护，维护抚仙湖的生态系统。

第十二条　抚仙湖水量调度应当保证湖水水位不低于最低运行水位，并且满足海口河沿河居民的生活、生产及河道生态用水流量。在旱情严重时，需要在最低运行水位以下取用湖水的，应当经玉溪市人民政府批准，并报省人民政府水行政主管部门备案。

第十三条　抚仙湖一级保护区内禁止下列行为：

（一）新建排污口。

（二）新建、扩建或者擅自改建建筑物、构筑物。

（三）填湖、围湖造田、造地等缩小水面的行为。

（四）在渔沟、渔洞、湖岸滩地搭棚、摆摊、设点经营等。

（五）擅自取水或者违反取水许可规定取水。

（六）围堰、网箱、围网养殖，暂养水生生物。

（七）使用机动船、电动拖网或者污染水体的设施捕捞。

（八）使用禁用的渔具、捕捞方法或者不符合规定的网具捕捞。

（九）炸鱼、毒鱼、电鱼。

（十）猎捕野生鸟类、蛙类。

（十一）未经批准采捞水草。

（十二）损毁水利、水文、航标、航道、渔标、科研、气象、测量、界桩、环境监测设施。

（十三）在水域洗刷生产、生活用具。

（十四）其他破坏生态系统和污染环境的行为。

第十四条　抚仙湖水域不得使用机动船和水上飞行器，但经市人民政府批准进行科研、执法、救援的除外。

经批准入湖的机动船应当有防渗、防淤、防漏设施，对其残油、废油应当封闭处理。

船舶造成污染事故的，应当及时采取补救措施，并向县抚仙湖管理机构报告，接受调查处理。

第十五条　抚仙湖二级保护区内禁止新建、改建、扩建污染环境、破坏生态平衡和自然景观的工矿企业和其他项目。

原建成的工矿企业和其他项目未做到达标排放的应当限期治理；在限期内达不到排放标准的，由县级以上人民政府按照权限予以关、停、转、迁。

玉溪市人民政府可以在二级保护区内划定并公布禁止开发的区域。在二级保护区其他区域开发的，应当严格控制，并经玉溪市人民政府批准。

第十六条　抚仙湖保护范围内禁止下列行为：

（一）向抚仙湖及其入湖河道排放、倾倒未达到排放标准或者超过污染物控制总量的工业废水，排放、倾倒废渣、垃圾、残油、废油等废弃物。

（二）向抚仙湖及其入湖河道排放、倾倒有毒有害废液、废渣或者将其埋入集水区范围内的土壤中。

（三）在湖滨带和入湖河道岸坡堆放废弃物等污染物。

（四）生产、经营、使用含磷洗涤用品和国家禁止的剧毒、高毒、高残留农药。

（五）其他污染水体的行为。

第十七条　禁止在抚仙湖沿湖面山开山采石、挖沙取土、兴建陵园墓地。

抚仙湖保护范围内允许采石、挖沙取土的范围，由所在地县国土资源行政主管部门会同水利、环境保护、林业等行政主管部门和县抚仙湖管理机构划定，报市人民政府批准后公布。开采者应当依法办理相关手续，采取水土保持措施，并负责治理开采范围内的水土流失，恢复植被。

第十八条　市、县人民政府及其有关行政主管部门应当加大抚仙湖流域环境保护和生态建设力度，防止水污染和水土流失；有计划地实行退耕还林还草；营造水源涵养林，保护自然植被；实施国土整治和地质灾害防治。

禁止在抚仙湖保护范围内毁林、毁草。

第十九条　抚仙湖保护范围内应当发展生态农业，推广农业标准化，鼓励绿色生产、绿色消费，科学施用化肥、农药，妥善处理生产、生活污水和垃圾，推广旱厕，防治面源污染。

抚仙湖保护范围内应当推进沼气池、节能灶和以煤代柴、以电代柴等农村替代能源建设；鼓励使用液化气、太阳能等清洁能源。

抚仙湖保护范围内的废弃物应当进行减量化、无害化处理。

市、县人民政府应当从水资源费中安排一定比例，扶持流域群众的生产和生活，具体办法由玉溪市人民政府按有关规定制定。

第二十条　抚仙湖水资源的开发利用，应当首先满足城乡居民生活用水，并兼顾生态环境、农业、工业用水等需要。

第二十一条　直接在抚仙湖一级保护区内取用水（含地下水）的，应当向市抚仙湖管理机构申请取水许可证，并按照国家有关规定缴纳水资源费。家庭生活和零星散养、圈养畜禽饮用等少量取水除外。

在抚仙湖二级保护区内开采地下水的，应当经所在地的县抚仙湖管理机构同意，并依法办理相关审批手续。

第二十二条　在抚仙湖一级保护区内改建建设项目或者在二级保护区内新建、扩建、改建建设项目的，应当符合抚仙湖保护和开发利用规划，经玉溪市人民政府批准后，按照基本建设程序办理手续。

项目建设应当执行环境影响评价制度，坚持污染治理设施、节水设施、水土保持设施与主体工程同时设计、同时施工、同时投产使用制度和排污许可制度。污染治理设施、节水设施、水土保持设施应当经原审批部门验收合格后，方可投入生产和使用。

第二十三条　抚仙湖的渔业发展坚持自然增殖和人工放流相结合的原则，重点发展鱇鲌鱼等鱼类。

引进、推广水生生物新品种，应当经市抚仙湖管理机构组织有关专家论证，并按照规定报省级渔业行政主管部门批准。

第二十四条　在抚仙湖从事渔业捕捞的单位和个人，应当向所在地的县抚仙湖管理机构申请办理渔船登记、渔船检验和捕捞许可证、垂钓证，缴纳渔业资源增殖保护费，并按照捕捞许可证、垂钓证核准的作业类型、场所、时限和渔具规格、数量进行作业。

捕捞许可证、渔船牌照和垂钓证不得涂改、买卖、出租、转让或者转借。

第二十五条　抚仙湖实行禁渔制度。

禁渔区由玉溪市人民政府划定，在禁渔区禁止一切捕捞活动；禁渔期由市抚仙湖管理机构确定，在禁渔期禁止一切捕捞、收购和贩卖抚仙湖鱼类的活动。

第二十六条　抚仙湖水域的非机动船实行总量控制和集中管理。入湖非机动船的新增、改造、更新应当经县抚仙湖管理机构批准，报市抚仙湖管理机构备案，并办理相关证照。

第二十七条　在抚仙湖一级保护区开展科研、考古、影视拍摄和大型水上体育等活动，应当经所在地的县抚仙湖管理机构同意，报市抚仙湖管理机构批准后方可进行。

第四章　法律责任

第二十八条　在抚仙湖一级保护区有下列渔业违法行为之一的，由抚仙湖管理机构责令改正，予以处罚：

（一）使用机动船、电动拖网或者污染水体的设施捕捞的，没收渔获物和违法所得，可以并处1000元以上5000元以下罚款，情节严重的，处5000元以上5万元以下罚款。

（二）使用不符合规定的网具进行捕捞的，没收渔获物和违法所得，可以并处 200 元以上 1000 元以下罚款，情节严重的，吊销捕捞许可证。

（三）围堰、网箱、围网养殖或者炸鱼、毒鱼、电鱼的，没收渔获物和违法所得，可以并处 200 元以上 5000 元以下罚款。

（四）在禁渔区、禁渔期进行捕捞的，没收渔获物和违法所得，可以并处 500 元以上 5000 元以下罚款，情节严重的，吊销捕捞许可证。

（五）禁渔期收购、贩卖抚仙湖鱼类的，没收收购物，可以并处1000元以上1万元以下罚款。

（六）无证垂钓的，没收渔获物和违法所得，可以并处50元以上200元以下罚款；无证捕捞的，没收渔获物和违法所得，可以并处 500 元以上 1 万元以下罚款。

（七）违反捕捞许可证关于作业类型、场所、时限和渔具规格、数量规定进行捕捞的，没收渔获物和违法所得，可以并处200元以上5000元以下罚款，情节严重的，吊销捕捞许可证。

（八）涂改、买卖、出租或者以其他形式非法转让捕捞许可证、垂钓证、渔船牌照的，未经登记、检验的渔船入湖捕捞作业的，没收违法所得，可以并处 100 元以上 5000 元以下罚款。

（九）未经批准采捞水草，处 100 元以上 1000 元以下罚款。

（十）未办理船舶入湖许可证擅自入湖的，处5000元以上1万元以下罚款，情节严重的，处 1 万元以上 2 万元以下罚款。

第二十九条　在抚仙湖保护范围内有下列污染水体行为之一的，由抚仙湖管理机构或者相关部门按照管理职权责令改正，予以处罚：

（一）向抚仙湖及其入湖河道排放、倾倒工业废渣、垃圾、残油、废油的，可以处 1000 元以上 1 万元以下罚款。

（二）向抚仙湖及其入湖河道排放、倾倒有毒有害废液、废渣或者将其埋入集水区，在湖滨带和入湖河道岸坡堆放废弃物等污染物的，处5000元以上5万元以下罚款；情节严重的，可以并处吊销排污许可证或者临时排污许可证。

（三）沿湖村民向抚仙湖及其入湖河道倾倒生活垃圾、农业废弃物或者向水体排放未经处理的生活污水的，可以处 20 元以上 1000 元以下罚款。

（四）生产、销售含磷洗涤用品的，没收违法所得，可以并处500元以上5000元以下罚款。

（五）船舶向抚仙湖水体倾倒垃圾的，责令船主打捞、清理，可以并处 200 元以上 2000 元以下罚款；船舶向抚仙湖水体排放残油、废油的，可以处 1000 元以上 1 万元以

下罚款。

（六）在水体洗刷生产、生活用具，使用含磷洗涤用品的，处 20 元以上 1000 元以下罚款。

第三十条　在抚仙湖一级保护区有下列水事等违法行为之一的，由抚仙湖管理机构责令改正，予以处罚：

（一）填湖、围湖造田造地缩小水面的，由责任人负责恢复，处 1 万元以上 5 万元以下罚款。

（二）擅自取水或者违反取水许可规定取水的，处2万元以上10万元以下罚款，情节严重的，吊销取水许可证。

（三）损毁水利、水文、航标、航道、渔标、科研、气象、测量、界桩、环境监测设施的，责令停止违法行为，赔偿损失，限期采取补救措施，并处 1 万元以上 5 万元以下罚款。

（四）新建排污口，新建、扩建或者擅自改建建筑物、构筑物的，限期拆除；逾期不拆除的，依法强制拆除，并处 1 万元以上 10 万元以下罚款。

（五）在渔沟、渔洞、湖岸滩地搭棚、摆摊、设点经营的，没收违法所得，可以并处 200 元以上 1000 元以下罚款。

（六）猎捕野生鸟类、蛙类的，没收捕获物，可以并处 200 元以上 500 元以下罚款。

第三十一条　在抚仙湖保护范围内有下列行为之一的，由抚仙湖管理机构或者相关部门按照管理职权责令改正，予以处罚：

（一）在沿湖面山采石、挖沙取土、兴建陵园墓地的，没收违法所得，由责任人负责恢复植被，可以并处 500 元以上 5000 元以下罚款。

（二）损坏景物、破坏自然景观和林园植被、文化遗产、自然遗产、名木古树、渔沟、渔洞的，由责任人负责恢复原状、赔偿经济损失，可以并处200元以上5000元以下罚款。

（三）生产、经营、使用国家禁止的剧毒、高毒、高残留农药的，没收农药和违法所得，并处违法所得 10 倍以下罚款；没有违法所得的，处 5 万元以下罚款。

第三十二条　在抚仙湖禁止开发区域内进行商业性开发的，由当地县级以上人民政府责令停止建设，限期拆除或者没收违法建筑物、构筑物或者其他设施，可以并处 5 万元以上 10 万元以下罚款。

第三十三条　行政机关工作人员在抚仙湖保护工作中玩忽职守、收受贿赂、徇私舞弊的，由其所在单位或者主管机关依法给予行政处分。

第三十四条　违反本条例规定构成犯罪的，由司法机关依法追究刑事责任。

第五章　附则

第三十五条　本条例自2007年9月1日起施行。1993年9月25日云南省第八届人民代表大会常务委员会第三次会议通过的《云南省抚仙湖管理条例》同时废止。

五、云南省星云湖保护条例①

2007年9月29日，云南省第十届人民代表大会常务委员会第三十一次会议审议通过《云南省星云湖保护条例》，自2008年1月1日起施行。具体内容如下：

第一条　为了加强星云湖的保护，防治水污染，根据《中华人民共和国水法》、《中华人民共和国水污染防治法》等有关法律、法规，结合当地实际，制定本条例。

第二条　在星云湖保护区范围内从事活动的单位和个人，应当遵守本条例。

第三条　星云湖保护坚持科学规划、统一管理、综合防治、全面保护、可持续发展的原则。

第四条　星云湖最高蓄水位为1722.5米（黄海高程，下同），最低蓄水位为1720.8米。

星云湖水质按国家《地表水环境质量标准》（GB3838—2002）规定的Ⅲ类水标准保护。

第五条　星云湖保护区分为一级保护区和二级保护区。

一级保护区为星云湖水体及星云湖最高蓄水位沿地表外延100米以内的范围。二级保护区为除一级保护区以外的径流区。

一级保护区的界线由江川县人民政府划定并设置界桩。

第六条　玉溪市人民政府对星云湖保护工作进行协调和监督管理。

江川县人民政府负责星云湖的保护工作。

玉溪市、江川县人民政府应当制定星云湖保护利用规划，逐步建立湖泊保护投入机制和生态补偿机制。

第七条　星云湖水资源调度由玉溪市人民政府负责。

第八条　玉溪市、江川县人民政府有关部门，应当按照各自职责将星云湖保护列入工作计划，做好湖泊保护区的环境保护和生态建设工作，防治水污染。

星云湖保护区范围内各乡镇人民政府负责本辖区星云湖的保护工作，并指定专职管理人员负责日常管理和保护工作。

① 云南省人民代表大会常务委员会：《云南省星云湖保护条例》，http://db.ynrd.gov.cn://lawlib/lawdetail.shtml?id=3dd1759e95304e7baf55a86cde7ffa28（2007-09-29）。

第九条　星云湖保护范围内的各级人民政府及其有关部门应当加强对星云湖的野生动植物以及周边的自然景观、文化遗产、名木古树和渔沟的保护。

第十条　星云湖保护和管理经费纳入玉溪市、江川县财政预算。征收的水资源费、渔业资源增殖保护费依法上缴江川县财政。

玉溪市、江川县人民政府应当从有关规费中安排一定资金，扶持保护区群众的生产生活，具体办法由玉溪市人民政府按有关规定制定。

第十一条　星云湖的水环境质量状况由江川县人民政府定期向社会公布。任何单位和个人都有保护星云湖的义务，并有权对污染湖泊、破坏生态环境等行为进行制止和举报。

星云湖保护范围内的各级人民政府应当建立激励机制，鼓励基层群众自治组织参与湖泊保护，发挥新闻媒体和社会监督的作用。

玉溪市、江川县人民政府对在星云湖保护工作中做出突出贡献的单位和个人，给予表彰和奖励。

第十二条　江川县人民政府设立星云湖管理机构，履行下列职责：

（一）宣传贯彻执行有关法律、法规。

（二）实施星云湖保护和开发利用规划。

（三）对星云湖水资源、渔业资源的保护与开发活动进行监督管理。

（四）登记、检验渔业船舶，发放捕捞许可证，征收渔业资源增殖保护费。

（五）发放取水许可证，征收水资源费。

（六）发放非机动船入湖许可证，负责水上安全管理工作。

（七）指导、协调、督促和检查沿湖各乡镇依法履行保护职责。

（八）在星云湖一级保护区内依法集中行使江川县有关职能部门对湖泊保护管理的部分行政处罚权，实施方案由江川县人民政府拟定，报玉溪市人民政府批准。

（九）江川县人民政府交办的其他事项。

第十三条　在一级保护区设立公安派出机构，维护治安。

第十四条　一级保护区内禁止下列行为：

（一）新建、改建、扩建除环境保护和供水工程以外的建筑物。

（二）排放未经处理达标的生活污水和工业废水，倾倒固体废弃物，清洗有毒器具。

（三）新建排污口。

（四）爆破、打井、葬埋、采砂石、取土。

（五）未经批准的开船作业。

（六）垦荒、放牧，规模养殖和规模屠宰畜禽，丢弃畜禽尸体。

（七）销售、使用高毒、高残留农药及含磷洗涤用品。

（八）未经批准采捞水草。

（九）毒鱼、炸鱼、电鱼、网箱养鱼及未经批准的捕鱼，向水体投放对水质有害的水生生物。

（十）围湖造地、造田、建鱼塘。

（十一）猎捕野生水禽。

（十二）毁林、毁草、挖树根。

（十三）其他可能污染水体或者导致生态破坏的行为。

第十五条　在一级保护区内不再建盖新的住宅，原有住户应当逐步迁出。

第十六条　在二级保护区内禁止下列行为：

（一）新建、改建、扩建对湖泊水质产生严重污染的项目。

（二）直接向入湖河道、沟渠排放污水、废水、废液，倾倒固体废弃物及丢弃畜禽尸体，清洗有毒器具。

（三）销售、使用高毒、高残留农药及含磷洗涤用品。

（四）毁林、毁草、挖树根。

（五）在二十五度以上陡坡地开垦种植农作物。

第十七条　星云湖渔业发展应当按照生态环境保护的要求，重点发展大头鲤（大头鱼）、星云白鱼（真白鱼），人工放养鲢鱼、鳙鱼、青鱼、鲫鱼、鲤鱼。

在星云湖引进、推广水生生物新品种，应当经过实验并进行科学论证，由江川县人民政府报省有关行政主管部门批准。

第十八条　在星云湖从事渔业捕捞的单位和个人，应当办理捕捞许可证，按照批准的作业类型、区域、时限、渔具和捕捞限额的规定进行作业，并依法缴纳渔业资源增殖保护费。

捕捞许可证不得涂改、伪造、变造，不得买卖、出租和以其他形式转让。

第十九条　星云湖实行禁渔制度。禁渔区由江川县人民政府划定，在禁渔区禁止一切捕捞活动；禁渔期由星云湖管理机构确定，禁渔期禁止一切捕捞、收购和贩卖星云湖鱼类的活动。

第二十条　星云湖保护范围内应当发展循环经济，建设湖滨湿地，实施主要污染物排放总量控制，推广农业标准化，鼓励绿色生产、绿色消费，科学施用化肥、农家肥、农药，妥善处理生产、生活污水、垃圾和农产品附属物，推广旱厕，防治面源污染。

星云湖保护范围内应当推进沼气池、节能灶和以煤代柴、以电代柴等农村替代能源建设，鼓励使用液化气、太阳能等清洁能源。

第二十一条　星云湖保护区内的建设项目应当执行环境影响评价制度，需申请取水

许可证的建设项目应当执行水资源论证制度。建设项目的污染治理设施、节水设施应当与主体工程同时设计，同时施工，同时投产使用。

第二十二条　违反第十四条规定的，由星云湖管理机构责令停止违法行为，限期整改。其中，违反第（一）至（十一）项规定的，对单位处1万元以上5万元以下的罚款，对个人处1000元以下的罚款；违反第（十二）项规定的，依法赔偿损失，责令补种毁坏株数、面积或者种植面积1至3倍的树木、草地，可以并处毁坏林木、草地价值1至5倍的罚款。

第二十三条　违反第十六条规定的，由江川县人民政府有关职能部门责令停止违法行为，限期整改。其中，违反第（一）至（三）项规定的，对单位处2000元以上5万元以下的罚款，对个人处 1000 元以下的罚款；违反第（四）项规定的，依法赔偿损失，责令补种毁坏株数、面积1至3倍的树木、草地，可以并处毁坏林木、草地价值1至5倍的罚款；违反第（五）项规定的，按非法开垦种植的陡坡面积处以每平方米20至30元的罚款，没有毁坏树木的处以每平方米10元以下罚款。

第二十四条　违反第十八条、第十九条规定的，由星云湖管理机构没收渔获物和违法所得，可以并处1000元以上5000元以下罚款；情节严重的吊销捕捞许可证。

第二十五条　违反第二十一条规定的，由有权审批该项目的环境保护、水行政主管部门责令停止违法行为，限期采取补救措施，分别处5万元以上20万元以下、2万元以上10万元以下的罚款；对建设单位直接负责的主管人员和其他直接责任人员，依法给予处分。

第二十六条　阻碍湖泊管理执法人员依法执行公务的，侮辱、殴打执法人员的，由公安机关依法处理。

第二十七条　国家工作人员在星云湖保护管理中玩忽职守、滥用职权、徇私舞弊的，依法给予处分；构成犯罪的，依法追究刑事责任。

第二十八条　本条例自2008年1月1日起施行。1996年3月29日云南省第八届人民代表大会常务委员会第二十次会议通过的《云南省星云湖管理条例》同时废止。

六、云南省杞麓湖保护条例①

2007年11月29日，云南省第十届人民代表大会常务委员会第三十二次会议审议通过《云南省杞麓湖保护条例》，2007年11月29日云南省人民代表大会常务委员会公告第68号公布，自2008年3月1日起施行。具体内容如下：

第一条　为了加强杞麓湖的保护和管理，防治水污染，根据《中华人民共和国水

① 云南省人民代表大会常务委员会：《云南省杞麓湖保护条例》，http://china.findlaw.cn/fagui/p_1/278257.html（2007-11-29）。

法》、《中华人民共和国水污染防治法》等有关法律、法规，结合杞麓湖实际，制定本条例。

第二条　在杞麓湖保护范围内从事活动的单位和个人，应当遵守本条例。

第三条　杞麓湖保护坚持科学规划、统一管理、综合防治、合理利用和可持续发展的原则。

第四条　杞麓湖最高蓄水位为1797.65米（黄海高程，下同），最低蓄水位为1794.95米。

杞麓湖水质按照国家《地表水环境质量标准》（GB3838—2002）规定的Ⅲ类水标准保护。

第五条　杞麓湖保护区分为一级保护区和二级保护区。

一级保护区为杞麓湖水体和最高蓄水位沿地表外延100米以内的范围。二级保护区为除一级保护区以外的径流区。

一级保护区界线由通海县人民政府划定并设置标志。

第六条　玉溪市人民政府对杞麓湖保护工作实施领导和监督管理。通海县人民政府负责杞麓湖的保护和管理工作。

玉溪市、通海县人民政府有关部门，应当按照各自职责，做好杞麓湖的保护和污染防治工作。

沿湖各乡镇人民政府，负责本行政区域内杞麓湖保护工作，并应当指定专职人员维护入湖河道。

第七条　玉溪市、通海县人民政府应当将杞麓湖保护纳入国民经济和社会发展规划，制定杞麓湖保护和利用规划，建立保护投入机制和生态保护补偿机制；将杞麓湖保护管理经费纳入财政预算。

第八条　通海县人民政府及其有关部门应当加强对杞麓湖周边的秀山、落水洞、泄洪口、九龙池、龙泉寺、贝丘遗迹、二街湖水记实石等风景名胜地的环境保护工作。

第九条　任何单位和个人都有保护杞麓湖的义务，并有权制止和举报污染水体、破坏生态环境的违法行为。

玉溪市、通海县人民政府应当定期公布水环境状况；建立激励机制，鼓励社会力量参与保护工作；发挥社会和新闻媒体监督的作用。

玉溪市、通海县人民政府对在杞麓湖保护工作中做出显著成绩的单位和个人，应当给予表彰和奖励。

第十条　通海县人民政府设立杞麓湖管理机构，履行下列职责：

（一）宣传和贯彻执行有关法律、法规。

（二）监督执行杞麓湖保护和开发利用规划。

（三）配合有关部门执行年度蓄水、供水和防洪计划。

（四）按照杞麓湖保护和开发利用规划，对湖泊水资源、水产资源和水域、滩地的保护与开发利用进行监督管理。

（五）办理杞麓湖取水许可证，征收水资源费。

（六）确定封湖禁渔期，办理捕捞许可证，征收渔业资源增殖保护费。

（七）办理船只入湖许可证，负责水上安全管理。

（八）会同环境保护部门建立杞麓湖水质监测、水污染预警和应急处置制度。

（九）协调、督促沿湖各乡镇和县有关部门依法履行保护职责。

（十）在杞麓湖一级保护区内依法集中行使通海县人民政府有关职能部门对湖泊管理的部分行政处罚权，实施方案由通海县人民政府拟定，报玉溪市人民政府批准。

（十一）通海县人民政府交办的其他事项。

第十一条　在一级保护区设立公安派出机构，维护治安。

第十二条　杞麓湖管理机构依法征收的水资源费、渔业资源增殖保护费上缴县级财政，专项用于湖泊保护。

玉溪市、通海县人民政府应当安排一定资金，扶持保护区农村改善生产生活条件，具体办法由玉溪市人民政府制定。

第十三条　一级保护区内禁止下列行为:

（一）新建、改建、扩建除环境保护和水工程以外的建筑物、构筑物。

（二）排放、倾倒未达到排放标准或者超过规定控制总量的工业和生活废水。

（三）排放、倾倒工业废渣及农业、医疗废弃物和生活垃圾。

（四）畜禽的规模养殖和集中屠宰。

（五）围湖造田、造地、建渔塘。

（六）网箱、围湖、围栏养殖。

（七）侵占、毁坏水工程及湖堤、护岸等有关设施，毁坏防汛、水文、环境监测等设施。

（八）擅自取水或者违反取水许可规定取水。

（九）使用机动船、电动船或者污染水体的设施捕捞。

（十）炸鱼、毒鱼、电鱼，生产、销售、使用妨碍鱼类资源生长繁衍的渔具。

（十一）未经批准的开船作业。

（十二）猎捕鸟类、两栖爬行类等野生动物。

（十三）擅自打捞水草。

（十四）销售、使用含磷洗涤用品和高毒、高残留农药。

（十五）其他污染水体的行为。

第十四条　在一级保护区内应当恢复和建设湖滨生态系统，按照国家规定，有计划地逐步实施退耕还湖、退塘还湖。

一级保护区内不再增加新的住宅，原有住户应当逐步迁出。

第十五条　在二级保护区内禁止下列行为:

（一）新建、改建、扩建严重污染环境和破坏自然景观的项目。

（二）向入湖河道、沟渠排放、倾倒粪便、污水、废液和固体废弃物，在河道岸坡堆放、存贮固体废弃物。

（三）在沿湖面山开山采石、挖沙取土、兴建陵园墓地。

（四）销售、使用含磷洗涤用品和高毒、高残留农药。

（五）毁林、毁草、挖树根。

（六）其他污染水体和破坏生态环境的活动。

第十六条　杞麓湖二级保护区内新建、改建、扩建建设项目的，应当符合杞麓湖保护和利用规划，按照基本建设程序办理相关审批手续。

建设项目应当执行环境影响评价制度。污染治理设施、节水设施、水土保持设施与主体工程同时设计、同时施工，经验收合格后方可投入使用。

第十七条　杞麓湖应当发展以本地传统土著品种为主的水生动植物。引进推广新的品种，应当通过科学试验论证，报经省级农业行政主管部门批准。

第十八条　杞麓湖渔业发展坚持自然增殖与人工放养相结合。

在杞麓湖从事渔业捕捞的单位和个人，应当向杞麓湖管理机构申请办理渔船登记、渔船检验和捕捞许可证，并按照捕捞许可证核准的作业类型、场所、时限和渔具规格、数量进行作业，缴纳渔业资源增殖保护费。

捕捞许可证不得涂改、买卖、出租或者转借。

第十九条　杞麓湖实行禁渔制度。禁渔区由通海县人民政府划定，禁渔区禁止一切捕捞活动；禁渔期由杞麓湖管理机构确定，禁渔期间，禁止捕捞、收购和贩卖产自杞麓湖的鱼类的活动。

第二十条　杞麓湖保护范围内的荒山荒坡应当进行绿化，坡度在 25 度以上的耕地应当逐步退耕还林。

第二十一条　杞麓湖保护范围内应当发展循环经济，防治面源污染。调整优化产业结构，推广农业标准化，科学施用化肥、农家肥和农药。农村集镇应当建设生产、生活污水和垃圾处理设施。鼓励使用液化气、电能、太阳能等清洁能源。

鼓励和支持农业生产者和相关企业采用先进或者适用技术，对农作物秸杆、畜禽粪便、农产品加工业副产品、废农用薄膜等进行综合利用，开发利用沼气等生物质能源，推广秸杆气化、液化等技术。

第二十二条　违反本条例第十三条规定的，由杞麓湖管理机构责令停止违法行为，予以处罚。其中，违反第（一）项规定的，限期拆除，逾期不拆除的，依法强制拆除，并处1万元以上10万元以下的罚款；违反第（二）项规定的，责令限期治理，并可以处10万元以下的罚款，逾期未完成治理任务的，由县级以上人民政府按照规定的权限责令停业或者关闭；违反第（三）至第（七）项规定的，处1万元以上5万元以下的罚款；违反第（八）项规定的，处2万元以上10万元以下的罚款，情节严重的，吊销取水许可证；违反第（九）至第（十）项规定的，没收渔获物和违法所得，处5万元以下的罚款，情节严重的，吊销捕捞许可证；违反第（十一）项规定的，处5000元以上1万元以下的罚款；违反第（十二）至（十三）项规定的，处100元以上5000元以下的罚款；违反第（十四）项规定的，处500元以上5000元以下的罚款，有违法所得的没收违法所得。

第二十三条　违反本条例第十五条规定的，由通海县人民政府相关部门按照管理职权责令停止违法行为，予以处罚。其中，违反第（一）至（四）项规定的，可以对单位处2000元以上5万元以下的罚款，对个人处1000元以下的罚款；违反第（五）项规定的，依法赔偿损失，责令补种毁坏株数、面积或者种植面积1至3倍的树木、草地，并可以处毁坏林木、草地价值1至5倍的罚款。

第二十四条　违反本条例第十六条规定的，由通海县人民政府有关部门依照有关法律、法规给予处罚。

第二十五条　违反本条例第十八条、第十九条规定的，由杞麓湖管理机构没收渔获物和违法所得，并可以处1000元以上5000元以下的罚款；情节严重的吊销捕捞许可证。

第二十六条　阻碍湖泊管理执法人员依法执行公务的，侮辱、殴打执法人员的，由公安机关依法处理。

第二十七条　国家工作人员在杞麓湖保护管理中玩忽职守、滥用职权、徇私舞弊的，依法给予处分；构成犯罪的，依法追究刑事责任。

第二十八条　本条例自2008年3月1日起施行。云南省第八届人民代表大会常务委员会第十七次会议通过的《云南省杞麓湖管理条例》同时废止。

七、云南省红河哈尼族彝族自治州异龙湖保护管理条例①

2007年2月11日，云南省红河哈尼族彝族自治州第九届人民代表大会第五次会议

① 云南省红河哈尼族彝族自治州人民代表大会常务委员会：《云南省红河哈尼族彝族自治州异龙湖保护管理条例》，http://sthjt.yn.gov.cn/gyhp/jhbhfg/201507/t20150706_90545.html（2007-06-19）。

修订了《云南省红河哈尼族彝族自治州异龙湖保护管理条例》，修订后的条例在 2007 年 5 月 23 日云南省第十届人民代表大会常务委员会第二十九次会议批准，2007 年 6 月 19 日云南省红河哈尼族彝族自治州人民代表大会常务委员会公告公布，自 2007 年 7 月 1 日起施行。条例具体内容如下：

第一条　为加强异龙湖的保护管理和合理开发利用，根据《中华人民共和国水法》、《中华人民共和国水污染防治法》等有关法律法规的规定，结合实际制定本条例。

第二条　异龙湖管理保护区内从事生产、经营、生活等活动的单位和个人，都应当遵守本条例。

第三条　异龙湖管理区为：异龙湖水体及正常蓄水位以内的区域，莲花池湾、过细湾、白浪湾、青鱼湾、毛木嘴至红坡头湾的围堤外坝坡贴脚线水平距离 20 米以内，斗山嘴闸至青鱼湾闸的河道，城河、城南河、城北河等河流入湖口往上游延伸 2000 米及河道两岸外侧水平距离各 20 米以内的范围。

异龙湖管理区以外的径流区域为异龙湖保护区。其范围为：东至坝心镇四家村与建水分界线，南至坝心镇老海资村与红河水系之间分水岭，西至宝秀关口分水岭，北至乾阳山分水岭。

异龙湖管理区和保护区的界线，由石屏县人民政府设置界桩，并予以公告。

第四条　异龙湖正常蓄水位为黄海高程 1414.2 米，最低运行水位为黄海高程 1412.08 米。异龙湖水质保护按国家《地表水环境质量标准》的Ⅲ类标准执行。

第五条　异龙湖保护管理和开发利用应当坚持统一规划，保护第一，科学管理，永续利用的原则，实现生态效益、经济效益和社会效益协调发展。

第六条　石屏县人民政府应当加强对异龙湖的统一管理。异龙湖管理局是石屏县人民政府管理异龙湖的职能机构，其主要职责是：

（一）宣传贯彻执行有关法律、法规和本条例。

（二）组织编制异龙湖管理区保护规划，并报经州人民政府批准后组织实施。

（三）组织对异龙湖水生生物资源的调查，建立档案。

（四）依法征收异龙湖管理区内的有关规费，做好异龙湖管理区的保护和管理。

（五）负责异龙湖引水、蓄水、输水的水量调度。确需调用最低运行水位以下的湖水，应当经石屏县人民政府按规定程序报批。

（六）行使异龙湖管理区内水政、渔政、航务、水生动植物管理、林政、环境保护、土地等行政处罚权。

第七条　石屏县公安局异龙湖公安派出所负责异龙湖管理区内的社会治安管理。

第八条　异龙湖保护区内的保护管理工作，由石屏县人民政府有关部门和乡（镇）人民政府负责。

第九条　自治州人民政府及有关部门应当加强对异龙湖保护管理工作的领导和支持，帮助石屏县做好异龙湖的保护管理工作。

第十条　石屏县人民政府应当加快异龙湖管理区和保护区内的生态农业建设，指导种植户安全施用农药、化肥，防止农药残毒及其他有害物质污染异龙湖水体。

第十一条　异龙湖保护区内实行封山育林，发展生态公益林，营造水源涵养林和湖岸风景林带。异龙湖保护区内禁止毁林开垦、盗伐滥伐林木，临湖面山禁止取土、挖砂、采石、采矿。

第十二条　在异龙湖管理区和保护区内进行生产、生活和建设活动的单位和个人，应当采取保护措施，防治环境污染。河道流入异龙湖的水质，应当达到功能区规定的地表水标准。造成水体污染的，应当负责治理或者承担治理费用。

异龙湖管理区和保护区内，禁止毁坏河道或者向湖内和入湖河道、沟渠倾倒生产、生活垃圾和有毒有害物质，排放超过规定标准的液体废弃物。

第十三条　异龙湖管理区和保护区内禁止新建 、改建、扩建污染环境的企业和其它设施，不得新建、扩建排污口。现有的企业排放污染物超过规定标准的，必须限期治理。经治理仍不达标的，依法关闭或者搬迁。

第十四条　异龙湖管理区内禁止下列行为:

（一）围湖造田、造地、建鱼塘，围栏围网养殖，侵占湖区水域、滩地、河道、河堤、湖堤。

（二）炸鱼、毒鱼、电鱼及其他有害水生物的方式捕捞。

（三）猎捕、买卖野生动物。

（四）移动、毁坏风景名胜古迹、保护标志、界碑和水利、水文、环境监测等设施。

（五）使用燃油机动船从事捕捞、旅游、航运等。

第十五条　异龙湖实行取水许可制度和水资源有偿使用制度。利用水工程或者其它方式从异龙湖取水的，应当向异龙湖管理局申请办理取水许可证。

第十六条　异龙湖实行渔业捕捞许可制度和年度封湖休渔制度。封湖休渔、开湖日期和禁用捕捞网具种类由石屏县人民政府公告。

在异龙湖从事捕鱼、钓鱼的单位和个人，应当向异龙湖管理局申请办理捕捞许可证和钓鱼证。

第十七条　异龙湖实行船舶入湖许可制度。湖内使用非燃油机动船舶作业的，应当向异龙湖管理局申请办理船舶入湖许可证。

第十八条　异龙湖管理区从事下列活动的单位和个人，应当向异龙湖管理局申请办理相关手续，或者报经石屏县人民政府批准：

（一）开发种植养殖项目。

（二）采捞水生植物。

（三）兴建旅游服务设施。

（四）开展生物治理研究。

第十九条　依法取得的异龙湖管理区内从事作业或者经营的许可证照，不得买卖或者转让。

第二十条　异龙湖保护管理经费纳入石屏县财政预算。依法征收的有关规费，纳入石屏县财政专户管理，专款专用，任何单位和个人不得截留和挪用。

第二十一条　执行本条例，在下列异龙湖保护管理工作中做出显著成绩的，由石屏县人民政府或者报州人民政府给予表彰奖励：

（一）保护水质，防治水污染的。

（二）保护水生动物植物资源的。

（三）保护森林植被、造林绿化、防治水土流失的。

（四）保护风景名胜古迹、标志、界碑和水利、水文、环境监测设施的。

（五）合理开发利用资源、进行科学研究的。

（六）依法维护管理秩序，检举、控告或者阻止他人危害异龙湖行为的。

第二十二条　违反本条例，有下列行为之一的，由异龙湖管理局按照以下规定处罚；构成犯罪的，依法追究刑事责任。

（一）违反第十一条第二款、第十二条第三款规定的，责令停止违法行为，并处 200 元以上 2000 元以下罚款，造成重大损失的，可以并处 2000 元以上 20 000 元以下罚款。

（二）违反第十三条第一款规定的，责令停止违法行为，限期拆除，并处 1000 元以上 10 000 元以下罚款。

（三）违反第十四条第一项规定的，责令限期拆除，恢复原状，并处每平方米 5 元以下罚款。

（四）违反第十四条第二项、第三项、第五项规定的，没收违法所得和渔具，并处 100 元以上 1000 元以下罚款。

（五）违反第十四条第四项规定的，责令恢复原状，造成毁坏的按原价赔偿，可以并处 200 元以上 2000 元以下罚款。

（六）违反第十五条、第十六条、第十七条规定的，责令补办相关手续，可以并处 100 元以上 1000 元以下罚款。

（七）违反第十八条规定的，责令停止违法行为，可以并处 200 元以上 2000 元以下罚款。

（八）违反第十九条规定的，处 50 元以上 200 元以下罚款。

第二十三条　当事人对行政处罚决定不服的，可以依法申请行政复议或者向人民法院提起行政诉讼。逾期不申请复议也不提起诉讼又不执行处罚决定的，异龙湖管理局可以依法申请人民法院强制执行。

第二十四条　异龙湖管理局、异龙湖公安派出所的工作人员玩忽职守、滥用职权、徇私舞弊的，由其上级主管机关给予行政处分；构成犯罪的，由司法机关依法追究刑事责任。

第二十五条　本条例经自治州人民代表大会通过，报云南省人民代表大会常务委员会批准，由自治州人民代表大会常务委员会公布施行。

石屏县人民政府可以根据本条例制定实施办法。

第三节　自然资源保护法规条例

一、云南省节约能源条例[①]

2000 年 5 月 26 日，云南省人民代表大会常务委员会颁布了《云南省节约能源条例》，该条例自颁布之日起开始执行。具体内容如下：

第一条　为了推进全社会节约能源，合理利用资源、保护环境，提高能源利用效率和经济效益，促进经济和社会的可持续发展，根据《中华人民共和国节约能源法》及有关法律、法规，结合云南省实际，制定本条例。

第二条　在云南省行政区域内从事能源开发、利用、管理及其相关活动的单位和个人，应当遵守本条例。

第三条　云南省经济贸易委员会是云南省节能工作的行政主管部门，负责全省节能工作的监督管理。州市县人民政府，地区行政公署节能行政主管部门，负责本行政区域内节能工作的监督和管理。

计划、科技、建设、环境保护、农业、质量技术监督、统计等行政管理部门和有关行业管理部门应当按照各自职责，做好节能监督管理工作。

第四条　省人民政府应当制定优惠政策，鼓励节约能源和开发利用新能源、可再生

① 云南省人民代表大会常务委员会：《云南省节约能源条例》，http://china.findlaw.cn/fagui/p_1/294563.html（2000-05-26）。

能源。

用能单位应当建立节能工作责任制和奖励制度，从节能效益中提取一定的资金，对节能工作取得成绩的集体和个人给予奖励。

第五条　省节能行政主管部门应当会同有关部门，审查固定资产投资工程项目可行性研究报告中的节能篇（章）；负责制定云南省单位产品能耗限额。

生产高能耗产品的单位，应当遵守国家及云南省公布的单位产品能耗限额的规定。

第六条　年综合能源消费总量 5000 吨标准煤以上的用能单位为本省重点用能单位。对重点用能单位应当按照国家《重点用能单位节能管理办法》进行管理。

县级以上人民政府节能行政主管部门应当组织有关部门对重点用能单位的能源利用状况进行监督检查，可以委托具有检测资质的机构，对重点用能单位依法进行节能检验测试。

第七条　用能单位应当加强能源计量管理，健全能源消费统计和能源利用状况分析制度。重点用能单位应当按照国家有关规定，定期向省节能行政主管部门报送能源消费统计和利用状况报告。

第八条　重点用能单位应当按照《中华人民共和国节约能源法》第二十九条的规定，设立能源管理岗位，聘任专业能源管理人员。专业能源管理人员应当接受节能行政主管部门的业务培训和考核。

第九条　禁止新建、改建、扩建国家和省人民政府规定的技术落后、能耗超标、严重浪费能源的项目。

第十条　本条例生效前已经使用国家明令淘汰的高能耗设备的，应当限期更新改造。

第十一条　单位职工和城乡居民使用企业生产或者转供的电、煤、煤气、天然气、石油液化气等能源，应当按照国家规定计量交费，不得无偿使用。

第十二条　县以上科技行政管理部门和有关部门应当将节能科学技术的研究、开发和引进消化先进节能技术，纳入科学技术或高新技术产业化发展规划，并每年安排一定资金，支持研究开发节能新技术。

第十三条　县级以上人民政府应当扶持、指导、协调重大节能科研项目、节能工程示范项目和能源综合利用项目的实施。

采用先进工艺、技术、设备、材料的节能技术进步项目，节能高新技术转化项目，可以享受国家和省制定的优惠和奖励政策。

第十四条　建筑物的设计和建造应当与太阳能等新能源的利用相结合。

第十五条　各级人民政府应当扶持开发利用太阳能、风能、水能等新能源，推广节能灶、沼气综合利用、培植薪炭林。

第十六条　各级人民政府应当鼓励发展和推广热电联产、洁净煤、电机调速调频和电力电子节电、照明节电、能源梯极利用和专业化生产等节能技术，提高能源利用效率。应当加强农村电网建设改造和用电管理。

第十七条　违反本条例第九条规定的，由县级以上人民政府节能行政主管部门报请同级人民政府，按照国家规定的权限，责令停止建设或者停止使用。

第十八条　违反本条例第五条第二款规定，责令限期治理。经限期治理逾期仍未达到单位产品能耗限额用能的，由县级以上人民政府节能行政主管部门，报请同级人民政府，按照国家有关规定，责令停产整顿或者关闭。

第十九条　重点用能单位违反本条例第七条规定，虚报、拒报能源利用状况报告的，由省级人民政府节能行政主管部门责令限期改正，逾期不改的，可处1000元以上1万元以下的罚款。

第二十条　违反本条例第十条规定，拒不进行更新改造或者更新改造后仍达不到国家规定的，由县级以上人民政府节能行政主管部门，依法报请同级人民政府，按照国家的规定，责令停止使用。

第二十一条　重点用能单位拒绝能源检测机构依法进行检测的，由县级以上人民政府节能行政主管部门责令限期改正，逾期不改正的，实行强制检测，并给予通报批评。

能源检测机构不按照规定进行检测的，由县级以上人民政府节能行政主管部门责令限期改正，逾期不改正的，取消检测资格。

第二十二条　节能行政主管部门的工作人员在节能工作中滥用职权、玩忽职守、徇私舞弊的，由有关部门给予行政处分；造成损失的，依法给予赔偿；构成犯罪的，依法追究刑事责任。

第二十三条　本条例自公布之日起施行。

二、云南省地质环境保护条例①

2001年7月28日，云南省第九届人民代表大会常务委员会第23次会议通过并公布了《云南省地质环境保护条例》，该条例自2002年1月1日起开始执行。具体内容如下：

第一条　为了保护地质环境，防治地质灾害，保护公共财产和公民生命财产安全，保障社会经济可持续发展，根据《中华人民共和国矿产资源法》、《中华人民共和国环境保护法》等有关法律和行政法规，结合云南省实际，制定本条例。

---

① 云南省人民代表大会常务委员会：《云南省地质环境保护条例》，http://sthjt.yn.gov.cn/zcfg/fagui/dffg/200511/t20051123_14076.html（2001-07-28）。

第二条　地质环境保护坚持预防为主、避让与治理相结合和谁开发谁保护、谁破坏谁治理的原则。

第三条　在云南省行政区域内从事与地质环境有关活动的单位和个人，应当遵守本条例。

第四条　地质环境保护工作包括地质环境影响评价，地质环境监测，地质灾害防治，矿山、工程、水文等地质环境治理，地质遗迹和古生物化石保护。

第五条　县级以上人民政府应当将地质环境保护纳入国民经济和社会发展计划，按照国家和省的有关规定，安排与地质灾害防治任务相适应的经费。

第六条　县级以上国土资源行政主管部门负责本行政区域地质环境保护的管理工作。

计划、建设等行政主管部门依照各自的职责，做好地质环境保护工作。

第七条　任何单位和个人发现地质灾害及其隐患，应当及时向人民政府或者有关部门报告。

对地质环境保护作出显著成绩的单位和个人，人民政府应当给予表彰。

第八条　县级以上国土资源行政主管部门应当组织开展区域地质环境调查评价，建立地质灾害预警系统和地质环境调查信息查询系统，加强地质环境保护的宣传和科普教育。

第九条　有下列情形之一的，应当进行地质环境影响评价，并作为环境影响评价报告的专篇：

（一）新建城镇、城镇新区和各类开发区选址。

（二）建设铁路、港口、机场、三级以上公路、装机容量一万千瓦以上的水电站和小（一）型以上水库。

（三）开发利用地质遗迹和地质景观资源。

（四）开发矿产资源。

（五）在城镇规划区、工矿区开发地下水资源。

（六）有可能影响地质环境的其他建设。

地质环境影响评价专篇应当由国土资源行政主管部门组织专家评审，并自受理之日起二十日内作出认定。

第十条　勘查、开采矿产资源应当保护矿山地质环境。矿山地质环境保护设施应当与矿山建设主体工程同时设计、同时施工、同时投入使用。

第十一条　县级以上国土资源行政主管部门应当制定地质灾害防治规划，划定地质灾害易发区、地质灾害危险区，并采取相应的防治措施。

第十二条　在地质灾害易发区内进行的工程建设和有可能导致地质灾害发生的工程

项目，建设单位在申请建设用地前，应当委托有资质的单位进行地质灾害危险性评估。评估结果由省国土资源行政主管部门自受理之日起十五日内作出认定。不符合条件的，不予办理建设用地审批手续。

在地质灾害危险区，禁止进行采矿、伐木、开荒、取土、弃土、抽取地下水等可能诱发地质灾害的活动。

第十三条　因自然作用形成的地质灾害，由所在地的县级人民政府及时组织有关部门开展治理工作。受灾的单位和个人应当开展生产自救、恢复重建等工作。

因人的行为造成地质环境破坏或者引发地质灾害的，行为人应当及时采取措施恢复或者治理，并向所在地的县级国土资源行政主管部门报告。

发生重大地质灾害，发现重大地质灾害隐患，所在地的县级人民政府和有关部门应当立即采取应急措施，同时逐级上报。上级人民政府应当及时组织开展救灾、防灾工作。

第十四条　负责治理地质灾害的责任人，应当按照国家地质灾害治理设计规范，提出地质灾害治理方案，报县级以上国土资源行政主管部门。国土资源行政主管部门应当自受理之日起十五日内审批。

第十五条　承担地质环境影响评价和地质灾害危险性评估及地质灾害防治的工程勘查、设计、施工、监理单位，应当具备国家和省规定的资质条件。

第十六条　对有重大科学研究价值或者观赏价值的地质构造、地质剖面、古生物化石，岩溶、冰川、火山、温泉、瀑布等地质遗迹，应当根据实际需要建立地质遗迹保护区。

地质遗迹保护区的设立、建设、保护，按照国家和省的有关规定执行。

第十七条　开采固体矿产和油气资源，采矿权人应当按照国家有关规定，对矿山地质环境进行动态监测，并将监测资料定期报采矿许可证发证机关。

开采地下水、地热水、矿泉水，采水单位和采矿权人应当对水位、水量、水温、水质等进行动态监测，并将监测资料定期报取水许可证和采矿许可证发证机关。

第十八条　禁止侵占、毁损地质环境监测、保护的设备和设施。

任何单位和个人有权举报、控告破坏地质环境的违法行为。

第十九条　国土资源行政主管部门应当对工程建设中地质灾害防治方案的落实情况进行监督检查，参与竣工验收。

第二十条　违反本条例第十条规定，在勘查、开采矿产资源时，矿山地质环境保护设施未与矿山建设工程同时设计、同时施工、同时投入使用的，由国土资源行政主管部门责令限期改正，逾期不改正的，处五千元以上五万元以下罚款。

第二十一条　违反本条例第十三条第二款规定，对不进行恢复或者治理的责任人，由县级以上国土资源行政主管部门责令限期恢复或者治理；逾期不恢复或者不治理的，由国土资源行政主管部门组织恢复或者治理，所需费用由责任人承担，并处一万元以上五万元以下罚款。

第二十二条　违反本条例第十七条规定，拒报或者谎报地质环境监测资料的，由县级以上有关行政主管部门责令限期改正；逾期不改正的，处一千元以上五千元以下罚款。

第二十三条　违反本条例第十八条第一款规定，侵占、毁损地质环境监测、保护设备和设施的，由县级以上国土资源行政主管部门责令限期改正，并处二千元以上一万元以下罚款。

第二十四条　国家工作人员在地质环境保护工作中玩忽职守、徇私舞弊、滥用职权，尚不构成犯罪的，由其所在单位或者上级主管部门给予行政处分。

第二十五条　违反本条例规定，造成他人人身伤害或者财产损失的，依法承担民事责任；构成犯罪的，依法追究刑事责任。

第二十六条　当事人对行政处罚不服的，可依法申请行政复议或者提起行政诉讼。当事人逾期不申请复议，不起诉，又不执行处罚决定的，由作出处罚决定的部门申请人民法院强制执行。

第二十七条　本条例自2002年1月1日起施行。

三、云南省森林条例①

2002年11月29日，云南省第九届人民代表大会常务委员会第31次会议通过《云南省森林条例》，云南省人民代表大会常务委员会于同日将该条例进行公布。条例具体内容如下：

第一章　总则

第一条　为了保护、培育和合理利用森林资源，促进林业发展，改善生态环境，根据《中华人民共和国森林法》、《中华人民共和国森林法实施条例》等法律、法规，结合云南省实际，制定本条例。

第二条　在云南省行政区域内从事森林资源的保护、培育、经营管理、科学研究和开发利用等活动，应当遵守本条例。

第三条　各级人民政府应当将林业发展规划纳入国民经济和社会发展计划，逐年增加对林业的投入，确保林业发展规划的实施。

---

① 云南省人民代表大会常务委员会：《云南省森林条例》，http://www.nujiang.gov.cn/xxgk/015279278/info/2008-10929.html（2002-11-29）。

民族自治地方依照国家对民族自治地方自治权的规定，在森林保护、开发、木材分配和林业基金使用方面，享受比非民族自治地方更多的自主权和优惠政策。

第四条　各级人民政府鼓励林业科学研究，推广林业先进技术，提高林业科学技术水平，对在植树造林、森林保护、森林管理、林业科研以及林业法制宣传等工作中成绩显著的单位和个人，给予表彰和奖励。

第五条　县级以上林业行政主管部门主管本行政区域内的林业工作。乡级林业站负责管理本辖区内的林业工作。

第二章　森林经营管理

第六条　森林实行分类经营管理。防护林、特种用途林按照生态公益林经营管理；用材林、经济林、薪炭林按照商品林经营管理。县级人民政府应当根据可持续发展的原则制定森林分类区划，逐级报省人民政府批准后实施。

经过批准的森林分类区划不得擅自改变。

第七条　生态公益林应当严格管护，不得随意砍伐，并实行森林生态效益补偿制度。具体补偿办法由省人民政府按照国家有关规定制定。

自留山林木划为生态公益林的，应当按照前款规定给予森林生态效益补偿。

第八条　对商品林实行谁造林、谁经营、谁受益的原则。任何单位和个人不得侵犯投资经营者依法享有的林木所有权和其他合法权益。

第九条　商品林的林木所有权和林地使用权依法可以同时转让，也可以分别转让。可以作价入股或者作为合资、合作造林、经营林木的出资、合作条件，但不得将林地改为非林地。

依法变更森林、林木所有权和林地使用权的，应当向所在地县级林业行政主管部门提出申请，由县级以上人民政府核发证书，办理权属变更登记手续。

第十条　拍卖、转让、租赁、入股、联营及中外合资、合作经营国家和集体所有的商品林林木所有权和林地使用权的，应当事先经县级以上林业行政主管部门组织进行森林资源调查、估价。

第十一条　单位和个人可以承包经营森林、林木、林地。

承包经营国家所有和集体所有的森林、林木、林地的，承包期限为三十年至七十年；特殊林木的林地承包期报经国务院林业行政主管部门批准后可以延长。

依法划归农户使用的自留山由农户无偿使用，使用期限自划定之日起七十年不变，其林木所有权和林地使用权可以依法继承。

第十二条　县级以上人民政府对权属清楚、四至界限明确的森林、林木、林地应当及时核发林权证。林权证是森林、林木所有权和林地使用权的法律凭证。

各级人民政府依法保护森林、林地、林木所有者和使用者的合法权益，禁止将单位和个人依法享有所有权或者使用权的森林、林木、林地无偿划拨给其他单位和个人。

第三章　森林培育

第十三条　各级人民政府应当制定植树造林规划，组织全民义务植树，限期绿化宜林荒山荒地；已纳入退耕还林规划的退耕地，应当按照有关规定组织植树造林。

第十四条　县级以上林业行政主管部门应当在保护生物多样性的前提下，科学指导单位和个人合理确定和调整林种、树种结构，发展竹林、速生丰产林、混交林、珍贵用材林和特色经济林，改造低效林。

省人民政府应当制定优惠政策，鼓励单位和个人租赁、承包宜林荒山造林或者与农村集体经济组织、农户合作造林；鼓励外商、侨商和其他境外团体、个人以及港澳台商投资造林。

大中型木材加工企业应当投资建立原料林基地。

第十五条　在荒山造林六公顷以上的单位和个人，经县级以上林业行政主管部门审核并报同级人民政府批准后，可以利用其中百分之五的面积从事森林旅游开发和休闲设施建设。

第十六条　依法划定为自留山的宜林荒山，应当签订绿化造林合同，限期植树造林。

第十七条　县级以上林业行政主管部门应当加强林木种苗质量的监督管理，建立优良种苗生产基地，提供优质种苗，保证植树造林所用种苗的质量。

第四章　森林保护

第十八条　各级人民政府应当加强森林生态环境保护、森林防火和森林病虫害防治工作，完善森林保护责任制。

第十九条　有森林景观的经营单位，应当负责辖区内的森林防火、森林病虫害防治和森林管护工作。

县级以上林业行政主管部门和乡级林业站应当加强风景区、旅游景点的森林防火、森林病虫害防治和森林管护工作的指导、检查、监督。

第二十条　各级人民政府应当制定减少生产生活用材消耗计划，推广节柴改灶，加强沼气、太阳能、风能、水电等农村能源建设、推广和服务工作。

第二十一条　县级以上人民政府应当在典型的森林生态地区、珍稀动物和珍贵植物栖息生长集中的地区、生态脆弱的地区以及其他具有特殊保护价值的地区，建立自然保护区、保护小区或者保护点，设立管理机构，加强生物多样性保护。

第二十二条　临时占用各类林地的，按照下列规定办理：

（一）临时占用用材林、经济林、薪炭林林地面积不满二公顷的，由县级林业行政主管部门审批；二公顷以上不满十公顷的，由地州市林业行政主管部门审批；十公顷以上不满三十五公顷的，由省林业行政主管部门审批；三十五公顷以上的，由省林业行政主管部门审核后报国务院林业行政主管部门审批。

（二）临时占用防护林、特种用途林林地面积不满十公顷的，由省林业行政主管部门审批；十公顷以上的，由省林业行政主管部门审核后报国务院林业行政主管部门审批。

（三）临时占用其他林地面积不满十公顷的，由县级林业行政主管部门审批；十公顷以上不满三十公顷的，由地州市林业行政主管部门审批；三十公顷以上不满七十公顷的，由省林业行政主管部门审批；七十公顷以上的，由省林业行政主管部门审核后报国务院林业行政主管部门审批。

临时占用林地的单位和个人，应当在使用期满后负责恢复林业生产条件。

临时占用林地的单位和个人，应当对林地所有者或者经营者进行补偿。

第二十三条　因城市建设、绿化和科研教学需要移植野生树木的，按照下列规定办理：

（一）移植一般树木不到四十株的，由县级林业行政主管部门审批。

（二）移植一般树木四十株以上不到八十株的，由地州市林业行政主管部门审批。

（三）移植一般树木八十株以上或者移植出省的，由省林业行政主管部门审批。

无偿移植树木的，移植者应当按照所在地县级林业行政主管部门或者乡镇人民政府指定的地点，补种移植树木株数五倍至十倍的树木；有偿移植树木的，供树者应当按照所在地县级林业行政主管部门或者乡镇人民政府指定的地点，补种移植树木株数五倍至十倍的树木。不补种树木的，由县级林业行政主管部门代为组织补种，所需费用由移植者或者供树者承担。

移植珍贵树种、古树名木或者自然保护区内的树木，依照有关法律、法规规定执行。

禁止连片采挖树木。

第二十四条　禁止任何单位和个人聚众哄抢林木。

禁止向森林、林地倾倒垃圾及有毒有害物质。

第二十五条　各级人民政府应当制定规划、措施，加强对野生的兰科植物、药材、珍稀花卉、食用菌、竹笋以及树脂、树根、树皮等森林资源的保护和管理，做到合理开发利用。

前款规定的森林资源保护名录由省人民政府制定；具体保护措施由县级人民政府制定。

第五章　森林采伐和利用

第二十六条　县级以上人民政府应当公布森林采伐限额，接受社会监督。森林采伐限额由县级以上人民政府逐级分解下达，分级控制，必须保证采伐量小于生长量。

采伐林木的应当申办采伐许可证，纳入森林采伐限额管理。但农民采伐房前屋后、自留地、非基本农田的承包耕地上种植的和基本农田上原有的个人所有的零星林木除外；根据退耕还林规划种植的林木的采伐，依照国家有关规定执行。

对人工用材林进行抚育间伐，凡间伐林木胸径小于十厘米的，不纳入年度木材生产计划管理，只实行采伐限额管理。

对病虫害木、火烧木等灾害木，应当及时进行清理，经核实并报经批准后，可以间伐、皆伐。

单位和个人投资营造的用材林、农民在自留山上种植的商品林木和木材加工企业投资营造的短周期工业原料林，可以自主决定采伐林木的年限、数量和方式，县级以上林业行政主管部门应当优先安排年度木材生产计划。

第二十七条　林木采伐许可证由省林业行政主管部门统一印制，并按照下列规定权限核发：

（一）省属国有林业企业事业单位的林木采伐，由省林业行政主管部门核发；地州市属国有林业企业事业单位的林木采伐，由地州市林业行政主管部门核发；县属国有林业企业事业单位的林木采伐，由县级林业行政主管部门核发。

（二）公路、铁路部门营造的护路林和城镇绿化林木的更新采伐，由其行政主管部门依照有关规定核发。

（三）护堤护岸林木的更新采伐，应当征得有关行政主管部门同意后，由所在地的县级林业行政主管部门核发。

（四）其他森林经营者的林木采伐，由县级林业行政主管部门核发，其中农村居民采伐自留山的天然林木和个人采伐所承包经营的集体山林的林木，县级林业行政主管部门可以委托乡级人民政府核发。

第二十八条　采伐林木的单位和个人必须按照采伐许可证规定的面积、株数、树种、期限进行采伐并及时更新造林。更新造林的面积和株数应当多于采伐林木的面积和株数。

县级林业行政主管部门应当加强对林木采伐和更新造林的监督管理。

第二十九条　当年未用完的薪材、自用材采伐限额，经省林业行政主管部门审核，并报国务院林业行政主管部门批准后，可以结转为下年度商品材的采伐限额。

第三十条　木材经营加工实行许可证管理制度。经营、加工下列木材的，应当向县级以上林业行政主管部门申办木材经营、加工许可证：

（一）原木、锯材、木片及以木材为主要原料的制品。

（二）列入《濒危野生动植物种国际贸易公约》、国家和省保护名录，法律法规确定由林业行政主管部门管理的野生植物及其制品。

经营、加工者应当在木材经营、加工许可证规定范围内经营、加工。

禁止伪造、变造、转让木材经营、加工许可证。

第三十一条　设立木材储运、交易、中转场所的，应当经县级林业行政主管部门审核后，报地州市林业行政主管部门批准。禁止任何单位和个人收购、储运、中转没有林木采伐许可证或者没有其他合法来源证明的木材。

第六章　木材运输管理

第三十二条　跨县运输下列木材的，应当到起运地的县级林业行政主管部门办理木材检疫、运输证；运输出省的，应当到省林业行政主管部门办理木材检疫、出省运输证：

（一）原木、锯材及以木材为主要原料的制品，但木竹藤家具成品、工艺品、纸浆除外。

（二）列入《濒危野生动植物种国际贸易公约》、国家和省保护名录，法律法规确定由林业行政主管部门管理的野生植物及其制品。

运输树皮、竹材、木片、树根、野生树木的，应当到县级林业行政主管部门办理省内运输证明；运输出省的，还应当到省林业行政主管部门办理出省运输证明。

个人凭单位或者村（居）民委员会出具的搬迁证明，可以携带五立方米以下的自有旧房料和木（竹）制成品，免办木材运输证。

第三十三条　经省人民政府批准设立的木材检查站，负责对本条例第三十二条规定的木材运输进行检查监督。

木材检查站可以对涉嫌违法运输的木材依法暂扣，暂扣时间不得超过七日；需要延长的，经其林业行政主管部门负责人批准可以延长，延长时间最多不得超过五日。

未经省人民政府批准，不得设立、撤销、合并、变更木材检查站。

第三十四条　使用逾期运输证运输木材的，按照无证运输处理。因不可抗力或者其他不能归责于当事人的原因造成逾期的除外。

第三十五条　农村居民采伐房前屋后、自留地、非基本农田的承包耕地上种植的和基本农田上原有的个人所有的零星林木出售，凭村民委员会证明在本县范围内进行交易；出县交易的，应当经乡级林业站审核，到县级林业行政主管部门或者其依法委托的乡级林业站办理木材运输证明。

第七章　法律责任

第三十六条　违反本条例第十二条第二款规定的，由县级以上林业行政主管部门责令限期归还；造成损失的，依法给予赔偿；构成犯罪的，依法追究刑事责任。

第三十七条　违反本条例第十四条第三款规定的，由县级以上林业行政主管部门责令限期投资建立原料林基地，并处十万元以下罚款；逾期不投资建立原料林基地的，吊销木材经营、加工许可证。

第三十八条　违反本条例第十九条第一款、第二十八条第一款、第三十二条规定的，依照有关法律、法规处罚；造成损失的，依法承担赔偿责任。

第三十九条　违反本条例第二十二条第一款规定，未经批准临时占用林地的，由县级以上林业行政主管部门责令改正，限期恢复，并处违法占用林地每平方米五元以上十五元以下罚款；造成损失的，依法赔偿损失；构成犯罪的，依法追究刑事责任。

违反本条例第二十二条第二款规定的，由县级以上林业行政主管部门责令限期恢复；逾期不恢复的，由林业行政主管部门或者其委托单位代为恢复，所需费用由临时占用者承担，并处恢复林地每平方米十元以上二十元以下罚款。

第四十条　违反本条例第二十三条第一款规定的，由县级以上林业行政主管部门责令停止违法行为，没收移植的树木；有违法所得的，没收违法所得，并处违法所得一倍以上三倍以下罚款；没有违法所得的，处五百元以上三千元以下罚款。

违反本条例第二十三条第二款规定的，由县级以上林业行政主管部门责令限期补种，逾期不补种的，由林业行政主管部门组织补种，所需费用由责任方承担，并处五百元以上三千元以下罚款。

违反本条例第二十三条第四款规定的，由县级以上林业行政主管部门责令限期恢复植被，并处五千元以上三万元以下罚款；造成损失的，依法承担赔偿责任。

第四十一条　违反本条例第二十四条第一款规定的，由县级以上林业行政主管部门责令将所哄抢的林木返还原主，没收违法所得和工具；对主要责任人处所哄抢的林木价值三倍以上五倍以下罚款；造成损害的，依法承担赔偿责任；构成犯罪的，依法追究刑事责任。

违反本条例第二十四条第二款规定的，由县级以上林业行政主管部门责令限期清除，并处五百元以上五千元以下罚款；造成林木损害的，依法承担赔偿责任。

第四十二条　违反本条例第三十条第一款规定的，由县级以上林业行政主管部门责令停止经营、加工，没收非法经营加工的实物和违法所得，并处非法经营加工实物价值或者违法所得二倍以下罚款。

违反本条例第三十条第二款规定的，由县级以上林业行政主管部门没收超范围经营加工的实物及违法所得，并处超范围经营加工实物价值或者违法所得二倍以下罚款；情节严重的，吊销木材经营、加工许可证。

违反本条例第三十条第三款规定的，由县级以上林业行政主管部门责令停止违法行为，没收证件和违法所得，并处一万元以下罚款；构成犯罪的，依法追究刑事责任。

第四十三条　违反本条例第三十一条规定的，由县级以上林业行政主管部门责令停止违法行为，没收非法收购、储运、中转的木材，有违法所得的，没收违法所得，并处违法所得一倍以上三倍以下罚款；没有违法所得的，处五百元以上五千元以下罚款。

第四十四条　违反本条例第三十三条第三款规定的，由省林业行政主管部门责令限期改正，并由其主管部门或者行政监察部门给予直接负责的主管人员和其他直接责任人员行政处分。

第四十五条　当事人对行政机关依照本条例作出的具体行政行为不服的，可以依法申请行政复议或者提起行政诉讼。

第四十六条　国家工作人员在林业管理工作中玩忽职守、滥用职权、徇私舞弊，构成犯罪的，依法追究刑事责任；尚不构成犯罪的，依法给予行政处分。

第八章　附则

第四十七条　林业行政主管部门可以依法委托天然林保护工程区域内承担森林资源管护任务的国有森林管护单位行使本条例规定由县级林业行政主管部门行使的行政管理职责和行政处罚权。

第四十八条　《中华人民共和国森林法》、《中华人民共和国森林法实施条例》规定的“林区”由省人民政府划定。

第四十九条　本条例自 2003 年 2 月 1 日起施行。

1987 年 9 月 23 日云南省第六届人民代表大会常务委员会第二十九次会议通过的《云南省施行森林法及其实施细则的若干规定》同时废止。

四、云南省三江并流世界自然遗产地保护条例①

2005 年 5 月 27 日，云南省第十届人民代表大会常务委员会第十六次会议通过《云南省三江并流世界自然遗产地保护条例》，该条例自 2005 年 7 月 1 日起施行。条例具体内容如下：

第一条　为了有效保护和合理利用三江并流世界自然遗产地资源，根据有关法律、法规，结合当地实际，制定本条例。

---

① 云南省人民代表大会常务委员会：《云南省三江并流世界自然遗产地保护条例》，http://db.ynrd.gov.cn:9107/lawlib/lawdetail.shtml?id=9c12067adf0c4394af20e048bdcb9671（2005-05-27）。

第二条　在三江并流世界自然遗产地范围内从事保护、利用活动的单位和个人，应当遵守本条例。

第三条　本条例所称的三江并流世界自然遗产地（以下简称三江并流遗产地），是指列入联合国教科文组织《世界遗产名录》，位于本省西北部横断山脉的金沙江、澜沧江、怒江流域的部分特定自然地理区域，由高黎贡山（北段）、白马、梅里雪山、老窝山、云岭、老君山、哈巴雪山、千湖山、红山八个片区组成，具体界限由云南省人民政府在审批片区规划时确定并公布。

第四条　三江并流遗产地的保护和利用应当履行《保护世界文化和自然遗产公约》，遵循科学规划、有效保护、统一管理、合理利用的原则，坚持可持续发展战略，建立健全生态补偿机制。

第五条　省人民政府应当加强对三江并流遗产地保护、利用工作的领导和监督，迪庆藏族自治州、怒江傈僳族自治州、丽江市人民政府及香格里拉县、德钦县、维西傈僳族自治县、泸水县、福贡县、贡山独龙族怒族自治县、兰坪白族普米族自治县、玉龙纳西族自治县人民政府（以下简称省和有关州市县人民政府）按照各自的管辖范围和职责，负责三江并流遗产地的保护、利用工作，并将其纳入国民经济和社会发展计划。

第六条　省和有关州市县人民政府三江并流管理机构具体负责三江并流遗产地的有效保护、合理利用的宣传、组织、协调和监督；组织编制和实施规划；对管理人员进行相关法律和业务知识培训；依法查处违反本条例的行为等工作。

省人民政府三江并流管理机构对三江并流遗产地实行统一管理；按照国家的有关规定，报告或者备案保护、利用中的重大事项；对州市县人民政府三江并流管理机构进行业务指导。

州市人民政府三江并流管理机构对辖区内三江并流遗产地履行管理职责，负责三江并流遗产地风景名胜区一级保护区内《风景名胜区准营证》的核发，对所属县人民政府三江并流管理机构进行业务指导。

县人民政府三江并流管理机构对辖区内三江并流遗产地履行管理职责，负责三江并流遗产地风景名胜区二、三级保护区内《风景名胜区准营证》的核发。

第七条　三江并流遗产地范围内的土地、矿藏、地质遗迹、森林、草原、河流、湖泊、湿地、野生动植物、种质资源、文物古迹、民俗民居、旅游资源、自然保护区、风景名胜区等，由有关行政主管部门依照相关的法律、法规进行管理，涉及保护、利用的重大事项，有关行政主管部门应当征求省人民政府三江并流管理机构的意见。

第八条　编制三江并流遗产地规划应当有利于保护其地质遗迹、生态演变过程、自然美学价值、生物多样性及濒危物种的完整性和真实性，有利于保护文物古迹和自然环境，尊重当地少数民族文化和风俗习惯。

第九条　三江并流遗产地规划分为总体规划、片区规划和详细规划。

片区规划根据总体规划编制；详细规划根据总体规划和片区规划编制。

第十条　三江并流遗产地规划根据有关法律法规按照下列程序编制和审批：

（一）总体规划由省人民政府建设行政主管部门会同有关行政主管部门组织编制，省人民政府审核后报国务院审批。

（二）片区规划由省人民政府三江并流管理机构会同有关州市人民政府组织编制，省人民政府建设行政主管部门审核后报省人民政府审批。

（三）详细规划由省人民政府三江并流管理机构会同有关县人民政府组织编制，有关州市人民政府审批后报省人民政府建设行政主管部门备案。

三江并流遗产地规划在报批前，编制部门应当征求有关行政主管部门的意见并依法办理有关手续。有关行政主管部门编制与三江并流遗产地相关的规划，应当与三江并流遗产地规划相衔接。

第十一条　经批准的三江并流遗产地规划，任何单位和个人不得擅自变更或者调整；确需变更或者调整的，应当报经原审批机关批准。

第十二条　任何单位和个人都有保护三江并流遗产地资源的义务，并有权对破坏三江并流遗产地资源的行为进行检举和控告。

各级人民政府或者有关部门应当对在三江并流遗产地保护工作中取得显著成绩的单位和个人给予表彰奖励。

第十三条　三江并流遗产地中的自然保护区分为核心区、缓冲区和实验区。核心区禁止任何单位和个人擅自进入；缓冲区经有关行政主管部门批准可以进入从事科学研究或者观测活动；实验区可以进入从事科学试验、教学实习、参观考察、旅游以及驯化、繁殖珍稀、濒危野生动植物等活动。

三江并流遗产地中的风景名胜区实行三级保护。一级保护区内除必要的基础设施外，禁止建设其他设施；二级保护区内禁止建设与风景和游览无关的设施；三级保护区内的建设项目不得破坏景观、污染环境。

在三江并流遗产地风景名胜区一级保护区内，对保护三江并流遗产地确有不利影响的居民点，有关县人民政府应当拟定搬迁计划，按照审批权限报县级以上人民政府批准后，逐步实施搬迁。搬迁应当妥善安排搬迁户的生产、生活，保护其合法权益。

第十四条　任何单位和个人不得擅自向三江并流遗产地范围内引进外来物种；确需引进的，由省人民政府农业、林业行政主管部门依法审批。

第十五条　三江并流管理机构应当建立保护监测系统，定期对三江并流遗产地自然资源和人类活动情况进行监测。

第十六条　使用三江并流遗产地标识、标志的，由省人民政府三江并流管理机构按照有关规定和要求授权；未经授权，任何单位和个人不得使用。

第十七条　三江并流风景名胜区管理机构或者依法取得风景名胜资源有偿使用权的单位和个人，应当在三江并流遗产地风景名胜区内的危险地段设置警示标志、护栏等安全保护设施。

第十八条　在三江并流遗产地风景名胜区内从事经营活动的单位和个人，应当使用环境保护车船和电、气、太阳能等清洁能源；排放污水、烟尘以及产生噪音的，应当符合国家有关规定；生活垃圾应当进行无害化处理。

第十九条　三江并流遗产地内的建设项目，应当通过环境影响评价，符合三江并流遗产地规划要求。建设项目应当与环境相协调，民居建筑应当保持当地民族传统风貌。

三江并流遗产地风景名胜区内的基础设施建设项目，由省人民政府三江并流管理机构会同有关部门负责组织开展项目前期工作，经省人民政府发展和改革行政主管部门审定后实施。

第二十条　三江并流遗产地风景名胜区管理机构应当根据三江并流遗产地规划，改善交通、服务等基础设施和游览条件。

单位和个人可以按照三江并流遗产地规划依法投资开发利用三江并流遗产地风景名胜资源。

第二十一条　三江并流遗产地风景名胜区对游客开放的，应当符合国家和省规定的开放条件，并经省人民政府三江并流管理机构会同省旅游行政主管部门批准。

对进入三江并流遗产地风景名胜区的旅游人数实行总量控制。控制数量由省人民政府三江并流管理机构和旅游行政主管部门按照三江并流遗产地风景名胜区的合理容量核定。

第二十二条　三江并流遗产地内的风景名胜资源依法实行有偿使用。

三江并流遗产地风景名胜区内的经营项目、经营位置和经营规模，由三江并流风景名胜区管理机构根据风景名胜区详细规划确定，并采取招标、拍卖等方式明确经营权。取得经营权的单位和个人不得擅自变更经营项目、经营位置和扩大经营规模。

第二十三条　三江并流遗产地的保护管理经费及基础设施建设经费，通过政府投入、民间投资、社会捐助、国际援助、门票收入等多种渠道筹集，专款专用。

第二十四条　各级州市县人民政府应当将三江并流遗产地资源、风景名胜区收入中属于国有资源收入和政府性投资收益的部分纳入财政预算，实行收支两条线管理，并保证三江并流遗产地风景名胜区的规划编制、日常管理、重点保护管理项目的必要资金，具体比例由财政部门会同三江并流管理机构核定。

第二十五条　违反本条例第十三条第一款规定的，由有关行政主管部门按照自然保护区管理的相关法律法规进行处罚。

违反本条例第十三条第二款规定，有下列行为之一的，由三江并流管理机构责令停

止违法行为、限期拆除违法建筑和恢复原状，并处罚款：

（一）在三江并流遗产地风景名胜区一级保护区内进行违法建设的，处建筑面积每平方米100元以上500元以下罚款。

（二）在三江并流通产地风景名胜区二级保护区内进行违法建设的，处建筑面积每平方米50元以上300元以下罚款。

（三）在三江并流遗产地风景名胜区三级保护区内进行违法建设的，处建筑面积每平方米20元以上100元以下罚款。

第二十六条　违反本条例第十四条规定的，由有关行政主管部门按照相关法律、法规进行处罚。

第二十七条　违反本条例第十六条规定，擅自使用三江并流遗产地标识、标志的，由三江并流管理机构责令停止违法行为，限期改正，逾期不改的处3000元以上3万元以下罚款，有违法所得的，没收违法所得。

第二十八条　违反本条例第二十二条第二款规定的，由三江并流管理机构责令限期改正，没收违法所得，并处1000元以上1万元以下罚款；逾期不改的，依法予以取缔。

第二十九条　三江并流管理机构工作人员玩忽职守、滥用职权、徇私舞弊的，依法给予行政处分；构成犯罪的，依法追究刑事责任。

第三十条　本条例自2005年7月1日起施行。

五、云南省耿马傣族佤族自治县森林保护和管理条例①

2006年3月18日，云南省耿马傣族佤族自治县第十二届人民代表大会第五次会议对《云南省耿马傣族佤族自治县森林保护和管理条例》进行了修订，修订后的条例于2006年7月28日云南省第十届人民代表大会常务委员会第二十三次会议批准。具体内容如下：

第一条　为保护、培育和合理利用森林资源，加快林业发展，根据《中华人民共和国民族区域自治法》、《中华人民共和国森林法》等法律法规，结合耿马傣族佤族自治县（以下简称自治县）实际，制定本条例。

第二条　自治县内的一切单位和个人都必须遵守本条例。

第三条　自治县的林业坚持以营林为基础，普遍护林，大力造林，采育结合，永续利用的方针。林业实行分类经营管理，严格保护生态公益林，大力发展商品林，实现生态效益、经济效益和社会效益协调发展。

---

① 云南省人民代表大会常务委员会：《云南省耿马傣族佤族自治县森林保护和管理条例》，http://db.ynrd.gov.cn:9107/lawlib/lawdetail.shtml?id=2b40903611a04c58b61b52163c4a6b31（2006-07-28）。

第四条　自治县林业局是自治县人民政府的林业行政主管部门，依法做好自治县的林业管理、监督和服务工作。

乡（镇）设立林业站，依法做好本行政区域内的林业工作。

第五条　自治县、乡（镇）人民政府划定护林责任区，建立责任制，配备长期性和季节性护林员。

国有林护林员，由乡（镇）人民政府聘任，报自治县林业行政主管部门备案，其报酬由乡（镇）林业站在林业基金中列支。

集体林护林员，由村民委员会聘任，其报酬在林业收入中列支。

第六条　自治县人民政府依法建立林业基金制度，林业基金实行多渠道筹集，专户管理，专款专用。

自治县按照不低于上年度本级财政总收入千分之五的比例安排林业专项资金，用于林业发展。

第七条　自治县的林业行政主管部门应当推广林业适用技术。加强对林业干部职工和农民的培训。

职业技术学校应当设置林业知识课程，培养适用技术人才。

第八条　自治县林业行政主管部门及有条件的乡（镇）人民政府应当建立林木种子园、母树林等良种繁殖基地，鼓励和扶持专业户、重点户发展优质种苗。

第九条　居住在自治县内年龄十五至五十五周岁的公民，除丧失劳动能力者外，均有植树造林义务。非农业人口每人每年植树五株，农业人口每人每年植树三株。

自治县实行义务植树登记卡制度，未履行植树义务的，限期补种或者由绿化委员会、乡（镇）绿化领导小组收取绿化费。

自治县提倡和鼓励种植纪念树，营造纪念林。每年的六月为植树月。

第十条　乡（镇）人民政府对新造林地、幼林地、疏林地、采伐迹地、火烧迹地制定规划，进行封山育林。

第十一条　植树造林坚持适地适树的原则，遵守技术规程，建立检查验收制度，成活率达不到百分之八十五以上的，不得计入年度造林面积。

第十二条　自治县的自治机关加强能源建设，推广煤、电、液化气、太阳能、纤维炭等替代能源。

县城的国家机关、企业、事业单位、服务行业和城镇居民禁止烧柴。

自治县人民政府应当扶持农户营造薪炭林，推广节柴灶，提倡使用沼气和秸秆气化等能源，逐年降低薪柴消耗量。

第十三条　自治县的自治机关制定优惠政策，鼓励各种经济组织和个人采取多种经营形式，依法投资开发宜林荒山，兴办林场、苗圃、果园。坚持谁造林谁所有、谁投资

谁受益，可以依法继承和转让。

第十四条　自治县的自治机关鼓励农民依照技术规程对低价值林进行改造，提升林木品质，增加林业收入。

第十五条　自治县内从事木材、林产品加工、经营的单位和个人，必须办理经营许可证。许可证实行一证一户一点，不得挂靠经营，禁止无证经营。

第十六条　需要收购木材的单位和个人，须经自治县林业行政主管部门批准，按指定的时间、地点、数量和材种收购。

第十七条　自治县建立优质商品林基地。商品林由经营者自主经营，确保商品材采伐指标安排给林木所有者。

人工培育的珍贵树种用材林，按一般树种纳入商品用材林管理。

采伐非林地上种植的林木，不纳入采伐限额管理。

第十八条　自留山上的林木归农户所有，不纳入年度木材生产计划，采伐实行单报单批，可以在县内交易。

第十九条　农村居民采伐房前屋后、自留地、非基本农田的承包耕地上种植和基本农田上原个人所有的零星林木，不需办理采伐许可证，不纳入采伐限额管理，由乡（镇）林业站现场鉴定，凭村民委员会证明进行采伐，可以在县内交易。

轮歇地恢复成林的林木，采伐按零星林木管理。

单位和个人投资营造的工业用原料林，按照经营方案自主决定采伐年限、方式和数量，采伐指标实行单报单批，优先给予安排。

第二十条　自治县的自治机关建立健全林产品交易市场，允许活立木进入市场交易。林产品交易市场，由林业行政主管部门监督管理。

第二十一条　禁止盗伐、滥伐森林和毁林开垦。

未经自治县林业行政主管部门批准，不得在森林或者新造林地内采石、采沙、取土。

国家及省、市、县人民政府批准的建设项目，需要占用、征用林地，砍伐林木的，必须按规定报经批准，并给予林地、林木所有者经济补偿。

第二十二条　禁止在水源林、水土保持林、国防林、母树林、风景林、环境保护林和封山育林区、自然保护区内放牧。

第二十三条　每年十二月为自治县森林防火宣传月。每年十二月一日至次年六月十五日为森林防火期，每年三月一日至四月三十日为森林防火戒严期。在戒严期内，禁止在森林和新造林地内野外用火。确需生产用火和民俗用火的，须报自治县人民政府或者其授权的单位批准。

自治县的林业行政主管部门应当制定扑救森林火灾预案，组织和完善以民兵为骨干的应急扑救队伍，建立健全乡（镇）、村毗邻地区的联防制度。

第二十四条　有下列显著成绩之一的单位和个人，由县、乡（镇）人民政府给予表彰奖励：

（一）超额完成植树造林任务，成活率达到百分之九十以上，保存率达到百分之八十五以上的。

（二）推广节柴灶，以沼气、煤、电、太阳能、纤维炭、秸杆气化等能源代柴的。

（三）开发荒山，改造低价值林地的。

（四）乡（镇）连续两年，村民委员会、村民小组连续三年未发生森林火灾或者及时发现、扑救森林火灾的。

（五）乡（镇）连续两年，村民委员会连续三年未发生毁林案件的。

（六）对盗伐、滥伐、非法经营木材和林产品、毁林开垦等违法犯罪行为进行制止、检举，同犯罪分子作斗争的。

第二十五条　违反本条例规定，有以下情形之一，由自治县林业行政主管部门给予处罚；构成犯罪的，依法追究刑事责任。

（一）违反禁止烧柴规定的，处五十元以上五百元以下的罚款。

（二）无证经营木材、林产品或者一证多户多点经营的，没收违法经营的木材或者违法所得，并处违法经营所得一倍以上三倍以下的罚款。

（三）盗伐、滥伐森林的，责令停止违法行为，赔偿损失，没收盗伐、滥伐的林木或者违法所得，补种盗伐、滥伐株数三倍以上五倍以下的树木，可以并处盗伐、滥伐林木价值二倍以上五倍以下的罚款。

（四）未经批准在森林或者新造林地内采石、采沙、取土的，责令停止违法行为；毁坏林木的，赔偿损失，补种毁坏株数一倍以上三倍以下的树木，或者处毁坏林木价值二倍以上五倍以下的罚款。

（五）在水源林、水土保持林、国防林、母树林、风景林、环境保护林和封山育林区、自然保护区内放牧的，责令停止违法行为；毁坏林木的，赔偿损失，补种毁坏株数一倍以上二倍以下的树木，或者处毁坏林木价值一倍以上二倍以下的罚款。

（六）未经批准在森林防火戒严期内野外用火的，责令停止违法行为，未引起森林火灾的，处十元以上五十元以下罚款；过失引起森林火灾，造成林木损失的，赔偿损失，补种烧毁株数一倍以上二倍以下的树木，可以并处一百元以上一千元以下的罚款。

第二十六条　自治县的国家机关工作人员在林业工作中，玩忽职守、滥用职权、营私舞弊的，由所在单位或者上级行政主管部门给予行政处分；构成犯罪的，依法追究刑事责任。

第二十七条　当事人对行政处罚决定不服的，依照《中华人民共和国行政复议法》

和《中华人民共和国行政诉讼法》的规定办理。

第二十八条　本条例由自治县人民代表大会通过，报云南省人民代表大会常务委员会批准后公布施行。

第二十九条　本条例由自治县人民代表大会常务委员会负责解释。

六、云南省昭通大山包黑颈鹤国家级自然保护区条例①

2008 年 9 月 25 日，云南省第十一届人民代表大会常务委员会第五次会议审议通过《云南省昭通大山包黑颈鹤国家级自然保护区条例》，该条例自 2009 年 1 月 1 日起施行。具体内容如下：

第一条　为加强昭通大山包黑颈鹤国家级自然保护区的保护和管理，促进人与自然和谐发展，根据《中华人民共和国野生动物保护法》、《中华人民共和国自然保护区条例》等法律、法规，结合当地实际，制定本条例。

第二条　本条例所称的昭通大山包黑颈鹤国家级自然保护区（以下简称保护区），范围为昭通市昭阳区大山包乡行政区域。保护区分为核心区、缓冲区和实验区。具体管理办法由昭通市人民政府根据有关法律、法规和本条例结合当地实际制定。

昭通市人民政府应当根据保护区总体规划和黑颈鹤越冬栖息规律以及湿地生态功能特点，把黑颈鹤夜宿地和主要觅食的大海子、跳墩河、勒力寨等湿地区域作为保护重点，标明区界，予以公告。

第三条　在保护区从事活动的单位和个人，应当遵守本条例。

第四条　保护区的保护和管理坚持严格保护、规范管理、科学利用、可持续发展和以人为本的原则。

第五条　任何单位和个人对保护区都有保护的义务，并有权对破坏保护区生态环境、伤害黑颈鹤及其他野生动物等行为进行制止、检举和控告。

第六条　保护区以保护黑颈鹤及亚高山湿地资源为主，根据湿地生态系统特性与湿地鸟类生活习性，利用当地物种，发展湿地草场，恢复湿地面积，改善湿地生态环境，严格保护湿地，为黑颈鹤等野生动物提供适宜的栖息环境。

第七条　省人民政府及其有关职能部门，应当加大对保护区的扶持力度，建立保护投入机制和生态补偿机制；加大湿地保护力度，有计划地实施退耕还林还草，实施国土整治和地质灾害防治，防治水污染和水土流失；对保护区内耕地固定、草场改良、牲畜圈养等方面给予重点扶持；对农户在农村沼气、节柴改灶等农村替代

① 云南省人民代表大会常务委员会：《云南省昭通大山包黑颈鹤国家级自然保护区条例》，http://china.findlaw.cn/fagui/p_1/277578.html（2008-09-25）。

能源建设方面给予倾斜；将森林、林地纳入国家或者省重点生态公益林，按照有关规定给予补偿。

省人民政府林业行政主管部门应当履行保护区的省级行政主管部门的职责，加强对保护区的监督管理，促进保护区资源的有效保护和合理利用。

第八条　昭通市、昭阳区人民政府应当加强对保护区保护管理工作的领导，将保护区的建设和管理纳入国民经济和社会发展规划，加强对黑颈鹤和湿地的保护与宣传，妥善处理当地经济社会发展与保护的关系，加大对保护区的扶持力度，增加经费投入，加强基础设施建设，改善人民群众的生产和生活条件。

对在保护工作中做出突出贡献的单位和个人，给予表彰和奖励。

第九条　昭阳区人民政府在保护区设立管理机构，具体负责保护区的管理工作，履行下列职责：

（一）宣传贯彻执行有关法律、法规和本条例。

（二）根据保护区总体规划，编制实施规划和专项规划，按照有关规定上报批准后，组织实施。

（三）组织或者协助有关部门和机构开展与黑颈鹤有关的科学研究，加强生态旅游管理，开展黑颈鹤保护和湿地研究的国际、国内合作项目。

（四）调查和监测黑颈鹤及亚高山湿地等自然资源变化情况并建立档案，开展黑颈鹤等鸟类疾病监测和栖息地环境监测活动。

（五）依法集中行使与黑颈鹤和湿地保护有关的部分行政处罚权，具体方案由昭阳区人民政府拟定，报昭通市人民政府批准后实施。

（六）昭阳区人民政府交办的与保护有关的其他事项。

第十条　管理机构应当对患病或者受伤的黑颈鹤等野生动物进行收养与救治，对死亡黑颈鹤的尸体进行妥善处置。

第十一条　管理机构按照国家有关规定可以接受国内外组织和个人的捐赠，用于黑颈鹤的保护、保护区的建设和管理及生态补偿。

第十二条　管理机构应当调动当地村民保护黑颈鹤及其栖息地的积极性，可以与当地村民委员会、村民小组签订共管协议。公民、法人和其他组织在保护区内依法开展经营活动，应当优先聘用当地居民。

第十三条　大山包乡人民政府和保护区村民应当配合管理机构共同做好保护工作。各村民委员会、村民小组可以结合实际，制定村规民约，增强村民保护意识，鼓励村民参与保护工作。

第十四条　社会团体和个人开展黑颈鹤及其栖息地的保护工作，应当接受保护区管理机构的管理。

第十五条　鼓励国内外的自然人、法人和其他组织参与保护区的建设和科学研究，加强保护区建设和管理的国际、国内交流与合作。

第十六条　在保护区内开展科学研究和教学实习活动，应当向管理机构提出申请，经批准后方可进入。单位和个人开展活动的成果副本，应当提交保护区管理机构。

第十七条　保护区内应当调整优化产业结构，推广农业标准化，科学施用化肥、农家肥和农药，防治面源污染。农村集镇应当建设生产、生活污水和垃圾处理设施，推进沼气池、节能灶和以煤代柴、以电代柴等农村替代能源建设。

第十八条　在保护区内从事旅游、种植业和畜牧业或者其他生产经营活动的，应当遵守保护区总体规划和专项规划。

第十九条　在保护区内，可以按照批准的生态旅游规划，在确保保护对象不受侵害的前提下，依法开展观鸟、休闲等生态旅游活动。生态旅游活动应当严格限定人员活动的场所、路线、时间和最大日流量。

第二十条　保护区内新建的电力、通信等设施，应当符合保护区总体规划，不能对黑颈鹤产生危害；黑颈鹤夜宿地和主要觅食地内已建成的电力、通信等设施对黑颈鹤产生危害的，管理机构应当与电力、通信等部门协商，按照保护区总体规划进行改造。

第二十一条　保护区内的建设项目应当执行环境影响评价制度。建设项目的污染治理设施应当与主体工程同时设计、同时施工、同时投产使用。污染治理设施应当经过环境保护主管部门验收，验收不合格的建设项目不得投入生产或者使用。

第二十二条　黑颈鹤等国家重点保护野生动物对周围农作物造成损害的，根据有关规定给予补偿并加大补助力度。

第二十三条　保护区内禁止下列行为：

（一）非法猎捕黑颈鹤及其他野生动物，采集野生动植物标本。

（二）毒鱼、电鱼、炸鱼及未经批准的钓鱼、捕鱼。

（三）投放有毒的食物。

（四）销售、使用高毒、高残留农药。

（五）砍伐、开垦、烧荒、挖草皮、采挖湿地泥炭（海垡）。

（六）破坏保护区保护设施，擅自移动保护区界标。

（七）排放未经处理或者处理不达标的生活污水和工业废水，随意倾倒垃圾。

（八）影响野生动物正常生存及破坏自然环境的其他行为。

第二十四条　黑颈鹤夜宿地和主要觅食地内禁止下列行为：

（一）任何人擅自进入。

（二）建设危害黑颈鹤安全、污染环境、破坏资源或者景观的生产和生活设施。

（三）放牧。

（四）游船、游泳和其他水上活动。

第二十五条　违反本条例第二十一条规定的，由县级以上人民政府环境保护行政主管部门按照权限依法给予处罚。

第二十六条　违反本条例第二十三条规定的，分别依照下列规定处罚：

（一）违反第一项规定的，由管理机构没收猎获物和违法所得，并依法给予处罚。

（二）违反第二、三、四项规定的，由管理机构责令停止违法行为，限期改正，可以对单位处 1 万元以上 5 万元以下的罚款，对个人处 1000 元以下的罚款。

（三）违反第五项规定的，由管理机构没收违法所得，责令停止违法行为，限期恢复原状或者采取其他补救措施，对保护区造成破坏的，可以处 300 元以上 1 万元以下的罚款。

（四）违反第六项规定的，由管理机构责令其改正，并可以处100元以上3000元以下的罚款。

（五）违反第七项规定的，由县级以上人民政府环境保护行政主管部门按照权限依法给予处罚。

第二十七条　违反本条例第二十四条规定的，由管理机构分别依照下列规定处罚：

（一）违反第一项规定的，责令改正，并可以处 100 元以上 5000 元以下的罚款。

（二）违反第二项规定的，责令限期拆除，并根据情节轻重处5000元以上5万元以下的罚款。

（三）违反第三、四项规定的，责令停止违法行为，限期采取补救措施，对保护区造成破坏的，可以处 300 元以上 1 万元以下的罚款。

第二十八条　阻碍保护区管理执法人员依法执行公务的，侮辱、殴打执法人员的，由公安机关依法处理。

第二十九条　国家工作人员在保护区管理中玩忽职守、滥用职权、徇私舞弊的，依法给予处分。

第三十条　违反本条例规定构成犯罪的，依法追究刑事责任。

第三十一条　本条例自 2009 年 1 月 1 日起施行。

参考文献

陈明昆：《云南自然保护区总面积达 326.8 万公顷》，http://sthjt.yn.gov.cn/zwxx/xxyw/xxywrdjj/200507/t20050720_2567.html（2005-07-20）。

陈明昆、浦琼尤：《国家投巨资对滇池入湖河流水环境治理进行科技攻关》，http://sthjt.yn.gov.cn/zwxx/xxyw/xxywrdjj/200509/t20050906_2665.html（2005-09-06）。

成淇平、李汉勇：《我省 3 年内摸清森林资源家底》，http://sthjt.yn.gov.cn/zwxx/xxyw/xxywrdjj/200507/t20050707_2555.html（2005-07-70）。

邓瑾、郝万幸：《我省打击破坏森林资源专项行动显成效》，http://sthjt.yn.gov.cn/zwxx/xxyw/xxywrdjj/200507/t20050708_2558.html（2005-07-08）。

丁强：《昆明 3.2 亿元治理两条入滇池河流》，http://sthjt.yn.gov.cn/zwxx/xxyw/xxywrdjj/200511/t20051123_2771.html（2005-11-23）。

冯茵、陈明昆：《云南对 1600 万亩森林进行生态效益补偿》，http://sthjt.yn.gov.cn/zwxx/xxyw/xxywrdjj/200503/t20050330_2374.html（2005-03-30）。

郝万幸、邓瑾：《我省森林公安机关保护野生动物》，http://sthjt.yn.gov.cn/zwxx/xxyw/xxywrdjj/200501/t20050118_2218.html（2005-01-18）。

和光亚：《省级部门和驻昆单位积极支持昆明城市环境整治》，http://sthjt.yn.gov.cn /zwxx/xxyw/xxywrdjj/200810/t20081015_6090.html（2008-10-15）。

黄莺：《16 位专家成入滇河道督导长 重点督导滇池治理》，http://sthjt.yn.gov.cn/zwxx/xxyw/xxywrdjj/200809/t20080927_6023.html（2008-09-27）。

蒋朝晖：《滇池治理将获得强大金融支撑 国家开发银行携手云南政府治理昆明“母亲湖”》，http://sthjt.yn.gov.cn/zwxx/xxyw/xxywrdjj/200806/t20080610_5587.html（2008-06-10）。

蒋朝晖：《云南加大九大高原湖泊流域环境执法力度　强化责任落实　加强联合监察》，http://sthjt.yn.gov.cn/zwxx/xxyw/xxywrdjj/200809/t20080902_5922.html（2008-09-02）。
蒋琼波、彭志新：《曲靖市麒麟区被列为全国农村环境保护试点区》，http://sthjt.yn.gov.cn/zwxx/xxyw/xxywrdjj/200808/t20080828_5912.html（2008-08-28）。
昆明市环境保护局：《保护滇西北生物多样性　行动至上》http://hbj.km.gov.cn/c/2008-12-28/2147397.shtml（2008-12-28）。
昆明市环境保护局：《对滇池治理工作的综合思考》，http://sthjt.yn.gov.cn/zwxx/xxyw/xxywrdjj/200711/t20071122_4887.html（2007-11-22）。
昆明市环境保护局：《晋宁县 39 个生产生活污水收集处理设施夯实滇池治理基础》，http://sthjt.yn.gov.cn/zwxx/xxyw/xxywzsdt/200812/t20081231_26741.html（2008-12-31）。
昆明市环境保护局：《临翔实行森林资源保护举报奖励制度》，http://hbj.km.gov.cn/c/2007-04-13/2147365.shtml（2007-04-13）。
昆明市环境保护局：《盘龙区再添 8 家市级“绿色社区”》，http://hbj.km.gov.cn/c/2008-04-01/2143 635.shtml（2008-04-01）。
昆明市环境保护局：《三江并流林区被盗砍　丽江严打破坏天然林行为》，http://hbj.km.gov.cn/c/2006-08-03/2147345.shtml（2006-08-03）。
昆明市环境保护局：《云南省查破一起滥伐千余亩林木的大案》，http://hbj.km.gov.cn/c/2007-06-29/2147240.shtml（2007-06-29）。
昆明市环境保护局：《中央纪委、中央组织部、中央国家机关第一巡视组考察昆明市环境保护和滇池治理工作》，http://sthjt.yn.gov.cn/zwxx/xxyw/xxywrdjj/200807/t20080711_5732.html（2008-07-11）。
昆明市环境保护局：《保护红嘴鸥　共建和谐社会》，http://hbj.km.gov.cn/c/2006-11-01/2147371.shtml（2006-11-01）。
昆明市环境保护局：《昆明市今年拨款 30 万元护鸥　设 3 个免费投喂点》，http://hbj.km.gov.cn/c/2008-10-17/2147410.shtml（2008-10-17）。
昆明市环境保护局：《昆明首次为海鸥请保镖全天候保护海鸥的安全》，http://hbj.km.gov.cn/c/2008-11-20/2147379.shtml（2008-11-20）。
昆明市环境保护局：《云南地衣物种生存告急　专家呼吁加强研究保护》，http://hbj.km.gov.cn/c/2007-01-09/2147359.shtml（2007-01-09）。
昆明市环境保护局：《云南积极保护植物界“大熊猫”五针松》，http://hbj.km.gov.cn/c/2008-11-10/2147375.shtml（2008-11-10）。
昆明市环境保护局：《云南建气候室预测入侵物种分布》，http://hbj.km.gov.cn/c/2008-10-28/2147399.shtml（2008-10-28）。

昆明市环境保护局：《云南兰属植物的多样性及其保护》，http://hbj.km.gov.cn/c/2006-06-13/2147398.shtml（2006-06-13）。
昆明市环境保护局：《云南立法保护“鸟类熊猫”》，http://hbj.km.gov.cn/c/2008-10-17/2147322.shtml（2008-10-17）。
昆明市环境保护局：《云南省滇金丝猴栖息地白马雪山得到有效保护》，http://hbj.km.gov.cn/c/2006-12-11/2147400.shtml（2006-12-11）。
昆明市人民政府办公厅：《昆明市人民政府办公厅关于加强今冬明春森林防火工作的意见》，http://sthjt.yn.gov.cn/zcfg/fagui/dffg/200512/t20051216_15274.html（2005-12-16）。
李海玲：《云南严惩自然保护区内违规行为》，http://sthjt.yn.gov.cn/zwxx/xxyw/xxywrdjj/200802/t20080221_5193.html（2008-02-21）。
连芳：《历时 8 年投资 16 亿世行滇池治污项目年底完成》，http://sthjt.yn.gov.cn/dwhz/dwhzgjjlhz/200409/t20040916_12604.html（2004-09-16）。
蔺以光：《云南的自然保护区正在迅速“长大”》，http://sthjt.yn.gov.cn/zwxx/xxyw/xxywrdjj/200505/t20050518_2459.html（2005-05-18）。
凌继发：《云南加大昭通黑颈鹤国家级自然保护区管理力度》，http://sthjt.yn.gov.cn/zwxx/xxyw/xxywrdjj/200410/t20041018_1933.html（2004-10-18）。
刘萍、牟洁姿：《“十一五”云南将重点解决农村环境质量问题》，http://sthjt.yn.gov.cn/zwxx/xxyw/xxywrdjj/200511/t20051117_2766.html（2005-11-17）。
刘萍、郑劲松：《社会工程：滇池治理史上新突破》，http://sthjt.yn.gov.cn/zwxx/xxyw/xxywrdjj/200412/t20041203_2098.html（2004-12-03）。
刘学严：《坚持和落实科学发展观 加强农村环境保护工作——保山市农村环境保护若干问题的思考》，http://sthjt.yn.gov.cn/zwxx/xxyw/xxywrdjj/200512/t20051223_2840.html（2005-12-23）。
刘云、王永刚：《昆明滇池治理——立足当前着眼长远 近中远结合》，http://sthjt.yn.gov.cn/zwxx/xxyw/xxywrdjj/200702/t20070227_4032.html（2007-02-27）。
纳英：《昆明森林公安截获大批珍贵野生动物及制品》，http://sthjt.yn.gov.cn/zwxx/xxyw/xxywr djj/200410/t20041006_1879.html（2004-10-06）。
庞继光、万静霏：《〈昆明市湖泊沿岸公共空间保护规定〉10 月 12 日起施行：滇池、阳宗海沿岸公共空间禁摆摊》，http://sthjt.yn.gov.cn/zwxx/xxyw/xxywrdjj/200809/t20080927_6021.html（2008-09-27）。
秦蒙琳：《森林覆盖率超 53% 大理成为“全国绿化模范市”》，http://sthjt.yn.gov.cn/zwxx/xxyw/ xxywrdjj/200801/t20080122_5113.html（2008-01-22）。
任维东：《云南自然保护区建设显成效 总数达到 193 个》，http://sthjt.yn.gov.cn/

zwxx/xxyw/xxywrdjj/ 200601/t20060118_2870.html（2006-01-18）。
石雨：《云南新增77个自然保护区 数量位居中国第一》，http://sthjt.yn.gov.cn/zwxx/xxyw/xxywrdjj/200605/t20060508_3116.html（2006-05-08）。
王密：《昆明森林覆盖率达52%》，http://sthjt.yn.gov.cn/zwxx/xxyw/xxywrdjj/200607/t20060728_3362.html（2006-07-28）。
王研：《云南省森林覆盖率接近50%》，http://sthjt.yn.gov.cn/zwxx/xxyw/xxywrdjj/200405/t20040512_1432.html（2004-05-12）。
王仪：《滇池治理多管齐下3500万打造旱厕》，http://sthjt.yn.gov.cn/zwxx/xxyw/xxywrdjj/200506/t20050601_2484.html（2005-06-01）。
王永刚、刘云、周杰：《省府要求尽最大努力力争滇池治理取得实质进展》，http://sthjt.yn.gov.cn/zwxx/xxyw/xxywrdjj/200707/t20070712_4498.html（2007-07-12）。
王云、谢炜：《昆明市政府鼓励市民参与滇池治理》，http://sthjt.yn.gov.cn/zwxx/xxyw/xxywrdjj/200707/t20070712_4495.html（2007-07-12）。
徐昕：《环保宣传进村寨》，https://hbj.xsbn.gov.cn/315.news.detail.dhtml?news_id=817（2008-11-18）。
杨昕、张帜然：《云南2005年整治违法排污企业保障群众健康行动》，http://news.sina.com.cn/c/2005-09-26/10487037669s.shtml（2005-09-26）。
杨志强：《精心组织，狠抓落实认真开展自然保护区专项执法检查工作》，http://sthjt.yn.gov.cn/zwxx/xxyw/xxywrdjj/200605/t20060525_3166.html（2006-05-25）。
玉溪市环境保护局：《省环保局自然处到玉溪市红塔区指导农村环境保护综合治理工作》，http://sthjt.yn.gov.cn/zwxx/xxyw/xxywrdjj/200808/t20080818_5878.html（2008-08-18）。
云南省红河哈尼族彝族自治州人民代表大会常务委员会：《云南省红河哈尼族彝族自治州异龙湖保护管理条例》，http://sthjt.yn.gov.cn/gyhp/jhbhfg/201507/t20150706_90545.html（2015-07-06）。
云南省环境保护局：《2003年九大高原湖泊现场环境监察情况通报及2004年工作安排》，http://sthjt.yn.gov.cn/gyhp/jhdt/200407/t20040728_11599.html（2004-07-28）。
云南省环境保护局：《2004年九大高原湖泊环境监管情况》，http://sthjt.yn.gov.cn/gyhp/jhdt/200504/t20050428_11601.html（2005-04-28）。
云南省环境保护局：《2005年全省环境保护工作要点》，http://sthjt.yn.gov.cn/zwxx/zfwj/yhf/200501/t20050110_10302.html（2005-01-10）。
云南省环境保护局：《2010年我省森林覆盖率将达53%以上》，http://sthjt.yn.gov.cn/zwxx/xxyw/xxywrdjj/200403/t20040331_1336.html（2004-03-31）。
云南省环境保护局：《白马雪山自然保护区成立管理局》，http://sthjt.yn.gov.cn/

zwxx/xxyw/xxywrdjj/200310/t20031027_1058.html（2003-10-27）。

云南省环境保护局：《呈贡：滇池治理创优美环境》，http://sthjt.yn.gov.cn/zwxx/xxyw/xxywrdjj/200409/t20040901_1789.html（2004-09-01）。

云南省环境保护局：《崇明县滇管局加大宣传教育提高水源保护意识》，http://sthjt.yn.gov.cn/zwxx/xxyw/xxywrdjj/200309/t20030927_1028.html（2003-09-27）。

云南省环境保护局：《楚雄州哀牢山国家级自然保护区扩大保护面积》，http://sthjt.yn.gov.cn/zwxx/xxyw/xxywrdjj/200311/t20031111_1082.html（2003-11-11）。

云南省环境保护局：《大山包黑颈鹤自然保护区建立管理机构》，http://sthjt.yn.gov.cn/zwxx/xxyw/xxywrdjj/200404/t20040405_1347.html（2004-04-05）。

云南省环境保护局：《滇池治理"河长负责制"下月施行　书记市长带头任"河长"》，http:// sthjt.yn.gov.cn/zwxx/xxyw/xxywrdjj/200803/t20080331_5327.html。

云南省环境保护局：《滇池治理驶入快车道——昆明加大加快滇池污染防治力度》，http://sthjt.yn.gov.cn/zwxx/xxyw/xxywrdjj/200408/t20040811_1731.html（2004-08-11）。

云南省环境保护局：《滇池治理新招：引入国内一流专业咨询服务团》，http://sthjt.yn.gov.cn/zwxx/xxyw/xxywrdjj/200809/t20080905_5934.html（2008-09-05）。

云南省环境保护局：《滇池治理引入首个大型基金 华禹水务初投 200 亿》，http://sthjt.yn.gov.cn/zwxx/xxyw/xxywrdjj/200809/t20080927_6021.html（2008-09-27）。

云南省环境保护局：《滇池治理又获新进展》，http://sthjt.yn.gov.cn/zwxx/xxyw/xxywrdjj/200408/t20040809_1725.html（2004-08-09）。

云南省环境保护局：《滇池治理又进一步——枧槽河综合整治工程近日开工》，http://sthjt.yn.gov.cn/zwxx/xxyw/xxywrdjj/200404/t20040430_1415.html（2004-04-30）。

云南省环境保护局：《滇池治理责任人要抵押风险金》，http://sthjt.yn.gov.cn/zwxx/xxyw/xxywrdjj/200408/t20040820_1746.html（2004-08-20）。

云南省环境保护局：《滇池治理资金使用情况昨公布》，http://sthjt.yn.gov.cn/zwxx/xxyw/xxywrdjj/200406/t20040611_1563.html（2004-06-11）。

云南省环境保护局：《公开接受社会监督，2004 年起滇池治理进展全国公示》，http://sthjt.yn.gov.cn/zwxx/xxyw/xxywrdjj/200402/t20040203_1231.html（2004-02-03）。

云南省环境保护局：《关于转发国家环境保护总局〈关于加强农村环境保护工作严防典型肺炎向农村蔓延的紧急通知〉的通知》，http://sthjt.yn.gov.cn/zwxx/zfwj/qttz/200408/t20040802_10265.html（2004-08-02）。

云南省环境保护局：《关于做好"开展整治违法排污企业保障群众健康环保专项行动"宣传工作的通知》，http://sthjt.yn.gov.cn/zwxx/zfwj/yhf/200408/t20040802_10289.html（2004-08-02）。

云南省环境保护局：《官渡建成首个森林公园》，http://sthjt.yn.gov.cn/zwxx/xxyw/xxywrdjj/200603/t20060323_3031.html（2006-03-23）。
云南省环境保护局：《国家环保总局副局长王心芳检查滇池治理工作》，http://sthjt.yn.gov.cn/zwxx/xxyw/xxywrdjj/200208/t20020806_780.html（2002-08-06）。
云南省环境保护局：《国家开发银行将为滇池治理提供资金支持》，http://sthjt.yn.gov.cn/zwxx/xxyw/xxywrdjj/200708/t20070827_4631.html（2007-08-27）。
云南省环境保护局：《会泽黑颈鹤自然保护区晋升为国家级自然保护区》，http://sthjt.yn.gov.cn/zwxx/xxyw/xxywrdjj/200604/t20060403_3047.html（2006-04-03）。
云南省环境保护局：《节能环保论坛东京热议 日企有意参与滇池治理》，http://sthjt.yn.gov.cn/zwxx/xxyw/xxywrdjj/200812/t20081202_6285.html（2008-12-02）。
云南省环境保护局：《今年中国 5 大环保重点提出 年内制订滇池治理方案》，http://sthjt.yn.gov.cn/zwxx/xxyw/xxywrdjj/200809/t20080911_5969.html（2008-09-11 ）。
云南省环境保护局：《昆明滇池治理：治水先治河》，http://sthjt.yn.gov.cn/zwxx/xxyw/xxywrdjj/200809/t20080923_6004.html（2008-09-23）。
云南省环境保护局：《昆明实行滇池治理责任风险金制 7 区县有关领导要交抵押金》，http://sthjt.yn.gov.cn/zwxx/xxyw/xxywrdjj/200603/t20060322_3028.html（2006-03-22）。
云南省环境保护局：《昆明市森林公安截获滇朴树》，http://sthjt.yn.gov.cn/zwxx/xxyw/xxywrdjj/200312/t20031216_1151.html（2003-12-16）。
云南省环境保护局：《昆明市下决心完成滇池治理“十五”计划》，http://sthjt.yn.gov.cn/zwxx/xxyw/xxywrdjj/200508/t20050829_2643.html（2005-08-29）。
云南省环境保护局：《老君山小桥沟升格为国家级自然保护区》，http://sthjt.yn.gov.cn/zwxx/xxyw/xxywrdjj/200307/t20030715_919.html（2003-07-15）。
云南省环境保护局：《丽江森林覆盖率 10 年提高 12.2%》，http://sthjt.yn.gov.cn/zwxx/xxyw/xxywrdjj/200804/t20080423_5402.html（2008-04-23）。
云南省环境保护局：《怒江大峡谷森林覆盖率达 70%》，http://sthjt.yn.gov.cn/zwxx/xxyw/xxywrdjj/200401/t20040119_1219.html（2004-01-19）。
云南省环境保护局：《生物多样性保护工作情况》，http://sthjt.yn.gov.cn/zrst/swdyxbh/200408/t20040819_11134.html（2004-08-19）。
云南省环境保护局：《省、市两级环境监察队视查官渡区饮用水源地》，http://sthjt.yn.gov.cn/zwxx/xxyw/xxywrdjj/200609/t20060908_3509.html（2006-09-08）。
云南省环境保护局：《省环保局李辉一行到昭通检查指导城市环境综合整治工作》，http://sthjt.yn.gov.cn/zwxx/xxyw/xxywrdjj/200610/t20061023_3632.html（2006-10-23）。
云南省环境保护局：《省环保局自然处调研易门农村环境保护工作》，http://sthjt.yn.

gov.cn/zwxx/xxyw/xxywrdjj/200709/t20070910_4685.html（2007-09-10）。
云南省环境保护局：《世行启动云南城市环境建设项目鉴别工作》，http://sthjt.yn.gov.cn/zwxx/xxyw/xxywrdjj/200606/t20060601_3181.html（2006-06-01）。
云南省环境保护局：《水利部原部长出招治滇池治理污染源为主调水为辅》，http://sthjt.yn.gov.cn/zwxx/xxyw/xxywrdjj/200805/t20080512_5463.html（2008-05-12）。
云南省环境保护局：《思茅市中荷合作〈云南森林保护与社区发展项目〉（FCCDP）一期工作圆满结束》，http://sthjt.yn.gov.cn/dwhz/dwhzgjjlhz/200409/t20040916_12602.html（2004-09-16）。
云南省环境保护局：《我省首次大规模调查滇池治理现状湖滨湿地消失殆尽》，http://www.ynepb.gov.cn/zwxx/xxyw/xxywrdjj/200702/t20070227_4030.html（2007-02-27）。
云南省环境保护局：《杨崇勇:加快滇池治理步伐》，http://sthjt.yn.gov.cn/zwxx/xxyw/xxywrdjj/200505/t20050531_2483.html（2005-05-31）。
云南省环境保护局：《有利于加强云南省物种资源保护的对策、措施及建议》，http://sthjt.yn.gov.cn/ zrst/swdyxbh/200501/t20050110_15927.html（2005-01-10）。
云南省环境保护局：《玉龙纳西族自治州森林覆盖率达 76.6%》，http://sthjt.yn.gov.cn/zwxx/xxyw/xxywrdjj/200308/t20030827_984.html（2003-08-27）。
云南省环境保护局：《玉溪城市环境综治全省领先》，http://sthjt.yn.gov.cn/zwxx/xxyw/xxywrdjj/200403/t20040330_1333.html（2004-03-30）。
云南省环境保护局：《云环发［2004］289 号关于报送各地开展整治违法排污企业保障群众健康环保专项行动分阶段报告的通知》，http://sthjt.yn.gov.cn/zwxx/zfwj/yhf/200408/t20040802_ 10290.html（2004-08-02）。
云南省环境保护局：《云环发［2007］267 号云南省环境保护局关于公布云南省 2006 年度城市环境综合整治定量考核结果的通知》，http://sthjt.yn.gov.cn/zwxx/zfwj/yhf/200707/t20070720_ 10406.html（2007-07-20）。
云南省环境保护局：《云南城市环境建设项目成立组织领导机构》，http://sthjt.yn.gov.cn/zwxx/xxyw/xxywrdjj/200605/t20060529_3171.html（2006-05-29）。
云南省环境保护局：《云南城市环境建设项目通过世行鉴别》，http://sthjt.yn.gov.cn/zwxx/xxyw/xxywrdjj/200608/t20060803_3379.html（2006-08-03）。
云南省环境保护局：《云南城市环境质量保持稳中有升 昆明曲靖潞西城市绿化率达 35% 以上》，http://sthjt.yn.gov.cn/zwxx/xxyw/xxywrdjj/200805/t20080519_5499.html（2008-05-19）。
云南省环境保护局：《云南省 2005 年环境监察所（支队）长会议在昆召开》，http://sthjt.yn.gov.cn/zwxx/xxyw/xxywrdjj/200504/t20050427_2419.html（2005-04-27）。

云南省环境保护局：《云南省 2005 年整治违法排污企业保障群众健康环保专项行动实施方案》，http://sthjt.yn.gov.cn/hjjc/hbzxxd/200508/t20050801_12361.html（2005-08-01）。

云南省环境保护局：《云南省 2006 年度城市环境综合整治定量考核工作总结》，http://sthjt.yn.gov. cn/zwxx/zfwj/yhf/200707/t20070720_10406.html（2007-07-20）。

云南省环境保护局：《云南省 2006 年整治违法排污企业保障群众健康环保专项行动实施方案》，http://sthjt.yn.gov.cn/zwxx/zfwj/yhf/200606/t20060620_10371.html（2006-06-20）。

云南省环境保护局：《云南省环境保护局关于滇池和洱海流域专项整治情况的报告》，http://sthjt.yn. gov.cn/hjjc/hbzxxd/200812/t20081211_12437.html（2008-12-11）。

云南省环境保护局：《云南省环境保护局关于贯彻落实国家环保总局电视电话会议精神进一步加强环境监督管理严防发生污染事故的紧急通知》，http://sthjt.yn.gov. cn/zwxx/zfwj/yhf/2005 12/t20051205_10342.html（2005-12-05）。

云南省环境保护局：《云南省环境保护“十一五”规划》，http://sthjt.yn.gov.cn/ wsbs/xzfw/wjxz/200804/t20080421_15648.html（2008-04-21）。

云南省环境保护局：《云南省环境监察人员严格执行“六不准”规定》，http://sthjt.yn. gov.cn/zwxx/xxyw/xxywrdjj/200307/t20030731_942.html（2003-07-31）。

云南省环境保护局：《云南省环境监察总队到蒙自矿冶有限责任公司检查环保设施建设情况》，http://sthjt.yn.gov.cn/zwxx/xxyw/xxywrdjj/200705/t20070509_4291.html（2007-05-09）。

云南省环境保护局：《云南省加强七个重点城市环境质量达标工程建设饮食业油烟污染治理和污水处理厂在线监测》，http://sthjt.yn.gov.cn/zwxx/xxyw/xxywrdjj/200307/ t20030729_935.html（2003-07-29）。

云南省环境保护局：《云南省开展整治违法排污企业保障群众健康环保专项行动实施方案》，http://sthjt.yn.gov.cn/hjjc/hbzxxd/200408/t20040809_12355.html（2004-08-09）。

云南省环境保护局：《云南省七个环保重点城市环境质量达标工程考核方案》，http:// sthjt.yn.gov. cn/zwxx/zfwj/yhf/200601/t20060111_10346.html（2006-01-11）。

云南省环境保护局：《云南省生态建设和环境保护“十五”规划》，http:// sthjt.yn.gov.cn/ghsj/hjgh/ 200709/t20070927_10971.html（2007-09-27）。

云南省环境保护局：《云南省生物物种资源保护“十五”期间的工作思路》，http:// sthjt.yn.gov.cn/ zrst/swdyxbh/200501/t20050110_15926.html（2005-01-10）。

云南省环境保护局：《云南省生物物种资源保护工作中存在的主要问题》，http:// sthjt.yn.gov.cn/ zrst/swdyxbh/200501/t20050110_15925.html（2005-01-10）。

云南省环境保护局：《云南省生物物种资源保护取得的成绩》，http:// sthjt.yn.gov.cn/zrst/swdyxbh/ 200501/t20050110_15924.html（2005-01-10）。

云南省环境保护局：《云南省生物物种资源保护执法检查工作情况》，http://sthjt.yn.gov.cn/zrst/ swdyxbh/200501/t20050110_15923.html（2005-01-10）。

云南省环境保护局：《云南省正确处理自然保护区资源保护和合理开发关系》，http://sthjt.yn.gov.cn/zwxx/xxyw/xxywrdjj/200511/t20051109_2753.html（2005-11-09）。

云南省环境保护局：《云南省重点城市环境空气质量周报出齐》，http://sthjt.yn.gov.cn/zwxx/xxyw/xxywrdjj/200307/t20030731_941.html（2003-07-31）。

云南省环境保护局：《张祖林：年内截断宝象河流域重污染源》，http://sthjt.yn.gov.cn/zwxx/xxyw/xxywrdjj/200805/t20080509_5458.html（2008-05-09）。

云南省环境保护局：《中德合作在昆明市寻甸造林 3765.3 公顷》，http://sthjt.yn.gov.cn/dwhz/dwhzgjjlhz/200409/t20040916_12601.html（2004-09-16）。

云南省环境保护局：《周生贤：国家环保部全力支持滇池治理》，http://sthjt.yn.gov.cn/zwxx/xxyw/xxywrdjj/200811/t20081109_6185.html（2008-11-09）。

云南省环境保护局：《综合整治城市环境 还春城一个美丽》，http://sthjt.yn.gov.cn/zwxx/xxyw/xxywrdjj/200405/t20040514_1444.html（2004-05-14）。

云南省环境保护局对外交流合作处：《省环保局："七彩云南"生物多样性保护国际论坛在昆明召开》，http://sthjt.yn.gov.cn/dwhz/dwhzgjjlhz/200711/t20071107_12619.html（2007-11-07）。

云南省环境保护局规财处，《云南省环境保护"十五"主要任务和计划》，http://sthjt.yn.gov.cn/ghsj/ hjgh/200408/t20040817_11011.html（2004-08-17）。

云南省环境保护局九大高原湖泊办：《2007年一季度云南省九大高原湖泊水质状况及治理情况公告》，http://sthjt.yn.gov.cn/gyhp/jhdt/200707/t20070709_11605.html（2007-07-09）。

云南省环境保护局九大高原湖泊办：《云南省九大高原湖泊 2007 年水质状况及治理情况公告》，http://sthjt.yn.gov.cn/gyhp/jhdt/200805/t20080515_11623.html（2008-05-15）。

云南省环境保护局九大高原湖泊办：《云南省九大高原湖泊 2008 年三季度水质状况及治理情况公告》，http://sthjt.yn.gov.cn/gyhp/jhdt/200812/t20081223_11628.html（2008-12-23）。

云南省环境保护局九大高原湖泊办：《云南省九大高原湖泊 2008 年上半年水质状况及治理情况公告》，http://sthjt.yn.gov.cn/gyhp/jhdt/200808/t20080814_11626.html（2008-08-14）。

云南省环境保护局九大高原湖泊办：《云南省九大高原湖泊 2008 年水质状况及治理情况公告》，http://sthjt.yn.gov.cn/gyhp/jhdt/200909/t20090918_11630.html

（2009-09-18）。
云南省环境保护局九大高原湖泊办：《云南省九大高原湖泊二〇〇七年三季度水质状况及治理情况公告》，http://sthjt.yn.gov.cn/gyhp/jhdt/200712/t20071203_11678.html（2007-12-03）。
云南省环境保护局项目办：《2005 年云南省九大高原湖泊水质状况及治理情况公告》，http://sthjt. yn.gov.cn/gyhp/jhdt/200604/t20060404_11673.html（2006-04-04）。
云南省环境保护局项目办：《2006 年云南省九大高原湖泊水质状况及治理情况公告》，http:// sthjt.yn.gov.cn/gyhp/jhdt/200705/t20070531_11676.html（2007-05-31）。
云南省环境保护局项目办：《省环保局召开云南省第三届省级自然保护区评审委员会成立大会》，http://sthjt.yn.gov.cn/zrst/zrbhq/200708/t20070827_11138.html（2007-08-27）。
云南省环境保护局自然处：《云南省环境保护局关于对普者黑省级自然保护区范围调整的公示》，http://sthjt.yn.gov.cn/zwxx/zfwj/gsgg/200805/t20080521_10435.html（2008-05-21）。
云南省环保专项行动联席会议办公室：《保山市认真开展环保专项大检查工作》，http://sthjt. yn.gov.cn/hjjc/hbzxxd/200812/t20081211_12435.html（2008-12-11）。
云南省环保专项行动联席会议办公室：《大理白族自治州完成 2008 年环保专项行动挂牌督办事项后督察成效明显》，http://sthjt.yn.gov.cn/hjjc/hbzxxd/200812/t20081211_12436.html（2008-12-11）。
云南省环保专项行动联席会议办公室：《红河州开展饮用水源地集中检查回头看》，http:// sthjt.yn.gov.cn/ hjjc/hbzxxd/200810/t20081023_12432.html（2008-10-23）。
云南省环保专项行动联席会议办公室：《科学筹划　抓紧抓实　全力推进环保专项整治工作》，http://sthjt.yn.gov.cn/hjjc/hbzxxd/200809/t20080905_12427.html（2008-09-05）。
云南省环保专项行动联席会议办公室：《文山壮族苗族自治州委把环保专项行动作为“大接访”的一项重要内容》，http://sthjt.yn.gov.cn/hjjc/hbzxxd/200809/t20080927_12430.html（2008-09-27）。
云南省环保专项行动联席会议办公室：《我省召开电视电话会议启动 2008 年环保专项行动》，http:// sthjt.yn.gov.cn/hjjc/hbzxxd/200807/t20080728_12420.htm（2008-07-28）。
云南省环保专项行动联席会议办公室：《西双版纳州积极开展环保专项行动集中整治工作》，http://sthjt.yn.gov.cn/hjjc/hbzxxd/200810/t20081023_12431.html（2008-10-23）。
云南省环保专项行动联席会议办公室：《西双版纳州开展环保专项执法检查取得实效》，http: //sthjt.yn.gov. cn/hjjc/hbzxxd/200812/t20081211_12433.html（2008-12-11）。
云南省环保专项行动联席会议办公室：《云南及时制定印发〈云南省 2008 年整治违法排污企业保障群众健康环保专项行动实施方案〉》，http://sthjt.yn.gov.cn/hjjc/hbzxxd/200807/t20080728_12421.htm（2008-07-28）。

云南省环保专项行动联席会议办公室：《云南省对环保部暂停玉溪市新增化学需氧量排放审批整改情况进行现场督察》，http://sthjt.yn.gov.cn/hjjc/hbzxxd/200809/t20080905_12426.htm（2008-09-05）。

云南省环保专项行动联席会议办公室：《云南省环境保护局对全省环境安全隐患开展百日督查专项行动检查》，http://sthjt.yn.gov.cn/hjjc/hbzxxd/200808/t20080815_12423.html（2008-08-15）。

云南省环保专项行动联席会议办公室：《云南文山壮族苗族自治州为确保汛期、残奥会期间环境安全对辖区采矿企业开展安全隐患排查》，http://sthjt.yn.gov.cn/hjjc/hbzxxd/200809/t20080927_12429.htm（2008-09-27）。

云南省环保专项行动联席会议办公室：《昭通市开展 2008 年环保专项行动成效明显》，http://sthjt.yn.gov.cn/hjjc/hbzxxd/200812/t20081211_12434.htm（2008-12-11）。

云南省环保专项行动联席会议办公室：《昭通市彝良县依法强制关闭 9 家非法洗选企业》，http://sthjt.yn. gov.cn/hjjc/hbzxxd/200809/t20080908_12428.htm（2008-09-08）。

云南省环保专项行整治动联席会议办公室：《云南省环境保护局王建华局长检查水富金明化工有限责任公司环保工作情况》，http://sthjt.yn.gov.cn/hjjc/hbzxxd/200611/t20061117_12398.htm（2006-11-17）。

云南省环保专项行整治动联席会议办公室：《云南省环保专项行动领导小组召开联席会议，研究部署环保专项行动下一阶段工作》，http://sthjt.yn.gov.cn/hjjc/hbzxxd/200611/t20061101_12396.htm（2006-11-01）。

云南省环保专项行整治动联席会议办公室：《云南省解决两个省级挂牌督办问题并取得初步成效》，http://sthjt.yn.gov.cn/hjjc/hbzxxd/200610/t20061025_12395.html（2006-10-25）。

云南省环保专项整治行动联合会议办公室：《昆明市在环保专项行动中彻底整治蓝龙潭片区长虫山石灰窑烟尘污染》，http://sthjt.yn.gov.cn/hjjc/hbzxxd/200510/t20051011_12371.htm（2005-10-11）。

云南省环保专项整治行动联合会议办公室：《我省组织对部份地州自然保护区法律法规执行情况进行现场检查》，http://sthjt.yn.gov.cn/hjjc/hbzxxd/200509/t20050907_12368.html（2005-09-07）。

云南省环保专项整治行动联席会议办公室：《保山市开展工业园区和工业集中区专项整治，成效明显》，http://sthjt.yn.gov.cn/hjjc/hbzxxd/200710/t20071011_12416.html（2007-10-11）。

云南省环保专项整治行动联席会议办公室：《楚雄州环保局严肃查处违法排污企业，切实解决群众反映突出的环境问题》，http://sthjt.yn.gov.cn/hjjc/hbzxxd/200709/

t20070907_12411.htm（2007-09-07）。
云南省环保专项整治行动联席会议办公室：《楚雄州加强对挂牌督办企业的整治》，http://sthjt. yn.gov.cn/hjjc/hbzxxd/200709/t20070907_12412.htm（2007-09-07）。
云南省环保专项整治行动联席会议办公室：《楚雄州禄丰县城区环境综合整治工作取得初步成效》，http://sthjt.yn.gov.cn/hjjc/hbzxxd/200609/t20060912_12391.html（2006-09-12）。
云南省环保专项整治行动联席会议办公室：《德宏州在整治违法排污企业保障群众健康环保专项行动中真抓实干取得初步成效》，http://sthjt.yn.gov.cn/hjjc/hbzxxd/200508/t20050819_12367.htm（2005-08-19）。
云南省环保专项整治行动联席会议办公室：《德宏州专项执法检查进展快》，http://sthjt.yn. gov.cn/hjjc/hbzxxd/200609/t20060907_12390.html（2006-09-07）。
云南省环保专项整治行动联席会议办公室：《红河州对各县、市开展环保专项行动情况进行集中检查》，http://sthjt.yn.gov.cn/hjjc/hbzxxd/200709/t20070925_12413.html（2007-09-25）。
云南省环保专项整治行动联席会议办公室：《红河州个旧市环保局全面开展整治违法排污企业环保专项行动效果明显》，http://sthjt.yn.gov.cn/hjjc/hbzxxd/200708/t20070809_12409.htm（2007-08-09）。
云南省环保专项整治行动联席会议办公室：《昆明市东川区大莱园饮用水源地整治工作圆满完成》，http://sthjt.yn.gov.cn/hjjc/hbzxxd/200608/t20060811_12387.html（2006-08-11）。
云南省环保专项整治行动联席会议办公室：《曲靖市环保专项行动成效明显》，http://sthjt.yn. gov.cn/hjjc/hbzxxd/200608/t20060830_12388.htm（2006-08-30）。
云南省环保专项整治行动联席会议办公室：《省环保局组织对全省城市污水处理厂暨 2 家国家挂牌督办城市污水处理厂运行情况进行重点检查》，http://sthjt.yn.gov.cn/hjjc/hbzxxd/200510/t20051024_12372.htm（2005-10-24）。
云南省环保专项整治行动联席会议办公室：《省环保专项行动办公室对曲靖市整治违法排污企业环保专项行动进行检查》，http://sthjt.yn.gov.cn/hjjc/hbzxxd/200407/t20040726_12351.htm（2004-07-26）。
云南省环保专项整治行动联席会议办公室：《省环保专项行动联合检查组对保山市整治违法排污企业保障群众健康环保专项行动进行检查》，http://sthjt.yn.gov.cn/hjjc/hbzxxd/200510/t20051025_12373.htm（2005-10-25）。
云南省环保专项整治行动联席会议办公室：《省环保专项行动联合检查组对德宏州整治违法排污企业保障群众健康环保专项行动进行检查》，http://sthjt.yn.gov.cn/

hjjc/hbzxxd/200510/t20051025_12374.htm（2005-10-25）。
云南省环保专项整治行动联席会议办公室：《省环保专项行动联合检查组对红河州整治违法排污企业保障群众健康环保专项行动进行检查》，http://sthjt.yn.gov.cn/hjjc/hbzxxd/200510/t20051025_12376.htm（2005-10-25）。
云南省环保专项整治行动联席会议办公室：《省环保专项行动联合检查组对昆明市整治违法排污企业保障群众健康环保专项行动进行检查》，http://sthjt.yn.gov.cn/hjjc/hbzxxd/200510/t20051025_12375.htm（2005-10-25）。
云南省环保专项整治行动联席会议办公室：《省环保专项行动联合检查组对曲靖市整治违法排污企业环保专项行动进行检查》，http://sthjt.yn.gov.cn/hjjc/hbzxxd/200408/t20040817_12356.htm（2004-08-17）。
云南省环保专项整治行动联席会议办公室：《省环保专项行动联合检查组对西双版纳州整治违法排污企业保障群众健康环保专项行动进行检查》，http://sthjt.yn.gov.cn/hjjc/hbzxxd/200510/t20051025_12378.htm（2005-10-25）。
云南省环保专项整治行动联席会议办公室：《省环保专项行动联合检查组对玉溪市整治违法排污企业保障群众健康环保专项行动进行检查》，http://sthjt.yn.gov.cn/hjjc/hbzxxd/200510/t20051025_12377.htm（2005-10-25）。
云南省环保专项整治行动联席会议办公室：《省环保专项整治行动检查组检查红河州环保专项整治行动工作》，http://sthjt.yn.gov.cn/hjjc/hbzxxd/200408/t20040817_12357.html（2004-08-17）。
云南省环保专项整治行动联席会议办公室：《省环保专项整治行动检查组检查文山壮族苗族自治州环保专项整治行动工作》，http://sthjt.yn.gov.cn/hjjc/hbzxxd/200408/t20040817_12358.html（2004-08-17）。
云南省环保专项整治行动联席会议办公室：《突出工作重点，加强各部门联动文山壮族苗族自治州 2006 年环保专项整治工作取得明显成效》，http://sthjt.yn.gov.cn/hjjc/hbzxxd/200612/t20061201_12399.htm（2006-12-01）。
云南省环保专项整治行动联席会议办公室：《文山壮族苗族自治州对挂牌企业及群众反映强烈的污染问题开展专项检查》，http://sthjt.yn.gov.cn/hjjc/hbzxxd/200709/t20070930_12414.html（2007-09-30）。
云南省环保专项整治行动联席会议办公室：《我省各地继续深入开展整治违法排污企业保障群众健康环保专项行动》，http://sthjt.yn.gov.cn/hjjc/hbzxxd/200509/t20050916_12369. htm（2005-09-16）。
云南省环保专项整治行动联席会议办公室：《我省启动环保专项整治行动》，http://sthjt.yn.gov.cn/hjjc/hbzxxd/200407/t20040726_12349.htm（2004-07-26）。

云南省环保专项整治行动联席会议办公室：《我省启动整治违法排污企业保障群众健康环保专项行动》，http://sthjt.yn.gov.cn/hjjc/hbzxxd/200508/t20050801_12362.html（2005-08-01）。
云南省环保专项整治行动联席会议办公室：《我省召开整治违法排污企业保障群众健康环保专项行动电视电话会议，启动 2006 年环保专项行动》，http://sthjt.yn.gov.cn/hjjc/hbzxxd/200607/t20060711_12381.htm（2006-07-11）。
云南省环保专项整治行动联席会议办公室：《我省召开整治违法排污企业保障群众健康环保专项行动电视电话会议，启动 2007 年环保专项行动》，http://sthjt.yn.gov.cn/hjjc/hbzxxd/200705/t20070514_12401.htm（2007-05-14）。
云南省环保专项整治行动联席会议办公室：《我省自然保护区专项执法检查取得初步成效》，http://sthjt.yn.gov.cn/hjjc/hbzxxd/200508/t20050819_12366.htm（2005-08-19）。
云南省环保专项整治行动联席会议办公室：《西双版纳州全面开展环保专项行动，成效显著》，http://sthjt.yn.gov.cn/hjjc/hbzxxd/200707/t20070723_12407.htm（2007-07-23）。
云南省环保专项整治行动联席会议办公室：《玉溪市新平县扎实推进环保专项行动工作》，http://sthjt.yn.gov.cn/hjjc/hbzxxd/200610/t20061010_12394.html（2006-10-10）。
云南省环保专项整治行动联席会议办公室：《云南省环境保护局对临沧市博尚水库饮用水源地开展专项检查》，http://sthjt.yn.gov.cn/hjjc/hbzxxd/200609/t20060920_12392.html（2006-09-20）。
云南省环保专项整治行动联席会议办公室：《云南省环境保护局李现武局长就整治违法排污企业保障群众健康环保专项行动工作到玉溪调研》，http://sthjt.yn.gov.cn/hjjc/hbzxxd/200508/t20050801_12363.htm（2005-08-01）。
云南省环保专项整治行动联席会议办公室：《云南省环境保护局组织对全省 2005 年整治违法排污企业保障群众健康环保专项行动工作情况进行考核》，http://sthjt.yn.gov.cn/hjjc/hbzxxd /200512/t20051212_12380.htm（2005-12-12）。
云南省环保专项整治行动联席会议办公室：《云南省环保专项行动领导小组研究部署环保专项行动总结工作》，http://sthjt.yn.gov.cn/hjjc/hbzxxd/200612/t20061213_12400.html（2006-12-13）。
云南省环保专项整治行动联席会议办公室：《云南省环保专项行动领导小组召开联席会议讨论研究 2007 年环保专项行动工作实施方案》，http://sthjt.yn.gov.cn/hjjc/hbzxxd/200706/t20070611_12403.htm（2007-06-11）。
云南省环保专项整治行动联席会议办公室：《云南省环境监察总队对“两土”情况开展专项检查》，http://sthjt.yn.gov.cn/hjjc/hbzxxd/200707/t20070730_12408.html（2007-07-30）。

云南省环保专项整治行动联系会议办公室：《省环保专项行动办公室对红河、文山壮族苗族自治州进行环保专项整治行动现场检查》，http://sthjt.yn.gov.cn/hjjc/hbzxxd/200407/t20040726_12352.htm（2004-07-26）。

云南省环保专项整治行动联系会议办公室：《文山壮族苗族自治州对冶炼、采选矿及污染严重企业开展环保专项整治，取得实效》，http://sthjt.yn.gov.cn/hjjc/hbzxxd/200708/t20070821_12410.html（2007-08-21）。

云南省环境保护局：《云南新增 8 个省级自然保护区》，http://sthjt.yn.gov.cn/zwxx/xxyw/xxywrdjj/200206/t20020601_760.html（2002-06-01）。

云南省环境保护利用世界银行贷款项目办公室：《世行代表团考察“云南城市环境建设项目”》，http://sthjt.yn.gov.cn/zwxx/xxyw/xxywrdjj/200512/t20051216_2828.html（2005-12-16）。

云南省环境保护宣传教育中心：《“构建和谐彩云南·2006 环保行”——红河、文山环保系列宣传活动圆满结束》，http://sthjt.yn.gov.cn/xcjy/xjdt/200709/t20070925_11707.html（2007-09-25）。

云南省环境监察总队：《云南省环境监察总队关于开展排污费征收稽查工作的通知》，http:// sthjt.yn.gov.cn/hjjc/hjjcgzdt/200605/t20060524_12299.html（2006-05-24）。

云南省环境监理所办公室：《二〇〇三年第二季度云南省九大高原湖泊环境监察报告》，http://sthjt.yn.gov.cn/gyhp/jhdt/200407/t20040728_11596.html（2004-07-28）。

云南省环境监理所办公室：《二〇〇三年第三季度云南省九大高原湖泊环境监察报告》，http://sthjt.yn.gov.cn/gyhp/jhdt/200407/t20040728_11597.html（2004-07-28）。

云南省环境监理所办公室：《二〇〇三年第四季度云南省九大高原湖泊环境监察报告》，http://sthjt.yn.gov.cn/gyhp/jhdt/200407/t20040728_11598.html（2004-07-28）。

云南省环境监理所办公室：《二〇〇四年第一季度云南省九大高原湖泊现场环境监察报告》，http://sthjt.yn.gov.cn/gyhp/jhdt/200407/t20040728_11600.html（2004-07-28）。

云南省九大高原湖泊水污染综合防治办公室，《二〇〇六年一季度云南省九大高原湖泊水质状况及治理情况公告》，http://sthjt.yn.gov.cn/gyhp/jhdt/200606/t20060622_11674.html（2006-06-22）。

云南省九大高原湖泊水污染综合防治办公室：《船房河 乌龙河截污综合治理工程开工建设》，http://sthjt.yn.gov.cn/gyhp/jhdt/200512/t20051208_11603.html（2005-12-08）。

云南省九大高原湖泊水污染综合防治办公室：《滇池生态安全调查及评估第一次工作会议在昆明召开》，http://sthjt.yn.gov. n/gyhp/jhdt/200803/t20080324_11618.html（2008-03-24）。

云南省九大高原湖泊水污染综合防治办公室：《滇池沿岸芦柴湾村上海埂村农业清洁生

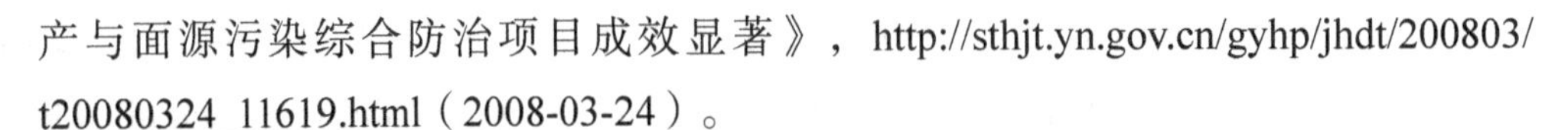

产与面源污染综合防治项目成效显著》，http://sthjt.yn.gov.cn/gyhp/jhdt/200803/t20080324_11619.html（2008-03-24）。

云南省九大高原湖泊水污染综合防治办公室：《二〇〇六年三季度云南省九大高原湖泊水质状况及治理情况公告》，http://sthjt.yn.gov.cn/gyhp/jhdt/200612/t20061230_11675.html（2006-12-30）。

云南省九大高原湖泊水污染综合防治办公室：《二〇〇五年二季度云南省九大高原湖泊水质状况及治理情况公告》，http://sthjt.yn.gov.cn/gyhp/jhdt/200509/t20050919_11671.html（2005-09-19）。

云南省九大高原湖泊水污染综合防治办公室：《二〇〇五年三季度云南省九大高原湖泊水质状况及治理情况公告》，http://sthjt.yn.gov.cn/gyhp/jhdt/200512/t20051230_11672.html（2005-12-30）。

云南省九大高原湖泊水污染综合防治办公室：《二〇〇五年一季度云南省九大高原湖泊水质状况及治理情况公告》，http://sthjt.yn.gov.cn/gyhp/jhdt/200506/t20050605_11670.html（2005-06-05）。

云南省九大高原湖泊水污染综合防治办公室：《昆明市采取铁碗措施治理滇池流域水环境》，http://sthjt.yn.gov.cn/gyhp/jhdt/200804/t20080410_11620.html（2008-04-10）。

云南省九大高原湖泊水污染综合防治办公室：《昆明市开展滇池流域河道义务清淤活动》，http://sthjt.yn.gov.cn/gyhp/jhdt/200804/t20080410_11620.html（2008-04-10）。

云南省九大高原湖泊水污染综合防治办公室：《泸沽湖环境保护整治八大工程顺利完成》，http://sthjt.yn.gov.cn/gyhp/jhdt/200803/t20080324_11617.html（2008-03-24）。

云南省九大高原湖泊水污染综合防治办公室：《省“九大高原湖泊办”召开九大高原湖泊水污染综合防治领导小组办公室主任会议》，http://sthjt.yn.gov.cn/zwxx/xxyw/xxywrdjj/200711/t20071113_4858.html（2007-11-13）。

云南省九大高原湖泊水污染综合防治办公室：《省环保局 省九大高原湖泊办召开贯彻落实云南省九大高原湖泊水污染综合防治工作会议精神座谈会》，http://sthjt.yn.gov.cn/gyhp/jhdt/200808/t20080814_11625.html（2008-08-14）。

云南省九大高原湖泊水污染综合防治办公室：《省经济贸易委员会大力发展工业循环经济 积极推进九大高原湖泊流域水污染综合防治》，http://sthjt.yn.gov.cn/gyhp/jhdt/200803/t20080324_11616.html（2008-03-24）。

云南省九大高原湖泊水污染综合防治办公室：《省九大高原湖泊办召开 2008 年滇池水质分析及蓝藻水华监测预警会商会》，http://sthjt.yn.gov.cn/zwxx/xxyw/xxywrdjj/200804/t20080430_5430.html（2008-04-30）。

云南省九大高原湖泊水污染综合防治办公室：《省审计厅完成阳宗海等八大高原湖泊水

污染综合防治资金管理使用审计》，http://sthjt.yn.gov.cn/gyhp/jhdt/200803/t20080324_11616.html（2008-03-24）。

云南省九大高原湖泊水污染综合防治办公室：《云南省人民政府召开滇池环湖截污工程现场办公会》，http://sthjt.yn.gov.cn/gyhp/jhdt/200804/t20080428_11621.html（2008-04-28）。

云南省九大高原湖泊水污染综合防治办公室：《云南省人民政府召开滇池水污染防治专家督导组成立大会》，http://sthjt.yn.gov.cn/gyhp/jhdt/200809/t20080912_11627. html（2008-09-12）。

云南省九大高原湖泊水污染综合防治办公室：《云南省人民政府召开云南省九大高原湖泊水污染综合防治工作会议》，http://sthjt.yn.gov.cn/gyhp/jhdt/200806/t20080602_11624.html（2008-06-02）。

云南省九大高原湖泊水污染综合防治办公室：《以太湖蓝藻暴发引发水源危机为契机玉溪市全面推进抚仙湖保护》，http://sthjt.yn.gov.cn/gyhp/jhdt/200707/t20070711_11609.html（2007-07-11）。

云南省九大高原湖泊水污染综合防治办公室：《玉溪市召开抚仙湖保护工作现场会》，http://sthjt.yn.gov.cn/gyhp/jhdt/2007 08/t20070814_11613.html（2007-08-14）。

云南省九大高原湖泊水污染综合防治办公室：《云南省九大高原湖泊环境监管现场会议在大理召开》，http://sthjt.yn.gov.cn/gyhp/jhdt/200701/t20070112_11604.html（2007-01-12）。

云南省九大高原湖泊水污染综合防治办公室：《云南省九大高原湖泊水污染综合防治领导小组第六次会议在大理召开》，http://sthjt.yn.gov.cn/gyhp/jhdt/200512/t20051208_11602.html（2005-12-08）。

云南省九大高原湖泊水污染综合防治办公室：《云南省人民政府召开〈滇池流域水污染防治规划（2006—2010年）〉审定会议》，http://sthjt.yn.gov.cn/gyhp/jhdt/200701/t20070112_11604.html（2007-01-12）。

云南省人民代表大会常委会：《云南省森林条例》，http://sthjt.yn.gov.cn/zcfg/fagui/dffg/200512/t20051212_14246.html（2002-11-29）。

云南省人民代表大会常务委员会：《云南省程海保护条例》，http://db.ynrd.gov.cn:9107/lawlib/lawdetail.shtml?id=267bcd1748b14ad88b5fbf817274b573（2006-09-28）。

云南省人民代表大会常务委员会：《云南省地质环境保护条例》，http://sthjt.yn.gov.cn/zcfg/fagui/dffg/200511/t20051123_14076.html（2001-07-28）。

云南省人民代表大会常务委员会：《云南省抚仙湖保护条例》，https://www.lawxp.com/Statute/s471055.html（2007-05-23）。

云南省人民代表大会常务委员会：《云南省耿马傣族佤族自治县森林保护和管理条例》，http://db.ynrd.gov.cn:9107/lawlib/lawdetail.shtml?id=2b40903611a04c58b61b52163c4a6

b31（2006-07-28）。

云南省人民代表大会常务委员会：《云南省环境保护条例》，http://db.ynrd.gov.cn:9107/lawlib/lawdetail.shtml?id=664031s4f0a242c79c9825e5a88e4902（2004-06-29）。

云南省人民代表大会常务委员会：《云南省节约能源条例》，http://china.findlaw.cn/fagui/p_1/294563.html（2000-05-26）。

云南省人民代表大会常务委员会：《云南省杞麓湖保护条例》，http://china.findlaw.cn/fagui/p_1/278257.html（2007-11-29）。

云南省人民代表大会常务委员会：《云南省清洁生产促进条例》，http://db.ynrd.gov.on:9107/lawlib/lawdetail.shtml?id=72768a04028747a9a4daad2a46180d8a（2006-05-25）。

云南省人民代表大会常务委员会：《云南省曲靖独木水库保护条例》，http://db.ynrd.gov.cn:9107/lawlib/lawdetail.shtml?id=9dcdaddbac7c4949bc5cc074c804b946（2003-07-31）。

云南省人民代表大会常务委员会：《云南省三江并流世界自然遗产地保护条例》，http://db.ynrd.gov.cn:9107/lawlib/lawdetail.shtml?id=9c12067adf0c4394af20e048bdcb9671（2005-05-27）。

云南省人民代表大会常务委员会：《云南省无线电电磁环境保护条例》，http://china.findlaw.cn/fagui/p_1/329775.html（2008-06-01）。

云南省人民代表大会常务委员会：《云南省西双版纳傣族自治州环境保护条例》，http://db.ynrd.gov.cn:9107/lawlib/lawdetail.shtml?id=cbae6ee976ca4a0d8b97cf12319d5b71（2005-05-27）。

云南省人民代表大会常务委员会：《云南省星云湖保护条例》，http://db.ynrd.gov.cn:://lawlib/lawdetail.shtml?d i=3dd1759e95304e7baf55a86cde7ffa28（2007-09-29）。

云南省人民代表大会常务委员会：《云南省昭通大山包黑颈鹤国家级自然保护区条例》，http: //china.findlaw.cn/fagui/p_1/277578.html（2008-09-25）。

云南省人民代表大会常务委员会：《云南省昭通渔洞水库保护条例》，http://db.ynrd.gov.cn:9107/lawlib/lawdetail.shtml? id=49a286fec4b743db8912afa7059c41c0（2005-09-26）。

云南省人民政府：《云南省建设项目环境保护管理规定》，《云南政报》2001年第21期。

张勇、余兴文：《年度城市环境报告显示 我省6成医疗废物未集中处置》，http://sthjt.yn.gov.cn/zwxx/xxyw/xxywrdjj/200810/t20081020_6101.html（2008-10-20）。

张帜然：《杨崇勇要求加大滇池治理力度》，http://sthjt.yn.gov.cn/zwxx/xxyw/xxywrdjj/200508/t20050818_2617.html（2005-08-18）。

郑劲松：《滇池治理推行“六个一”八公里防浪堤要变生态湿地》，http://sthjt.yn.gov.cn/zwxx/xxyw/xxywrdjj/200610/t20061016_3614.html（2006-10-16）。

郑劲松：《环境监察刹住歪风——企业违法超标排放废水遭万元罚金》，http://sthjt.

yn.gov.cn/zwxx/xxyw/xxywrdjj/200605/t20060519_3152.html（2006-05-19）。

郑劲松：《昆明六个结合加大滇池治理力度》，http://sthjt.yn.gov.cn/zwxx/xxyw/xxywrdjj/200610/t20061016_3613.html（2006-10-16）。

郑劲松：《云南省副省长高峰在省环保局检查时强调滇池治理力度要大速度要快》，http://sthjt.yn.gov.cn/zwxx/xxyw/xxywrdjj/200512/t20051231_2848.html（2005-12-31）。

周雷：《云南拟为滇池治理发行债券　吸引民间资本治污》，http://sthjt.yn.gov.cn/zwxx/xxyw/xxywrdjj/200707/t20070712_4496.html（2007-07-12）。

周平洋、武建雷：《我省明确依法治林经费　森林"肇事者"将被严惩》，http://sthjt.yn.gov.cn/zwxx/xxyw/xxywrdjj/200502/t20050225_2309.html（2005-02-25）。

资敏：《滇池治理成为昆明招商引资"王牌"》，http://sthjt.yn.gov.cn/zwxx/xxyw/xxywrdjj/200803/t20080327_5319.html（2008-03-27）。

资敏：《节能减排促滇池治理　滇池周边磷矿开采重新洗牌》，http://sthjt.yn.gov.cn/zwxx/xxyw/xxywrdjj/200807/t20080721_5766.html（2008-07-21）。

资敏：《云南环保产业投资吸引国际华商的关注滇池治理、垃圾焚烧、污水处理拟投上亿元》，http://sthjt.yn.gov.cn/zwxx/xxyw/xxywrdjj/200805/t20080528_5534.html（2008-05-28）。

后　　记

本书是云南大学服务云南行动计划项目“生态建设的云南模式研究”（KS161005）中期成果之一。邓云霞对本书资料进行了前期的搜集工作，后来由于邓云霞毕业等原因，受周琼教授委托，2018年11月，汪东红接手了本书资料的搜集和整理工作。

在此之前，上述两位同学对云南省环境保护史料汇编等相关工作从未接触，故刚接手这一比较陌生的任务时倍感不适应。邓云霞之前搜集了不少云南省环境保护方面的史料，但并未进行有效整理。基于此，在周琼教授指导下，汪东红首先花了一段时间对邓云霞所收集的资料进行了整理，并对其中不当之处进行了纠正或删减。以此为基础整理出了本书的框架，并根据这一框架补充搜集和整理了相关的资料。本书资料的搜集、整理、编辑工作一直到2019年4月结束。

环境保护是维护“七彩云南”这张生态名片所必须始终坚持的道路。希望本书的出版有助于云南省环境保护的研究工作以及云南省环保文化的宣传普及，让更多人认识并参与云南省环境保护的伟大征程中。总之，此书若能实现些许社会效益，便足矣！

由于编者水平有限，热忱欢迎读者批评指正！

周　琼　邓云霞　汪东红

2019年12月20日于云南大学东陆校区